龙马高新教育 ◎ 编著

老年人学电脑从入门到精通

北京大学出版社
PEKING UNIVERSITY PRESS

内 容 提 要

本书通过精选案例引导读者深入学习，系统地介绍老年人学电脑的相关知识和应用方法。

全书分为4篇，共14章。第1篇为新手入门篇，主要介绍老年人学电脑的基础操作，通过本篇的学习，读者可以了解老年人学电脑的基础知识，如学会从零开始学电脑、从系统的基本操作开始、让电脑更符合使用习惯等；第2篇为基础操作篇，主要介绍老年人学电脑中的各种操作，通过本篇的学习，读者可以掌握老年人学电脑的基本操作，如老年人如何快速学打字、管理电脑中的文件资源及电脑软件的安装与管理等操作；第3篇为上网娱乐篇，主要介绍老年人学电脑中的应用操作，通过本篇的学习，读者可以掌握老年人学电脑的基本应用，如浏览和处理家庭照片、开启网络之旅、网上搜索需要的信息、网上理财与购物、和亲朋好友聊天及丰富多彩的网上娱乐等；第4篇为电脑安全篇，主要介绍如何做好电脑的日常保养和安全防护及网络诈骗防护等。

在本书附赠的DVD多媒体教学光盘中，包含了8小时与图书内容同步的教学录像及所有案例的配套素材和结果文件。此外，还赠送了大量相关学习内容的教学录像及扩展学习电子书等。为了满足读者在手机和平板电脑上学习的需要，光盘中还赠送了本书教学录像的手机版视频学习文件。

本书不仅适合刚接触电脑的老年读者学习和使用，还适合对电脑有一定了解，想继续深入学习的读者使用。

图书在版编目（CIP）数据

老年人学电脑从入门到精通 / 龙马高新教育编著. — 北京：北京大学出版社，2017.12
ISBN 978-7-301-28987-7

Ⅰ. ①老… Ⅱ. ①龙… Ⅲ. ①电子计算机 – 中老年读物 Ⅳ. ① TP3-49

中国版本图书馆 CIP 数据核字 (2017) 第 302517 号

书　　名　**老年人学电脑从入门到精通**
LAONIANREN XUE DIANNAO CONG RUMEN DAO JINGTONG

著作责任者　龙马高新教育　编著

责 任 编 辑　尹毅

标 准 书 号　ISBN 978-7-301-28987-7

出 版 发 行　北京大学出版社

地　　址　北京市海淀区成府路205 号　100871

网　　址　http://www.pup.cn　　新浪微博: @ 北京大学出版社

电 子 信 箱　pup7@ pup.cn

电　　话　邮购部62752015　发行部62750672　编辑部62580653

印 刷 者　北京大学印刷厂

经 销 者　新华书店

787毫米 × 1092毫米　16开本　18.5印张　450千字

2017年12月第1版　2017年12月第1次印刷

印　　数　1—3000册

定　　价　59.00 元

老年人学电脑很神秘吗?

不神秘!

老年人学电脑难吗?

不难!

阅读本书能掌握电脑的使用方法吗?

能!

为什么要阅读本书

随着社会信息化的普及，电脑已经像普通家电一样走进千家万户，成为人们日常工作、学习和娱乐必不可少的一部分。老年人学电脑是一种学习新事物的方式，学好电脑操作，老年人的大脑可以得到很好的锻炼，还可以扩大自己的视野，提高生活品质。本书从实用的角度出发，结合老年人的实际需求，介绍了电脑的基础知识及使用方法与技巧，旨在帮助老年朋友学会电脑的相关操作与应用。

本书内容导读

本书分为 4 篇，共设计了 14 章内容，具体内容安排如下。

第 1 篇（第 1 ~ 3 章）为新手入门篇，共 17 段教学录像，主要介绍电脑基础知识和基础操作等。

第 2 篇（第 4 ~ 6 章）为基础操作篇，共 19 段教学录像，主要介绍老年人如何快速学打字、管理电脑中的文件资源及电脑软件的安装与管理等操作。

第 3 篇（第 7 ~ 12 章）为上网娱乐篇，共 33 段教学录像，主要介绍浏览和处理家庭照片、老年人开启网络之旅、网上搜索需要的信息、网上理财与购物、和亲朋好友聊天及丰富多彩的网上娱乐等。

第 4 篇（第 13 ~ 14 章）为电脑安全篇，共 9 段教学录像，主要介绍如何做好电脑的日常保养和安全防护及网络诈骗防护等。

选择本书的 *N* 个理由

❶ 简单易学，案例为主

以案例为主线，贯穿知识点，实操性强，与读者需求紧密吻合，模拟真实的应用环境，帮助老年人解决在学习电脑中遇到的问题。

❷ 高手支招，高效实用

每章最后提供有一定质量的实用技巧，满足读者的阅读需求，也能解决在电脑使用中遇到的一些常见问题。

❸ 举一反三，巩固提高

每章案例讲述完后，提供一个与本章知识点或类型相似的综合案例，帮助读者巩固和提高所学内容。

❹ 海量资源，实用至上

光盘中赠送大量实用的模板、实用技巧及学习辅助资料等，便于读者结合光盘资料进行学习。

超值光盘

❶ 8 小时名师视频指导

教学录像涵盖本书所有知识点，详细讲解每个实例及实战案例的操作过程和关键点。老年人可以更轻松地掌握电脑的使用方法和技巧，而且扩展性讲解部分可以使读者获得更多的知识。

❷ 超多、超值资源大奉送

随书奉送通过互联网获取学习资源和解题方法、办公类手机 App 索引、办公类网络资源索引、Office 十大实战应用技巧、200 个 Office 常用技巧汇总、1000 个 Office 常用模板、Excel 函数查询手册、Office 2016 软件安装指导录像、Windows 10 安装指导录像、10 小时 Windows 10 教学录像、手机办公 10 招就够、QQ 高手技巧随身查、高效人士效率倍增手册，以方便读者扩展学习。

❸ 手机 App，让学习更有趣

光盘附赠了龙马高新教育手机 App，读者可以直接安装到手机中，随时随地问同学、问专家，尽享海量资源。同时，编者也会不定期地向读者推送学习中常见的难点、使用技巧、行业应用等精彩内容，让读者的学习更加简单有效。扫描下方的二维码，可以直接下载手机 App。

光盘运行方法

（1）将光盘印有文字的一面朝上放入光驱中，几秒钟后光盘就会自动运行。

（2）若光盘没有自动运行，可在【此电脑】窗口中双击光盘盘符，或者双击“MyBook.exe”光盘图标，光盘就会运行。播放片头动画后便可进入光盘的主界面，如下图所示。

（3）单击【视频同步】按钮，可进入多媒体教学录像界面，如下图所示。在左侧的章节按钮上单击，再在弹出的快捷菜单上选择要播放的小节，即可开始播放相应小节的教学录像。

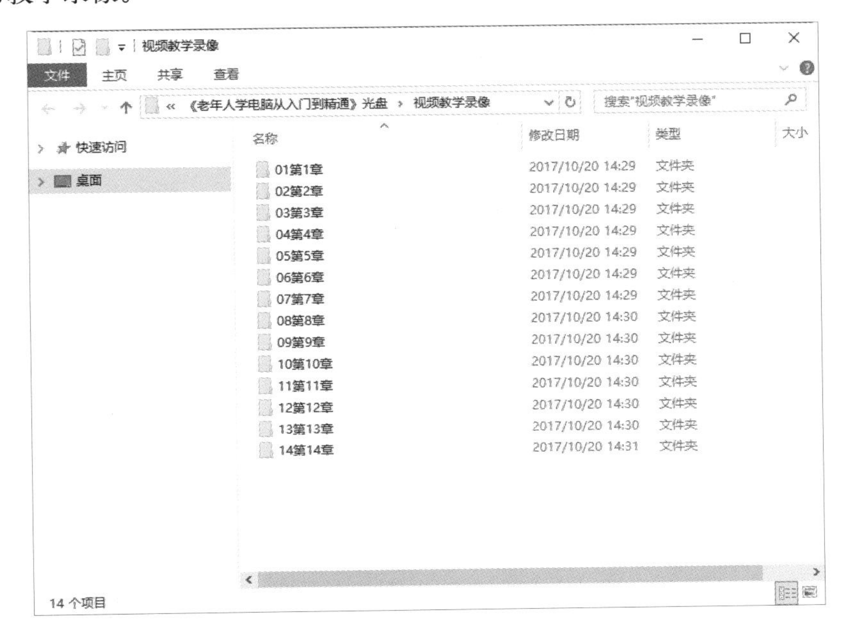

（4）另外，主界面上还包括 App 软件安装包、素材文件、结果文件、赠送资源、使用说明和支持网站 6 个功能按钮，单击可打开相应的文件或文件夹。

（5）单击【退出】按钮，即可退出光盘系统。

本书读者对象

（1）没有任何电脑基础的老年人。

（2）有一定电脑基础，想精通电脑应用的老年人。

（3）有一定电脑基础，没有实战经验的老年人。

后续服务：“办公之家”QQ 群答疑

本书为了更好地服务读者，专门设置了“办公之家”QQ 群为读者答疑解惑，读者在阅读和学习本书过程中可以把遇到的疑难问题整理出来，在“办公之家”QQ 群里探讨学习。另外，群文件中还会不定期上传一些办公小技巧，帮助读者更方便、快捷地操作办公软件。“办公之家”QQ 群号为 218192911，读者也可以直接扫描下面的二维码加入本群！

创作者说

本书由龙马高新教育编著，为您精心呈现。读完本书后，您会惊奇地发现“我已经是电脑达人了”，这也是让编者最欣慰的结果。

编写过程中，编者竭尽所能地为读者呈现最好、最全的实用功能，但仍难免有疏漏和不妥之处，敬请广大读者不吝指正。若读者在学习过程中产生疑问或有任何建议，可以通过 E-mail 与我们联系。

投稿信箱：pup7@pup.cn

读者信箱：2751801073@qq.com

QQ 交流群：218192911（办公之家）

目 录
CONTENTS

第1篇　新手入门篇

第1章　老年人从零开始学电脑

本章6段教学录像

对于首次接触电脑的老年朋友，需要了解电脑的基础知识和使用方法。本章主要介绍如何连接电脑、使用鼠标、键盘及正确开关机等内容。

1.1 认识电脑 3
1.1.1 什么是电脑 3
1.1.2 老年人能用电脑做什么 3
1.2 实战1：自己动手连接电脑部件 4
1.2.1 连接显示器 4
1.2.2 连接键盘和鼠标 5
1.2.3 连接网络 6
1.2.4 连接音箱 6
1.2.5 连接主机电源 6
1.3 实战2：正确使用鼠标 6
1.3.1 鼠标的握法 7
1.3.2 认识鼠标的指针 7
1.3.3 鼠标的基本操作 8
1.4 实战3：正确使用键盘 9
1.4.1 键盘的布局 9
1.4.2 指法和击键 12
1.4.3 提高打字速度 14
1.5 实战4：正确启动和关闭电脑 15
1.5.1 电脑开机 15
1.5.2 电脑关机 16
1.5.3 重启电脑 18

高手支招

◇ 解决左手使用鼠标的问题 19
◇ 将鼠标指针调大显示 20

第2章　从系统的基本操作开始

本章6段教学录像

了解了电脑的基础知识后，如果希望熟练地操作电脑，就需要对电脑的基本操作了解和掌握。本章主要介绍 Windows 10 系统的基本操作内容，以帮助老年人熟练电脑的操作与应用。

2.1 认识电脑的桌面 22
2.1.1 桌面图标 22
2.1.2 桌面背景 23
2.1.3 任务栏 23
2.2 实例1：桌面的基本操作 24
2.2.1 添加常用的系统图标 24
2.2.2 添加桌面快捷图标 25
2.2.3 设置图标的大小及排列 26
2.2.4 删除桌面图标 27
2.2.5 将图标固定到任务栏 28
2.3 实例2：窗口的基本操作 28
2.3.1 窗口的组成 28
2.3.2 打开和关闭窗口 31
2.3.3 移动窗口 33
2.3.4 调整窗口的大小 33
2.3.5 切换当前活动窗口 35
2.4 实例3：【开始】屏幕的基本操作 36
2.4.1 认识【开始】屏幕 36
2.4.2 将应用程序固定到【开始】屏幕 39
2.4.3 打开与关闭动态磁贴 40
2.4.4 管理【开始】屏幕的分类 40
举一反三——使用虚拟多桌面 41

高手支招

◇ 将【开始】菜单全屏幕显示 ·············· 42
◇ 将屏幕的字体调大一点 ···················· 43

第 3 章　让电脑更符合使用习惯

本章 5 段教学录像

在熟悉了电脑的基础操作后，老年朋友可以根据自己的使用习惯，设置个性化的桌面环境，如将儿孙照片设置为桌面背景、祖孙共用一台电脑等。

3.1 实战 1：电脑的显示设置 46
3.1.1 设置合适的屏幕分辨率 46
3.1.2 设置通知区域显示的图标 47
3.1.3 启动或关闭系统图标 47
3.1.4 设置显示的应用通知 48
3.2 实战 2：个性化设置 50
3.2.1 设置桌面背景 50
3.2.2 设置背景主题色 51
3.2.3 设置锁屏界面 52
3.2.4 设置屏幕保护程序 53
3.2.5 设置电脑主题 54
3.3 实战 3：Microsoft 账户的设置与应用 55
3.3.1 注册和登录 Microsoft 账户 55
3.3.2 设置账户头像 58
3.3.3 设置账户登录密码 58
3.3.4 设置 PIN 码 60
举一反三——添加家庭成员和其他用户 62

高手支招

◇ 将儿孙照片设置为桌面背景 ·············· 65
◇ 如果忘记了 Windows 登录密码怎么办 ·············· 65

第 2 篇　基础操作篇

第 4 章　老年人如何快速学打字

本章 5 段教学录像

学会输入汉字和英文是使用电脑的第一步，对于输入英文字符，只要按着键盘上输入就可以了，而汉字不能像英文字母那样直接用键盘输入电脑中，需要使用英文字母和数字对汉字进行编码，然后通过输入编码得到所需汉字，这就是汉字输入法。本章主要讲述输入法的管理、拼音打字等。

4.1 电脑打字基础知识 69
4.1.1 认识语言栏 69
4.1.2 老年人适合哪些输入法 69
4.1.3 常在哪儿打字 72
4.1.4 半角和全角 73
4.1.5 中文标点和英文标点 73
4.2 实战 1：输入法的管理 73
4.2.1 添加和删除输入法 73
4.2.2 安装其他输入法 75
4.2.3 切换当前输入法 76
4.2.4 设置默认输入法 77
4.3 实战 2：使用拼音输入法 78
4.3.1 全拼输入 78
4.3.2 简拼输入 79
4.3.3 双拼输入 80
4.3.4 中英文输入 81
4.3.5 模糊音输入 82
4.3.6 拆字辅助码 83
4.3.7 生僻字的输入 83
举一反三——使用写字板输入一首诗词 84

高手支招

◇ 使用手写输入法快速输入 ·············· 86
◇ 快速输入表情及其他特殊符号 ·········· 87

第 5 章　管理电脑中的文件资源

本章 6 段教学录像

电脑中的文件资源是 Windows 10 操作系统资源的重要组成部分，只有管理好电脑中的文件资源，才能很好地运用操作系统完成工作和学习。本章主要讲述 Windows 10 中文件资源的基本管理操作。

5.1 认识文件和文件夹 90
5.1.1 文件 90
5.1.2 文件夹 90
5.1.3 文件和文件夹存在哪里 91
5.2 实战 1：文件资源管理器 92
5.2.1 常用文件夹 92
5.2.2 查看最近使用的文件 93
5.2.3 将文件夹固定在【快速访问】 93
5.2.4 从【快速访问】中打开文件 / 文件夹 94
5.3 实战 2：文件 / 文件夹的基本操作 95
5.3.1 查看文件 / 文件夹 95
5.3.2 重命名文件 / 文件夹 97
5.3.3 打开和关闭文件 / 文件夹 98
5.3.4 复制和移动文件 / 文件夹 100
5.3.5 删除文件 / 文件夹 101
5.4 实战 3：搜索文件 / 文件夹 102
5.4.1 简单搜索 102
5.4.2 高级搜索 103
举一反三——将手机上的照片存放到电脑中 105
高手支招
◇ 复制文件时冲突了怎么办 109

第 6 章　电脑软件的安装与管理

本章 8 段教学录像

要想使用好电脑，离不开对软件的操作。本章主要介绍如何安装软件、打开和关闭软件及卸载软件等。

6.1 认识常用的软件 112
6.1.1 浏览器软件 112
6.1.2 聊天社交软件 113
6.1.3 影音娱乐软件 114
6.1.4 照片处理软件 115
6.2 实战 1：下载并安装软件 115
6.2.1 下载软件 116
6.2.2 安装软件 116
6.3 实战 2：查找安装的软件 117
6.3.1 查看所有程序列表 117
6.3.2 按程序首字母查找软件 118
6.3.3 按数字查找软件 119
6.4 实战 3：打开与关闭软件 119
6.4.1 打开软件 120
6.4.2 关闭软件 120
6.5 实战 4：更新和升级软件 121
6.5.1 QQ 软件的更新 121
6.5.2 病毒库的升级 123
6.6 实战 5：卸载软件 124
6.6.1 在【所有应用】列表中卸载软件 124
6.6.2 在【开始】屏幕中卸载应用 125
6.6.3 在【程序和功能】中卸载软件 126
举一反三——设置默认的应用 128
高手支招
◇ 使用电脑为手机安装软件 129

第 3 篇　上网娱乐篇

第 7 章　浏览和处理家庭照片

本章 4 段教学录像

随着手机和数码相机的流行，老年人随时可以给儿孙拍摄照片，留作纪念。此时，如果学会了使用电脑浏览和处理照片，就可以将自己儿孙的照片和游玩的风景照片进行美化，使其浏览起来更加赏心悦目。

7.1 实战 1：查看儿孙的照片 133
7.1.1 快速查看照片 133
7.1.2 放大或缩小查看照片 134

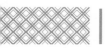

7.2 实战 2：编辑和美化照片 134
7.2.1 调整照片的方向 134
7.2.2 裁剪照片 135
7.2.3 使用滤镜美化照片 136
7.2.4 调整照片的颜色和光线 137
举一反三——使用美图秀秀美化照片 138

高手支招

◇ 制作一个电子相册 ······························ 141

第 8 章 开启网络之旅

本章 5 段教学录像

计算机网络技术近年来取得了飞速的发展，正改变着人们学习和工作的方式。在网上查看信息、下载需要的资源和设置 IE 浏览器是用户网上冲浪经常进行的操作。

8.1 认识常用的浏览器 144
8.1.1 Microsoft Edge 浏览器 144
8.1.2 Internet Explorer 11 浏览器 144
8.1.3 360 安全浏览器 145
8.1.4 搜狗高速浏览器 145
8.2 实战 1：Microsoft Edge 浏览器 146
8.2.1 Microsoft Edge 的基本操作 146
8.2.2 使用阅读视图 148
8.2.3 添加收藏 150
8.2.4 做 Web 笔记..151
8.3 实战 2：IE 浏览器................................ 153
8.3.1 设置主页 153
8.3.2 使用【历史记录】访问曾浏览过的网页 155
8.3.3 添加跟踪保护列表 156
8.3.4 重新打开上次浏览会话 157
举一反三——收藏自己喜欢的网页......158

高手支招

◇ 将电脑收藏夹中的网址同步到手机 ······ 160
◇ 屏蔽网页广告弹窗 ······························ 163

第 9 章 网上搜索需要的信息

本章 6 段教学录像

互联网是一个信息丰富的世界，老年朋友可以根据需要来搜索和下载需要的信息，也可以在网络中查询日历、天气、地图等，本章将详细介绍如何利用网络搜索需要的信息。

9.1 认识搜索引擎 166
9.1.1 认识常用的搜索引擎..........................166
9.1.2 常见的信息搜索 167
9.2 实战 1：生活信息查询 169
9.2.1 查看日历 169
9.2.2 查看天气 170
9.2.3 查看地图 170
9.2.4 查询火车信息 171
9.3 实战 2：搜索旅游信息 172
9.4 实战 3：下载网络资源 173
9.4.1 保存网页上的图片 173
9.4.2 保存网页上的文字 174
9.4.3 使用 IE 下载文件 175
9.4.4 使用 IE 下载软件 176
举一反三——出行攻略——手机电脑协同，制定旅游行程.............................178

高手支招

◇ 将常用地点固定在【开始】屏幕上 ······ 181

第 10 章 网上理财与购物

本章 7 段教学录像

随着网络技术的发展，老年朋友不需要奔波于银行和证券公司之间，在家通过电脑即可轻松获取想要的财富信息，也可以像年轻人一样，通过网络实现“吃喝玩乐”。本章主要介绍如何在网上理财和购物。

10.1 实战 1：网上炒股 184
10.1.1 安装炒股软件 184

10.1.2 注册用户账号 185
10.1.3 实时买入和卖出股票 185
10.2 实战 2：在网上购买基金 187
10.2.1 网上银行中的基金开户 187
10.2.2 网上银行申购 188
10.2.3 基金赎回 189
10.3 实战 3：网上购物 190
10.3.1 在淘宝购物 190
10.3.2 在京东购物 193
10.4 实战 4：在线购买火车票 195
10.5 在网上缴纳家庭水电煤费 197
举一反三——使用微信滴滴打车 199
高手支招
◇ 使用比价工具寻找最便宜的卖家 200

第 11 章　和亲朋好友聊天

本章 5 段教学录像

随着手机、电脑的普遍，每人一部手机、电脑大家的见面机会越来越少，通常都是通过手机、电脑的聊天软件来沟通，很多老年朋友要想和自己的孩子联系也要通过这些软件，本章主要介绍如何利用 QQ 聊天。

11.1 实战 1：使用 QQ 聊天 204
11.1.1 申请 QQ 204
11.1.2 登录 QQ 205
11.1.3 通过 QQ 将儿孙加为好友 206
11.1.4 与儿孙进行网上聊天 208
11.1.5 语音和视频聊天 210
11.2 实战 2：刷微博 211
11.2.1 添加关注 211
11.2.2 转发评论微博 212
11.2.3 发布微博 213
11.3 实战 3：玩微信 217
11.3.1 使用电脑版微信 217
11.3.2 使用网页版微信 220
11.3.3 使用客户端微信 222
11.3.4 微信视频聊天 224
11.3.5 添加动画 226
11.3.6 发送文件 227
举一反三——使用 QQ 进行家庭群聊 228
高手支招
◇ 使用 QQ 导出手机相册 231

第 12 章　丰富多彩的网上娱乐

本章 6 段教学录像

网络将人们带进了一个更为广阔的影音娱乐世界，丰富的网上资源给网络增加了无穷的魅力，无论是谁，都会在网络中找到自己喜欢的音乐、电影和网络游戏，并能充分体验高清的音频与视频带来的听觉和视觉上的享受。

12.1 实战 1：听戏曲和歌曲 234
12.1.1 在线听戏曲和音乐 234
12.1.2 下载音乐到电脑中 236
12.1.3 播放电脑上的歌曲和戏曲 237
12.2 实战 2：精彩电影网上看 238
12.2.1 在线看电影 238
12.2.2 下载视频 239
12.2.3 播放电脑中的视频 240
12.3 实战 3：使用电脑玩游戏 241
12.3.1 玩系统自带的扑克游戏 241
12.3.2 和网友玩斗地主 243
12.4 实战 4：在网上读书看报 245
12.4.1 在网上读书 245
12.4.2 在网上看报 247
举一反三——将喜欢的音乐 / 电影传输到手机中 248
高手支招
◇ 将歌曲剪辑成手机铃声 252

第 4 篇　电脑安全篇

第 13 章　做好电脑的日常保养和管理

本章 5 段教学录像

电脑给我们带来便利的同时，也不能疏忽对它的日常保养与管理，要时时清理电脑，释放电脑中的空间，从而让电脑运行速度更快。本章主要介绍日常电脑保养和管理。

13.1 实战 1：电脑的保养和清洁 257
13.1.1 选择合适的电脑清理工具 257
13.1.2 显示器的清洁与保养 258
13.1.3 键盘和鼠标的清洁 259
13.2 实战 2：使用 360 安全卫士维护电脑安全 261
13.2.1 给电脑做体检 261
13.2.2 给电脑修复系统漏洞 262
13.2.3 给电脑清理垃圾 263
13.2.4 给电脑提提速 264
13.3 实战 4：手机的备份与还原 265
13.3.1 备份安装软件 266
13.3.2 备份资料信息 267
13.3.3 还原备份内容 268
举一反三——修改桌面文件的默认存储位置 269

高手支招

◇ 使用 360 安全卫士给系统盘瘦身 ……… 271

第 14 章　网络安全与诈骗防护

本章 4 段教学录像

对于首次接触电脑的老年朋友，需要了解网络安全与诈骗防护的使用方法。本章主要介绍病毒的查杀与预防和如何防范网络诈骗等内容。

14.1 实战 1：病毒的查杀与预防 274
14.1.1 什么是电脑病毒 274
14.1.2 使用 Windows Defender 防治病毒 275
14.2 实战 2：如何防范网络诈骗 278
14.2.1 了解网络诈骗 278
14.2.2 常见的网络诈骗手段及预防方式 278
举一反三——使用 360 查杀病毒 280

高手支招

◇ 启用系统防火墙 ……………………… 282

第一篇

新手入门篇

第 1 章　老年人从零开始学电脑

第 2 章　从系统的基本操作开始

第 3 章　让电脑更符合使用习惯

本篇主要介绍新手入门的基础操作，通过本篇的学习，读者可以掌握从零开始学电脑，从系统的基本操作开始，让电脑更符合使用习惯的基本操作。

第1章 老年人从零开始学电脑

本章导读

对于首次接触电脑的老年朋友，需要了解电脑的基础知识和使用方法。本章主要介绍如何连接电脑、使用鼠标、键盘及正确开关机等内容。

思维导图

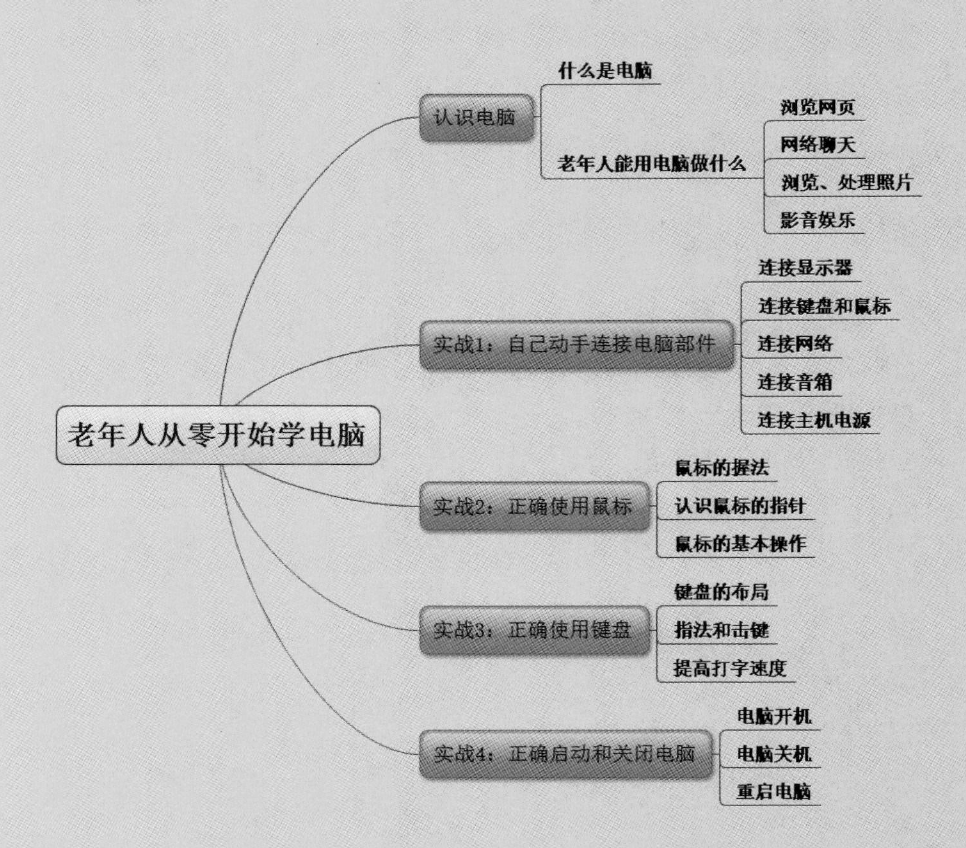

1.1 认识电脑

电脑已经完全融入了我们的日常生活中，对于电脑初学者而言，首先需要了解什么是电脑及电脑能做什么。

1.1.1 什么是电脑

电脑是计算机的俗称，由于它可以代替人脑计算数据、管理资料、处理文字和绘制图形等，因此人们形象地将计算机比喻成电脑。虽然电脑发展至今已经很强大，但是还需要人们进行操作，告诉它要做什么、怎么做。

下图即为电脑的各组成部分，可以对电脑有个初步认识。

1.1.2 老年人能用电脑做什么

电脑对于老年人来说有什么用呢？这是不少老年朋友最为关心的问题，下面就来介绍电脑能用来干什么。

1. 浏览网页

通过电脑，可以方便地在网上浏览各种需要查看的信息，如浏览新闻、查看地图和旅游信息、网上购物等。

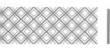

2. 网络聊天

通过电脑，可以和千里之外的亲人、朋友进行文字、语音和视频聊天，拉近彼此之间的距离，如通过QQ、微信等，也可以使用微博关注亲人朋友的实时动态，结交有相同兴趣爱好的朋友。

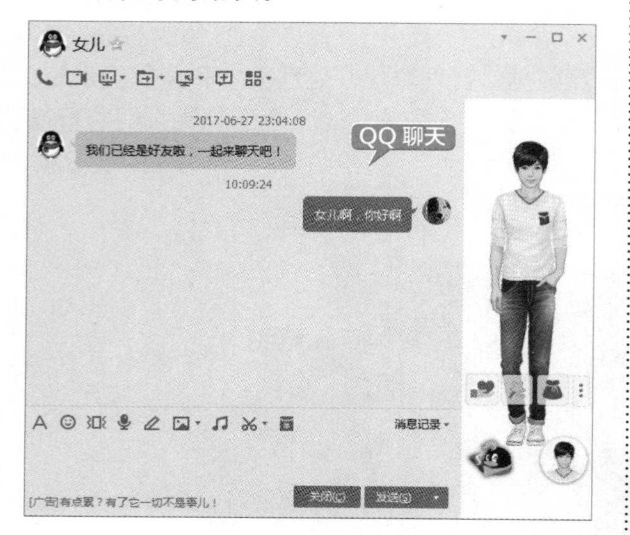

3. 浏览、处理照片

随着手机、相机的普及，用它们记录生活的点点滴滴已成为老年朋友的新时尚，尤其是可以拍摄儿孙的照片，方便自己查看和分享。可以将这些照片放到电脑上更清楚地查看，还可以使用软件对照片进行简单的处理，以达到自己满意的效果。

4. 影音娱乐

影音娱乐是电脑的一大优势，老年朋友可以使用电脑听经典的戏曲节目、看经典的影视大片，闲暇时间还可以和网友打打扑克、下下棋，丰富自己的娱乐生活。

1.2 实战1：自己动手连接电脑部件

电脑在购买之后，各个部件通常是分开的，需要使用连线将它们连接起来才能使用，而且在日常使用当中，还可能对电脑进行搬迁，因此了解和掌握电脑硬件的连接是非常有必要的。

1.2.1 连接显示器

连接显示器的方法是将显示器的信号线，即15针的信号线接在显卡上，插好后还需要拧紧接头两侧的螺丝。显示器电源一般都是单独连接电源插座的。

1.2.2 连接键盘和鼠标

键盘接口在主板的后部，是一个紫色圆形的接口。键盘插头上有向上的标记，连接时按照这个方向插好即可。

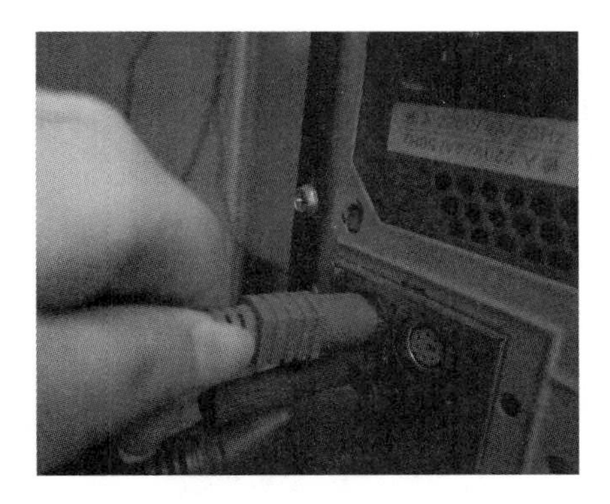

PS/2 鼠标的接口也是圆形的，位于键盘接口旁边，按照指定方向插好即可。

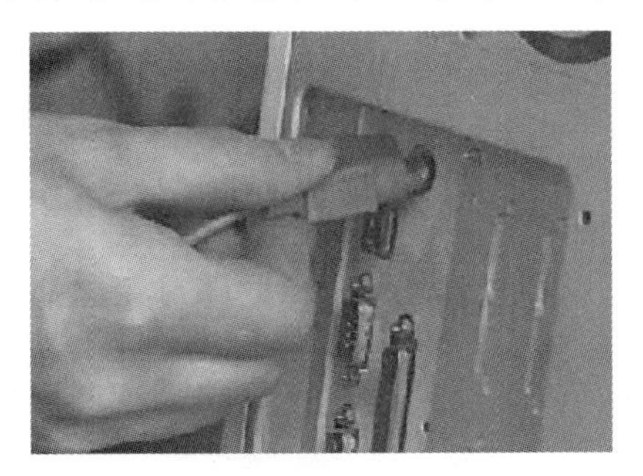

除圆形接口的键盘和鼠标外，USB 接口的键盘和鼠标也是十分常见的，它们可以直接插入任意的 USB 接口中。

1.2.3 连接网络

将 RJ–45 网线一端的水晶头按指示的方向插入网卡接口中，如下图所示。

1.2.4 连接音箱

找到音箱的音源线接头，将其连接到主机声卡的插口中，即可连接音源，如下图所示。根据 PC/99 规范，第 1 个输出口为绿色，第 2 个输出口为黑色，MIC 口为红色。

1.2.5 连接主机电源

主机电源线的接法很简单，只需要将电源线接头插入电源接口即可。

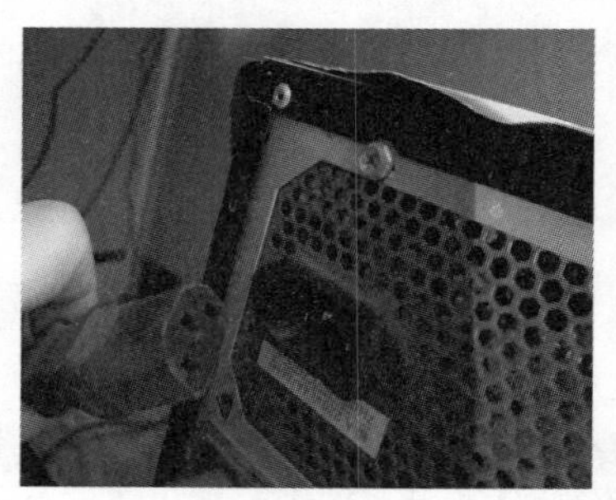

1.3 实战 2：正确使用鼠标

鼠标因外形如老鼠而得名，它是一种使用方便、灵活的输入设备，在操作系统当中，几乎所有的操作都是通过鼠标来完成的。

1.3.1 鼠标的握法

目前，使用最为普遍的鼠标是三键光电鼠标，三键鼠标各按键的作用如下。

鼠标左键：单击该键可选择对象或执行命令。

鼠标右键：单击该键将弹出当前选择对象相应的快捷菜单。

滚轮：主要用于多页文档的滚屏显示。

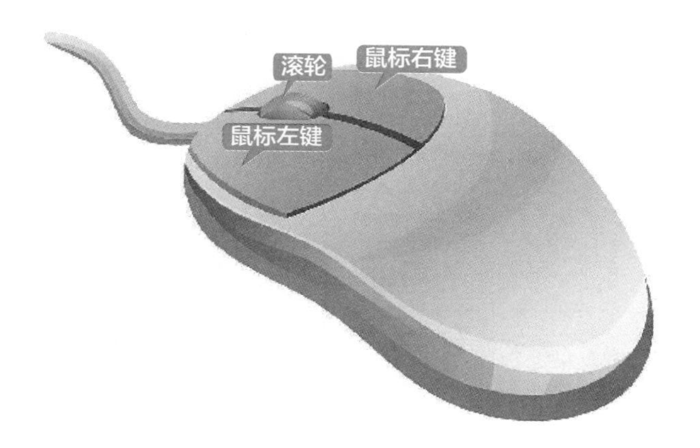

正确的鼠标握法有利于长久的工作和学习，而感觉不到疲劳。正确的鼠标握法是：食指和中指自然放在鼠标的左键和右键上，拇指靠在鼠标左侧，无名指和小指放在鼠标的右侧，拇指、无名指及小指轻轻握住鼠标，手掌心轻轻贴住鼠标后部，手腕自然垂放在桌面上，操作时带动鼠标做平面运动，用食指控制鼠标左键，中指控制鼠标右键，食指或中指控制鼠标滚轮的操作。正确的鼠标握法如下图所示。

1.3.2 认识鼠标的指针

鼠标在电脑中的表现形式是鼠标的指针，鼠标指针形状通常是一个白色的箭头 ，但其并不是一成不变的，在进行不同的工作、系统处于不同的运行状态时，鼠标指针的外形可能会随之发生变化，如常见的手形，就是鼠标指针的一种表现形式。

如下表所示列出了常见鼠标指针的表现形式及其代表的含义。

指针形状	表示状态	具体的含义
	正常选择	这是鼠标指针的基本形态，表示准备接受用户指令
	帮助选择	这是按下联机帮助键或选择帮助命令时出现的光标
	后台运行	系统正在执行某种操作，要求用户等待
	忙	系统正在处理较大的任务，正在处于忙碌状态，此时不能执行其他操作命令
	精确定位	在某种应用程序中系统准备绘制一个新的对象
	选定文本	此光标出现在可以输入文字的地方，表示此处可输入文本内容
	手写	此处可手写输入
	不可用	鼠标所在的按钮或某些功能不能使用
	垂直水平调整	光标处于窗口或对象的四周，拖动鼠标即可改变窗口或对象的大小
	沿对角线调整	出现在窗口或对象的 4 个角上，拖动可以改变窗口或对象的高度或宽度
	移动	该指针样式在移动窗口或对象时出现，使用它可以移动整个窗口或对象
	候选	这是构成选定方案的鼠标指针
	链接选择	鼠标指针所在的位置是一个超链接

1.3.3 鼠标的基本操作

鼠标的基本操作包括移动、单击、双击、拖动、右击和使用滚轮等。

【移动】：指移动鼠标，将鼠标指针移动到操作对象上。

【单击】：指快速按下并释放鼠标左键。单击一般用于选定一个操作对象。如下图所示为单击鼠标选中对象前后的对比效果。

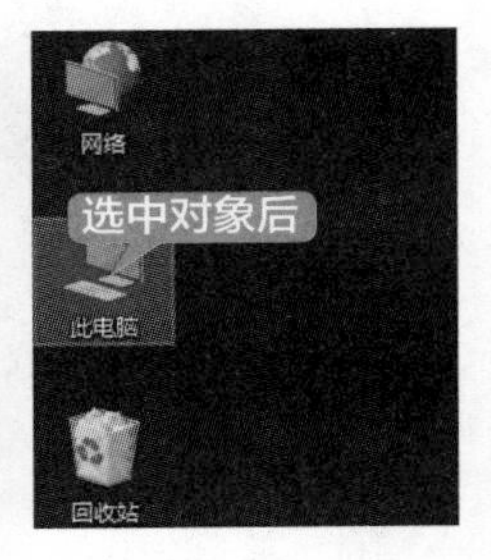

【双击】：指连续两次快速按下并释放鼠标左键。双击一般用于打开窗口和启动应用程序。如下图所示为双击【此电脑】图标，将打开【此电脑】窗口。

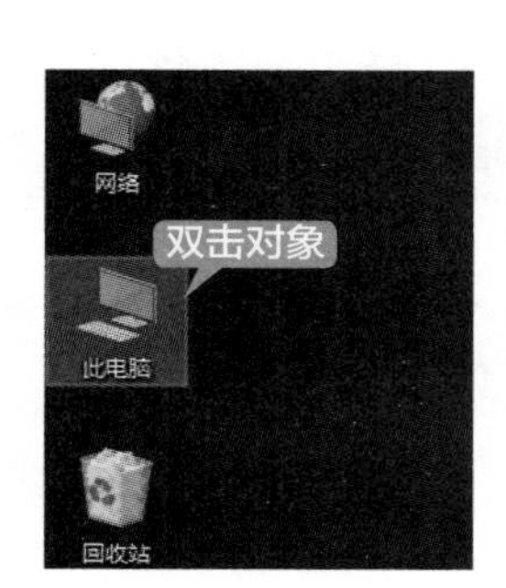

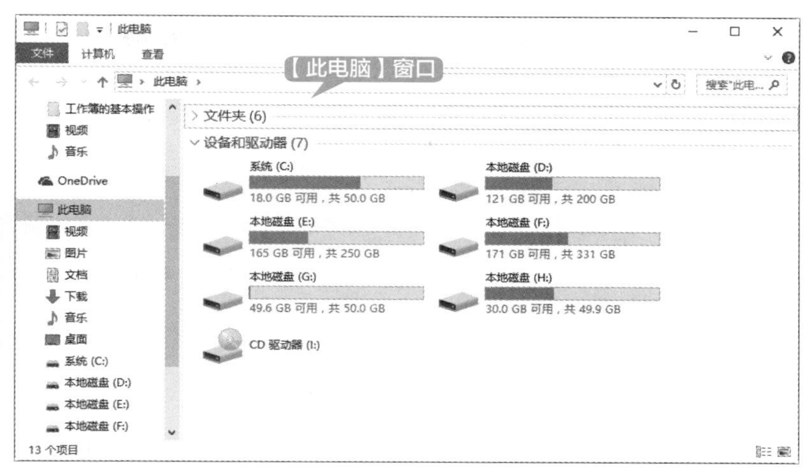

【拖动】：指按住鼠标左键，移动鼠标指针到指定位置，再释放按键的操作。拖动一般用于选择多个操作对象、复制或移动对象等。

【右击】：指快速按下并释放鼠标右键。右击一般用于打开一个与操作相关的快捷菜单。如下图所示为右击【此电脑】图标的快捷菜单。

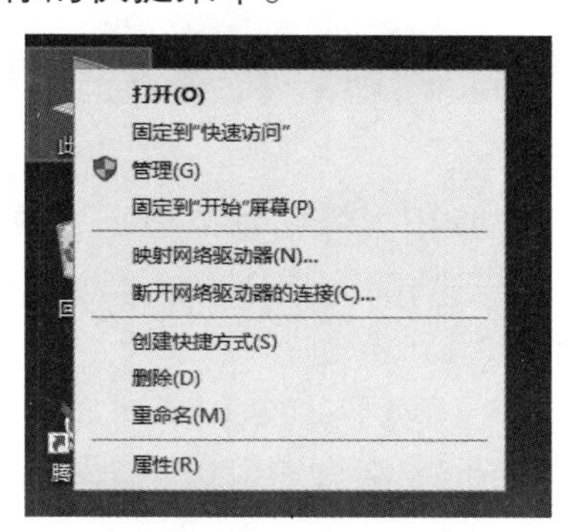

【使用滚轮】：鼠标滚轮用于对文档或窗口中未显示完的内容进行滚动显示，从而查看其中的内容。

1.4 实战 3：正确使用键盘

键盘是最基本的输入设备，通过键盘可以输入各种字符和数字，或下达一些控制命令，以实现人机交互。下面将介绍键盘的布局，以及打字的相关指法。

1.4.1 键盘的布局

键盘的键位分布大致都是相同的，目前大多数用户使用的键盘为 107 键的标准键盘。根据键盘上各个键位作用的不同，键盘总体上可分为五个大区，分别为：功能键区、主键盘区、编辑键区、辅助键区、状态指示区。

1. 功能键区

功能键区位于键盘的上方，由【Esc】键【F1】~【F12】键及其他三个功能键组成，这些键在不同的环境中有不同的作用。

各个键的作用如下。

（1）Esc：也称为强行退出键，常用来撤消某项操作、退出当前环境或返回到原菜单。

（2）F1~F12：用户可以根据自己的需要来定义它的功能，不同的程序可以对它们有不同的操作功能定义。

（3）Print Screen：在 Windows 环境下，按【Print Screen】键可以将当前屏幕上的内容复制到剪贴板中，按【Alt+Print Screen】组合键可以将当前屏幕上的活动窗口中的内容复制到剪贴板，这样剪贴板中的内容就可以粘贴（按【Ctrl+V】组合键）到其他的应用程序中。

另外，同时按【Shift+Print Screen】组合键，可以将屏幕上的内容打印出来。若同时按【Ctrl+Print Screen】组合键，其作用是同时打印屏幕上的内容及键盘输入的内容。

（4）Scroll Lock：用来锁定屏幕，按下此键后屏幕停止滚动，再次按下该键解除锁定。

（5）Pause：暂停键。如果按下【Ctrl+Pause】组合键，将强行中止当前程序的运行。

2. 主键盘区

位于键盘的左下部，是键盘的最大区域，既是键盘的主体部分，也是经常操作的部分，在主键盘区，除了包含数字和字母之外，还有下列辅助键。

（1）Tab：制表定位键。通常情况下，按此键可使光标向右移动 8 个字符的位置。

（2）Caps Lock：用来锁定字母为大写状态。

（3）Shift：换挡键。在字符键区有 30 个键位上有两个字符，按【Shift】键的同时按下这些键，可以转换符号键和数字键。

（4）Ctrl：控制键。与其他键同时使用，用来实现应用程序中定义的功能。

（5）Alt：转换键。与其他键同时使用，组合成各种复合控制键。

（6）空格键：是键盘上最长的一个键，用来输入一个空格，并使光标向右移动一个字符的位置。

（7）Enter：回车键。确认将命令或数据输入计算机时按此键。录入文字时，按该键可以将光标移到下一行的行首，产生一个新的段落。

（8）Backspace：退格键。按一次该键，屏幕上的光标在现有位置退回一格（一格为一个字符位置），并抹去退回的那一格内容（一个字符）。相当于删除刚输入的字符。

（9）：Windows 图标键。在 Windows 环境下，按此键可以打开【开始】菜单，以选择所需要的菜单命令。

（10）：Application 键。在 Windows 环境下，按此键可打开当前所选对象的快捷菜单。

3. 编辑键区

位于键盘的中间部分，其中包括上、下、左、右四个方向键和几个控制键。

（1）Insert：用来切换插入与改写状态。在插入状态下，输入一个字符后，光标右边的所有字符将向右移动一个字符的位置。在改写状态下，输入的字符将替换当前光标处的字符。

（2）Delete：删除键。用来删除当前光标处的字符。字符被删除后，光标右边的所有字符将向左移动一个字符的位置。

（3）Home：用来将光标移到屏幕的左上角。

（4）End：用来将光标移到当前行最后一个字符的右边。

（5）Page Up：按此键将光标翻到上一页。

（6）Page Down：按此键将光标翻到下一页。

（7）方向键：用来将光标向上、下、左、右移动一个字符的位置。

4. 辅助键区

位于键盘的右下部，其作用是快速地输入数字，由【Num Lock】键、数字键、【Enter】键和符号键组成。

辅助键区中大部分都是双字符键，上挡键是数字，下挡键具有编辑和光标控制功能，上下挡的切换由【Num Lock】键来实现。当按下【Num Lock】键时，状态指示灯区的第一个指示灯点亮，表示此时为数字状态，再按下此键，指示灯熄灭，此时为光标控制状态。

5. 状态指示灯

位于键盘的右上角，用于提示辅助键区的工作状态，大小写状态及滚屏锁定键的状态。从左到右依次为：Num Lock 指示灯、Caps Lock 指示灯、Scroll Lock 指示灯。它们与键盘上的 Num Lock 键、Caps Lock 键及 Scroll Lock 键对应。

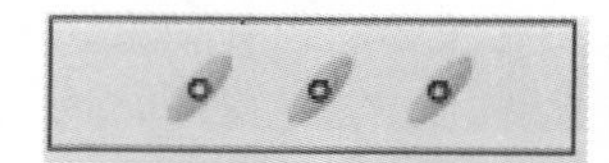

（1）按下【Num Lock】键，Num Lock 指示灯亮，这时右边的数字键区可以用于输入数字。反之，当 Num Lock 灯灭时，该区只能作为方向移动键来使用。

（2）按下【Caps Lock】键，Caps Lock 指示灯亮，这时输入的字母为大写，反之为小写。

（3）按下【Scroll Lock】键，Scroll Lock 指示灯亮，这时可以锁定光标而滚动页面。

1.4.2 指法和击键

使用键盘时需要有一定的规则，才能又快又准。

1. 打字键区的字母顺序

键盘没有按照字母顺序分布排列，英文字母和符号是按照它们的使用频率来分布的。常用字母由于敲击次数多，就会被安置在中间的位置，比如【F】【G】【H】【J】等；相对不常用的【Z】【Q】就安排在旁边的位置。

准备打字时，除拇指外其余的八个手指分别放在基本键上外，拇指放在空格键上，十指分工，包键到指，分工明确。

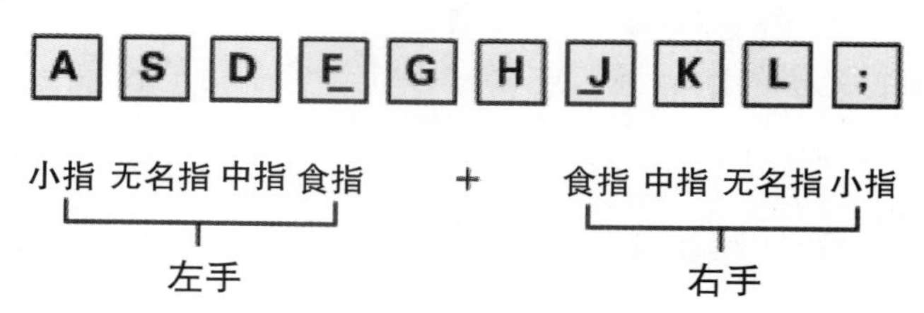

2. 各指的负责区域

每个手指除了指定的基本键外，还分工有其他字键，称为它的范围键。开始录入时，左手小指、无名指、中指和食指应分别对应虚放在【A】【S】【D】【F】键上，右手的食指、中指、无名指和小指分别虚放在【J】【K】【L】【；】键上。两个大拇指则虚放在空格键上。基本键是录入时手指所处的基准位置，击打其他任何键，手指都是从这里出发，击完之后又须立即退回到基本键位。

（1）左手食指：负责【4】【5】【R】【T】【F】【G】【V】【B】这八个键。

（2）左手中指：负责【3】【E】【D】【C】四个键。

（3）左手无名指：负责【2】【W】【S】【X】四个键。

（4）左手小指：负责【1】【Q】【A】【Z】四个键及【Tab】【Caps Lock】【Shift】等键。

（5）右手食指：负责【6】【7】【Y】【U】【H】【J】【N】【M】这八个键。

（6）右手中指：负责【8】【I】【K】【，】四个键。

（7）右手无名指：负责【9】【O】【L】【.】四个键。

（8）右手小指：负责【O】【P】【；】【／】四个键，以及【－】【＝】【\】【Back Space】【[】【]】【Enter】【‘】【Shift】等键。

（9）两手大拇指：专门负责空格键。

3. 特殊字符输入

键盘的打字键区上方及右边有一些特殊的按键，在它们标示中都有两个符号，位于上方的符号是无法直接打出的，它们就是上挡键。只有同时按住【Shift】键与所需的符号键，才能打出这个符号。例如，输入一个感叹号【!】的指法是右手小指按住右边【Shift】键，左手小指敲击【1】键。

提示

按住【Shift】键的同时按字母键，还可以切换英文的大小写输入。

1.4.3 提高打字速度

用户初学打字时，需要掌握适当的练习方法。这对提高自己的打字速度，成为一名打字高手是非常必要的。

1. 打字的正确姿势

打字之前一定要端正坐姿。如果坐姿不正确，不但影响打字速度，而且很容易疲劳。正确的坐姿应该遵循以下几个原则。

（1）两脚平放，腰部挺直，两臂自然下垂，两肘贴于腋边。

（2）身体可略倾斜，离键盘的距离为 20 ~ 30cm。

（3）打字教材或文稿放在键盘左边，或用专用夹夹在显示器旁边。

（4）打字时眼观文稿，身体不要跟着倾斜。

2. 正确的打字键位

初学打字的用户一定要把手指按照分工放在正确的键位上，有意识慢慢地记忆键盘各个字符的位置，体会不同键位上的键被敲击时手指的感觉，逐步养成不看键盘的输入习惯。进行打字练习时，必须集中注意力，做到手、脑、眼协调一致，尽量避免边看原稿边看键盘，这样容易分散注意力。初级阶段的练习即使速度慢，也一定要保证输入的准确性。总之，正确的指法 + 键盘记忆 + 集中精力 + 准确输入 = 打字高手。

3. 利用打字软件练习打字

刚接触电脑的用户对打字不是很熟悉，因此需要找一些打字软件进行指法练习。常见的指法练习软件有金山打字通、明天打字员等。

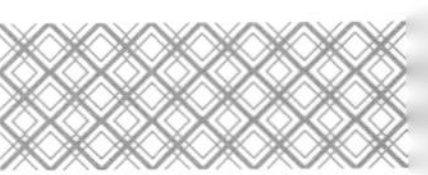

金山打字通是目前较为有效的一种打字训练软件。该软件功能齐全、用户界面友好，是专业录入人员或普通电脑操作者进行指法训练、熟悉键盘的好工具。在众多的五笔打字软件中，金山打字通是一款功能强大、富有个性的打字软件，主要由英文打字、拼音打字、五笔打字和打字游戏等部分组成。

1.5 实战 4：正确启动和关闭电脑

要使用电脑进行办公，首先应该学会的是启动和关闭电脑，作为初学者，首先需要了解的是打开电脑的顺序，以及在不同的情况下采用的打开方式，还需要了解的是如何关闭电脑及在不同的情况下关闭电脑的方式。

1.5.1 电脑开机

电脑开机是指在电脑尚未开启的情况下进行启动。电脑开机的正确顺序是：先打开显示器的电源，然后打开主机的电源。启动电脑的具体操作步骤如下。

第 1 步 按下电脑的显示器电源按钮，打开显示器电源。

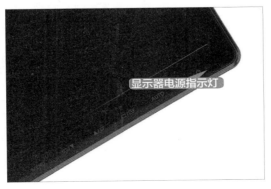

第 2 步 按下电脑主机的【电源】按钮，打开主机的电源开关。

第 3 步 电脑启动自检后，首先进入 Windows 10 系统加载界面。

第 4 步 如果电脑设置了密码，当启动完毕后将进入欢迎界面，系统会显示电脑的用户名和登录密码文本框。在密码文本框中输入登录密码，按【Enter】键确认。

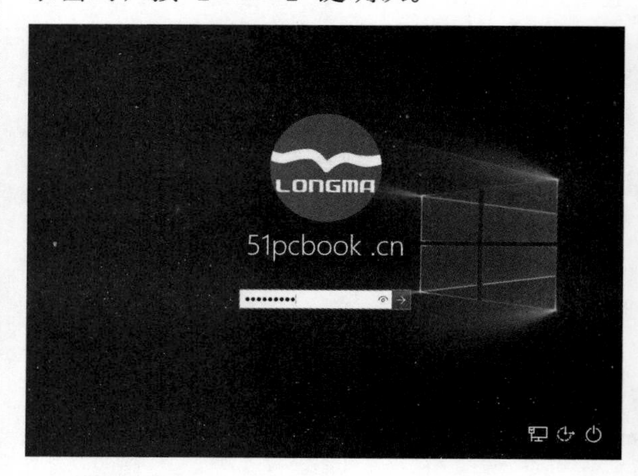

第 5 步 如果密码正确，经过几秒后，系统会成功进入 Windows 10 系统桌面，则表明已经开机 成功。

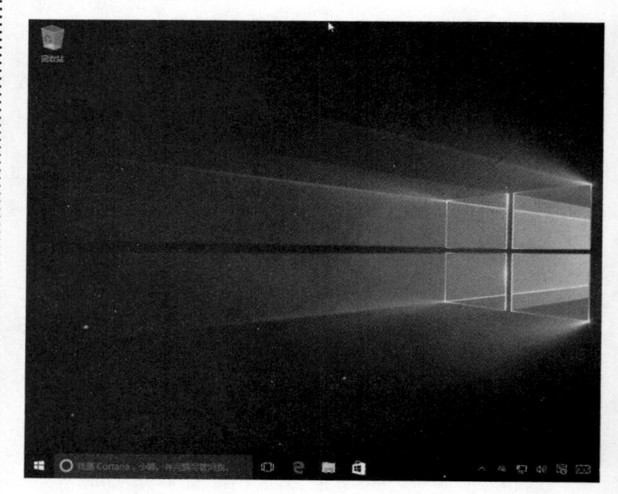

1.5.2 电脑关机

使用完电脑，应当关闭电脑，关闭电脑的顺序与开机顺序相反，先关闭主机，再关闭显示器。关闭主机不能直接关闭，需要对电脑进行操作，具体方法如下。

方法 1：使用【开始】菜单

单击 Windows 10 桌面左下角的【开始】按钮，在弹出的【开始】菜单中选择【电源】菜单命令，在弹出的子菜单中选择【关机】命令，即可关闭电脑。

方法2：通过右击【开始】按钮关机

右击【开始】按钮，在弹出的菜单中选择【关机或注销】菜单命令，在弹出的子菜单中选择【关机】命令。

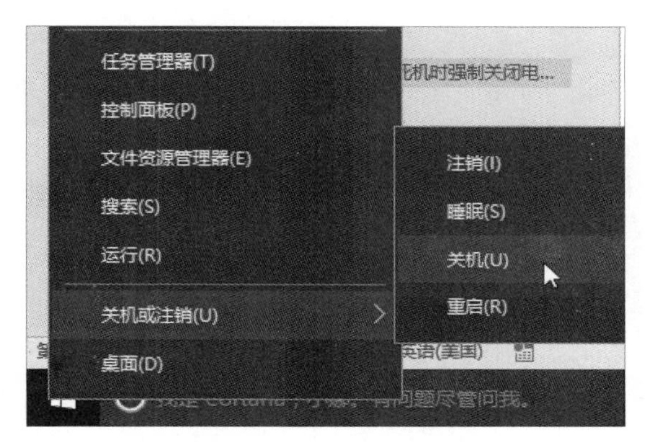

方法3：使用【Alt+F4】组合键关机

在关机前关闭所有的程序，然后使用【Alt+F4】组合键快速调出【关闭 Windows】对话框，单击【确定】按钮，即可进行关机。

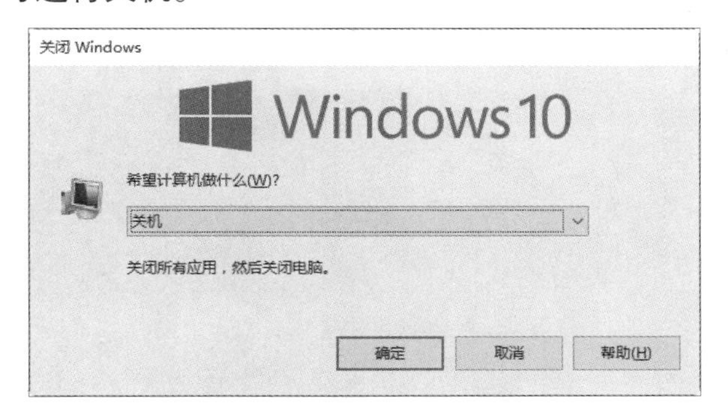

方法4：死机时关机

当电脑在使用的过程中出现了蓝屏、花屏、死机等非正常现象时，就不能按照正常关闭电脑的方法来关闭电脑了。这时应该先用前面介绍的方法重新启动电脑，若不行再进行复位启动。如果复位启动还是不行，则只能进行手动关机，方法是先按下主机机箱上的电源按钮3～5s，待主机电源关闭后，再关闭显示器的电源开关，以完成手动关机操作。

1.5.3 重启电脑

在使用电脑的过程中，有时会出现死机，有时在安装了某些应用软件或对电脑进行了新的配置，经常会被要求重新启动电脑。

单击 Windows 10 桌面左下角的【开始】按钮，在弹出的【开始】菜单中选择【电源】菜单命令，在弹出的子菜单中选择【重启】命令，即可重启电脑。

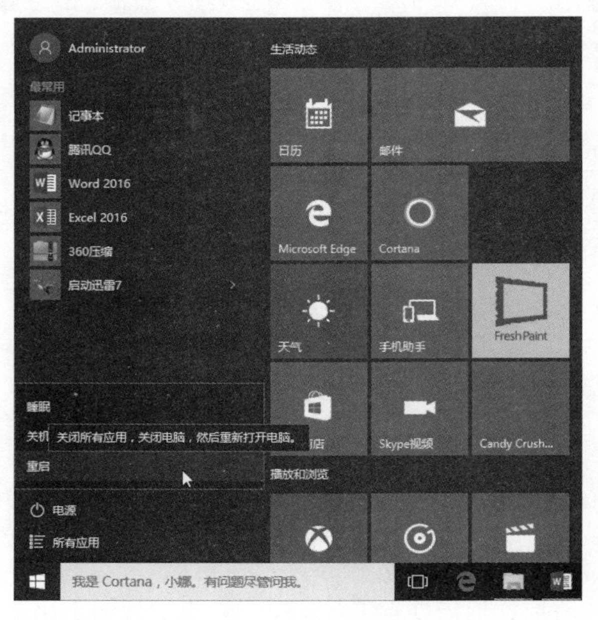

如果电脑死机，无法选择【重启】命令，可以按下主机机箱上的重新启动按钮，重新启动电脑。

◇ 解决左手使用鼠标的问题

如果老年朋友习惯左手操作，可以适应左手使用鼠标用户的使用习惯。具体操作步骤如下。

第 1 步 单击【开始】按钮，在弹出的菜单中选择【设置】菜单命令。

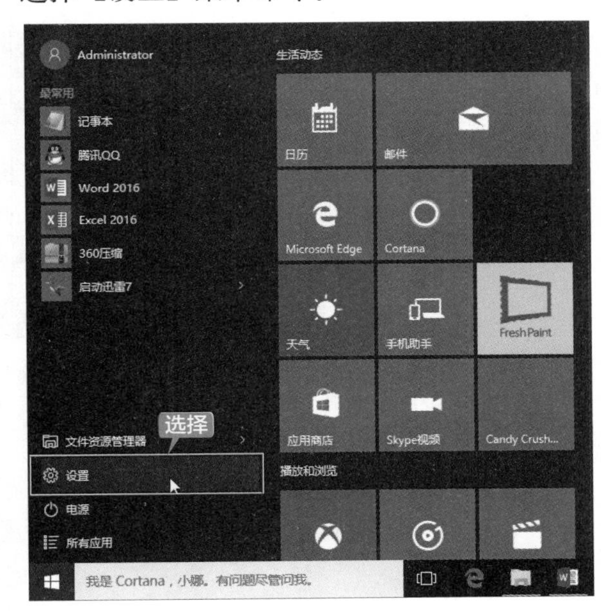

第 2 步 弹出【设置】窗口，选择【设备】选项。

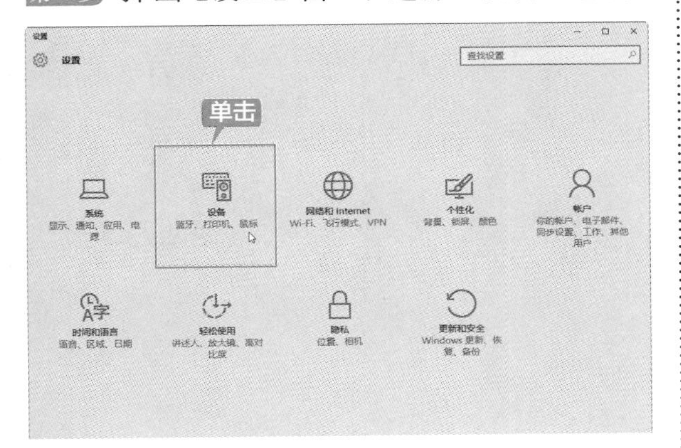

第 3 步 弹出【设置】窗口，在左侧的列表中选择【鼠标和触摸板】选项，然后在右侧窗口中选择【其他鼠标选项】选项。

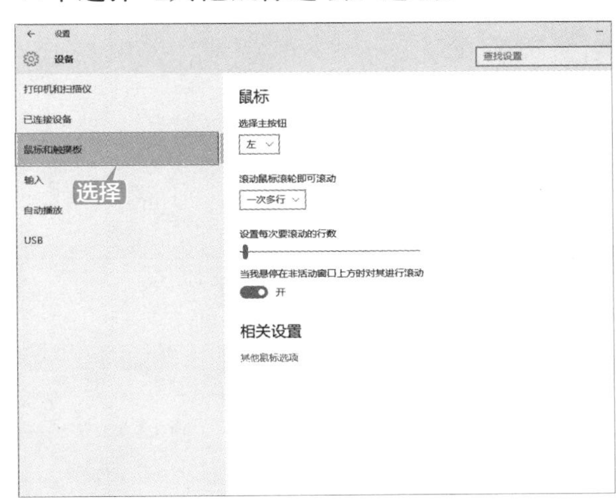

第 4 步 弹出【鼠标 属性】对话框，选择【鼠标键】选项卡，然后选中【切换主要和次要的按钮】复选框，单击【确定】按钮即可完成设置。

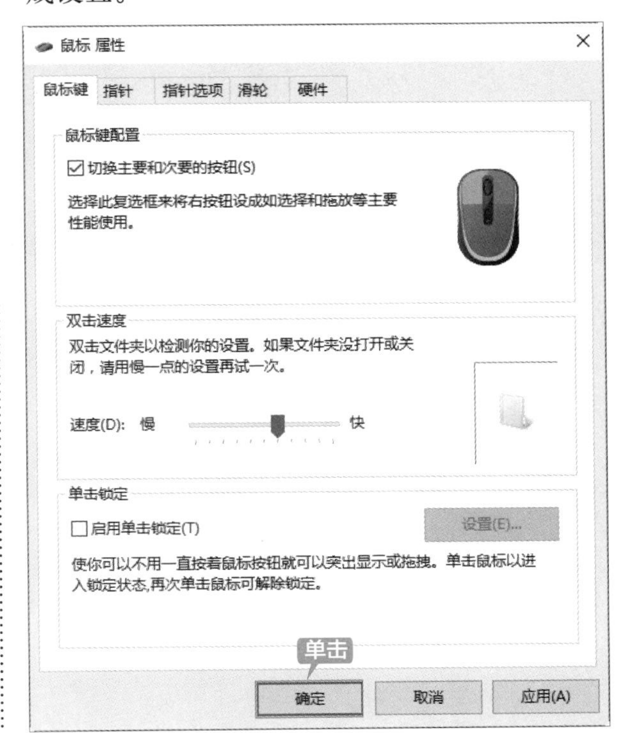

◇ 将鼠标指针调大显示

老年人在使用电脑的过程中，如果觉得鼠标指针太小，可以将其调大显示，具体操作步骤如下。

第 1 步 使用“解决左手使用鼠标的问题”的方法，打开【鼠标 属性】对话框，选择【指针】选项卡。

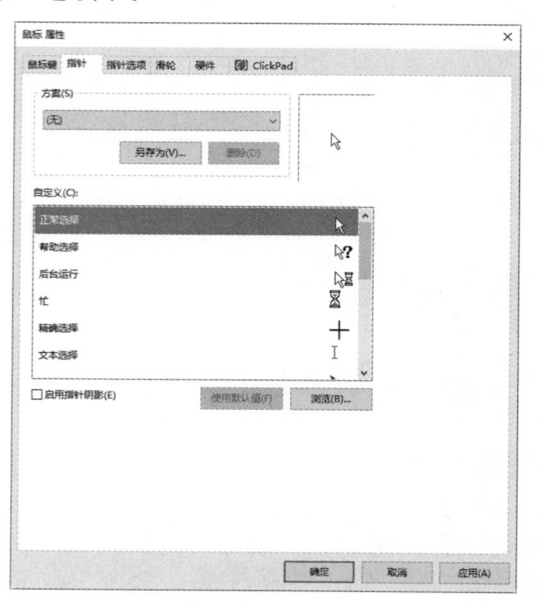

第 2 步 在【方案】下拉列表框中选择较大的方案，如选择【Windows 标准（特大）（系统方案）】方案，单击【确定】按钮即可。

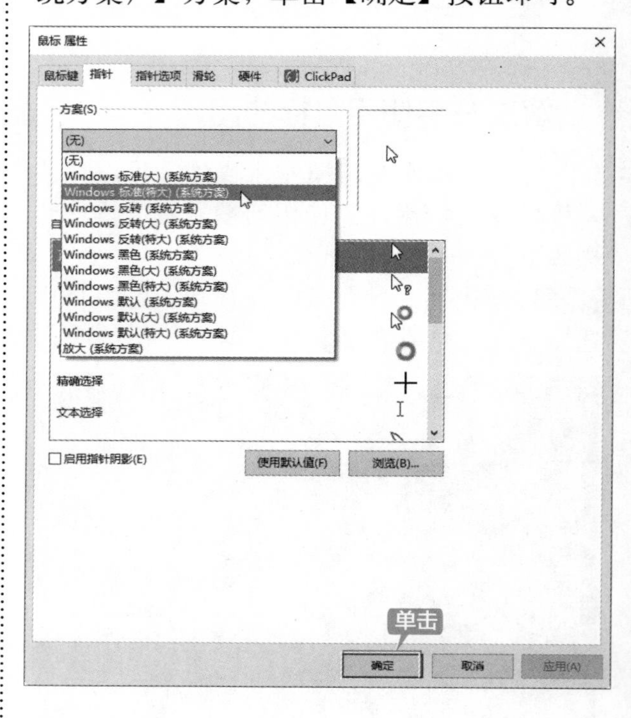

第 2 章

从系统的基本操作开始

本章导读

了解了电脑的基础知识后，如果希望熟练地操作电脑，就需要对电脑的基本操作了解和掌握。本章主要介绍 Windows 10 系统的基本操作内容，以帮助老年人熟练电脑的操作与应用。

思维导图

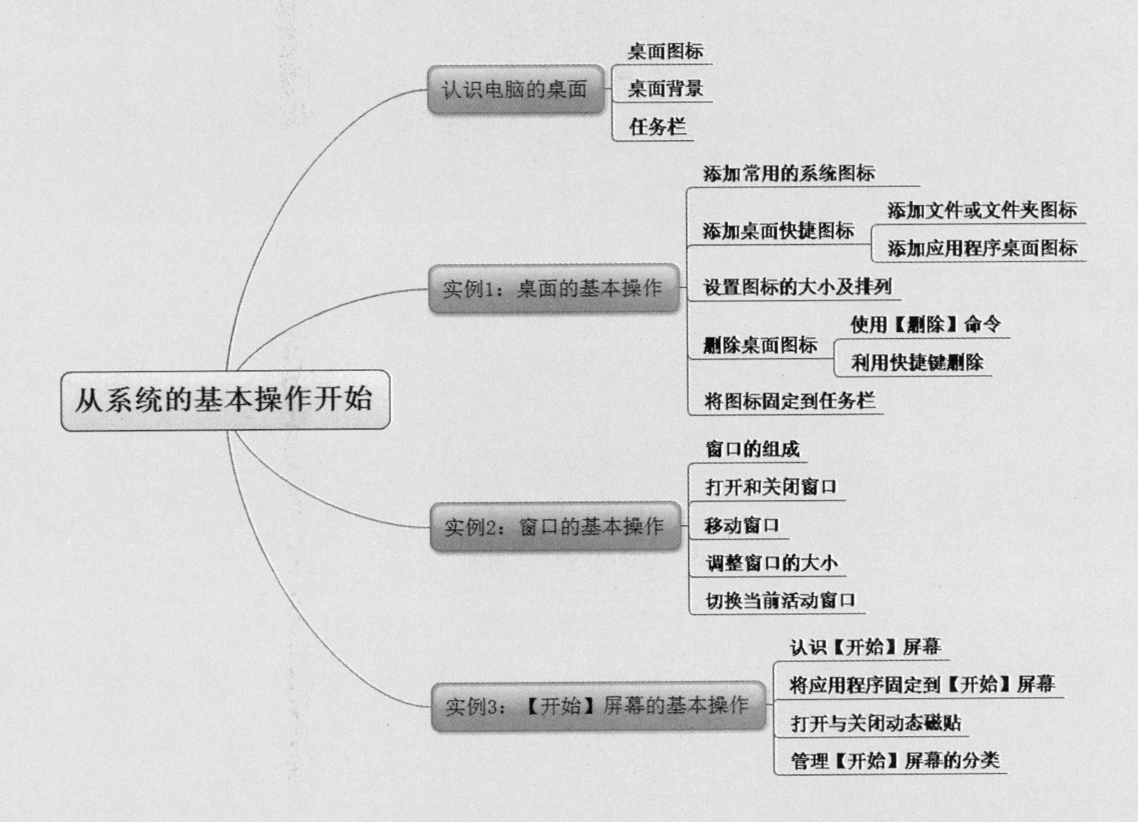

2.1 认识电脑的桌面

进入电脑操作系统后，用户首先看到的就是电脑桌面，也称为“Windows 桌面”，初次见到电脑桌面，老年朋友往往不知道如何下手，下面就介绍下电脑的桌面。

桌面的组成元素主要包括桌面背景、图标、【开始】按钮、任务栏等。

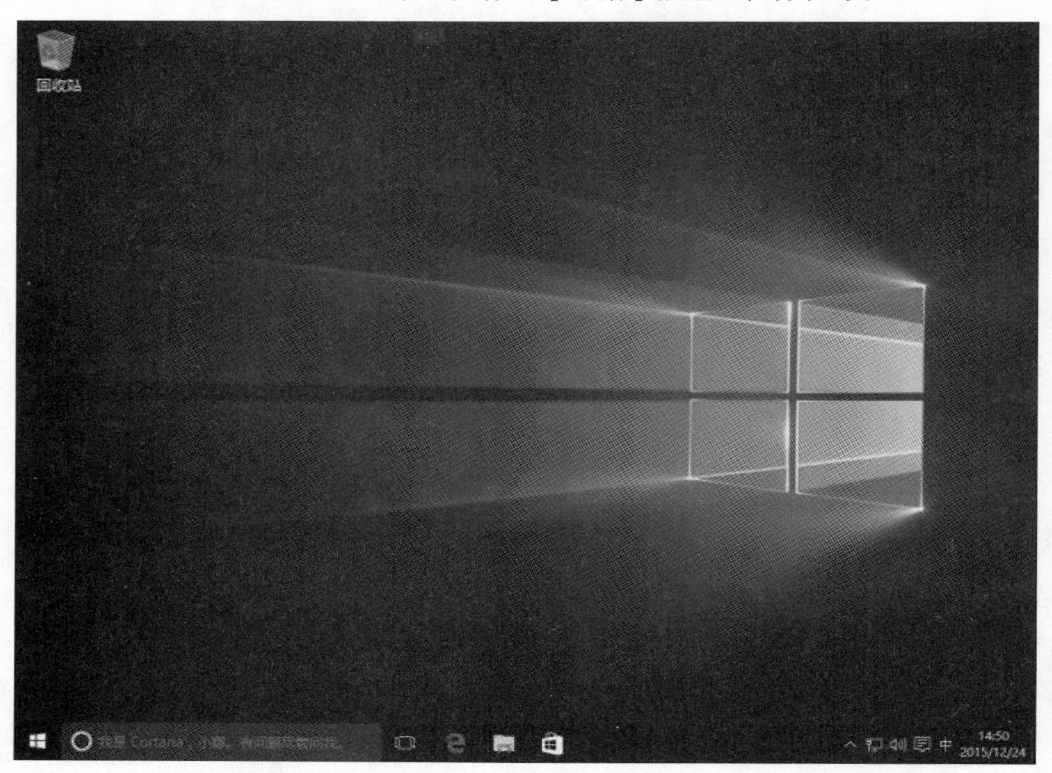

2.1.1 桌面图标

Windows 10 操作系统中，所有的文件、文件夹和应用程序等都是由相应的图标表示。桌面图标一般由文字和图片组成，文字说明图标的名称或功能，图片是它的标识符。

双击桌面上的图标，可以快速地打开相应的文件、文件夹或者应用程序，例如，双击桌面上的【回收站】图标即可打开【回收站】窗口。

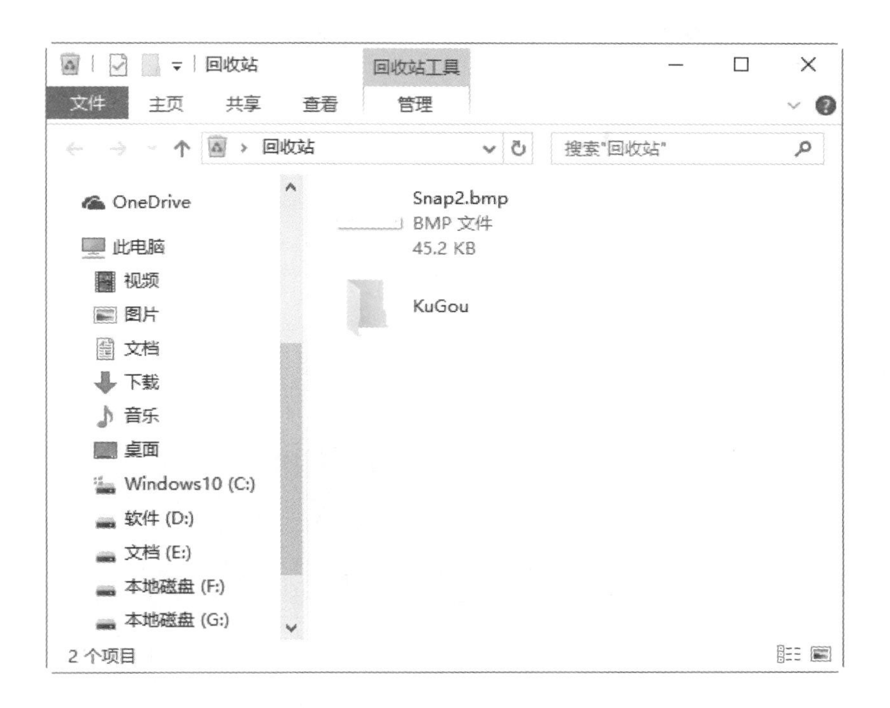

2.1.2 桌面背景

桌面背景即桌面的背景图像，也称为墙纸，用户可以根据需要设置桌面的背景图案，如下图所示为 Windows 10 操作系统的默认桌面背景。

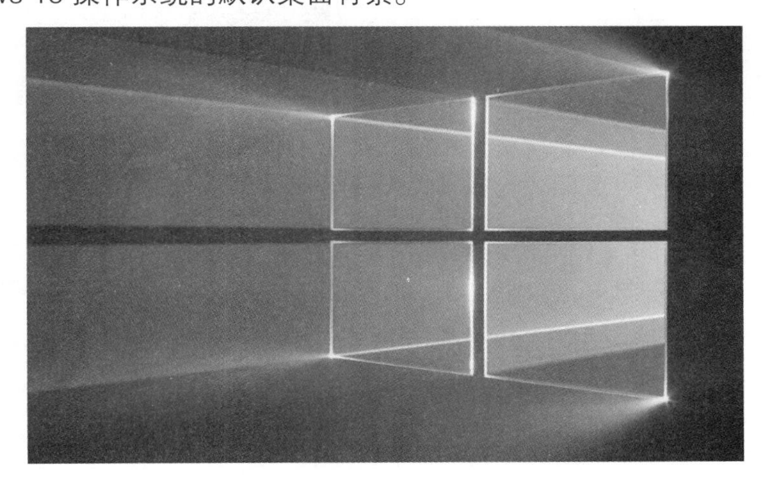

2.1.3 任务栏

【任务栏】是位于桌面的最底部的长条，主要由【程序】区、【通知】区域和【显示桌面】按钮组成，和以前的系统相比，Windows 10 中的任务栏设计更加人性化，使用更加方便，功能和灵活性更强大，用户按【Alt+Tab】组合键可以在不同的窗口之间进行切换操作。

2.2 实例 1：桌面的基本操作

上节对电脑桌面进行了介绍，下面学习桌面的基本操作，也是电脑日常使用较为频繁的操作。

2.2.1 添加常用的系统图标

初次使用 Windows 10 操作系统时，桌面上只有【回收站】系统图标，如下图所示。

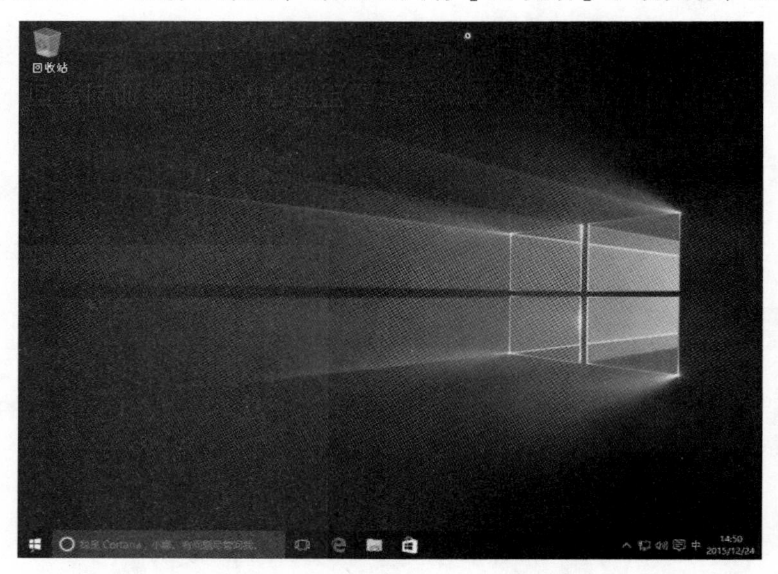

这样显示，对于老年人日常使用极为不便，为了方便操作，可以根据需要添加【此电脑】【网络】【控制面板】等系统图标。具体操作步骤如下。

第 1 步 在桌面上空白处右击，在弹出的快捷菜单中选择【个性化】菜单命令。

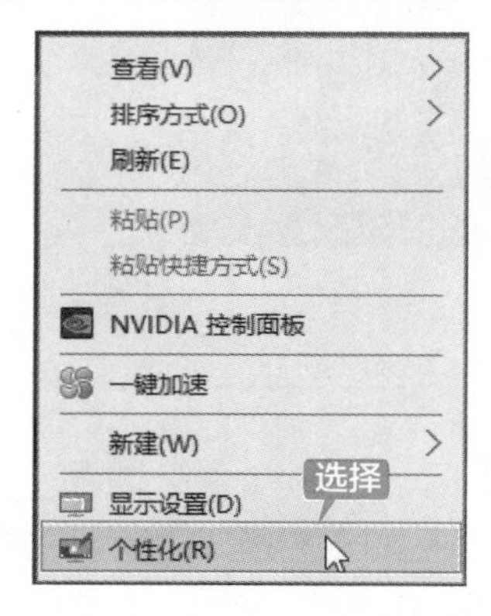

第 2 步 弹出【设置 – 个性化】窗口，在其中选择【主题】选项。

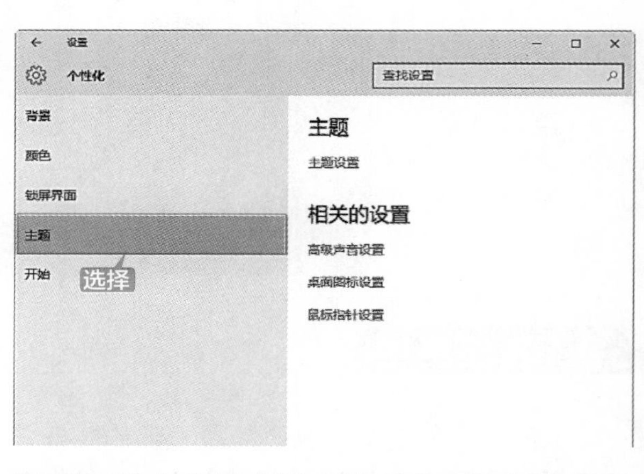

第 3 步 单击右侧窗格中的【桌面图标设置】链接，弹出【桌面图标设置】对话框，在其中选中需要添加的系统图标复选框，单击【确定】按钮。

第 4 步 选择的图标即可在桌面上添加。

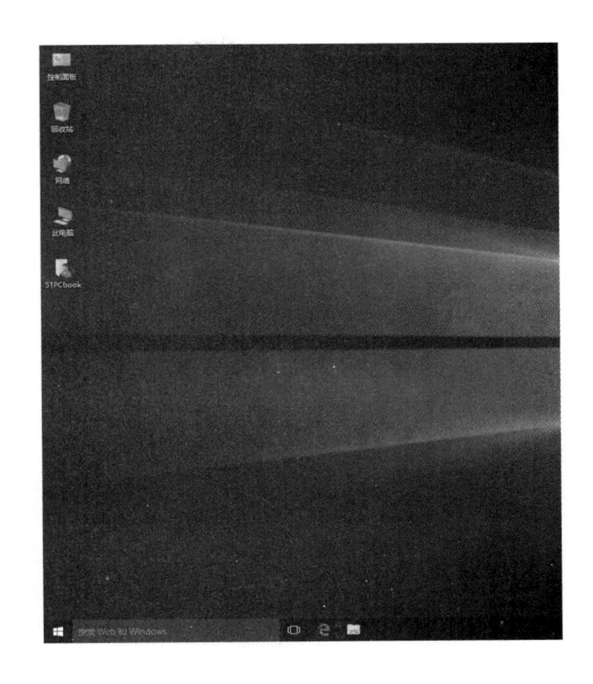

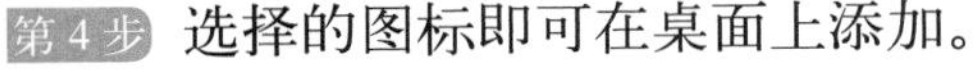

2.2.2 添加桌面快捷图标

为了方便使用，用户可以将文件、文件夹和应用程序的图标添加到桌面上。

1. 添加文件或文件夹图标

具体操作步骤如下。

第 1 步 右击需要添加的文件夹，在弹出的快捷菜单中选择【发送到】→【桌面快捷方式】菜单命令。

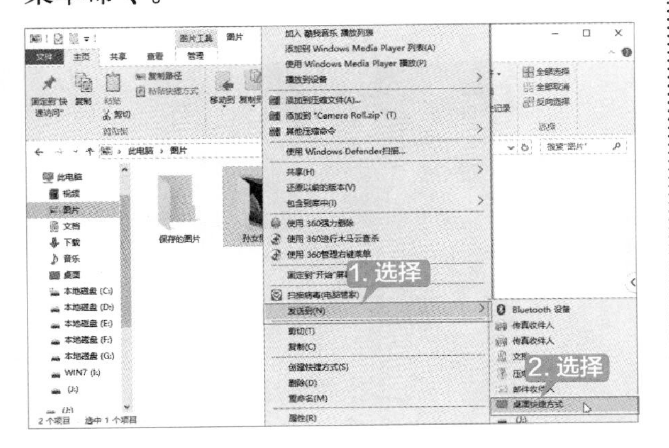

第 2 步 此文件夹图标就添加到桌面上。

2. 添加应用程序桌面图标

用户也可以把程序的快捷方式放置在桌面上，下面以添加【QQ】为例进行讲解。具体操作步骤如下。

第 1 步 单击【开始】按钮，在弹出的快捷菜单中把鼠标指向【所有应用】→【腾讯软件】→【腾讯 QQ】菜单命令。

第 2 步 按下鼠标左键不放，将其拖曳到桌面上。

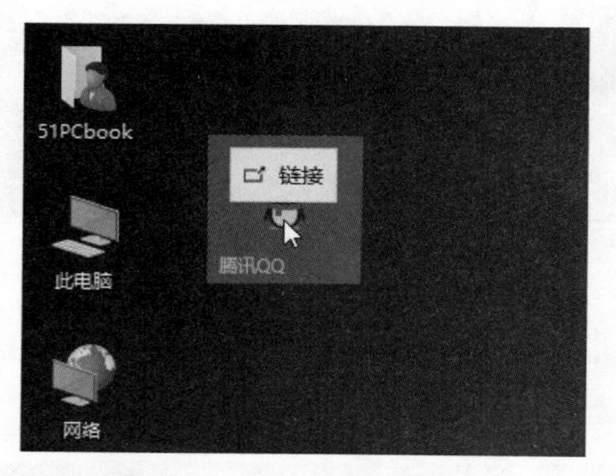

第 3 步 返回桌面，可以看到桌面上已经添加了一个【腾讯 QQ】的图标。

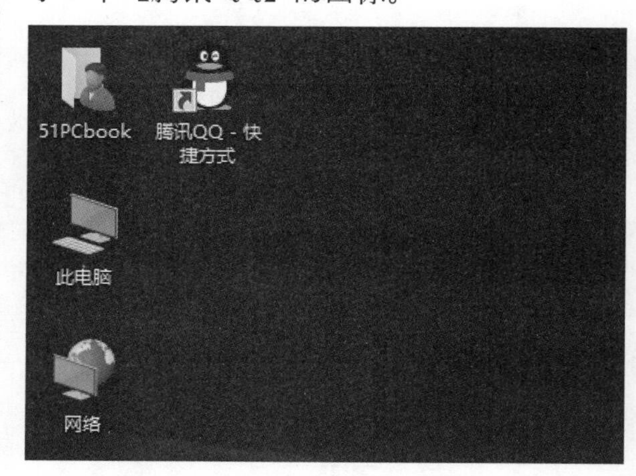

2.2.3 设置图标的大小及排列

如果桌面上的图标比较多，会显得很乱，这时可以通过设置桌面图标的大小和排列方式等来整理桌面。具体操作步骤如下。

第 1 步 在桌面的空白处右击，在弹出的快捷菜单中选择【查看】菜单命令，在弹出的子菜单中显示 3 种图标大小，包括大图标、中等图标和小图标，本实例选择【小图标】菜单命令。

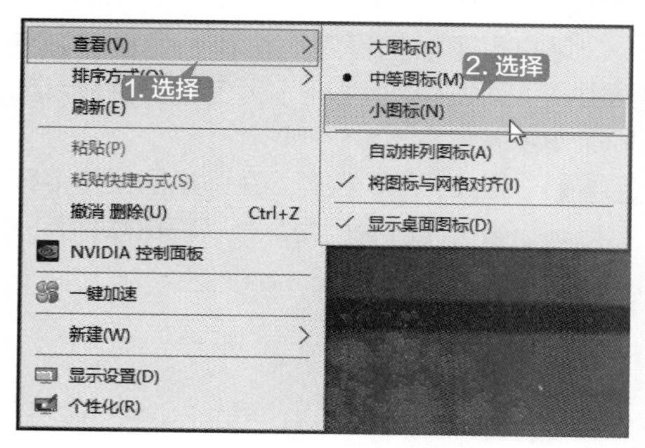

第 2 步 返回到桌面，此时桌面图标已经以小图标的方式显示。

第 3 步 在桌面的空白处右击，然后在弹出的快捷菜单中选择【排序方式】菜单命令，弹出的子菜单中有 4 种排列方式，分别为名称、大小、项目类型和修改日期，本实例选择【名称】菜单命令。

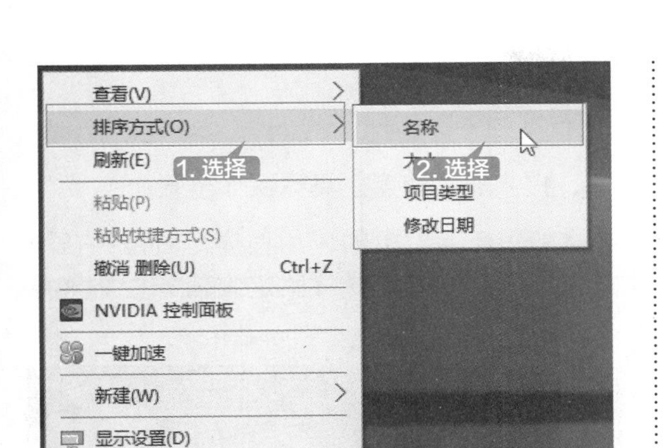

第 4 步 返回到桌面，图标将按【名称】进行排列，如下图所示。

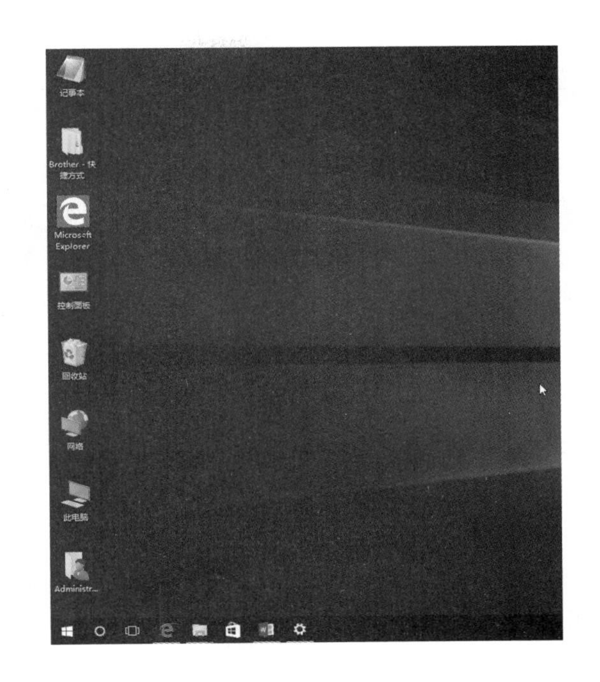

2.2.4 删除桌面图标

对于不常用的桌面图标，可以将其删除，这样有利用管理，同时使桌面看起来更简洁美观。

1. 使用【删除】命令

这里以删除【记事本】为例进行讲解。具体操作步骤如下。

第 1 步 在桌面上选择【记事本】的图标，右击，在弹出的快捷菜单中选择【删除】菜单命令。

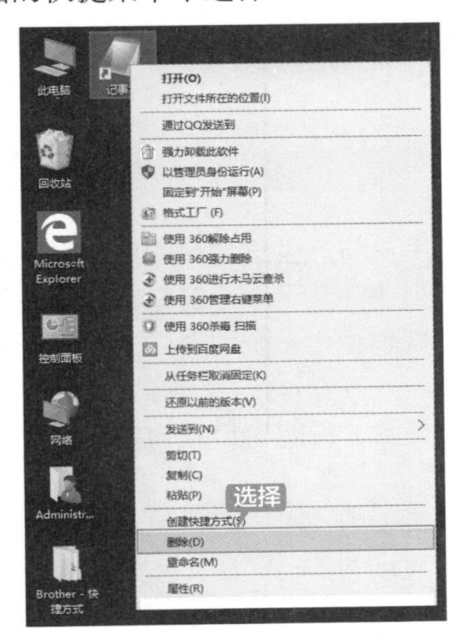

第 2 步 即可将桌面图标删除，删除的图标被放在【回收站】中，用户可以将其还原。

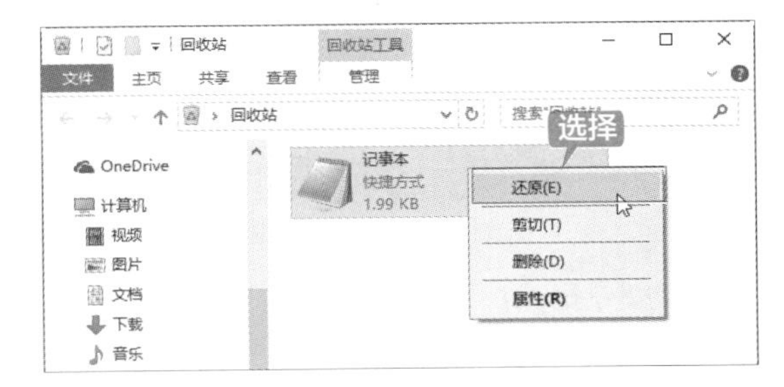

2. 利用快捷键删除

选择需要删除的桌面图标，按下【Delete】键，即可将图标删除。如果想彻底删除桌面图标，按下【Delete】键的同时按下【Shift】键，此时会弹出【删除快捷方式】对话框，提示“你确定要永久删除此快捷方式吗？”，单击【是】按钮。

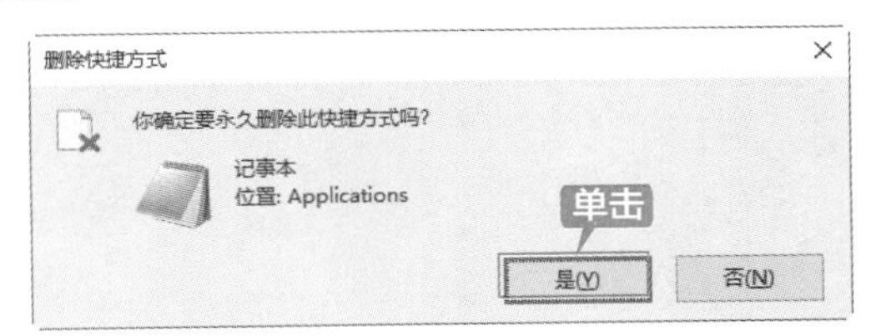

2.2.5 将图标固定到任务栏

将图标固定到任务栏中，可以快速打开应用程序，提高操作速度。具体操作步骤如下。

第1步 如果程序已经打开，在【任务栏】上选择程序并右击，从弹出的快捷菜单中选择【固定到任务栏】菜单命令。

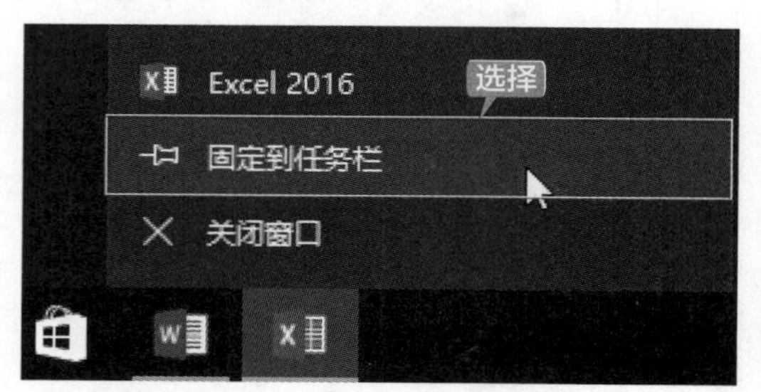

第2步 则任务栏上将会一直存在添加的应用程序，用户可以随时打开程序。

第3步 如果程序没有打开，选择【开始】→【所有应用】菜单命令，在弹出的列表中选择需要添加到任务栏中的应用程序，右击并在弹出的快捷菜单中选择【固定到任务栏】菜单命令。

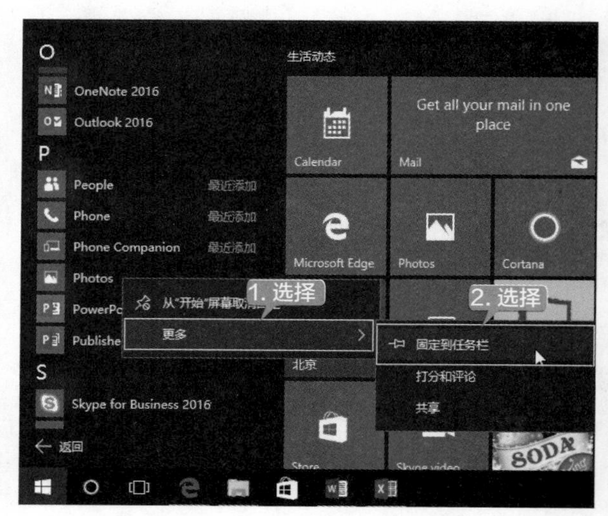

2.3 实例2：窗口的基本操作

在 Windows 10 操作系统中，窗口是用户界面中最重要的组成部分，对窗口的操作是最基本的操作。

2.3.1 窗口的组成

窗口是屏幕上与一个应用程序相对应的矩形区域，是用户与产生该窗口的应用程序之间的可视界面。当用户开始运行一个应用程序时，应用程序就创建并显示一个窗口；当用户操作窗口中的对象时，程序会做出相应的反应。用户通过关闭窗口来终止一个程序的运行，通过选择相应的应用程序窗口来选择相应的应用程序。

下图所示是【此电脑】窗口，由标题栏、地址栏、工具栏、导航窗口、内容窗口、搜索框和细节窗口等部分组成。

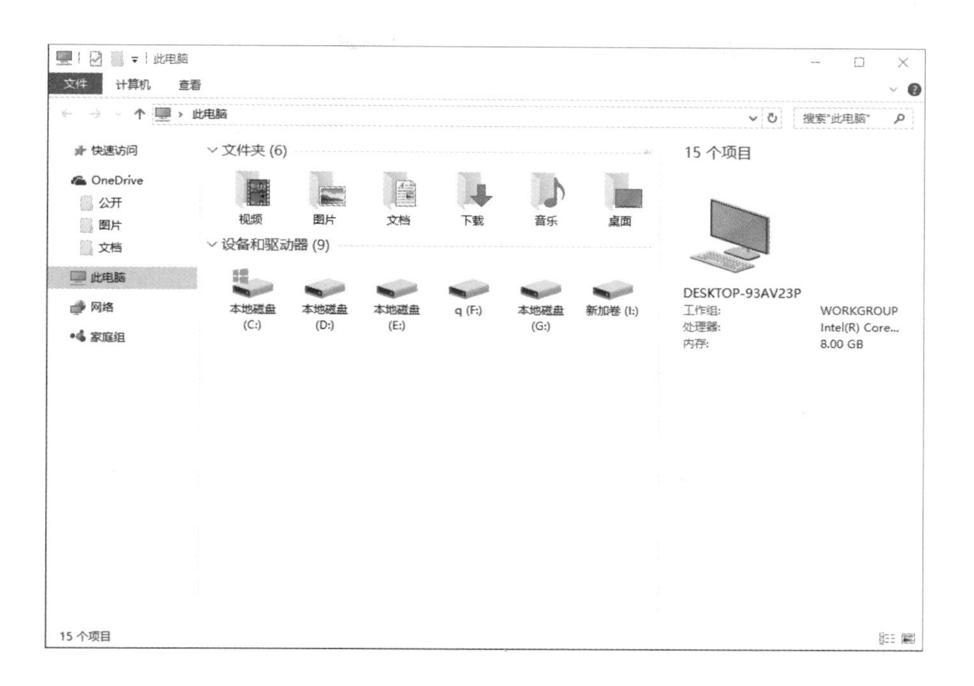

1. 标题栏

标题栏位于窗口的最上方，显示了当前的目录位置。标题栏右侧分别为【最小化】【最大化 / 还原】【关闭】三个按钮，单击相应的按钮可以执行相应的窗口操作。

2. 快速访问工具栏

快速访问工具栏位于标题栏的左侧，显示了当前窗口图标和【属性】【新建文件夹】【自定义快速访问工具栏】三个按钮。

单击【自定义快速访问工具栏】按钮，弹出下拉列表，用户可以通过选中列表中的功能选项，将其添加到快速访问工具栏中。

3. 菜单栏

菜单栏位于标题栏下方，包含了当前窗口或窗口内容的一些常用操作菜单。在菜单栏的右侧为【展开功能区 / 最小化功能区】和【帮助】按钮。

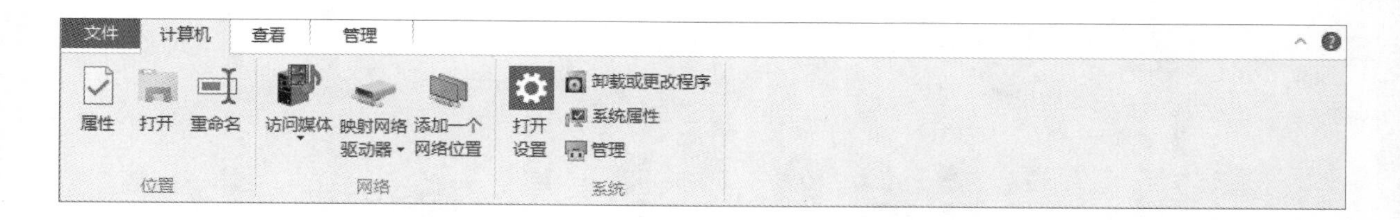

4. 地址栏

地址栏位于菜单栏的下方，主要反映了从根目录开始到现在所在目录的路径，单击地址栏即可看到具体的路径，如下图即表示【D 盘】下【软件】文件夹目录。

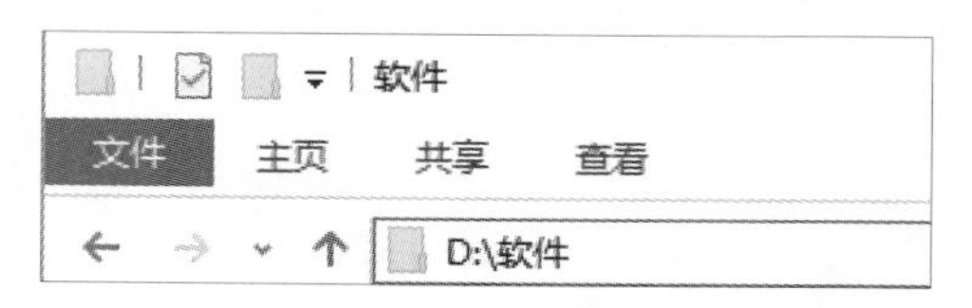

在地址栏中直接输入路径地址，单击【转到】按钮→或按【Enter】键，可以快速到达要访问的位置。

5. 控制按钮区

控制按钮区位于地址栏的左侧，主要用于返回、前进、上移到前一个目录位置。单击⌄按钮，打开下拉菜单，可以查看最近访问的位置信息，单击下拉菜单中的位置信息，可以快速进入该位置目录。

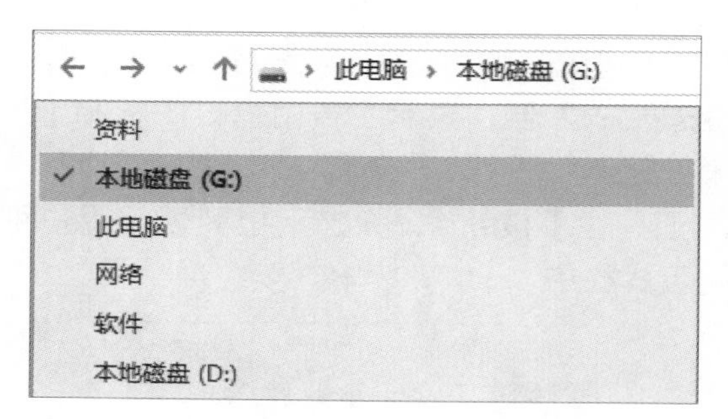

6. 搜索框

搜索框位于地址栏的右侧，通过在搜索框中输入要查看信息的关键字，可以快速查找当前目录中相关的文件、文件夹。

7. 导航窗格

导航窗格位于控制按钮区下方，显示了电脑中包含的具体位置，如快速访问、OneDrive、此电脑、网络等，用户可以通过左侧的导航窗格，快速访问相应的目录。另外，用户也可以单击导航窗格中的【展开】按钮⌄和【收缩】按钮›，显示或隐藏详细的子目录。

8. 内容窗口

内容窗口位于导航窗格右侧，是显示当前目录的内容区域，也叫工作区域。

9. 状态栏

状态栏位于导航窗格下方，会显示当前目录文件中的项目数量，也会根据用户选择的内容，显示所选文件或文件夹的数量、容量等属性信息。

10. 视图按钮

视图按钮位于状态栏右侧，包含了【在窗口中显示每一项的相关信息】和【使用大缩略图显示项】两个按钮，用户可以单击选择视图方式。

2.3.2 打开和关闭窗口

打开窗口的常见方法有以下两种，分别是利用【开始】菜单和桌面快捷图标。下面以打开【画图】窗口为例，讲述如何利用【开始】菜单打开窗口。具体操作步骤如下。

第 1 步 单击【开始】按钮，在弹出的菜单中选择【所有应用】→【Windows 附件】→【画图】菜单命令。

第 2 步 即可打开【画图】窗口。

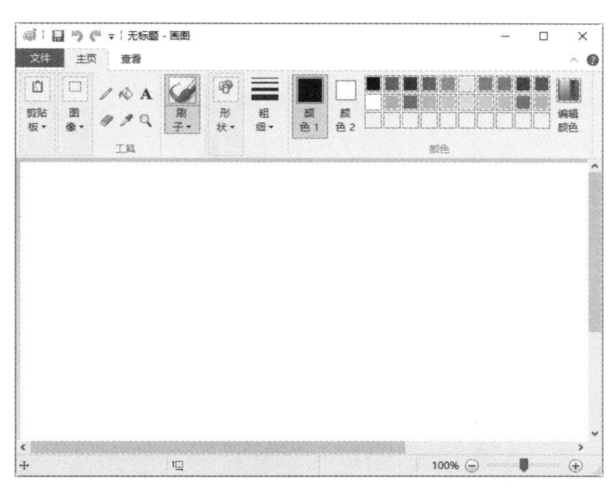

第 3 步 通过双击桌面上的【画图】图标，或者在【画图】图标上右击，在弹出的快捷菜单中选择【打开】菜单命令，也可以打开该软件的窗口。

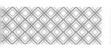

窗口使用完后，用户可以将其关闭。常见的关闭窗口的方法有以下几种。下面以关闭【画图】窗口为例来讲述。

1. 利用菜单命令

在【画图】窗口中单击【文件】按钮，在弹出的菜单中选择【退出】菜单命令。

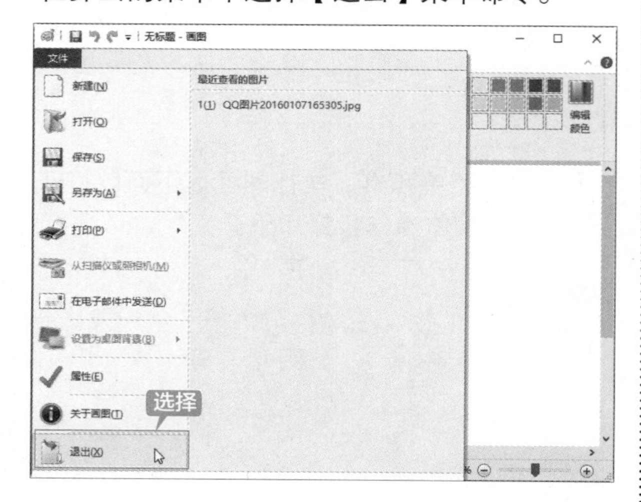

2. 利用【关闭】按钮

单击【画图】窗口右上角的【关闭】按钮，即可关闭窗口。

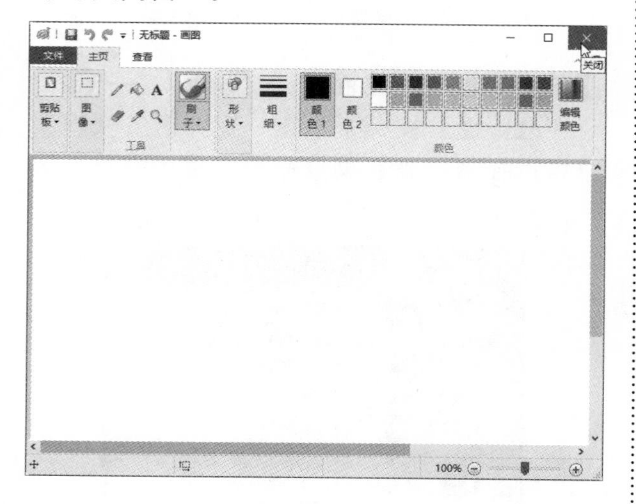

3. 利用【标题栏】

在标题栏上右击，在弹出的快捷菜单中选择【关闭】菜单命令即可。

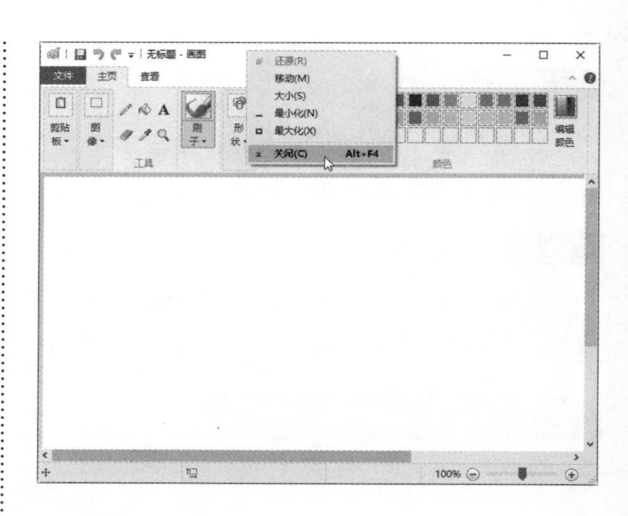

4. 利用【任务栏】

在任务栏上选择【画图】程序，右击，在弹出的快捷菜单中选择【关闭窗口】菜单命令。

5. 利用软件图标

单击窗口最左上端的【画图】图标，在弹出的快捷菜单中选择【关闭】菜单命令即可。

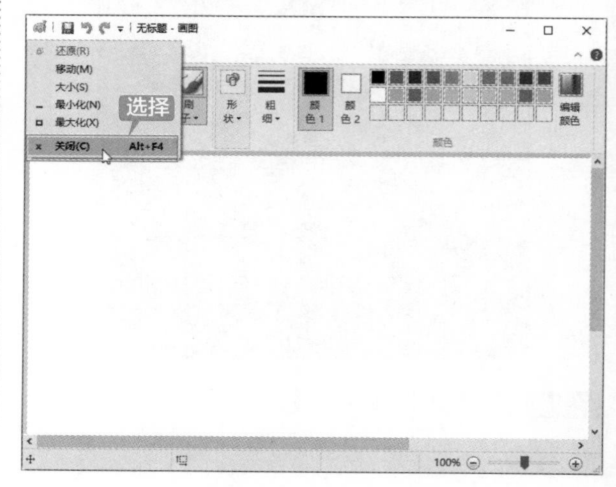

6. 利用键盘组合键

在【画图】窗口上按【Alt+F4】组合键，即可关闭窗口。

2.3.3 移动窗口

默认情况下，在 Windows 10 操作系统中，窗口是有一定透明性的，如果打开多个窗口，会出现多个窗口重叠的现象，对此用户可以将窗口移动到合适的位置。具体操作步骤如下。

第 1 步 将鼠标指针放在需要移动位置的窗口的标题栏上，鼠标指针此时是形状。

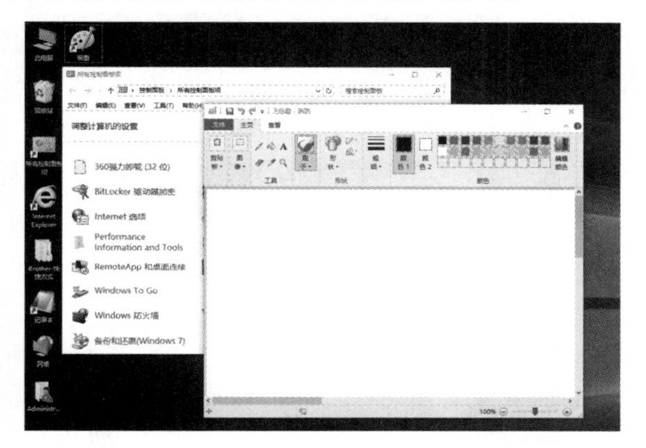

第 2 步 按住鼠标左键不放，拖曳到需要的位置，松开鼠标，即可完成窗口位置的移动。

如果桌面上的窗口很多，运用上述方法移动很麻烦，此时用户可以通过设置窗口的显示形式对窗口进行排列。

在【任务栏】的空白处右击，在弹出的快捷菜单中选择窗口的排列形式。有 3 种排列形式供选择，分别为【层叠窗口】【堆叠显示窗口】和【并排显示窗口】，用户可以根据需要选择一种排列方式。

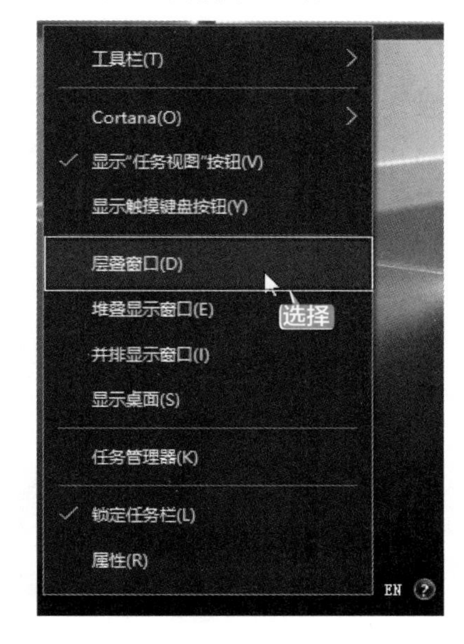

2.3.4 调整窗口的大小

默认情况下，打开的窗口大小和上次关闭时的大小一样。用户可以根据需要调整窗口的大小，下面以设置【画图】软件的窗口为例，讲述设置窗口大小的方法。

1. 利用窗口按钮设置窗口大小

【画图】窗口右上角包括【最大化】【最小化】和【还原】三个按钮。单击【最大化】按钮，则【画图】窗口将扩展到整个屏幕，显示所有的窗口内容，此时【最大化】按钮变成【还原】按钮，单击该按钮，即可将窗口还原到原来的大小。

单击【最小化】按钮，则【画图】窗口会最小化到【任务栏】上，用户要想显示窗口，需要单击【任务栏】上的程序图标。

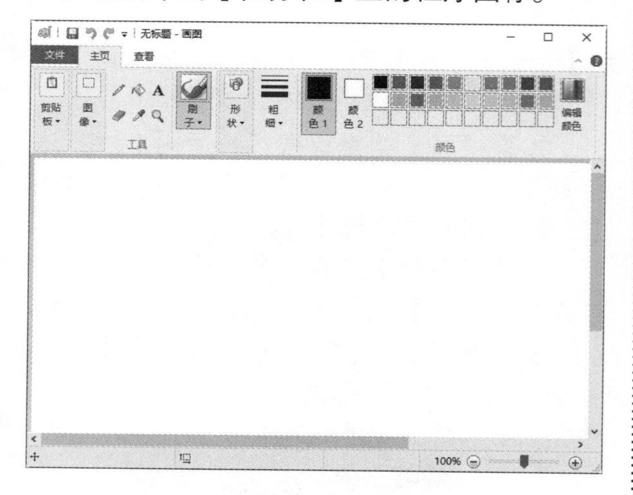

2. 手动调整窗口的大小

当窗口处于非最小化和最大化状态时，用户可以通过手动调整窗口的大小。下面以调整【画图】软件窗口为例，讲述手动调整窗口的方法。具体操作步骤如下。

第 1 步 将鼠标指针移动到【画图】窗口的下边框上，此时鼠标指针变成上下箭头的形状。

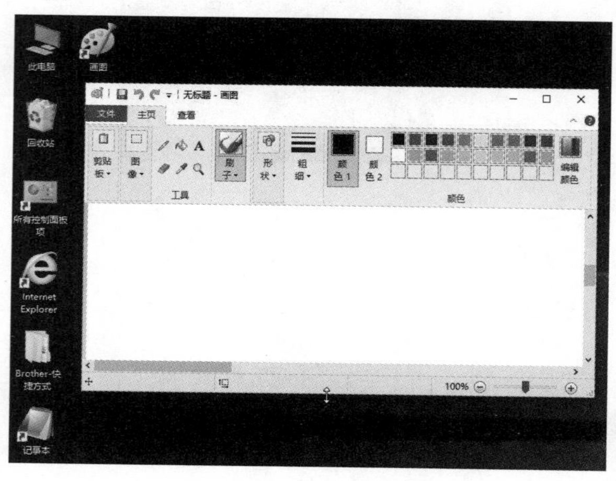

第 2 步 按住鼠标左键不放拖曳边框，拖曳到合适的位置松开鼠标即可。

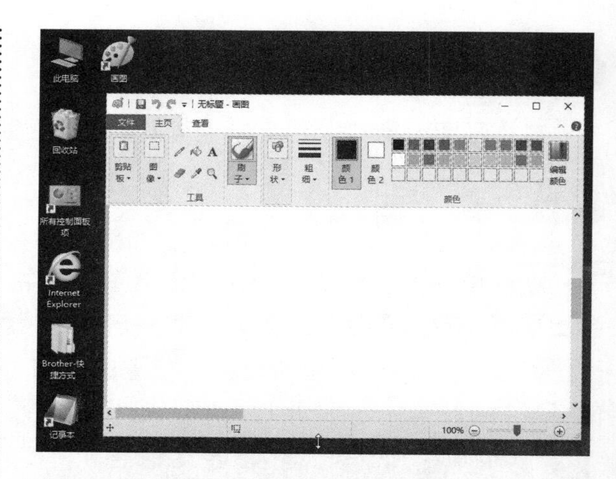

第 3 步 将鼠标指针移动到【画图】窗口的右边框上，此时鼠标指针变成左右箭头的形状。

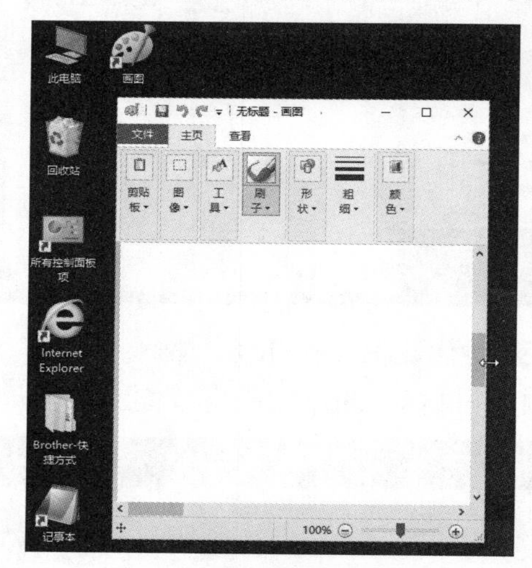

第 4 步 按住鼠标左键不放拖曳边框，拖曳到合适的位置松开鼠标即可。

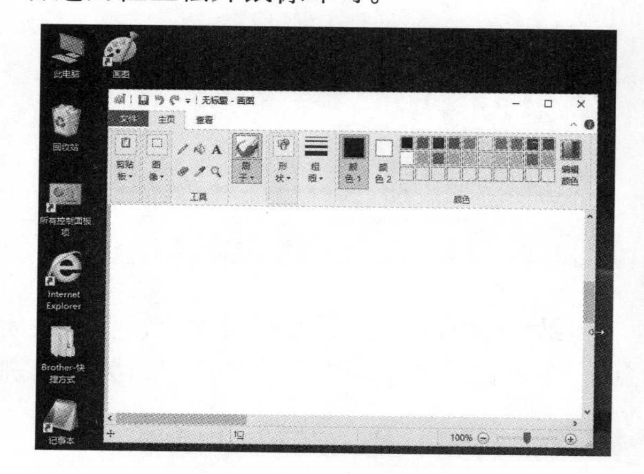

第 5 步 将鼠标指针放在窗口右下角，此时鼠标指针变成倾斜的双向箭头。

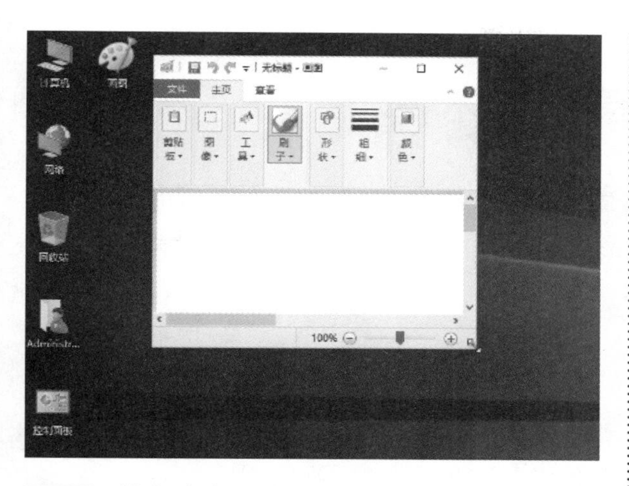

第 6 步 按住鼠标左键不放拖曳边框，拖曳到合适的位置松开鼠标即可。

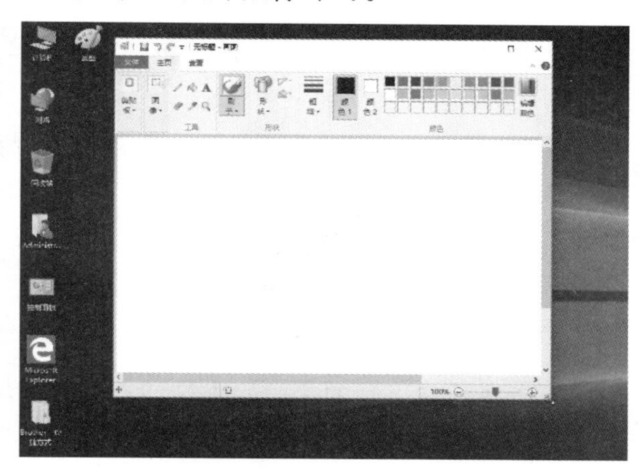

2.3.5 切换当前活动窗口

虽然在Windows 10操作系统中可以同时打开多个窗口，但是当前窗口只有一个。根据需要，用户可以在各个窗口之间进行切换操作。

1. 利用程序按钮区

每个打开的程序在【任务栏】都有一个相对应的程序图标按钮。将鼠标指针放在程序图标按钮区域上，即可弹出打开软件的预览窗口，单击该预览窗口即可打开该窗口。

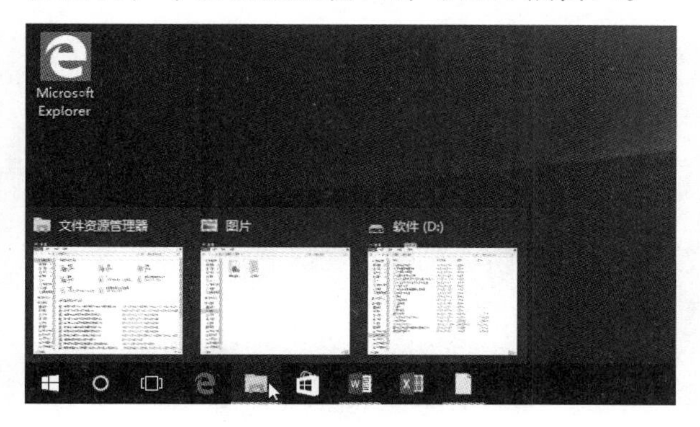

2. 利用【Alt+Tab】组合键

利用【Alt+Tab】组合键可以实现各个窗口的快速切换。弹出窗口缩略图图标，按住【Alt】键不放，然后按【Tab】键可以在不同的窗口之间进行切换，选择需要的窗口后，松开按键，即可打开相应的窗口。

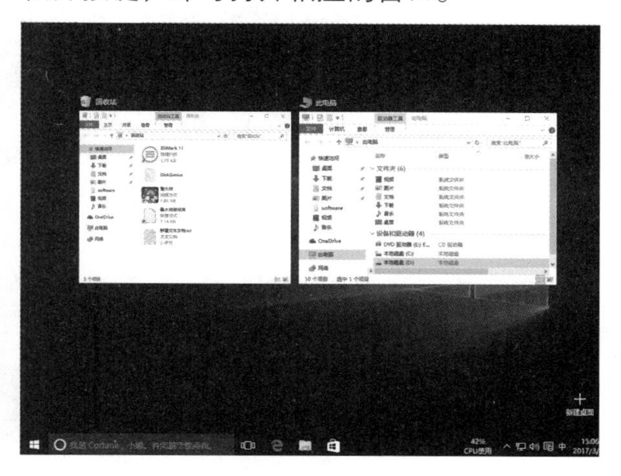

3. 利用【Alt+Esc】组合键

按【Alt+Esc】组合键，即可在各个程序窗口之间依次切换，系统按照从左到右的顺序依次进行选择，这种方法和上个方法相比，比较耗费时间。

2.4 实例 3：【开始】屏幕的基本操作

在 Windows 10 操作系统中，【开始】屏幕使功能选项更加整洁、使用更加方便，用户可以快速找到应用，还可以将喜欢的应用以磁贴的形式显示到【开始】屏幕中。本节就来介绍【开始】屏幕的基本操作。

2.4.1 认识【开始】屏幕

单击桌面左下角的【开始】按钮，即可弹出【开始】屏幕工作界面。它主要由【程序列表】【用户名】【所有应用】三个按钮、【电源】按钮区和【动态磁贴】面板等组成。

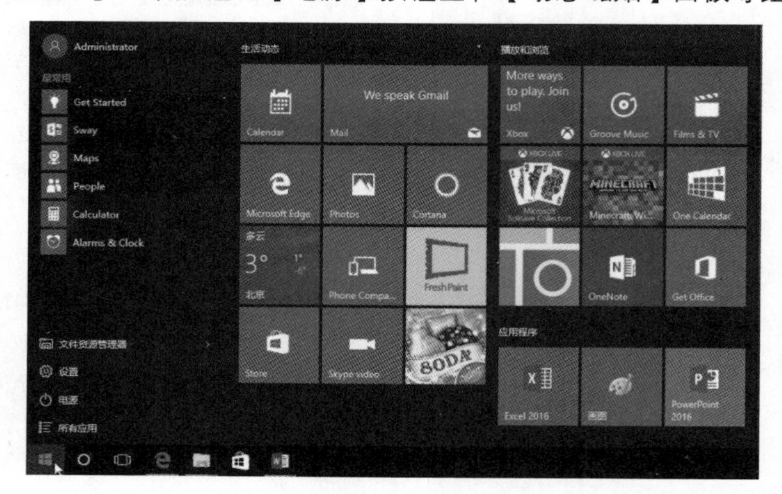

1. 用户名

在用户名区域显示了当前登录系统的用户，一般情况下用户名为“Administrator”，该用户为系统的管理员用户。

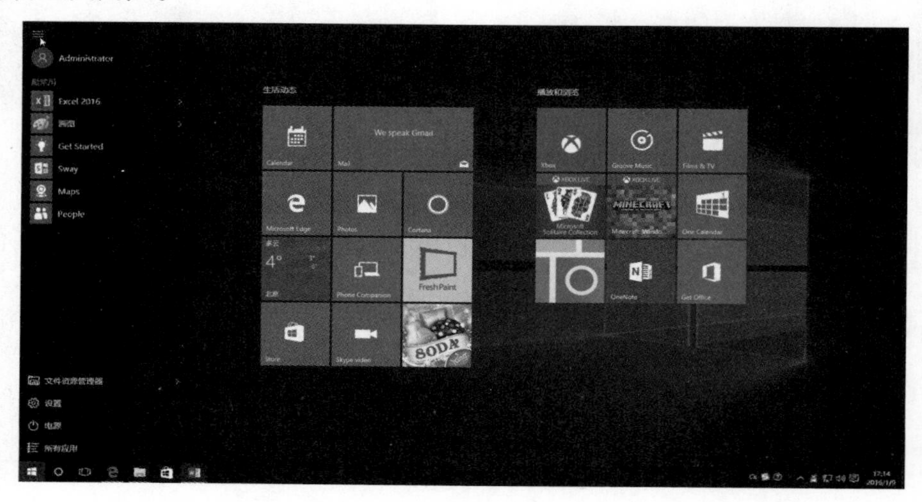

2.【最常用】程序列表

【最常用】程序列表中显示了【开始】菜单中的常用程序，通过选择不同的选项，可以快速地打开应用程序。

3.【固定程序】列表

在【固定程序】列表中包含了【所有应用】按钮、【电源】按钮、【设置】按钮和【文件资源管理器】按钮选项。

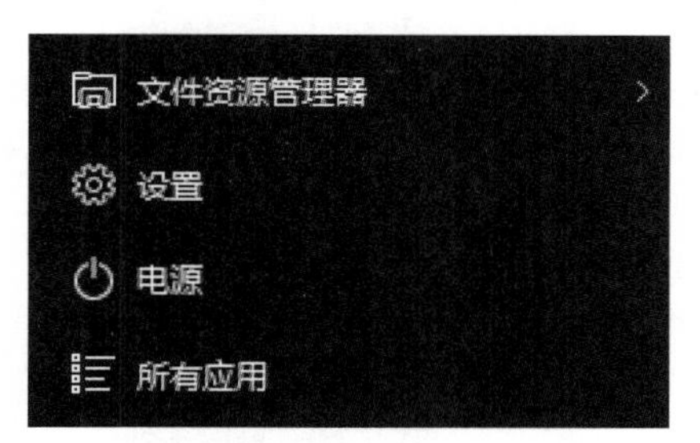

选择【文件资源管理器】选项，打开【文件资源管理器】窗口，在其中可以查看本台电脑的所有文件资源。

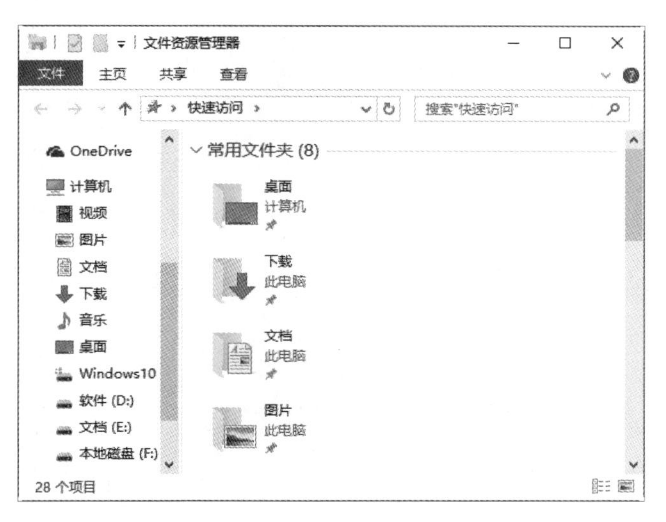

选择【设置】选项，打开【设置】窗口，在其中可以选择相关的功能，对系统的设备、账户、时间和语言等内容进行设置。

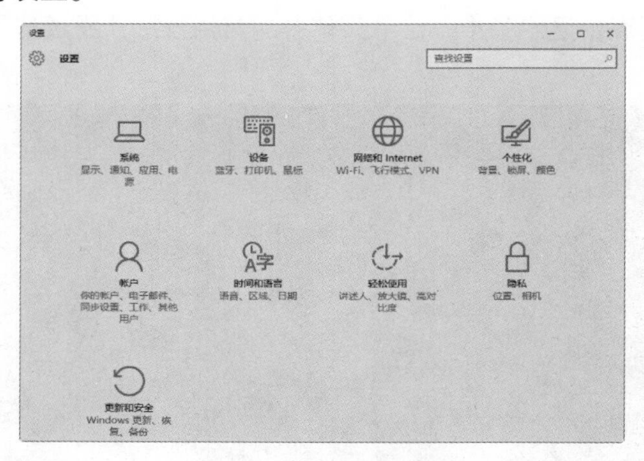

选择【所有应用】选项，打开【所有应用】程序列表，用户在【所有应用】列表中可以查看系统中安装的所有软件程序，单击列表中的文件夹的图标，可以继续展开相应的程序。单击【返回】按钮，即可隐藏所有程序列表。

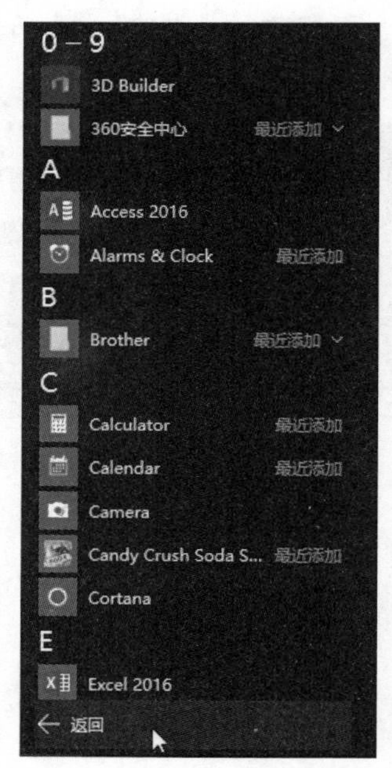

【电源】选项主要用来对操作系统进行关闭操作，包括【关机】【重启】【睡眠】三个选项。

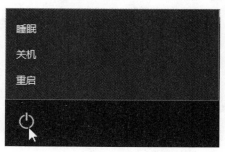

4. 动态磁贴面板

Windows 10 的磁贴，有图片有文字，还是动态的，应用程序有更新时，可以通过这些磁贴直接反映出来，而无须运行它们。

2.4.2 将应用程序固定到【开始】屏幕

在 Windows 10 操作系统当中，用户可以将常用的应用程序或文档固定到【开始】屏幕当中，以方便快速查找与打开。将应用程序固定到【开始】屏幕的具体操作步骤如下。

第 1 步 打开程序列表，选中需要固定到【开始】屏幕之中的程序图标，然后右击该图标，在弹出的快捷菜单中选择【固定到“开始”屏幕】选项。

第 2 步 即可将该程序固定到【开始】屏幕中。

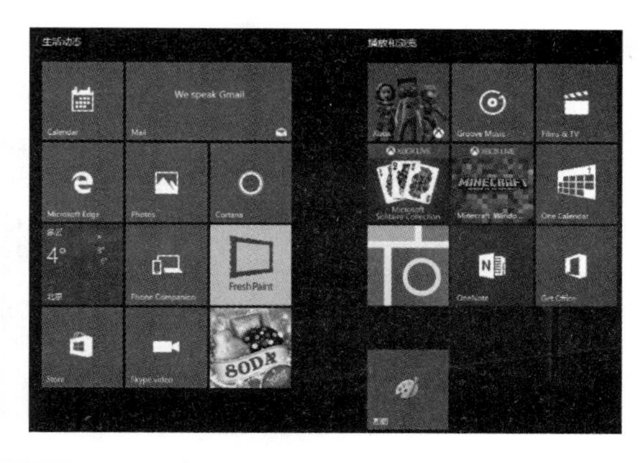

第 3 步 如果想要将某个程序从【开始】屏幕中删除，可以先选中该程序图标，然后右击，在弹出的快捷菜单中选择【从“开始”屏幕取消固定】选项。

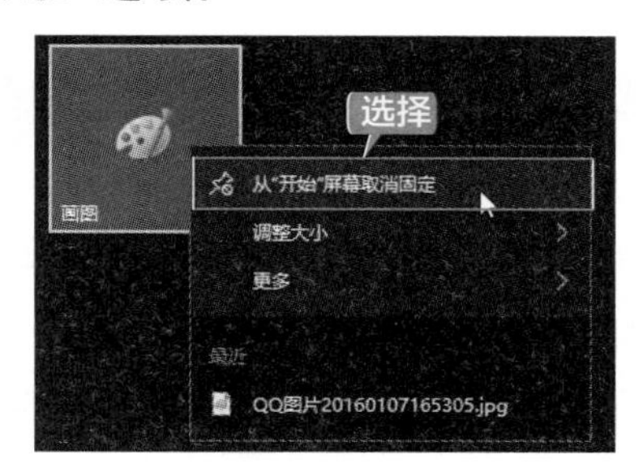

2.4.3 打开与关闭动态磁贴

动态磁贴功能可以说是 Windows 10 操作系统的一大亮点，只要将应用程序的动态磁贴功能开启，就可以及时了解应用的更新信息与最新动态。

打开与关闭动态磁贴的具体操作步骤如下。

第 1 步 单击【开始】按钮，打开【“开始”屏幕】界面。

第 2 步 如果想要关闭某个应用程序的动态磁贴功能，可以右击【“开始”屏幕】面板中的应用程序图标，在弹出的快捷菜单中选择【更多】→【关闭动态磁贴】选项。

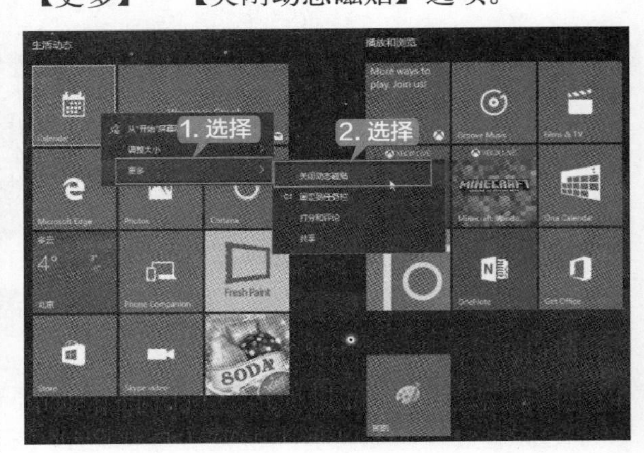

第 3 步 如果想要再次开启某个应用程序的动态磁贴功能，可以右击【“开始”屏幕】面板中的应用程序图标，在弹出的快捷菜单中选择【更多】→【打开动态磁贴】选项。

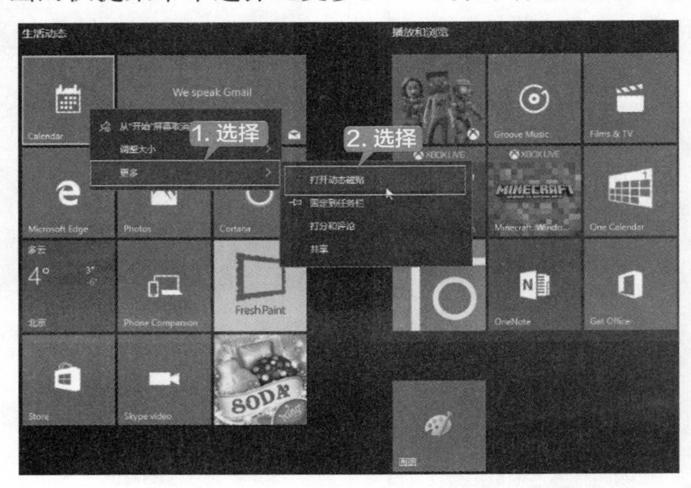

2.4.4 管理【开始】屏幕的分类

在 Windows 10 操作系统当中，用户可以对【开始】屏幕进行分类管理。具体操作步骤如下。

第 1 步 单击【开始】按钮，打开【开始】屏幕，将鼠标指针放置在【生活动态】右侧，激活右侧的▬按钮，可以对屏幕分类进行重命名操作。

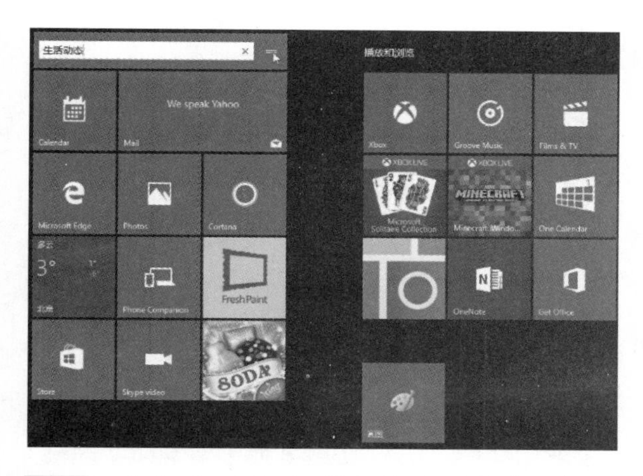

第 2 步 选中【开始】屏幕中的应用程序图标，按下鼠标左键不放进行拖曳，可以将其拖曳到其他的分类模块当中。

第 3 步 松开鼠标，可以看到【画图】工具放置到【播放和浏览】模块中。

第 4 步 将其他应用程序图标固定到【开始】屏幕当中，将其放置在一个模块当中，移动鼠标至该模块的顶部，可以看到【命名组】信息提示。

第 5 步 单击【命名组】右侧的按钮，可以为其进行重命名操作，如这里输入【应用程序】，完成后的操作如下图所示。

使用虚拟多桌面

Windows 10 比较有特色的虚拟桌面（多桌面），可以把程序放在不同的桌面上，从而让用户的工作更加有条理。比如创建一个自己使用的桌面，同时创建一个老伴使用的桌面，方便管理。

使用虚拟桌面创建多桌面的具体操作步骤如下。

第 1 步 单击系统桌面上的【任务视图】按钮，进入虚拟桌面操作界面。

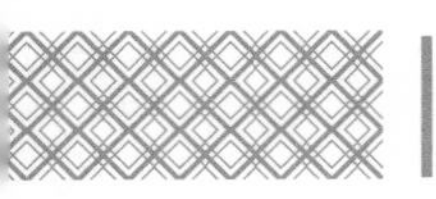

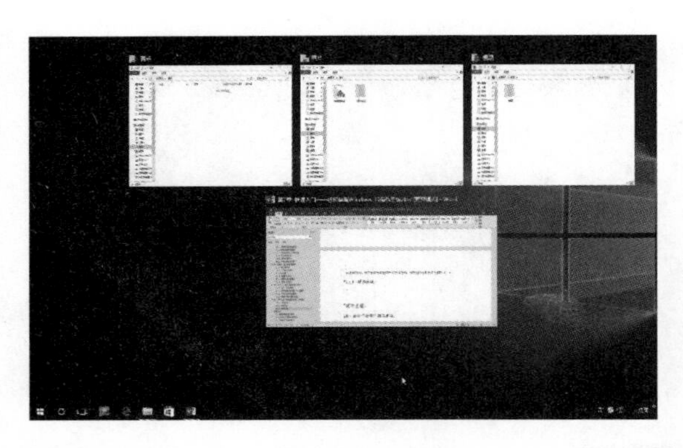

第2步 单击【新建桌面】按钮，即可新建一个桌面，系统会自动将其命名为【桌面2】。

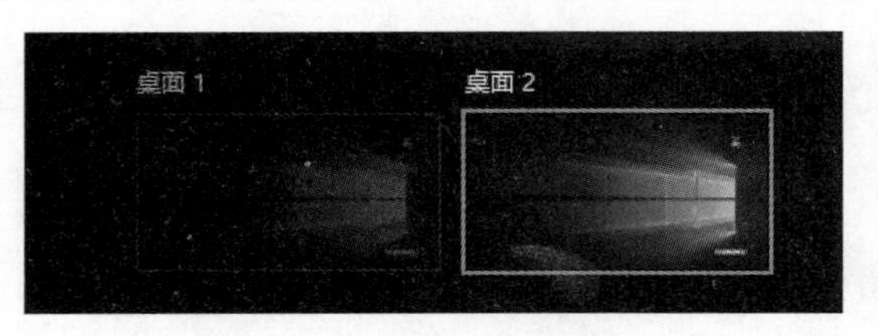

第3步 进入桌面1操作界面，在其中右击任意一个窗口图标，在弹出的快捷菜单中选择【移动至】→【桌面2】选项，即可将桌面1的内容移动到桌面2中。

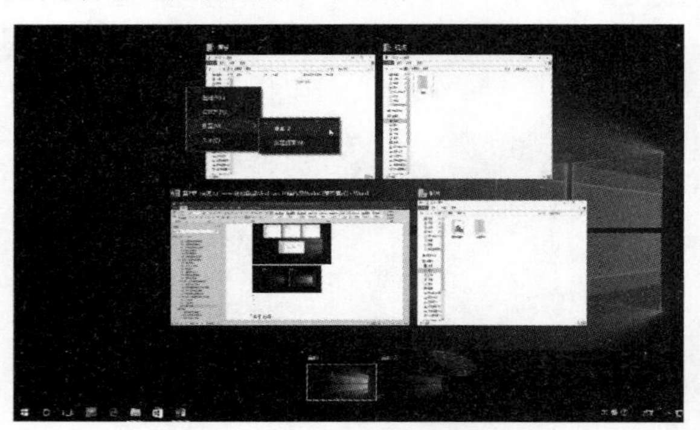

第4步 使用相同的方法，将其他的文件夹窗口图标移至桌面2中，此时桌面1中只剩下一个文件窗口。

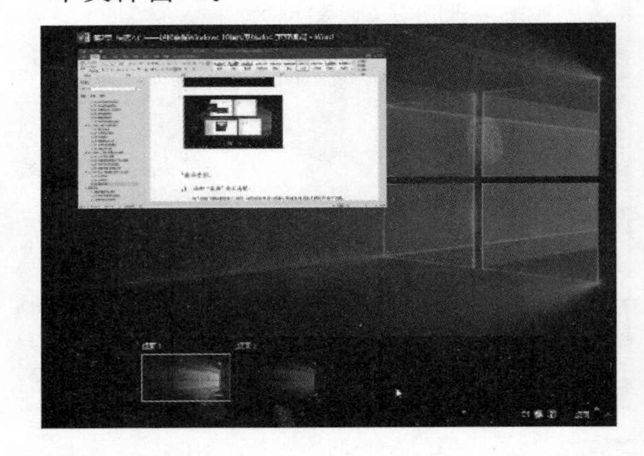

第5步 选择桌面2，进入桌面2操作系统当中，可以看到移动之后的文件窗口，这样创建了两个桌面。

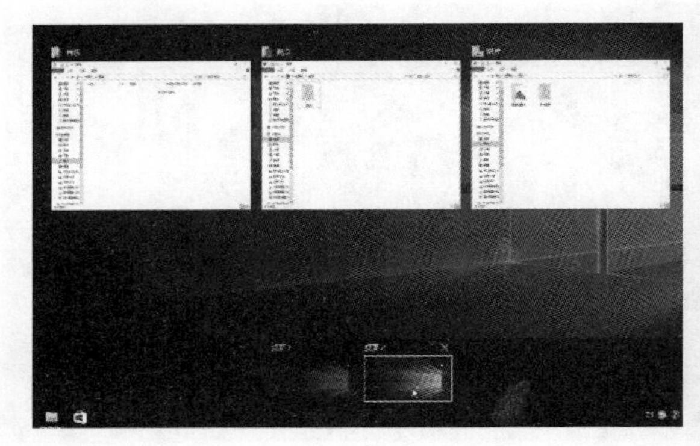

第6步 如果想要删除桌面，则可以单击桌面右上角的【删除】按钮，将选中的桌面删除。

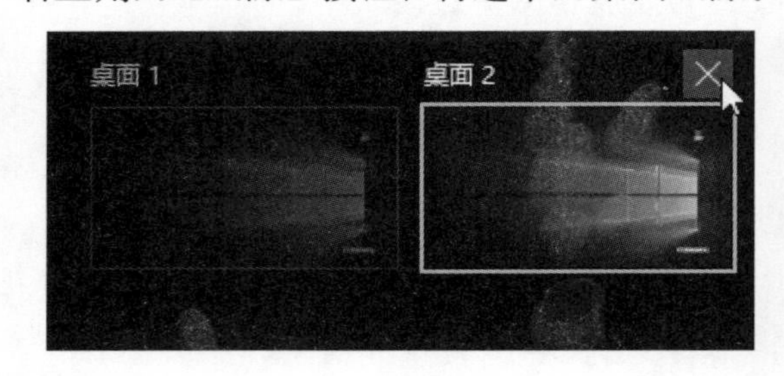

◇ 将【开始】菜单全屏幕显示

默认情况下，Windows 10 操作系统的【开始】屏幕是和【开始】菜单一起显示的，那么如何才能将【开始】菜单全屏幕显示呢？具体操作步骤如下。

第 1 步 在系统桌面上右击，在弹出的快捷菜单中选择【个性化】选项。

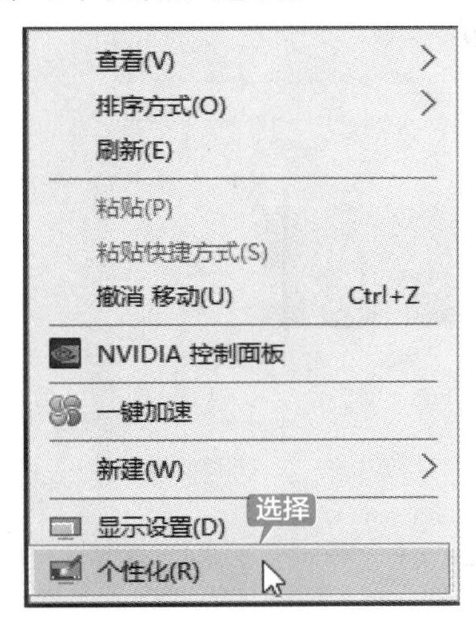

第 2 步 打开【设置 – 个性化】窗口，在其中选择【开始】选项，在右侧的窗格中将【使用全屏幕“开始”菜单】下方的按钮设置为【开】，然后单击【关闭】按钮，关闭【设置】窗口。

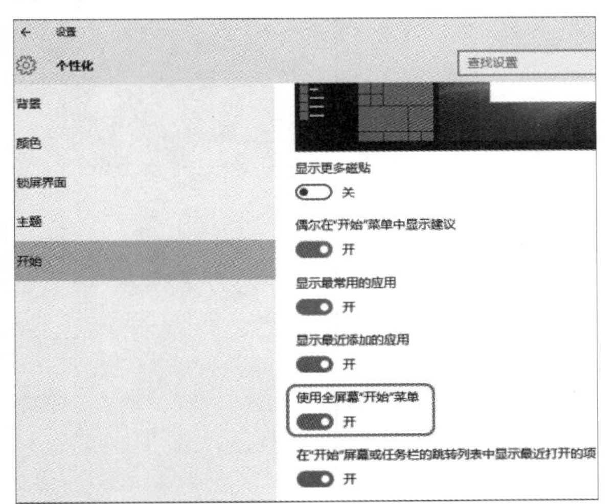

第 3 步 单击【开始】按钮，可以看到【开始】菜单全屏幕显示。

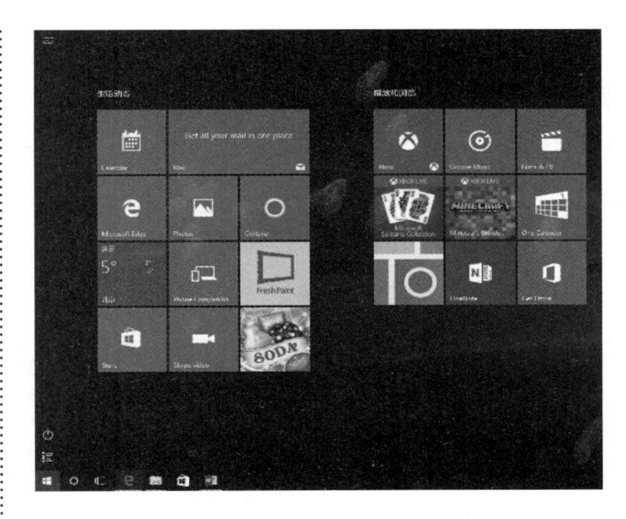

◇ 将屏幕的字体调大一点

在使用电脑时，如果字体太小，老年人看屏幕极为吃力，可以将桌面字体设置得更大一些。具体操作步骤如下。

第 1 步 在系统桌面上右击，在弹出的快捷菜单中选择【显示设置】选项。

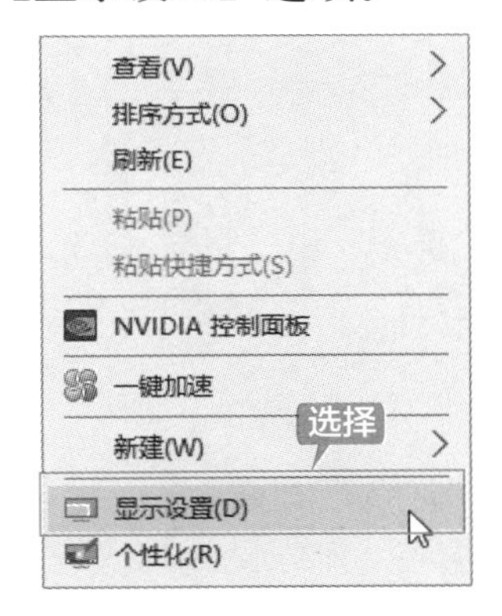

第 2 步 打开【设置 – 显示】窗口。

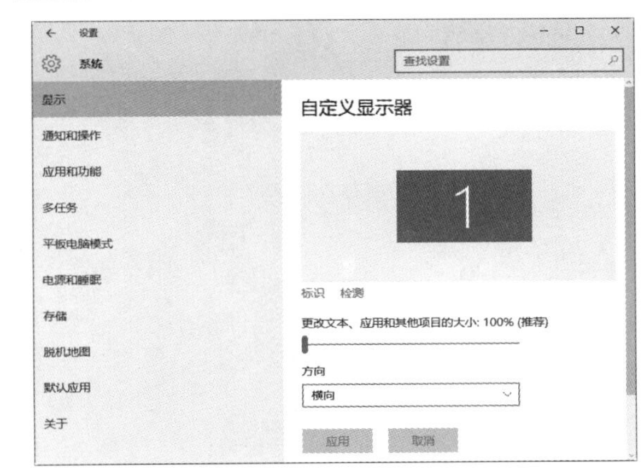

第 3 步 单击【更改文本、应用和其他项目的大小：100（推荐）】下方的滑动条，通过增大其百分比，可以更改桌面字体的大小。

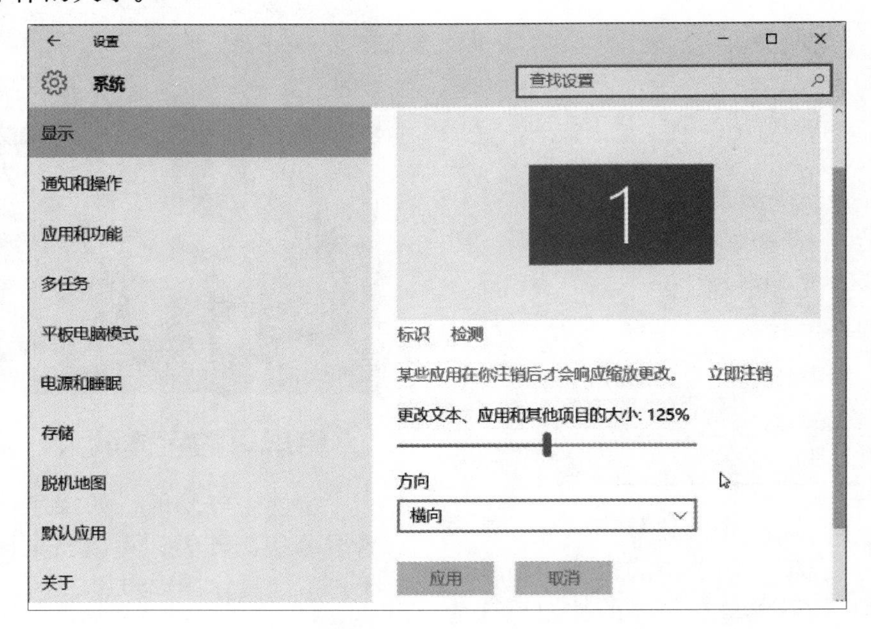

第 3 章

让电脑更符合使用习惯

本章导读

在熟悉了电脑的基础操作后，老年朋友可以根据自己的使用习惯，设置个性化的桌面环境，如将儿孙照片设置为桌面背景、祖孙共用一台电脑等。

思维导图

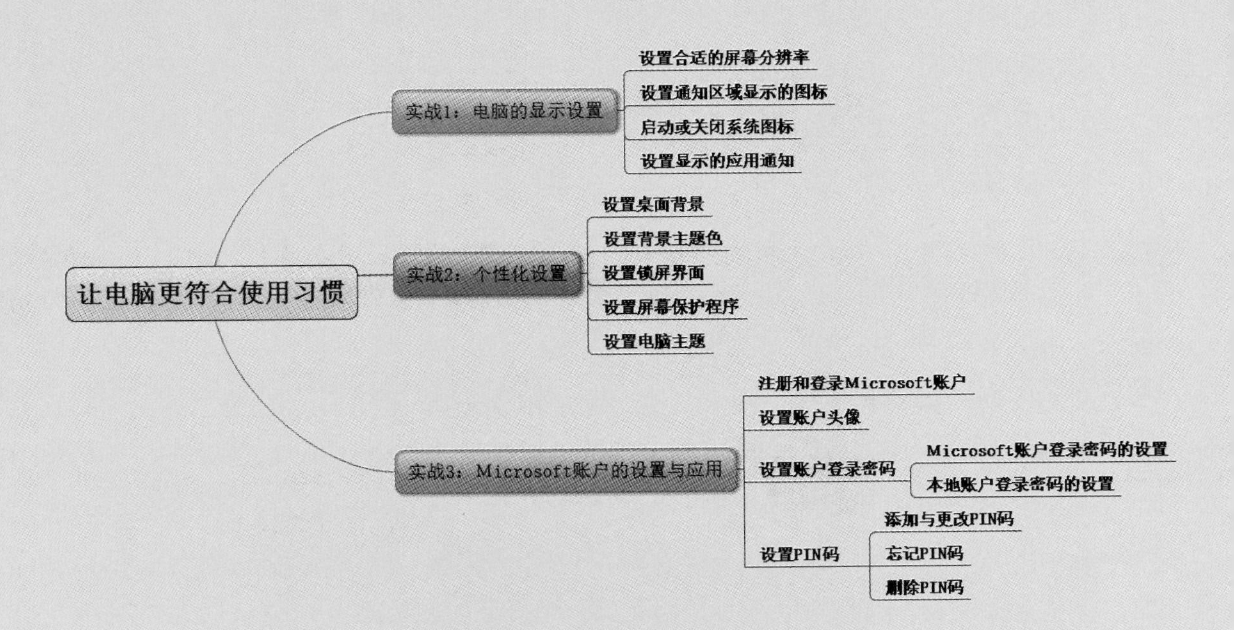

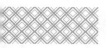

3.1 实战 1：电脑的显示设置

对于电脑的显示效果，用户可以进行个性化设置，如设置电脑屏幕的分辨率、添加或删除通知区域显示的图标类型、启动或关闭系统图标等。

3.1.1 设置合适的屏幕分辨率

屏幕分辨率指的是屏幕上显示的文本和图像的清晰度。分辨率越高，项目越清楚，同时屏幕上的项目越小，因此屏幕可以容纳越多的项目。分辨率越低，在屏幕上显示的项目越少，但尺寸越大。

设置适当的分辨率，有助于提高屏幕上图像的清晰度。具体操作步骤如下。

第 1 步　在桌面上的空白处右击，在弹出的快捷菜单中选择【显示设置】菜单命令。

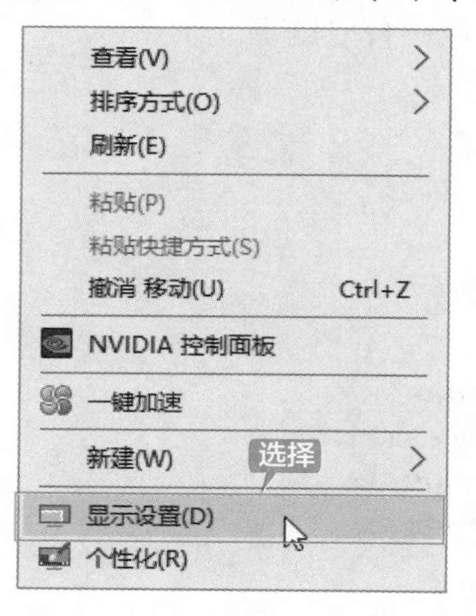

第 2 步　弹出【设置】窗口，在左侧列表中选择【显示】选项，进入显示设置界面。

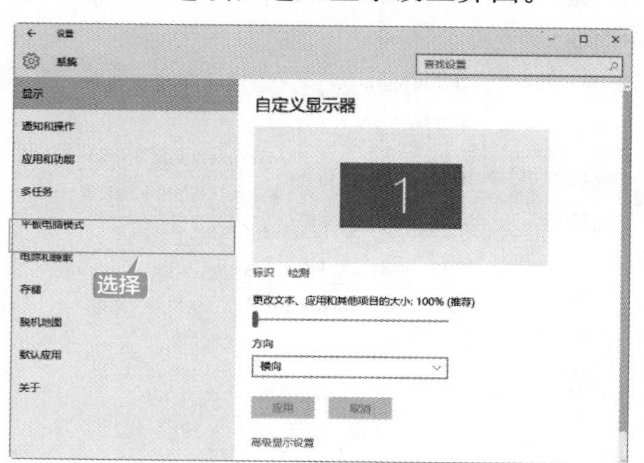

第 3 步　单击【高级显示设置】超链接，弹出【高级显示设置】窗口，用户可以看到系统默认设置的分辨率。

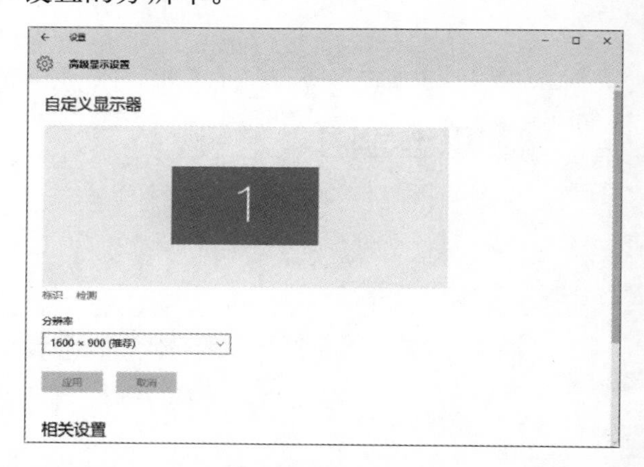

第 4 步　单击【分辨率】右侧的下拉按钮，在弹出的下拉列表中选择需要设置的分辨率即可。

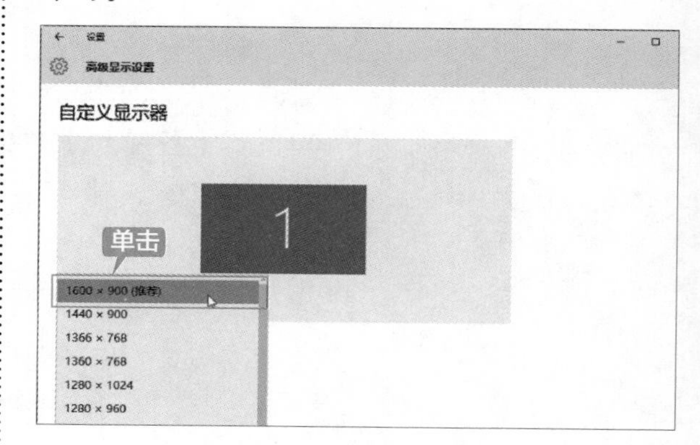

提示

更改屏幕分辨率会影响登录到此电脑上的所有用户。如果将监视器设置为它不支持的屏幕分辨率，那么该屏幕在几秒内将变为黑色，监视器则还原至原始分辨率。

3.1.2 设置通知区域显示的图标

在任务栏上显示的图标，用户可以根据自己的需要进行显示或隐藏操作。具体操作步骤如下。

第 1 步 在桌面上的空白处右击，在弹出的快捷菜单中选择【显示设置】菜单命令，打开【设置】窗口，并选择【通知和操作】选项。

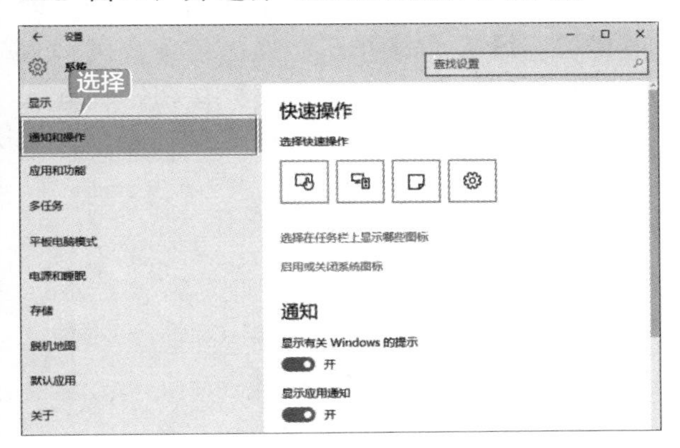

第 2 步 单击【选择在任务栏上显示哪些图标】超链接，打开【选择在任务栏上显示哪些图标】窗口。

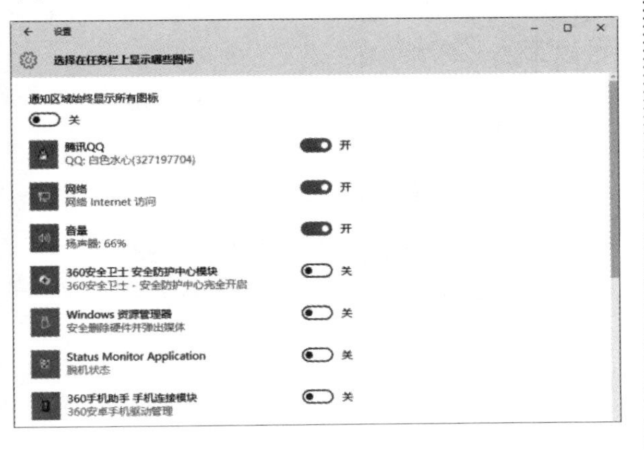

第 3 步 单击要显示图标右侧的【开 / 关】按钮，即可将该图标显示 / 隐藏在通知区域中，如这里单击【360 安全卫士 – 安全防护中心模块】右侧的【开 / 关】按钮，将其设置为【开】状态。

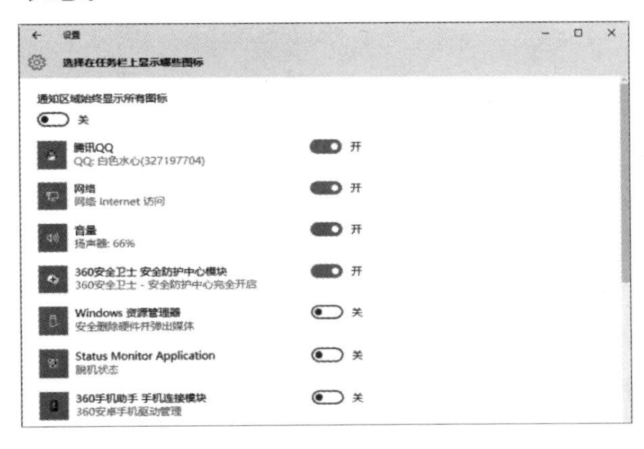

第 4 步 返回系统桌面中，可以看到通知区域中显示出了 360 安全卫士的图标。

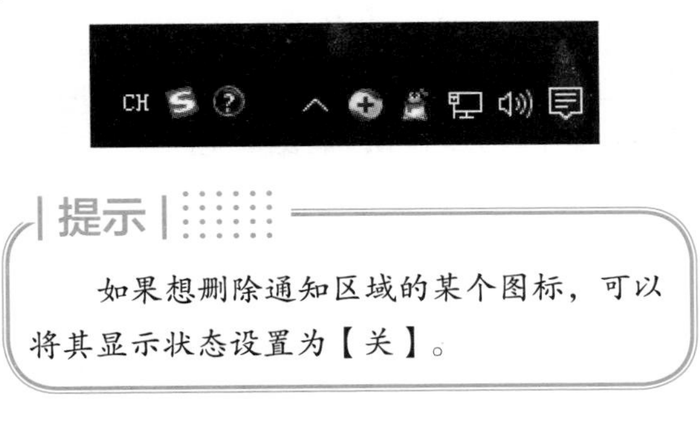

提示

如果想删除通知区域的某个图标，可以将其显示状态设置为【关】。

3.1.3 启动或关闭系统图标

用户可以根据自己的需要启动或关闭任务栏中显示的系统图标。具体操作步骤如下。

第1步 在【设置－系统】窗口中选择【通知和操作】选项。

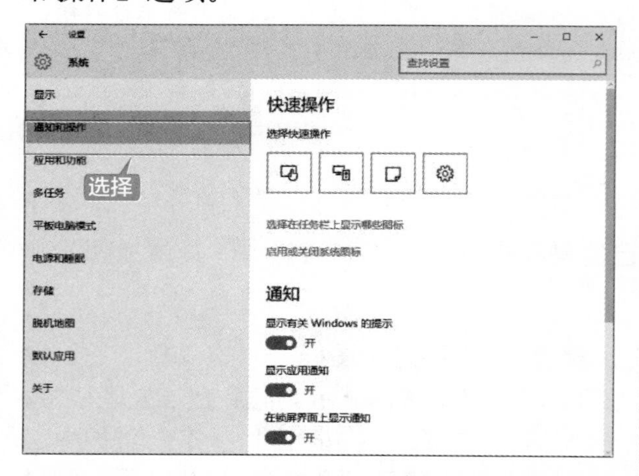

第2步 单击【启用或关闭系统图标】超链接，进入【启用或关闭系统图标】窗口。

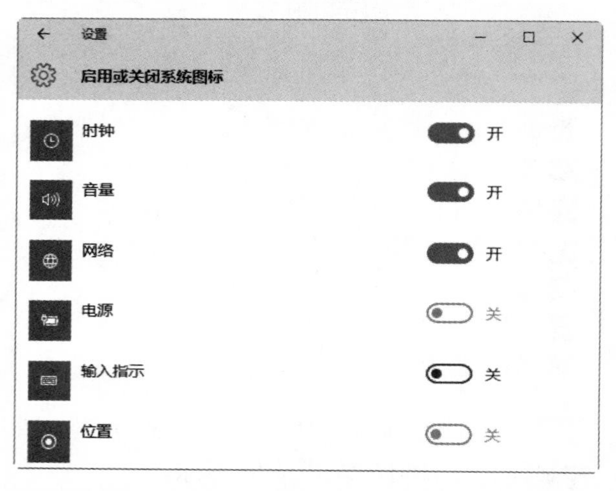

第3步 如果想要关闭某个系统图标，需要将其状态设置为【关】，如这里单击【时钟】右侧的【开／关】按钮，将其状态设置为【关】。

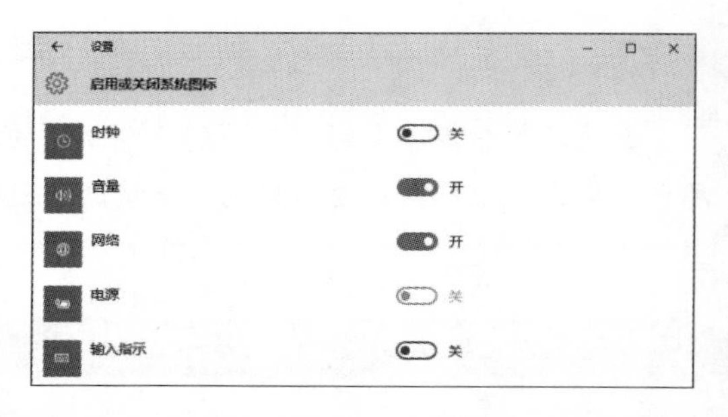

第4步 返回系统桌面，可以看到时钟系统图标在通知区域中不显示了。

第5步 如果想要启动某个系统图标，则可以将其状态设置为【开】，如这里单击【输入指示】图标右侧的【开／关】按钮，将其状态设置为【开】。

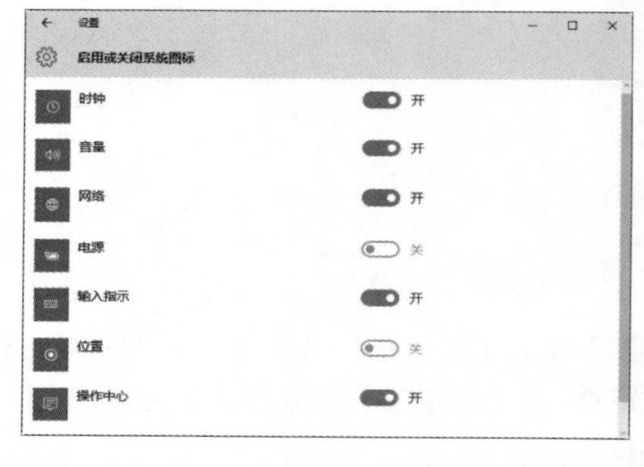

第6步 返回系统桌面，可以看到通知区域显示出了输入指示图标。

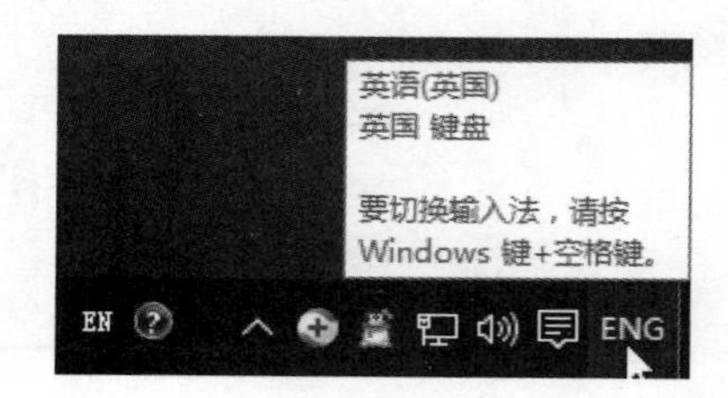

3.1.4 设置显示的应用通知

Windows 10 的显示应用通知功能主要用于显示应用的通知信息，若关闭就不会显示任何应用的通知。

设置显示应用通知的具体操作步骤如下。

第 1 步 在【设置－系统】窗口中选择【通知和操作】选项，在下方可以看到【通知】设置区域。

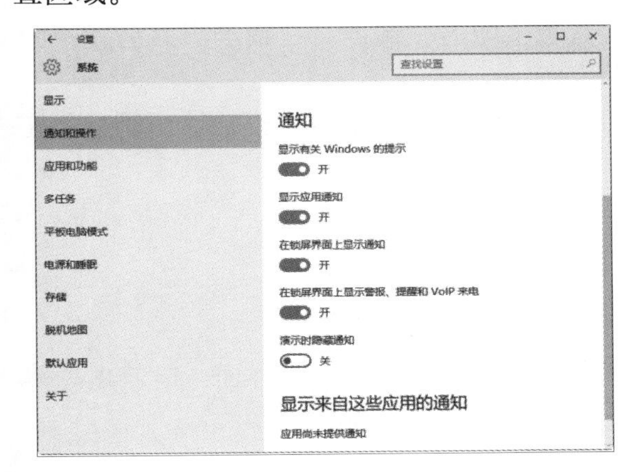

第 2 步 默认情况下，显示应用通知的功能处于【开】状态，单击系统桌面通知区域中的【应用通知】图标，打开【操作中心】界面，在其中可以查看相关的通知。

第 3 步 如果想要关闭【显示应用通知】功能，只需单击其下方的【开／关】按钮，将其状态设置为【关】即可。

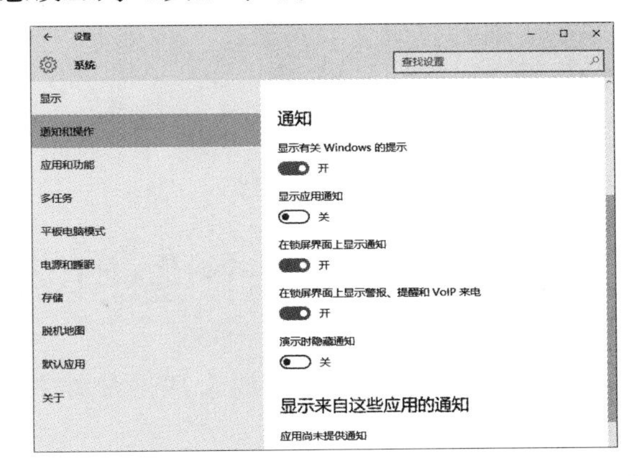

第 4 步 返回系统桌面，将鼠标指针放置到【应用通知】图标上，可以看到有关关闭的相关提示信息。

第 5 步 有关【通知】的相关内容，用户还可以将其他的通知信息设置为【开】状态，这样不管此电脑处于什么状态，都可以显示相关的通知信息。

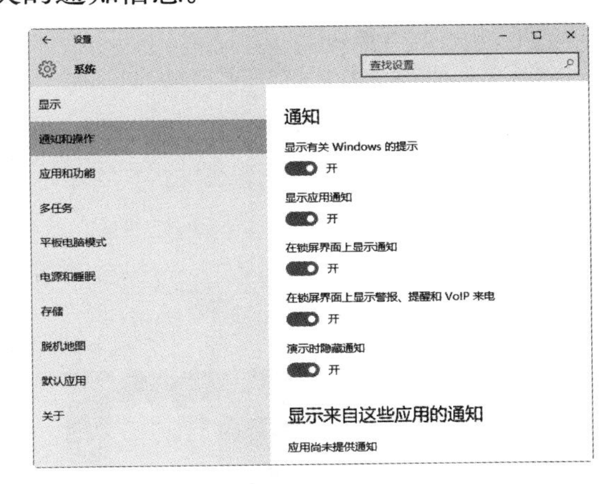

【通知】区域当中 5 个选项的功能介绍如下。

【显示有关 Windows 的提示】：用于显示系统的通知，若关闭就不会显示系统的通知。

【显示应用通知】：用于显示应用的相关通知，若关闭就不会显示任何应用的通知。

【在锁屏界面上显示通知】：用于在锁屏界面上显示通知，若关闭这个选项，那么在锁屏界面上就不会显示通知，该功能主要用于 Windows Phone 手机和平板电脑。

【在锁屏界面上显示警报、提醒和 VoIP 来电】：若关闭这个选项，在锁屏界面上就不会显示警报、提醒和 VoIP 来电。

【演示时隐藏通知】：演示模式用于向用户展示 Windows 10 功能，若开启这个功能，在演示模式下会隐藏通知信息。

3.2 实战 2：个性化设置

Windows 10 操作系统的个性化设置主要包括桌面、背景主题色、锁屏界面、电脑主题等内容的设置。

3.2.1 设置桌面背景

具体操作步骤如下。

第 1 步 在桌面的空白处右击，在弹出的快捷菜单中选择【个性化】菜单命令。

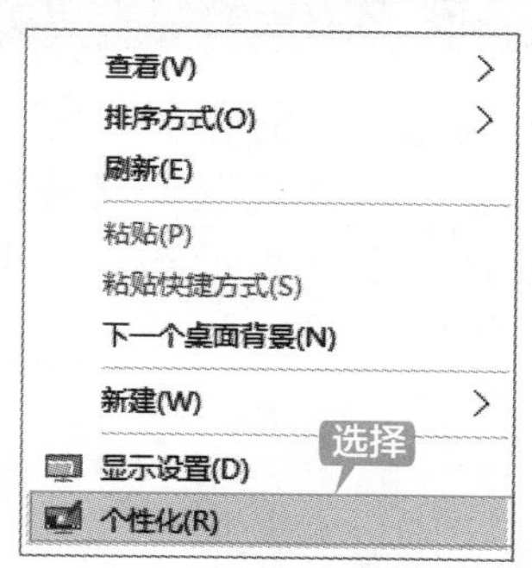

第 2 步 弹出【个性化】设置窗口，在左侧列表中选择【背景】选项。

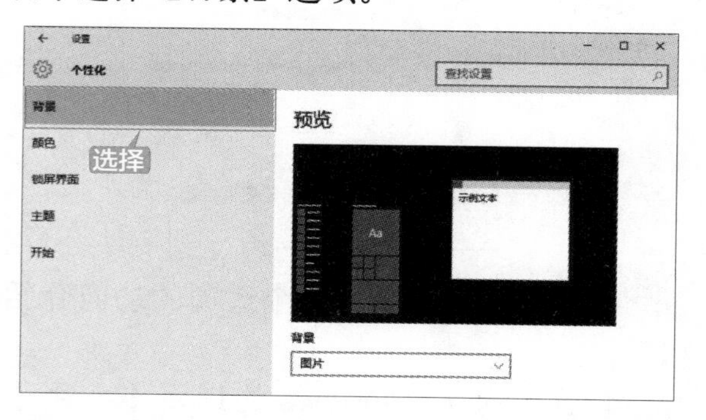

第 3 步 在右侧的【选择图片】的列表中列出了系统默认的图片，用户可以在预览窗口中看到更换不同图片后的桌面背景效果。

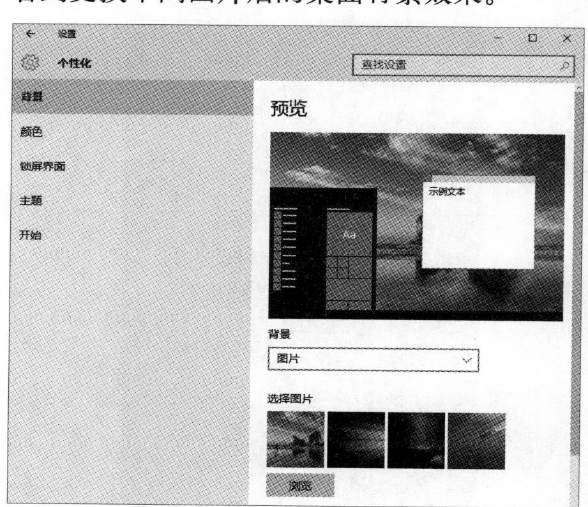

第 4 步 单击窗口左下角的【选择契合度】下拉按钮，弹出背景显示方式，这里选择【拉伸】选项。

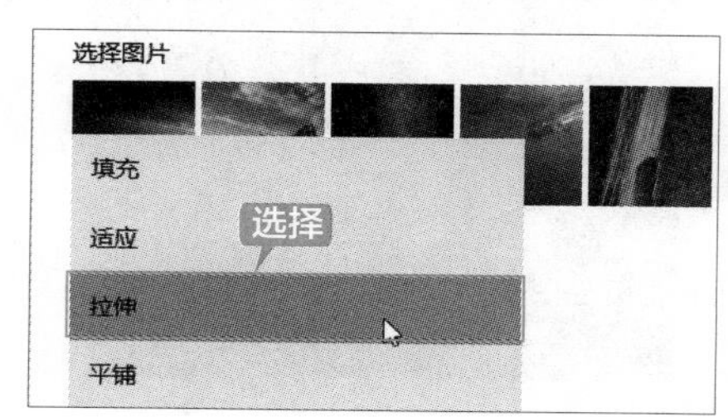

3.2.2 设置背景主题色

Windows 10 默认的背景主题色为黑色，如果用户不喜欢，则可以对其进行修改。具体操作步骤如下。

第 1 步 单击【开始】按钮，在弹出的【开始】菜单中选择【设置】选项。

第 2 步 打开【设置】窗口，在其中选择【个性化】图标。

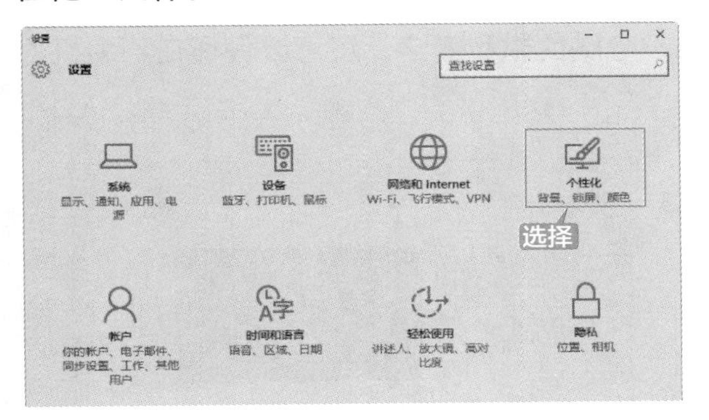

第 3 步 打开【个性化】窗口，在其中选择【颜色】选项，在右边可以看到【预览】【选择一种颜色】等参数。

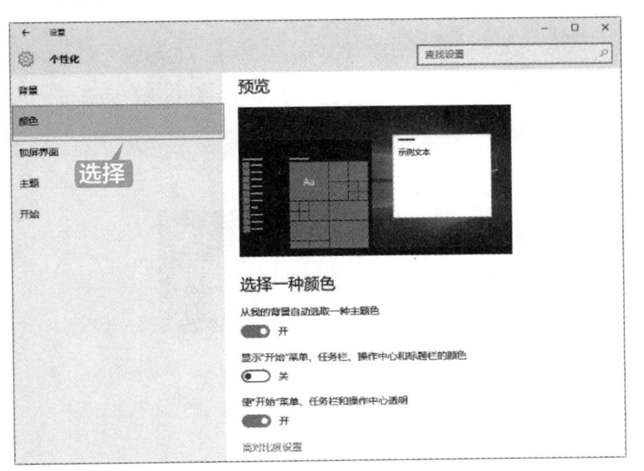

第 4 步 将【选择一种颜色】下方的【从我的背景自动选取一种主题色】由【开】设置为【关】，这时系统会给出建议的颜色，在其中根据需要自行选择主题颜色。

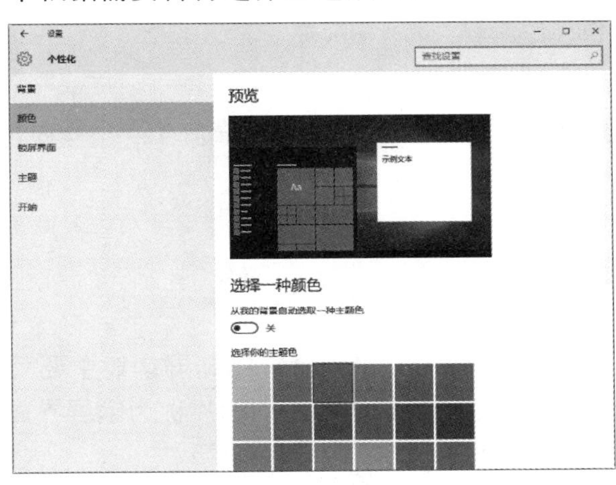

第 5 步 这里选择【红色】色块，可以在【预览】区域查看预览效果。

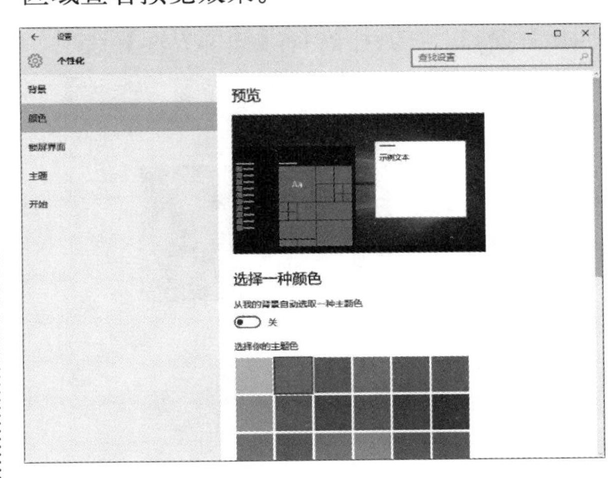

第 6 步 将【显示“开始”菜单、任务栏、操作中心和标题栏的颜色】由【关】设置为【开】。

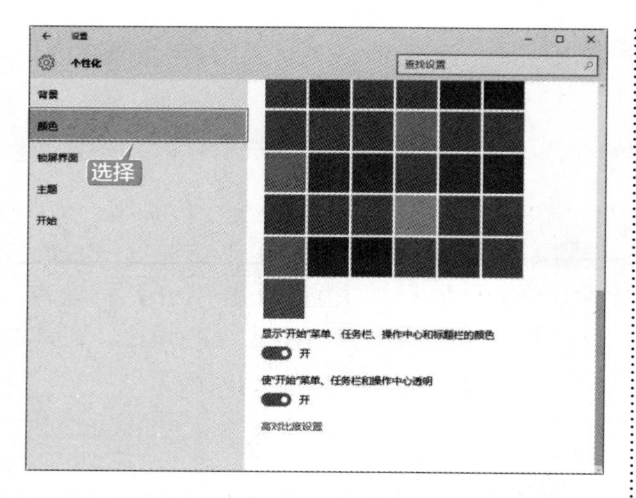

第 7 步 返回系统中，至此就完成了 Windows 10 主题色的设置。

提示

若【显示“开始”菜单、任务栏、操作中心和标题栏的颜色】为【关】状态，则【任务栏】和【开始】菜单颜色不会随用户选择的颜色而改变。

3.2.3 设置锁屏界面

Windows 10 操作系统的锁屏功能主要用于保护电脑的隐私安全，还可以保证在不关机的情况下省电，其锁屏所用的图片称为锁屏界面。

设置锁屏界面的具体操作步骤如下。

第 1 步 在桌面的空白处右击，在弹出的快捷菜单中选择【个性化】菜单命令，打开【个性化】窗口，在其中选择【锁屏界面】选项。

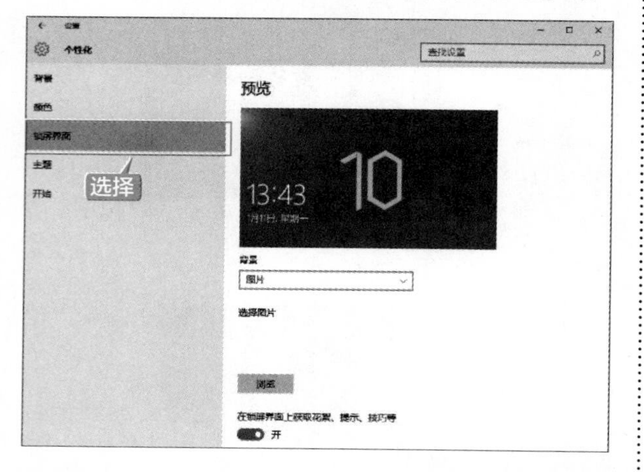

第 2 步 单击【背景】下方【图片】右侧的下三角按钮，在弹出的下拉列表中可以设置用于锁屏的背景，包括图片、Windows 聚焦和幻灯片放映三种类型。

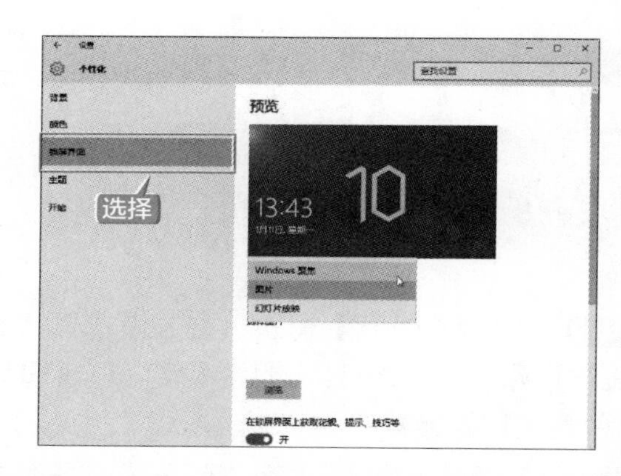

第 3 步 选择【Windows 聚焦】选项，可以在【预览】区域查看设置的锁屏图片样式。

第 4 步 按下【Win+L】组合键，就可以进入系统锁屏状态。

3.2.4 设置屏幕保护程序

当在指定的一段时间内没有使用鼠标或键盘，屏幕保护程序就会出现在电脑的屏幕上，此程序为移动的图片或图案，屏幕保护程序最初用于保护较旧的单色显示器免遭损坏，但现在主要是用来个性化电脑或通过提供密码保护来增强电脑的安全性。

设置屏幕保护程序的具体操作步骤如下。

第 1 步 在桌面的空白处右击，在弹出的快捷菜单中选择【个性化】菜单命令，打开【个性化】窗口，在其中选择【锁屏界面】选项。

第 2 步 在【锁屏界面】设置窗口中单击【屏幕超时设置】超链接，打开【电源和睡眠】设置界面，在其中可以设置屏幕和睡眠的时间。

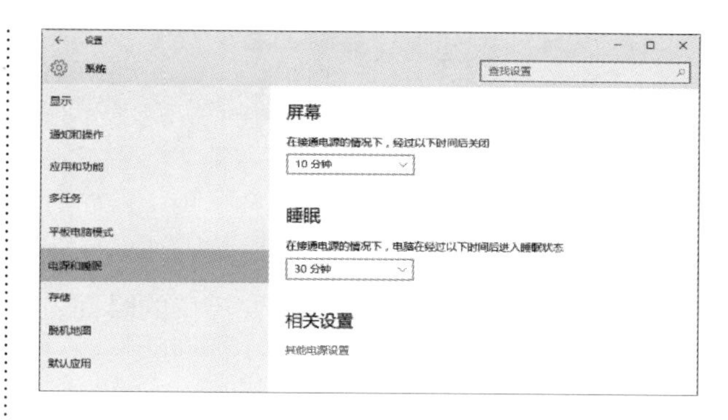

第 3 步 在【锁屏界面】设置窗口中单击【屏幕保护程序设置】超链接，打开【屏幕保护程序设置】对话框，选中【在恢复时显示登录屏幕】复选框。

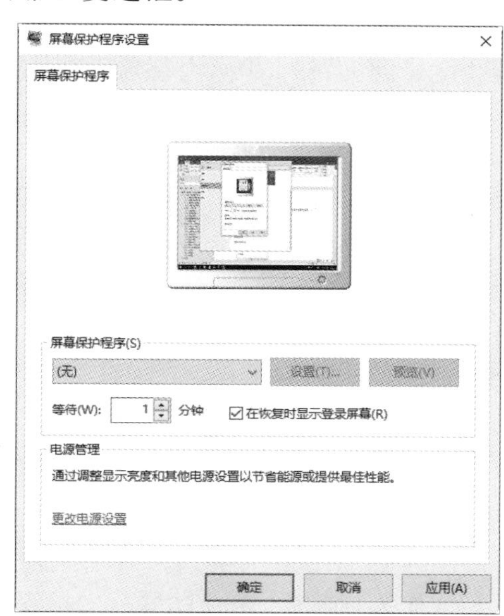

第 4 步 在【屏幕保护程序】下拉列表中选择系统自带的屏幕保护程序，本实例选择【气泡】选项，此时在上方的预览框中可以看到设置后的效果。

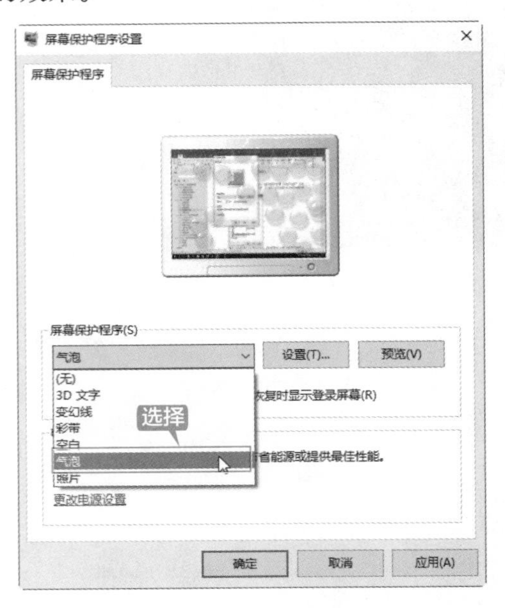

第 5 步 在【等待】微调框中设置等待的时间，本实例设置为【5 分钟】。

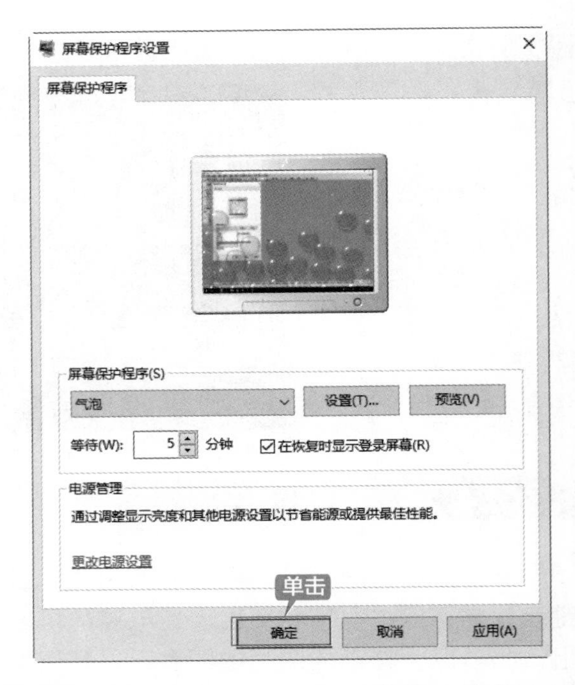

第 6 步 设置完成后，单击【确定】按钮，返回到【设置】窗口，这样如果用户在 5 分钟内没有对电脑进行任何操作，系统会自动启动屏幕保护程序。

3.2.5 设置电脑主题

主题是桌面背景图片、窗口颜色和声音的组合，用户可以对主题进行设置。具体操作步骤如下。

第 1 步 在桌面的空白处右击，在弹出的快捷菜单中选择【个性化】菜单命令，打开【个性化】窗口，在其中选择【主题】选项。

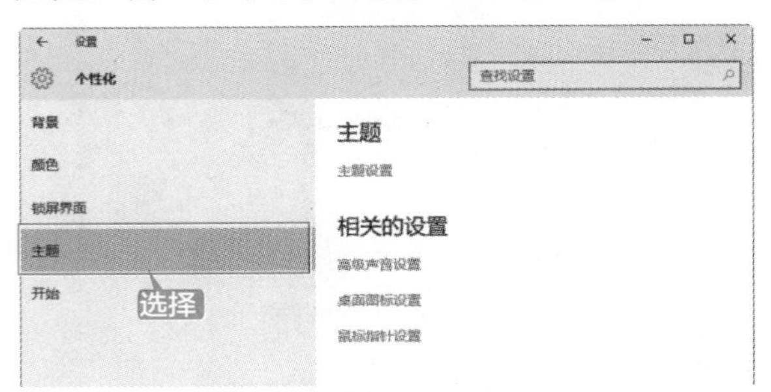

第 2 步 随即进入【个性化】窗口主题的设置界面，在其中单击某个主题，可一次性同时更改桌面背景、颜色、声音和屏幕保护程序。

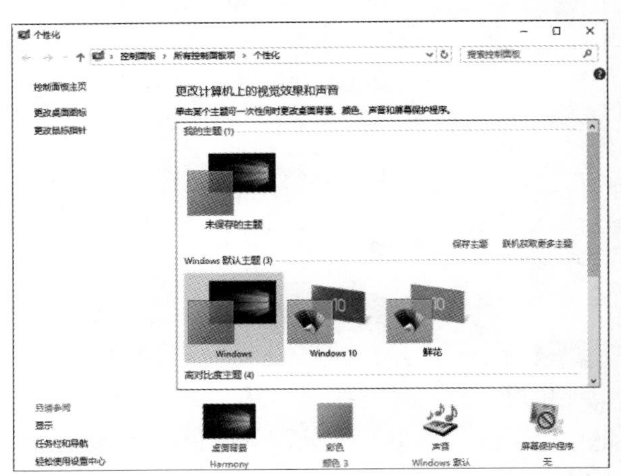

第 3 步 选择【Windows 默认主题】的【Windows 10】主题样式，可在下方显示该主题

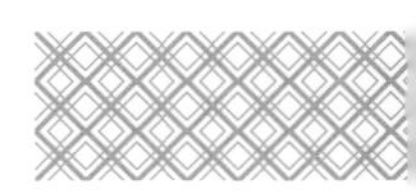

的桌面背景、颜色、声音和屏幕保护程序等信息。

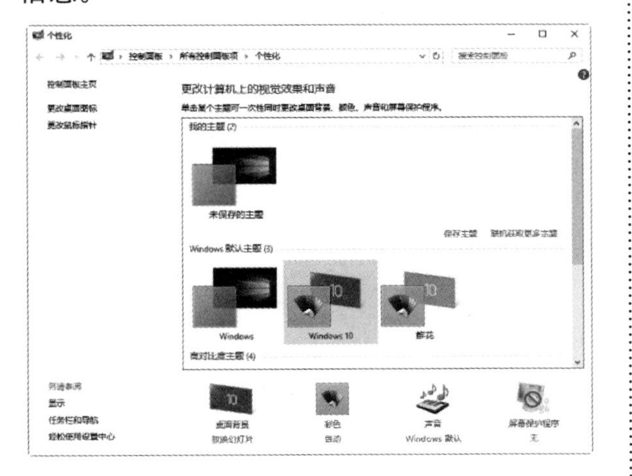

第 4 步 单击【保存主题】超链接，打开【将主题另存为】对话框，在其中输入主题的名称。

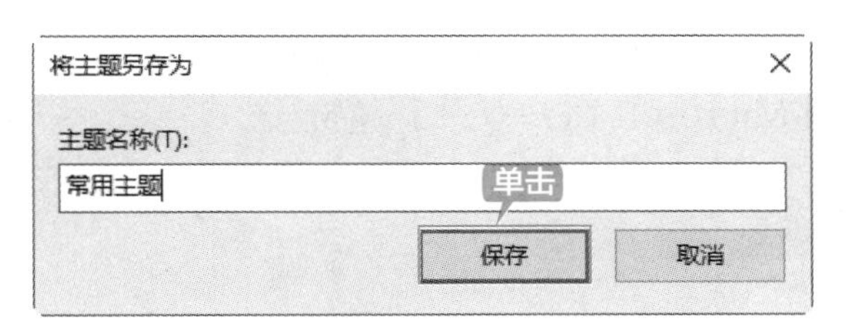

第 5 步 单击【保存】按钮，即可将未保存的主题保存到本台电脑当中，以方便后期使用。

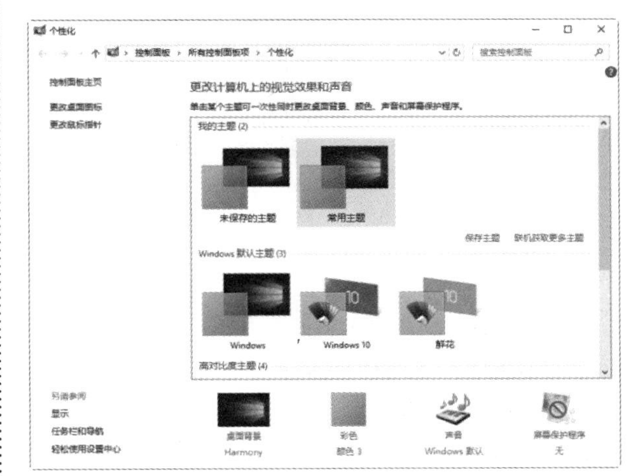

3.3 实战 3：Microsoft 账户的设置与应用

Microsoft 账户对于老年朋友极为陌生，但它在特殊的时候还是极为有用的，如下载应用商店的应用程序、为保护隐私当作电脑密码等。本节主要介绍Microsoft 账户的设置与应用。

3.3.1 注册和登录Microsoft 账户

要想使用Microsoft 账户管理此设备，首先需要做的就是在此设备上注册和登录Microsoft 账户。注册与登录Microsoft 账户的具体操作步骤如下。

第 1 步 单击【开始】按钮，在弹出的【开始】屏幕中单击登录用户，在弹出的下拉列表中选择【更改账户设置】选项。

第 2 步 在弹出的【账户】界面中，单击【改用 Microsoft 账户登录】超链接。

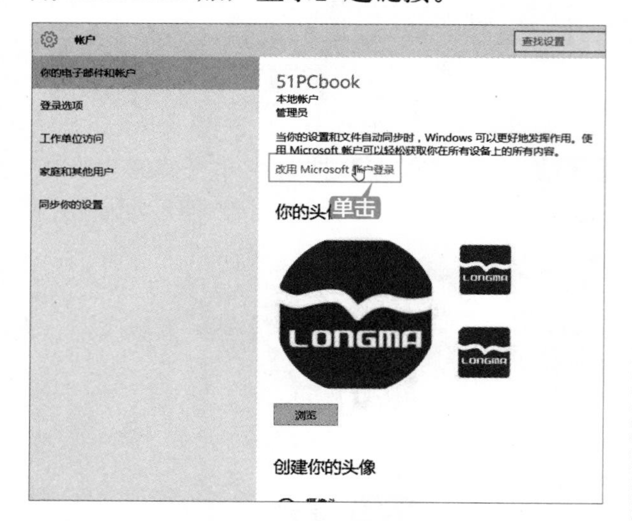

第 3 步 弹出【个性化设置】对话框，输入 Microsoft 账户和密码，单击【登录】按钮即可。如果没有 Microsoft 账户，则单击【创建一个】超链接。这里单击【创建一个】超链接。

第 4 步 弹出【让我们来创建你的账户】对话框，在信息文本框中输入相应的信息、邮箱地址和使用密码等，单击【下一步】按钮。

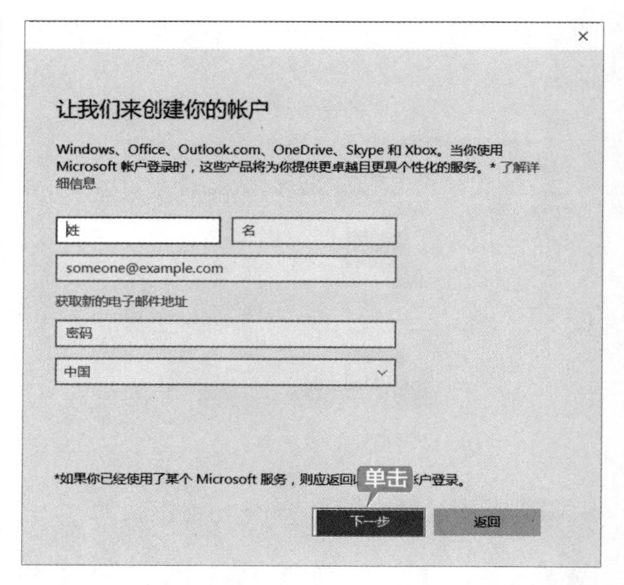

第 5 步 在弹出的【查看与你相关度最高的内容】对话框中，单击【下一步】按钮。

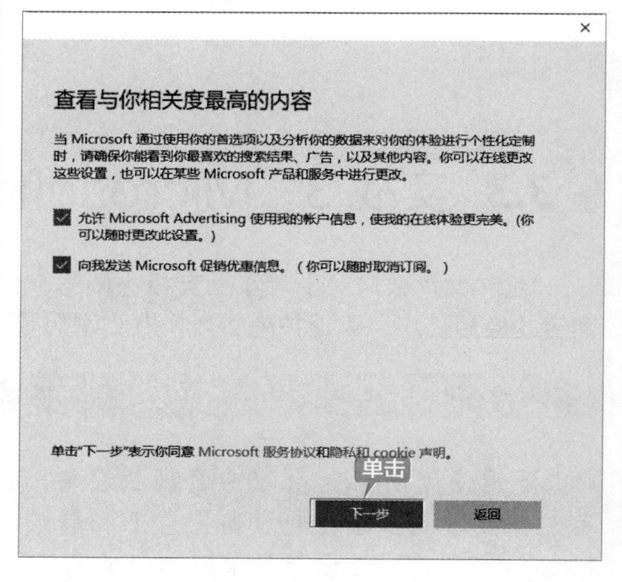

第 6 步 弹出【使用你的 Microsoft 账户登录此设备】对话框，在【旧密码】文本框中输入设置的本地账户密码（即开机登录密码），如果没有设置密码，无须填写，直接单击【下一步】按钮。

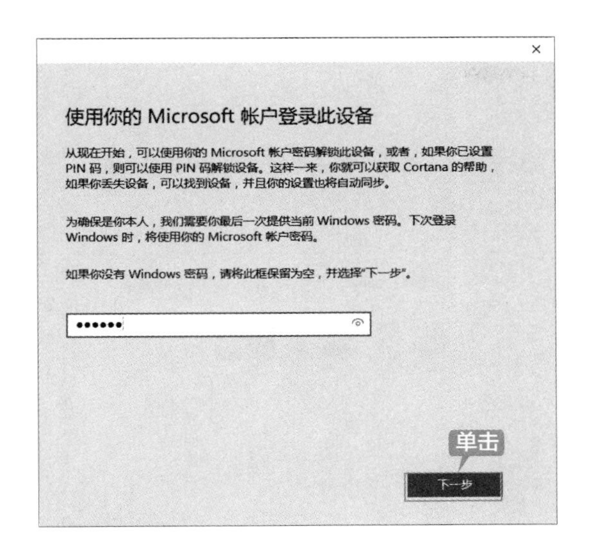

提示

该步骤设置完毕后，再次重启登录电脑时，则需要输入第 4 步中设置的密码进行登录。

第 7 步 弹出【设置 PIN 码】对话框，用户可以选择是否设置 PIN 码。如需设置，单击【设置 PIN】按钮，如不设置，则单击【跳过此步骤】按钮。这里单击【跳过此步骤】按钮。

提示

设置 PIN 码会在 3.3.4 小节详细介绍，这里不再赘述。

第 8 步 返回【账户】界面，即可看到注册且登录的账户信息，如下图所示。微软为了确保用户账户使用安全，需要对注册的邮箱或手机号进行验证，这里单击【验证】超链接。

第 9 步 弹出【验证电子邮件】对话框，登录电子邮箱，查看 Microsoft 发来的安全码，由 4 位数字组成，将其输入文本框中，并单击【下一步】按钮。

第 10 步 返回【账户】界面，即可看到【验证】超链接已消失，完成设置。

3.3.2 设置账户头像

不管是本地账户还是Microsoft 账户，对于账户的头像，老年朋友都可以自行设置，将喜欢的照片设置为账户头像。具体操作步骤如下。

第 1 步 打开【设置－账户】窗口，在其中选择【你的电子邮件和账户】选项，在打开的界面中单击【你的头像】下方的【浏览】按钮。

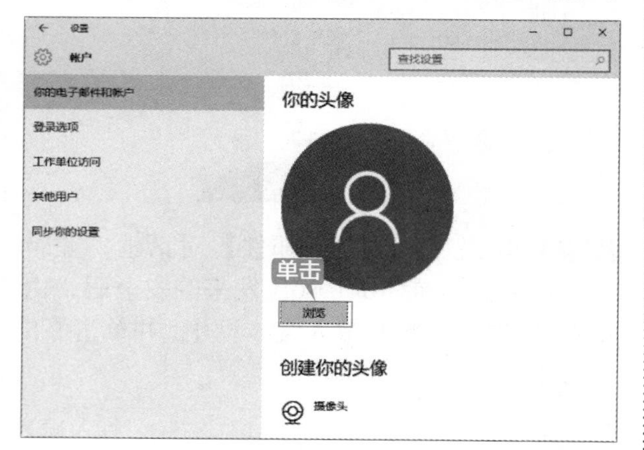

第 2 步 打开【打开】对话框，在其中选择想要作为头像的图片。

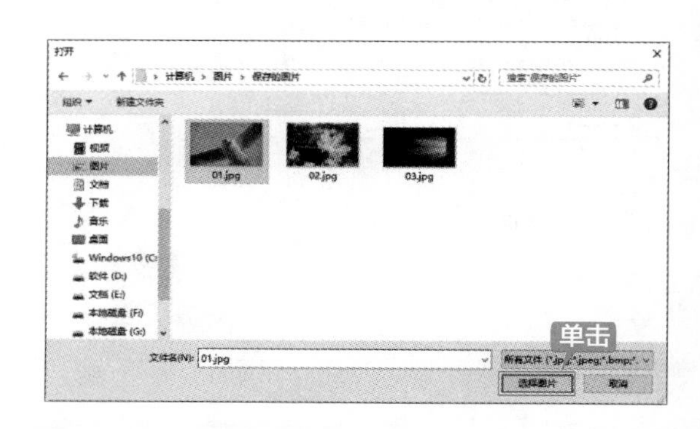

第 3 步 单击【选择图片】按钮，返回到【设置－账户】窗口当中，可以看到设置头像后的效果。

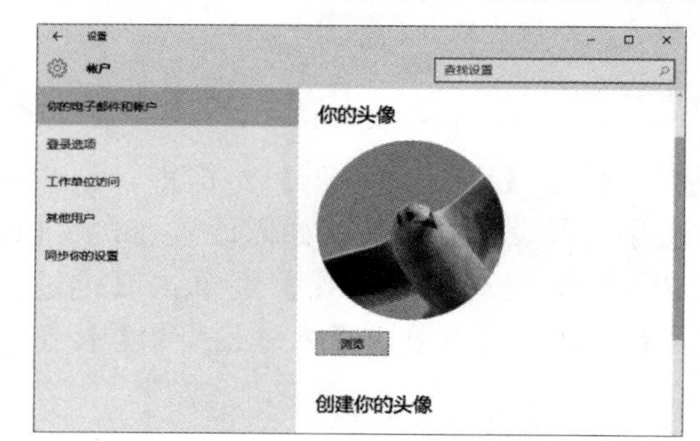

3.3.3 设置账户登录密码

账户登录密码的设置方法根据账户类型的不同，设置方法也不尽相同，下面分别进行介绍。

1. Microsoft 账户登录密码的设置

具体操作步骤如下。

第 1 步 以Microsoft 账户类型登录本台设备，然后选择【设置－账户】窗口中的【登录选项】选项，进入【登录选项】设置界面。

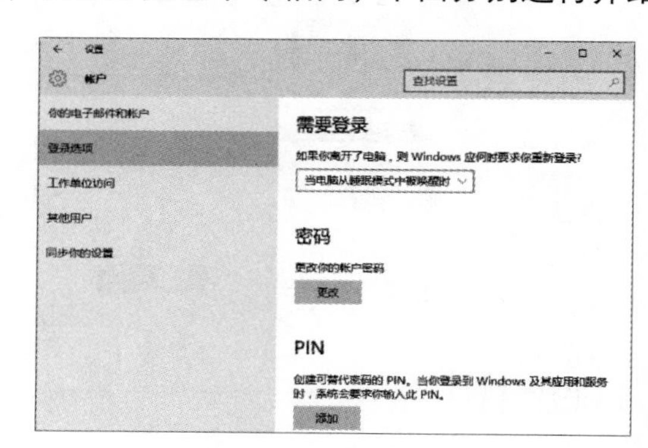

第 2 步 单击【密码】区域下方的【更改】按钮，打开【更改你的Microsoft 账户密码】对话框，在其中输入当前密码和新密码，单击【下一步】

按钮。

第 3 步 即可完成Microsoft 账户登录密码的更改操作，最后单击【完成】按钮。

2. 本地账户登录密码的设置

具体操作步骤如下。

第 1 步 以本地账户类型登录本台设备，然后选择【设置 – 账户】窗口中的【登录选项】选项，进入【登录选项】设置界面。

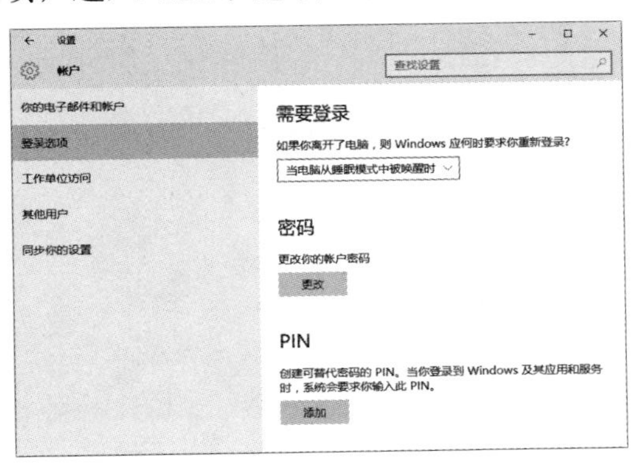

第 2 步 单击【密码】区域下方的【更改】按钮，打开【更改密码】对话框，在其中输入当前密码。

第 3 步 单击【下一步】按钮，打开【更改密码】对话框，在其中输入新密码和密码提示信息。

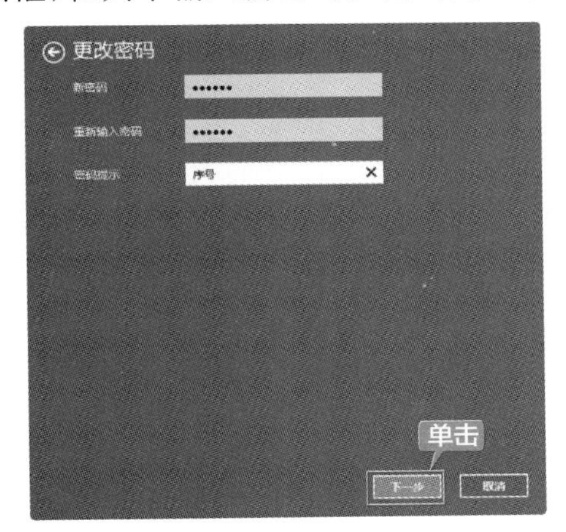

第 4 步 单击【下一步】按钮，即可完成本地账户密码的更改操作，最后单击【完成】按钮。

3.3.4 设置 PIN 码

PIN 码是可以替代登录密码的一组数据，当用户登录到 Windows 及其应用和服务时，系统会要求用户输入 PIN 码。

设置 PIN 码的具体操作步骤如下。

1. 添加与更改 PIN 码

第 1 步 在【设置 – 账户】窗口中选择【登录选项】选项，在右侧可以看到用于设置 PIN 码的区域。

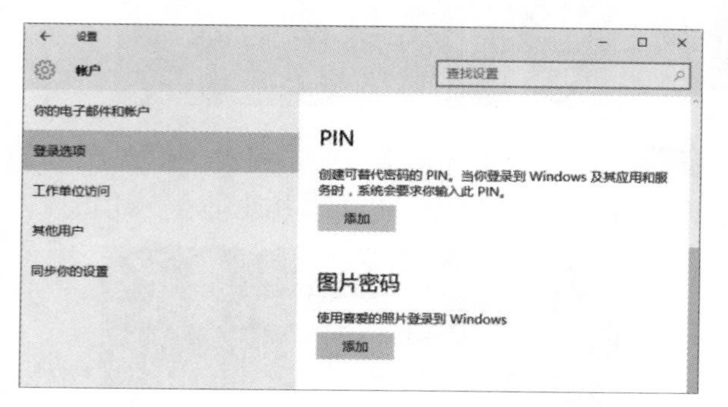

第 2 步 单击 PIN 区域下方的【添加】按钮，打开【请重新输入密码】对话框，在其中输入账户的登录密码，单击【登录】按钮。

第 3 步 打开【设置 PIN】对话框，在其中输入 PIN 码，单击【确定】按钮。

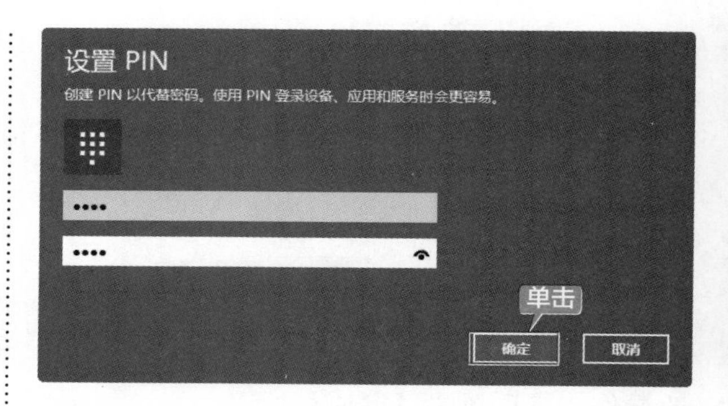

第 4 步 即可完成 PIN 码的添加操作，并返回【登录选项】设置界面。

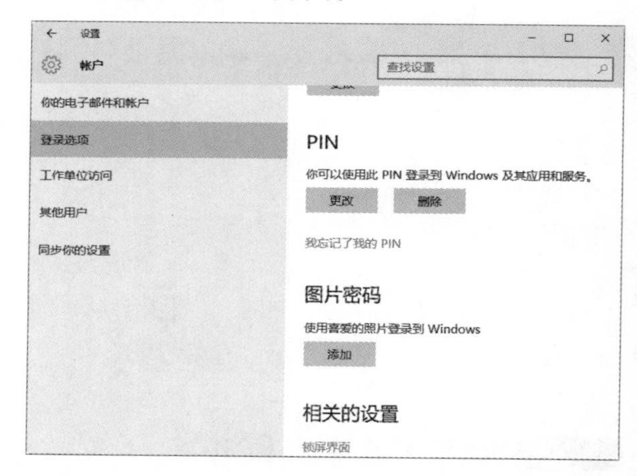

第 5 步 如果想要更改 PIN 码，则可以单击 PIN 区域下方的【更改】按钮，打开【更改 PIN】对话框，在其中输入更改后的 PIN 码，然后单击【确定】按钮即可。

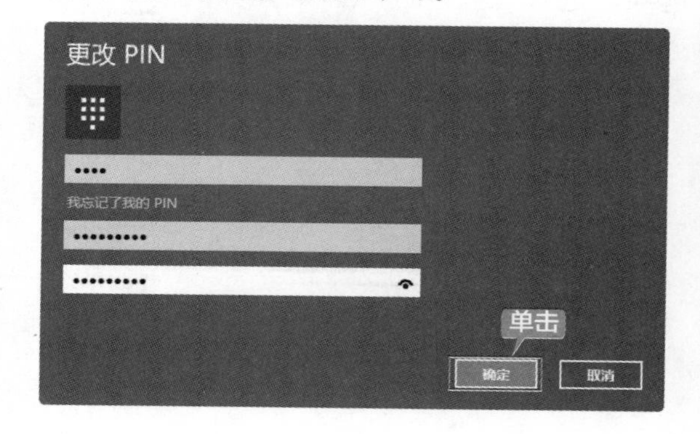

2. 忘记 PIN 码

第 1 步 如果忘记了 PIN 码，则可以在【登录选项】设置界面中单击 PIN 区域下方的【我忘记了我的 PIN】超链接。

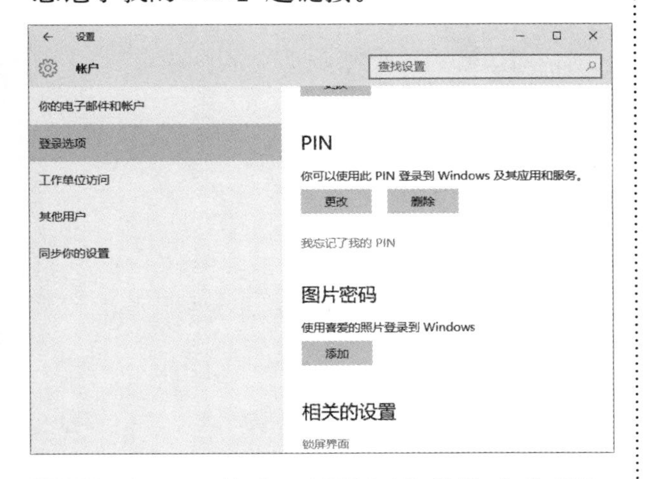

第 2 步 打开【首先，请验证你的账户密码】对话框，在其中输入登录账户密码，单击【确定】按钮。

第 3 步 打开【设置 PIN】对话框，在其中重新输入 PIN 码，最后单击【确定】按钮即可。

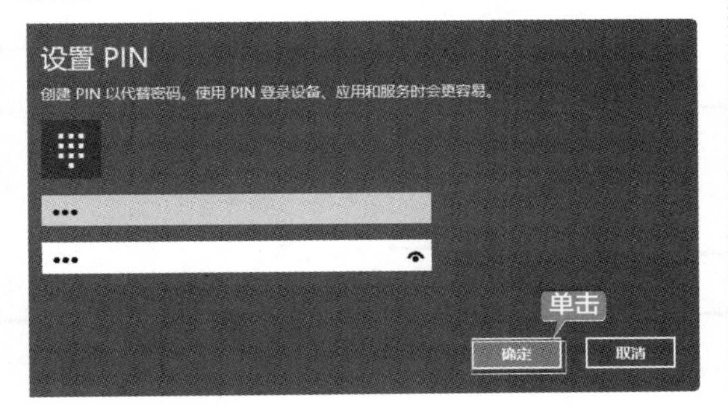

3. 删除 PIN 码

第 1 步 如果想要删除 PIN 码，则可以在【登录选项】设置界面中单击 PIN 设置区域下方的【删除】按钮。

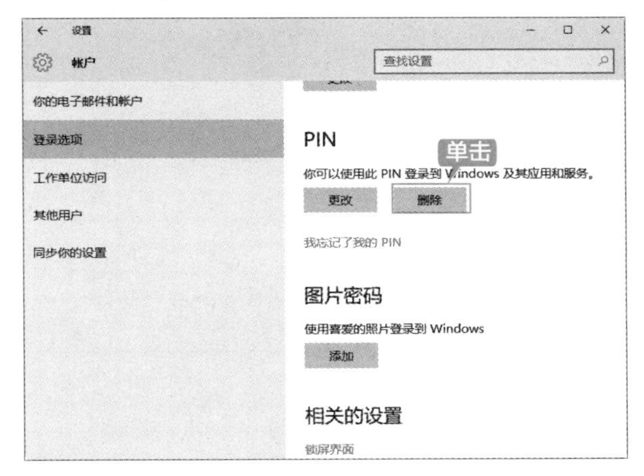

第 2 步 随即在 PIN 码区域显示出确实要删除 PIN 码的信息提示，单击【删除】按钮。

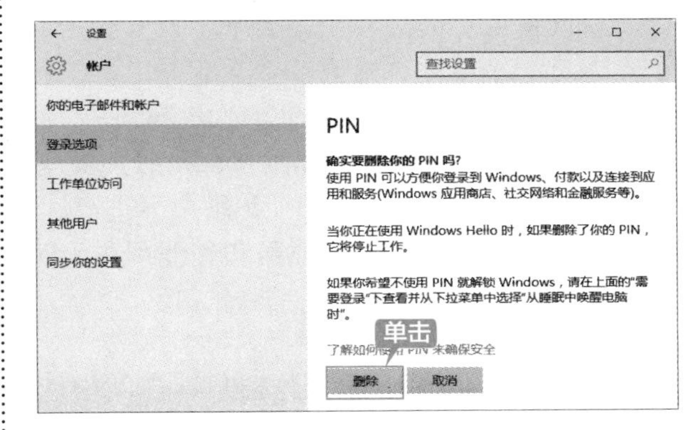

第 3 步 打开【首先，请验证你的账户密码】对话框，在其中输入登录密码，单击【确定】按钮。

第 4 步 即可删除 PIN 码，并返回【登录选项】设置界面，可以看到 PIN 设置区域只剩下【添加】按钮，说明删除成功。

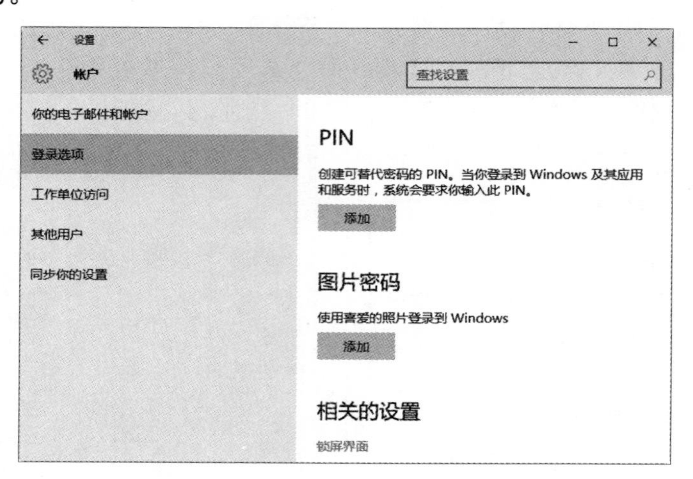

添加家庭成员和其他用户

在使用电脑的过程中，如果不想让孙子孙女由于使用电脑而误删自己的电脑文件，最好每个人都有一个账户，有自己的登录信息和桌面。如果添加的是儿童账户，可以对儿童账户进行权限设置，从而确保孩子的上网安全。

添加家庭成员需要在Microsoft 账户类型下才能进行，而添加其他用户不仅可以在本地账户下进行，还可以在Microsoft 账户下进行。

这里以添加儿童家庭成员和其他用户为例，添加家庭成员和其他用户的具体操作步骤如下。

1. 添加儿童家庭成员

第 1 步 打开【设置 – 账户】窗口，在其中选择【家庭和其他用户】选项，进入【家庭和其他用户】设置界面。

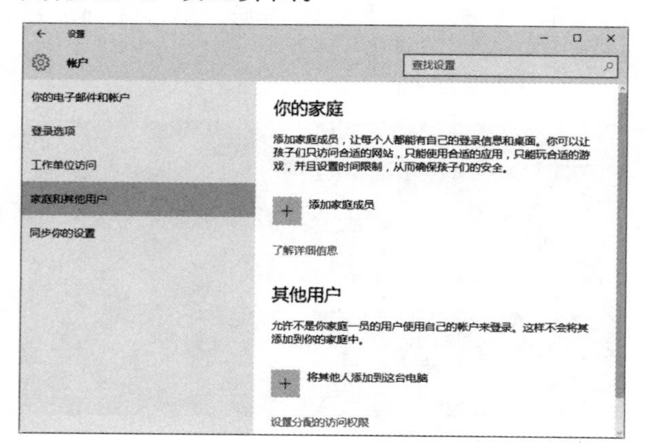

第 2 步 单击【添加家庭成员】按钮，打开【是否添加儿童或成人】对话框，在其中选中【添加儿童】单选按钮。

是否添加儿童或成人?

输入你要添加的人员的电子邮件地址。如果他们使用 Windows、Office、Outlook.com、OneDrive、Skype 或 Xbox，请输入他们用于登录的电子邮件地址。

添加儿童

儿童拥有自己的帐户后，将会有更安全的上网环境

添加成人

输入他们的电子邮件地址

我想要添加的人员没有电子邮件地址

下一步 取消

第 3 步 如果已经存在有儿童账户，则可以在下面的文本框中输入电子邮件地址，如果没有，则需要单击【我想要添加的人员没有电子邮件地址】超链接，打开【让我们创建一个账户】对话框，在其中输入相关信息，单击【下一步】按钮。

让我们创建一个帐户

Windows、Office、Outlook.com、OneDrive、Skype 和 Xbox。当他们使用 Microsoft 帐户登录时，这些产品将为他们提供更卓越且更具个性化的服务。了解详细信息

bai　shuixin

baishuixin@outlook.com 可用。

baishuixin　@outlook.com

使用他们的电子邮件地址

中国

2000　6月　21日

单击

下一步　返回

第 4 步 打开【帮助我们保护你孩子的信息】对话框，在其中输入手机号码，单击【下一步】按钮。

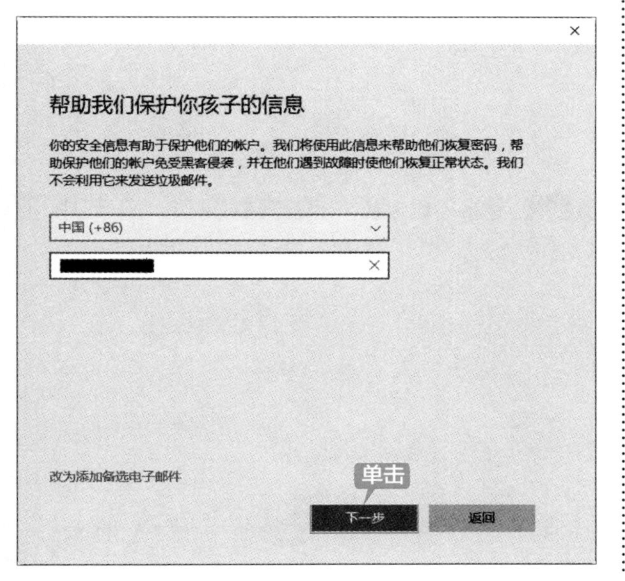

第 5 步 打开【查看与其相关度最高的内容】对话框，在其中根据自己的需要选中相关复选框，单击【下一步】按钮。

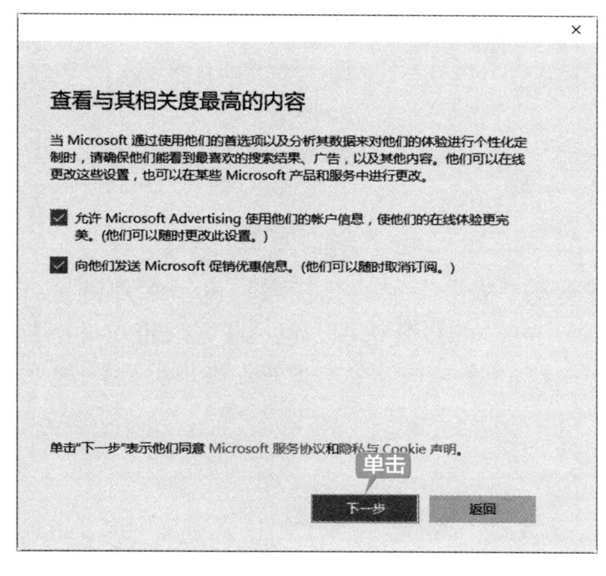

第 6 步 打开【准备好了】对话框，提示用户已经将儿童账户添加到家庭成员当中。

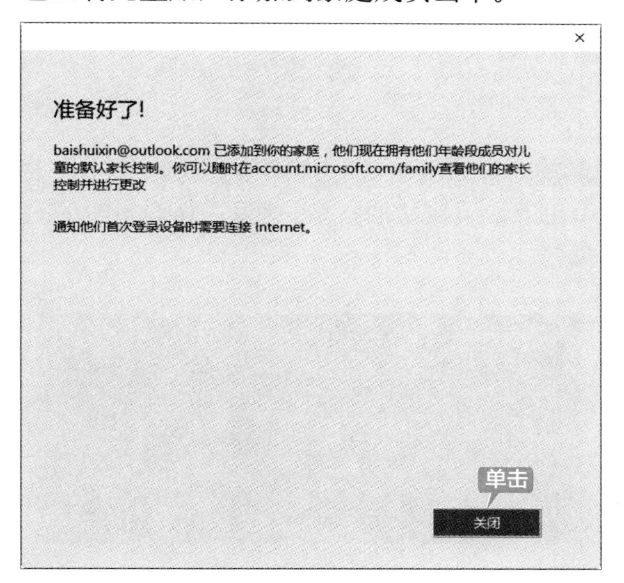

第 7 步 单击【关闭】按钮，返回【设置 – 账户】窗口，在其中可以看到添加的儿童家庭成员。

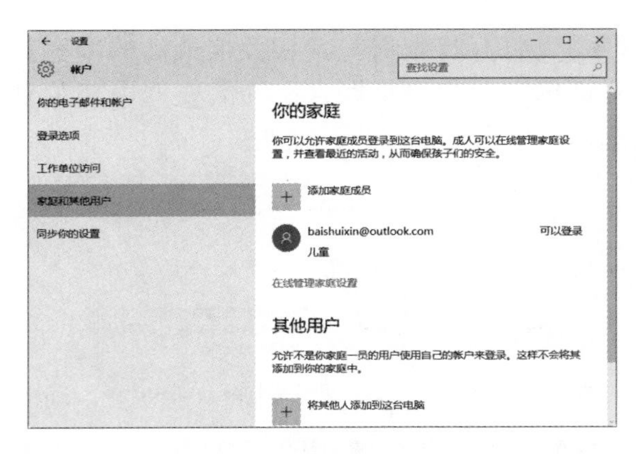

第8步 单击添加的儿童账户电子邮件地址，弹出相关的设置选项，包括【更改账户类型】和【阻止】按钮，单击【更改账户类型】按钮。

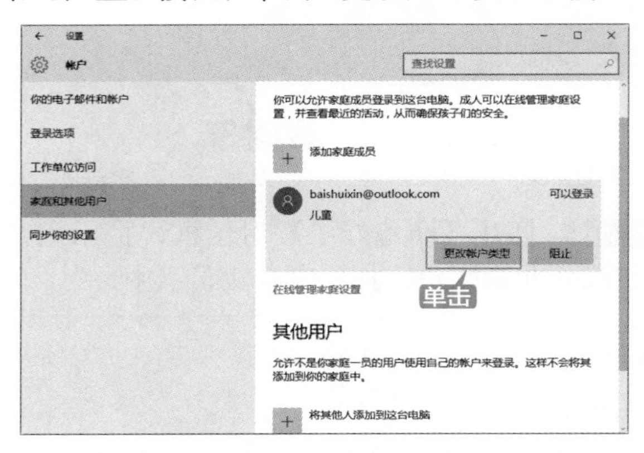

第9步 打开【更改账户类型】对话框，在其中可以设置账户的类型，这里选择【标准用户】类型。

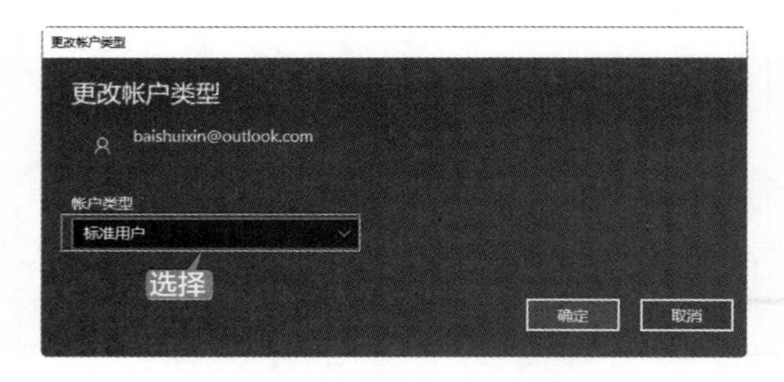

2. 添加其他用户

第1步 单击【设置－账户】窗口中的【将其他人添加到这台电脑】按钮，打开【此人将如何登录】对话框，在其中输入此人的电子邮件地址，单击【下一步】按钮。

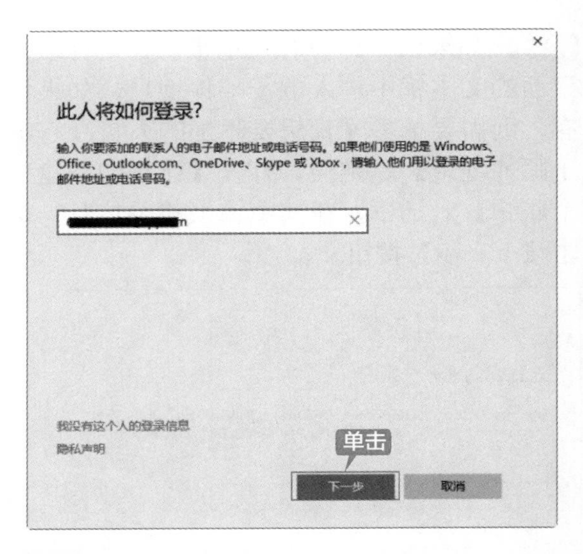

第2步 打开【准备好了】对话框，即可完成其他用户的添加，单击【完成】按钮。

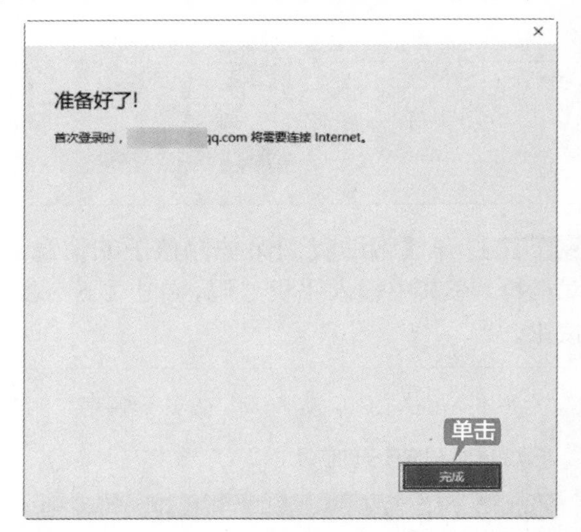

第3步 返回【设置－账户】窗口，在其中可以看到添加的儿童家庭账户和其他用户。

◇ 将儿孙照片设置为桌面背景

老年朋友在使用电脑的过程中，如果能将儿孙的照片设置为桌面背景，那就更有意义了，下面就给桌面换一个背景吧。

第 1 步 选择一张儿孙的照片，并右击照片，在弹出的快捷菜单中选择【设置为桌面背景】菜单命令。

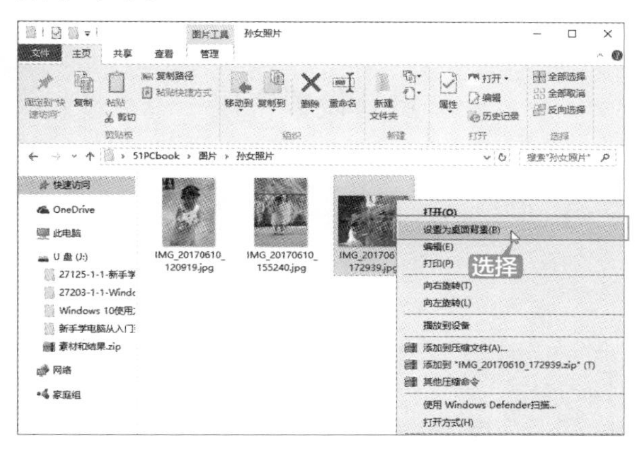

第 2 步 按【Windows+D】组合键返回桌面，即可看到设置后的桌面背景。

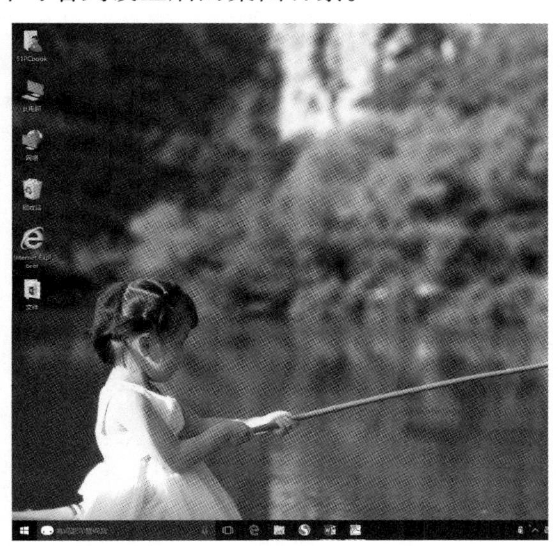

◇ 如果忘记了 Windows 登录密码怎么办

在电脑的使用过程中，忘记电脑开机登录密码是常有的事，而 Windows 10 系统的登录密码是无法强行破解的，需要登录微软的一个找回密码的网站重置密码，才能登录进入系统桌面。具体操作步骤如下。

第 1 步 打开一台可以上网的电脑，在 IE 地址栏中输入找回密码网站的网址“account.live.com”，按下【Enter】键，进入其操作界面。

第 2 步 单击【无法访问你的账户】超链接，打开【为何无法登录】界面，在其中选中【我忘记了密码】单选按钮，单击【下一步】按钮。

第 3 步 打开【恢复你的账户】界面，在其中

输入要恢复的Microsoft账户和你看到的字符，单击【下一步】按钮。

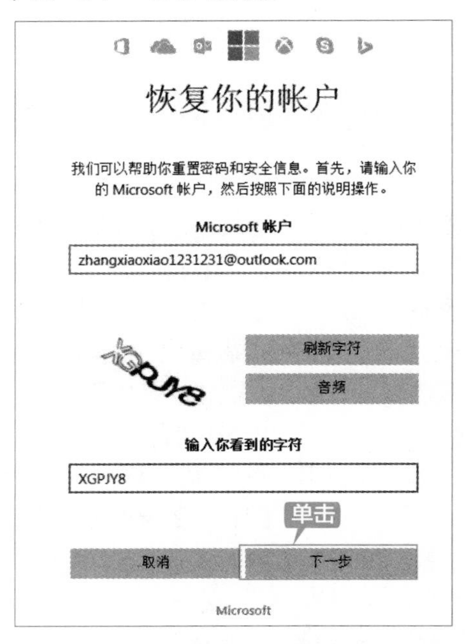

第 4 步 打开【我们需要验证你的身份】界面，在其中选择【短信至 *******81】单选按钮，并在下方的文本框中输入手机号码的后四位，单击【发送代码】按钮。

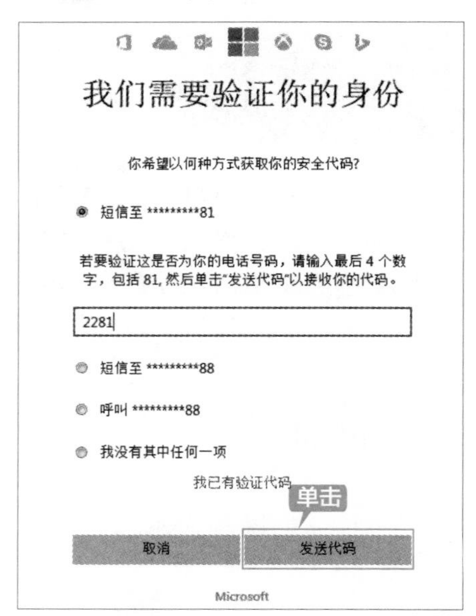

第 5 步 即可往手机中发送安全代码，并打开【输入你的安全代码】界面，在其中输入接收到的安全代码，单击【下一步】按钮。

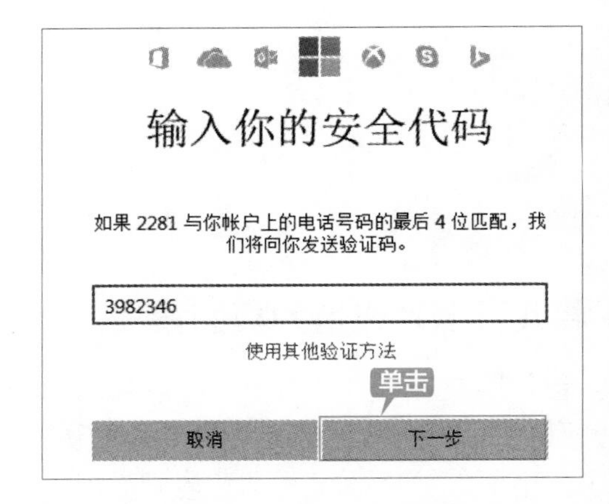

第 6 步 打开【重新设置密码】界面，在其中输入新的密码，并确认再次输入新的密码，单击【下一步】按钮。

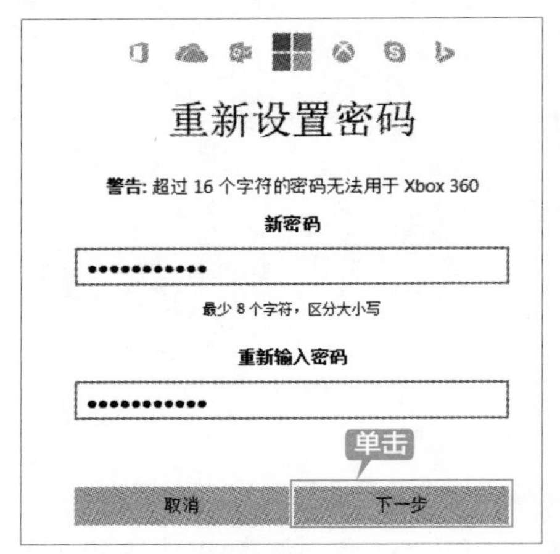

第 7 步 打开【你的账户已恢复】界面，在其中提示用户可以使用新的安全信息登录到你的账户了。

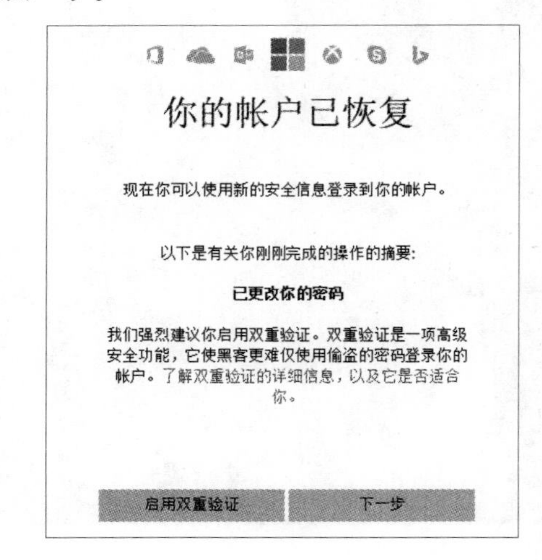

第2篇

基础操作篇

第4章　老年人如何快速学打字

第5章　管理电脑中的文件资源

第6章　电脑软件的安装与管理

本篇主要介绍学电脑的基础操作，通过本篇的学习，读者可以掌握如何快速学打字，管理电脑中的文件资源，电脑软件的安装与管理的基本操作。

第 4 章 老年人如何快速学打字

本章导读

学会输入汉字和英文是使用电脑的第一步，对于输入英文字符，只要按着键盘上输入就可以了，而汉字不能像英文字母那样直接用键盘输入电脑中，需要使用英文字母和数字对汉字进行编码，然后通过输入编码得到所需汉字，这就是汉字输入法。本章主要讲述输入法的管理、拼音打字等。

思维导图

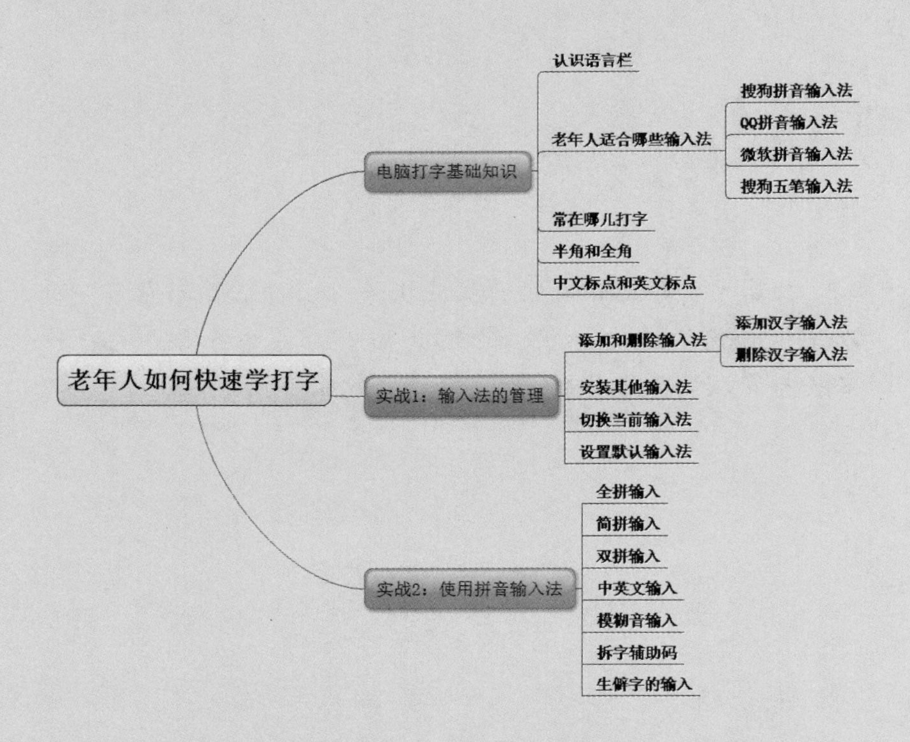

4.1 电脑打字基础知识

使用电脑打字，首先需要了解电脑打字的相关基础知识，如认识语言栏、常见的输入法、什么是半角、什么是全角等。

4.1.1 认识语言栏

语言栏指的是电脑右下角的输入法，其主要作用是进行输入法的切换。当用户需要在 Windows 中进行文字输入的时候，就需要用语言栏了。因为 Windows 的默认输入语言是英文，在这种情况下，用键盘在文本里输入的会是英文字母，如果需要输入文字，就需要语言栏的帮助了。

下图所示为 Windows 10 操作系统中的语言栏，单击语言栏上的【CN】按钮，可以进行中文与英文输入方式的切换，单击【M】按钮，可以进行中文输入法的切换。

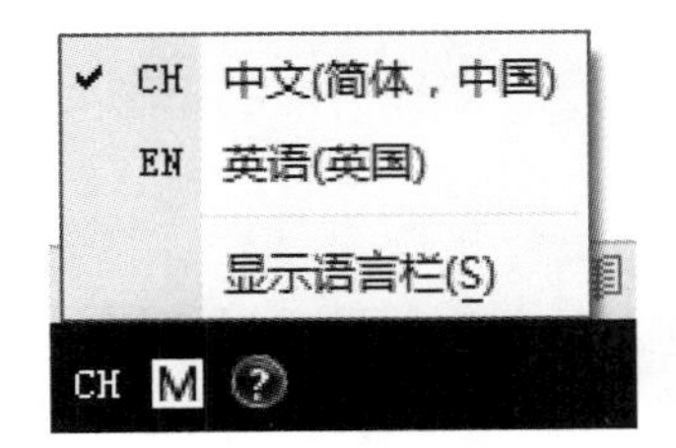

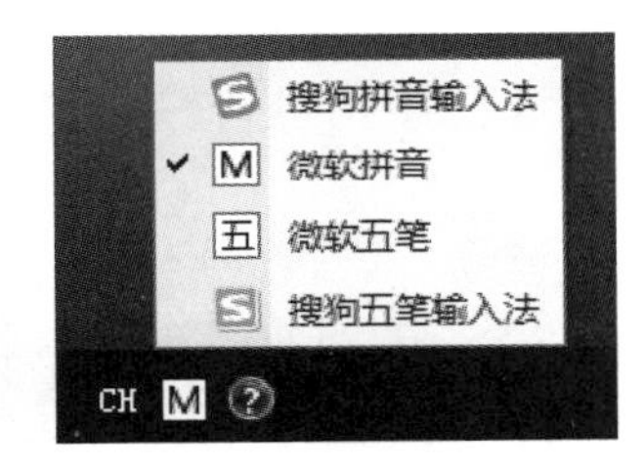

4.1.2 老年人适合哪些输入法

常见的拼音输入法有搜狗拼音输入法、紫光拼音输入法、微软拼音输入法、智能拼音输入法、全拼输入法等。而五笔字型输入法主要是指王码和极品五笔输入法。

1. 搜狗拼音输入法

搜狗拼音输入法是基于搜索引擎技术的输入法产品，用户可以通过互联网备份自己的个性化词库和配置信息。搜狗拼音输入法为国内主流汉字拼音输入法之一。下图所示为搜狗拼音输入法的状态栏。

搜狗拼音输入法有以下特色。

（1）网络新词：搜狐公司将网络新词作为搜狗拼音的较大优势之一。借助搜狐公司同时开发搜索引擎的优势，搜狐声称在软件开发过程中分析了 40 亿网页，将字、词组按照使用频率重新排列。在官方首页上还有搜狐制作的同类产品首选字准确率对比。搜狗拼音的这一设计的确在一定程度上提高了打字的速度。

（2）快速更新：不同于许多输入法依靠升级来更新词库的办法，搜狗拼音采用不定时在线更新，这减少了用户自己造词的时间。

（3）整合符号：搜狗拼音将许多符号表情也整合进词库，如输入“haha”得到“^_^”。另外还提供一些用户自定义的缩写，如输入“QQ”，则显示“我的 QQ 号是 XXXXXX”等。

（4）笔画输入：输入时以“u”做引导，笔画顺序依次输入笔画代码，横、竖、撇、点（捺）、折、提的笔画代码分别是 h、s、p、d、z、t。比如要输入“墙”，依次输入“hsthsdph”即可。

（5）手写输入：最新版本的搜狗拼音输入法支持扩展模块，增加手写输入功能，当用户按 【u】键时，拼音输入区会出现“打开手写输入”的提示，单击即可打开手写输入（如果用户未 安装，单击会打开扩展功能管理器，可以单击【安装】按钮在线安装）。该功能可帮助用户快速输入生字，极大地增加了用户的输入体验。

（6）输入统计：搜狗拼音输入法提供了一个统计用户输入字数和打字速度的功能。但每次更新都会清零。

（7）输入法登录：可以使用输入法登录功能登录搜狗、搜狐等网站。

（8）个性输入：用户可以选择多种精彩皮肤。按【i】键可开启快速换肤。

（9）细胞词库：细胞词库是开放共享、可在线升级的细分化词库功能。细胞词库包括但不限于专业词库，通过选取合适的细胞词库，搜狗拼音输入法可以覆盖几乎所有的中文词汇。

（10）截图功能：可在选项设置中选择开启、禁用和安装、卸载截图功能。

2. QQ 拼音输入法

QQ 拼音输入法（简称 QQ 拼音、QQ 输入法），是 2007 年 11 月 20 日由腾讯公司开发的一款汉语拼音输入法软件。与大多数拼音输入法一样，QQ 拼音输入法支持全拼、简拼、双拼三种基本的拼音输入模式。而在输入方式上，QQ 拼音输入法支持单字、词组、整句的输入方式。

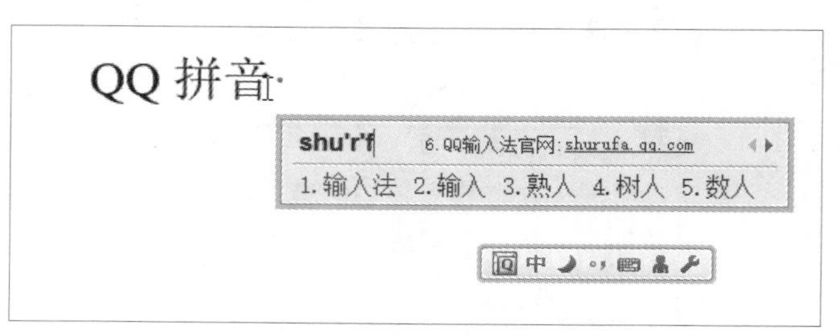

QQ 拼音输入法有以下特点。

（1）提供多套精美皮肤，让书写更加享受。

（2）输入速度快，占用资源小，轻松提高打字速度 20%。

（3）既新又全的流行词汇，不仅仅适合于任何场合，而且是更适合聊天软件和其他互联网应用中使用的输入法。

（4）用户词库网络迁移绑定 QQ 号码，个人词库随身带。

（5）智能整句生成，打长句子不费力，得心应手。

3. 微软拼音输入法

微软拼音输入法（MSPY）是一种基于语句的智能型的拼音输入法，它采用拼音作为汉字的录入方式，用户不需要经过专门的学习和培训，就可以方便使用并熟练掌握这种汉字输入技术。微软拼音输入法提供了模糊音设置，为一些说话带口音的用户着想。下图所示为微软拼音的输入界面。

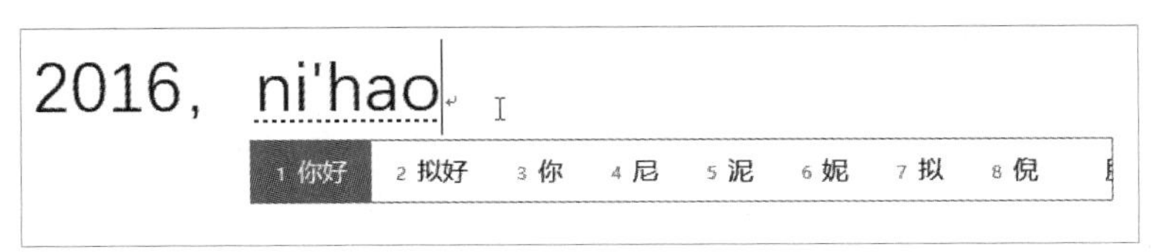

（1）采用基于语句的整句转换方式，用户连续输入整句话的拼音，不必人工分词、挑选候选词语，这样既保证了用户的思维流畅，又大大提高了输入的效率。

（2）为用户提供了许多特性，比如自学习和自造词功能。使用这两种功能，经过短时间与用户交流，微软拼音输入法能够学会用户的专业术语和用词习惯，从而使微软拼音输入法的转换准确率更高，用户用得也更加得心应手。

（3）与 Office 系列办公软件密切地联系在一起。

（4）自带语音输入功能，具有极高的辨识度，并集成了语音命令的功能。

（5）支持手写输入。

4. 搜狗五笔输入法

搜狗五笔输入法是互联网五笔输入法，与传统输入法不同的是，它不仅支持随身词库，而且五笔 + 拼音、纯五笔、纯拼音多种模式可选，使得输入适合更多人群。下图所示为使用搜狗五笔输入法输入文字时的效果图。

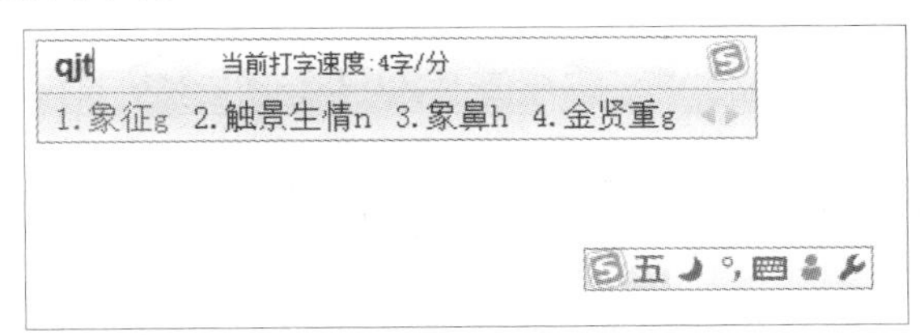

（1）五笔拼音包括混合输入、纯五笔、纯拼音多种输入模式供用户选择，尤其在混输模式下，用户再也不用切换到拼音输入法去输入暂时用五笔打不出来的字词了，并且所有五笔字词均有编码提示，是增强五笔打字能力的有力助手。

（2）词库随身。包括自造词在内的便捷的同步功能，对用户配置、自造词甚至皮肤，都能上传下载。

（3）人性化设置。兼容多种输入习惯。即便是在某一输入模式下，也可以对多种输入习惯进行配置，可以随心所欲地让输入法随你而变。

（4）界面美观。兼容所有搜狗拼音可用的皮肤。

（5）搜狗手写：在搜狗的菜单中选中拓展功能→手写输入安装。手写还可以关联 QQ，适合不会打字的人使用。

对于老年人而言，建议使用搜狗拼音输入法或 QQ 拼音输入法，其操作简单，而且不用像五笔那样，需要记忆编码，另外，如果拼音基础不是特别好，可以使用手写输入法，它比较符合人们的写字习惯，但是输入汉字的速度较慢。

4.1.3 常在哪儿打字

打字也需要有场地，可以显示输入的文字，常用的能大量显示文字的软件有记事本、Word、写字板等。在输入文字后，还需要设置文字的格式，使文字看起来工整、美观。这时就可以使用 Word 软件。

Word 是 Office 办公系列软件中的一个文字处理软件，不仅可以显示输入的文字，还具有强大的文字编辑功能。下图所示为 Word 2016 软件的操作界面。

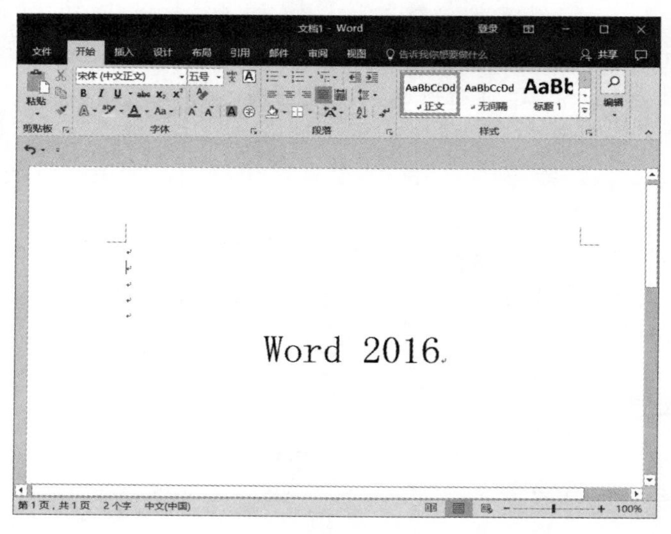

Word 主要具有以下特点。

（1）所见即所得：用户使用 Word 作为电脑打字的练习场地，使输入效果在屏幕上一目了然。

（2）直观的操作界面：Word 软件界面友好，提供了丰富多彩的工具，利用鼠标就可以确定文字输入位置、选择已输入的文字，便于修改。

（3）多媒体混排：用 Word 软件可以编辑文字图形、图像、声音、动画，还可以插入其他软件制作的信息，使用其提供的绘图工具进行图形制作，编辑艺术字、数学公式，能够满足用户的各种文字处理要求。

（4）强大的制表功能：Word 软件不仅便于文字输入，还提供了强大的制表功能，用 Word 软件制作表格，既轻松又美观，既快捷又方便。

（5）自动更正功能：Word 软件提供了拼写和语法检查功能，提高了英文编辑的正确性，如果发现语法错误或拼写错误，Word 软件还提供修正的建议。当用 Word 软件编辑好文档后，Word 可以帮助用户自动编写摘要，为用户节省了大量的时间。自动更正功能为用户输入同样的字符提供了很好的帮助，用户可以自定义字符的输入，当要输入同样的若干字符时，可以定义一个字母来代替，尤其在输入汉字时，该功能使用户的输入速度大大提高。

（6）模板功能：Word 软件提供了大量且丰富的模板，用户在模板中输入文字即可得到一份漂亮的文档。

（7）丰富的帮助功能：Word 软件的帮助功能详细而丰富，用户遇到问题时，能够方便地找到解决问题的方法。

（8）超强兼容性：Word 软件可以支持许多种格式的文档，也可以将 Word 编辑的文档另存为其他格式的文件，这为 Word 软件和其他软件的信息交换提供了极大的方便。

（9）强大的打印功能：Word 软件提供了打印预览功能，具有对打印机参数的强大的支持性和配置性，便于用户打印输入的文字。

4.1.4 半角和全角

半角和全角主要是针对标点符号来说的，全角标点占两个字节，半角占一个字节。在搜狗状态条中单击【全 / 半角】按钮或者按【Shift+Space】组合键，即可在全半角之间切换。

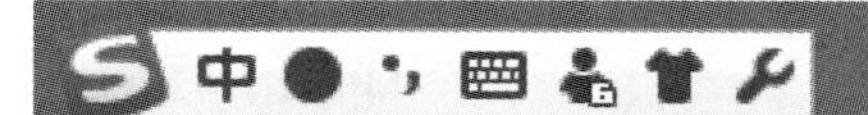

4.1.5 中文标点和英文标点

在搜狗状态条中单击【中 / 英文标点】按钮或者按【Shift+.】组合键，即可在中英文标点之间切换。

4.2 实战 1：输入法的管理

输入法是指为了将各种符号输入电脑或其他设备而采用的编码方法。汉字输入的编码方法基本上都是将音、形、义与特定的键相联系，再根据不同的汉字进行组合来完成汉字的输入。

4.2.1 添加和删除输入法

安装输入法之后，用户就可以将安装的输入法添加至输入法列表，不需要的输入法还可以将其删除。

1. 添加汉字输入法

添加汉字输入法的具体操作步骤如下。

第 1 步 在状态栏上选择输入法的图标并右击，在弹出的快捷菜单中选择【设置】菜单命令。

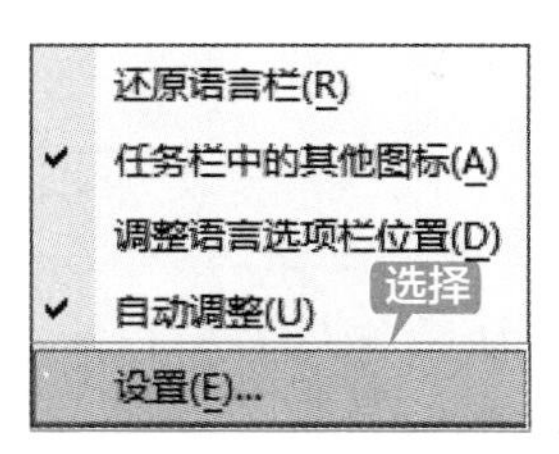

第 2 步 弹出【语言】窗口，单击【选项】按钮。

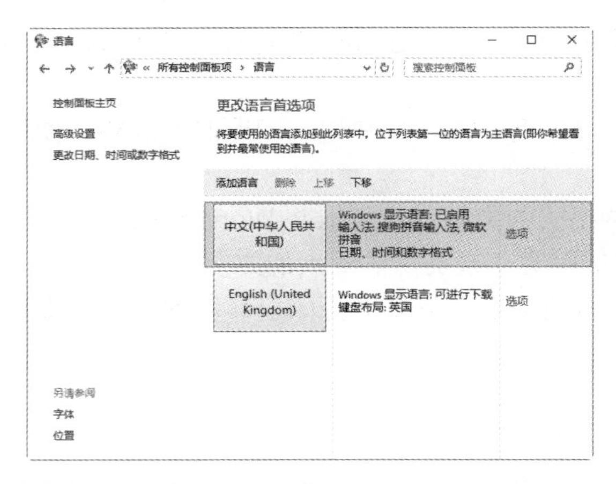

第 3 步　弹出【语言选项】窗口，单击【添加输入法】超链接。

第 4 步　弹出【输入法】窗口，选择想添加的输入法，单击【添加】按钮。

第 5 步　返回【语言选项】窗口，在【输入法】列表框中即可看到选择的输入法，单击【保存】按钮。

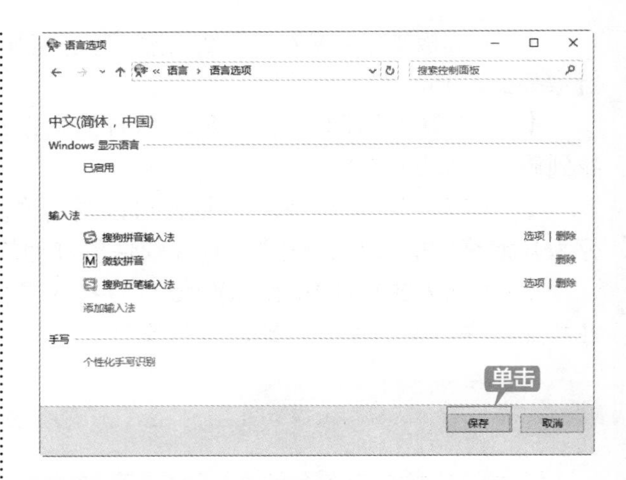

第 6 步　即可完成汉字输入法的添加。

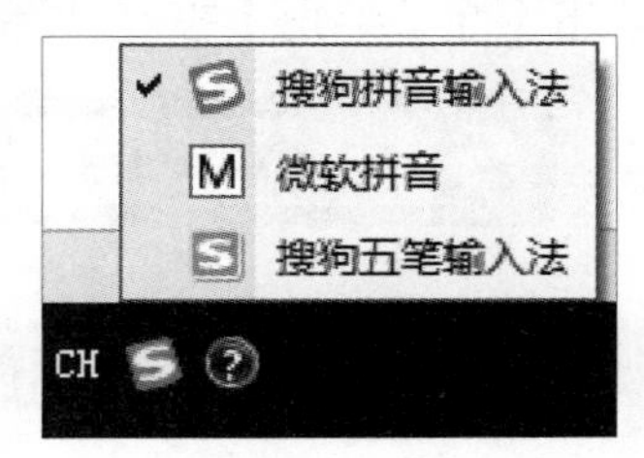

2. 删除汉字输入法

删除汉字输入法的具体操作步骤如下。

第 1 步　在状态栏上选择输入法的图标并右击，在弹出的快捷菜单中选择【设置】菜单命令。

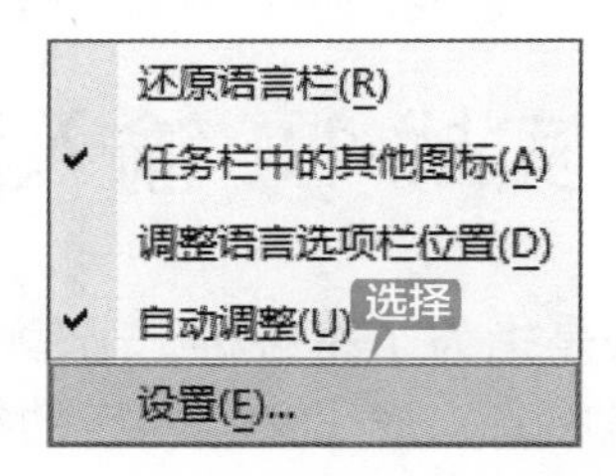

第 2 步　弹出【语言】窗口，单击【选项】按钮。

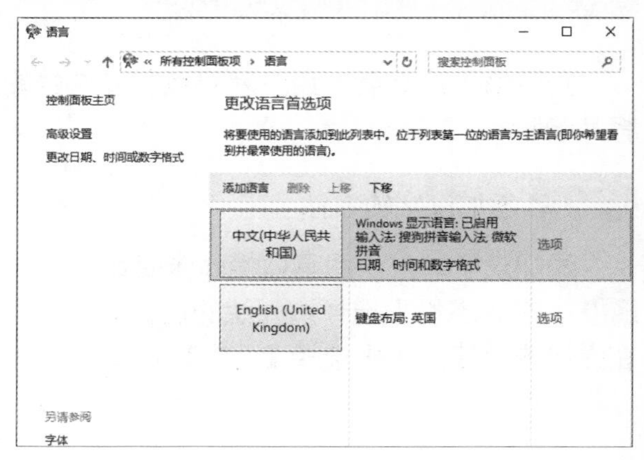

第 3 步 打开【语言选项】窗口，在其中单击【输入法】列表中想要删除的输入法后面的【删除】超链接。

第 4 步 即可看到选择的输入法从【输入法】列表框中删除，单击【保存】按钮。

第 5 步 即可完成汉字输入法的删除。

4.2.2 安装其他输入法

Windows 10 操作系统虽然自带了一些输入法，但不一定能满足用户的需求。用户可以安装和删除相关的输入法。安装输入法前，用户需要先从网上下载输入法程序。

下面以 QQ 拼音输入法的安装为例。安装输入法的具体操作步骤如下。

第 1 步 双击下载的安装文件，即可启动 QQ 拼音输入法安装向导。选中【已阅读和同意用户使用协议】复选框，单击【自定义安装】按钮。

提示

如果不需要更改设置，可直接单击【一键安装】按钮。

第 2 步 在打开的界面中的【安装目录】文本框中输入安装目录，也可以单击【更改目录】按钮选择安装位置，设置完成后，单击【立即安装】按钮。

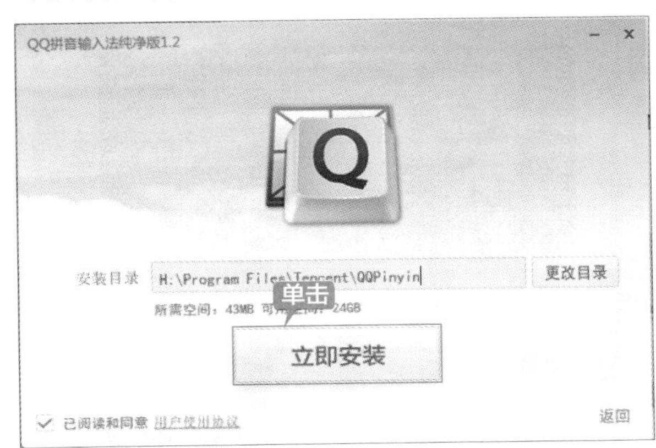

第 3 步 即可开始安装。

第 4 步 安装完成后，在弹出的界面中单击【完成】按钮即可。

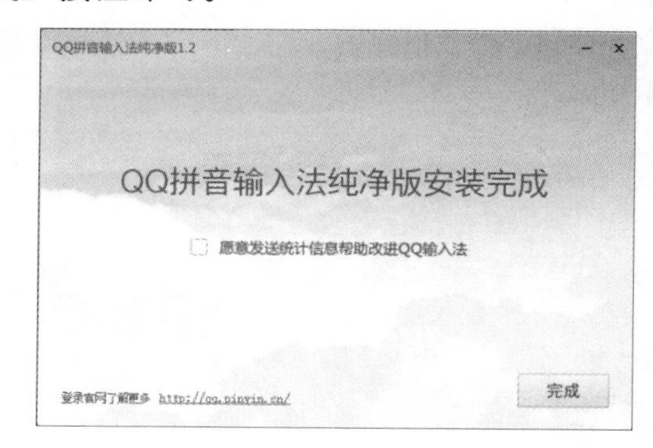

4.2.3 切换当前输入法

如果安装了多个输入法，可以方便地在输入法之间切换。选择与切换输入法的具体操作步骤如下。

1. 选择输入法

第 1 步 在状态栏单击输入法（此时默认的输入法为搜狗拼音输入法）图标，弹出输入法列表。

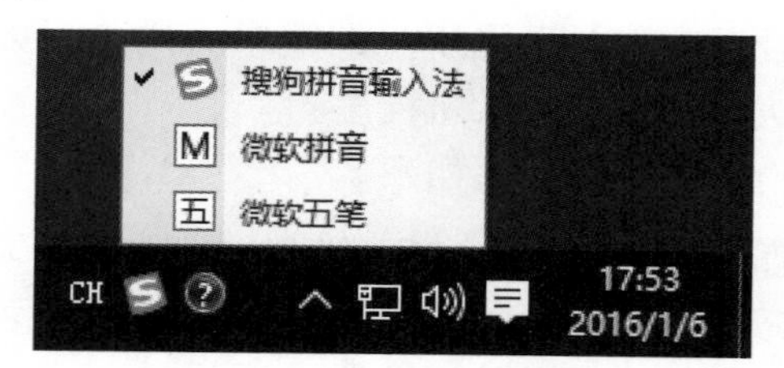

第 2 步 选择并单击要切换到的输入法，如选择【微软拼音】选项。

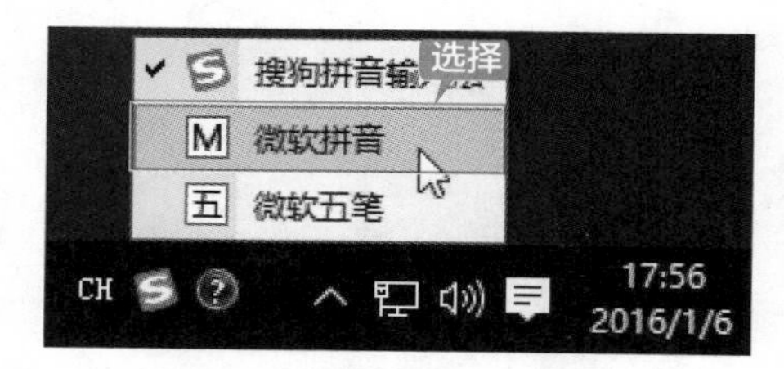

第 3 步 即可完成输入法的选择。

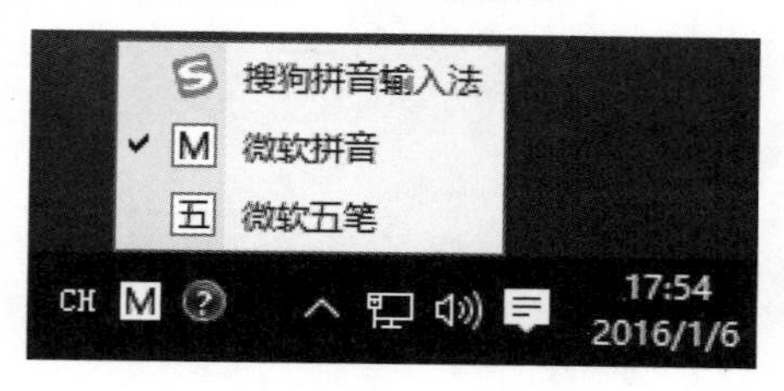

2. 切换输入法

可以通过快捷键快速切换输入法。

第 1 步 在状态栏右击输入法图标，在弹出的快捷菜单中选择【设置】菜单命令。

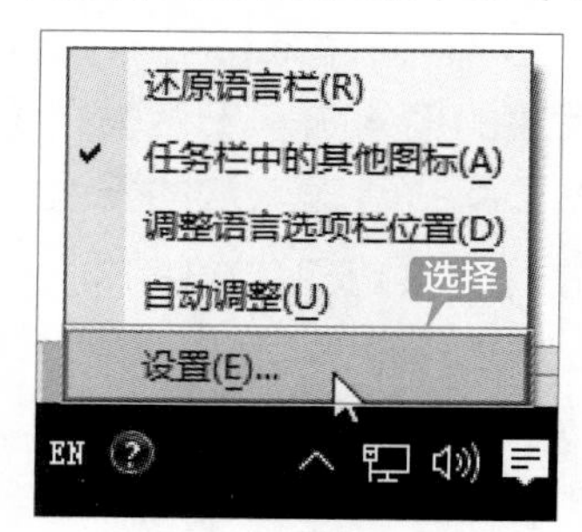

第 2 步 弹出【语言】窗口，在其中单击【高级设置】超链接。

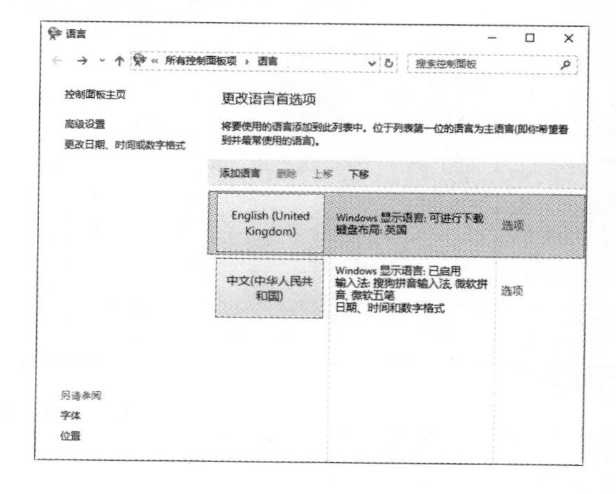

第 3 步 弹出【高级设置】窗口，单击【切换输入法】设置区域中的【选项】超链接。

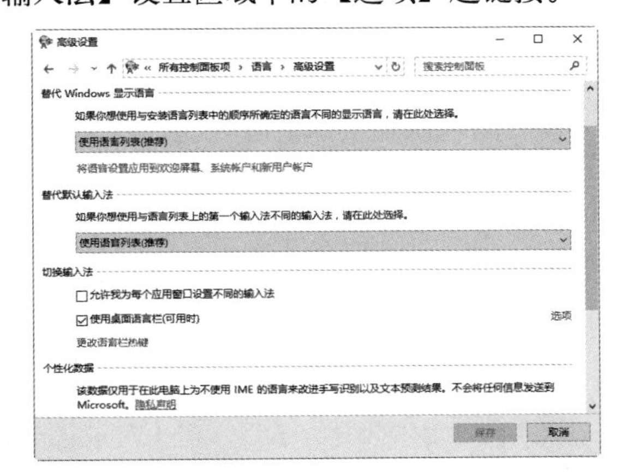

第 4 步 弹出【文本服务和输入语言】对话框，选择【高级键设置】选项卡，单击【更改按键顺序】按钮。

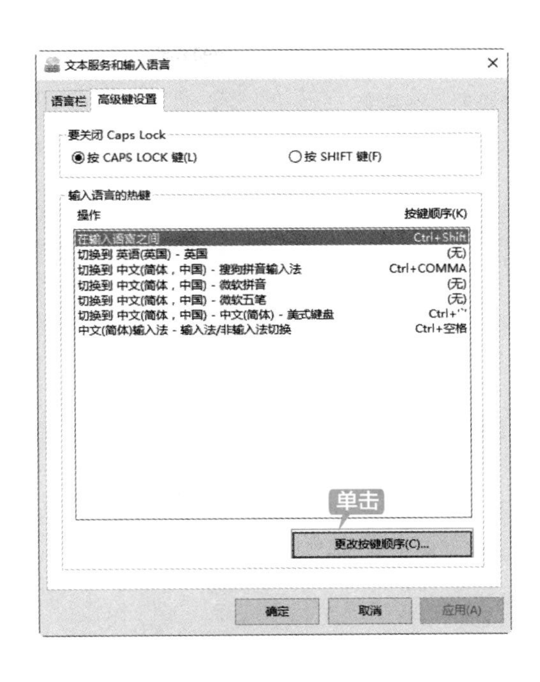

第 5 步 弹出【更改按键顺序】对话框，在【切换输入语言】区域选中【Ctrl+Shift】单选按钮，单击【确定】按钮，返回至【文本服务和输入语言】对话框，再次单击【确定】按钮，然后按【Ctrl+Shift】组合键即可快速在输入法之间切换。

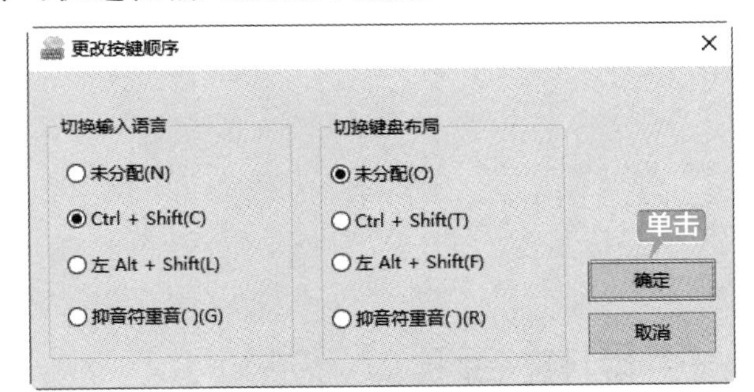

4.2.4 设置默认输入法

如果想在系统启动时自动切换到某一种输入法，可以将其设置为默认输入法。具体操作步骤如下。

第 1 步 在状态栏中右击输入法图标，在弹出的快捷菜单中选择【设置】选项。

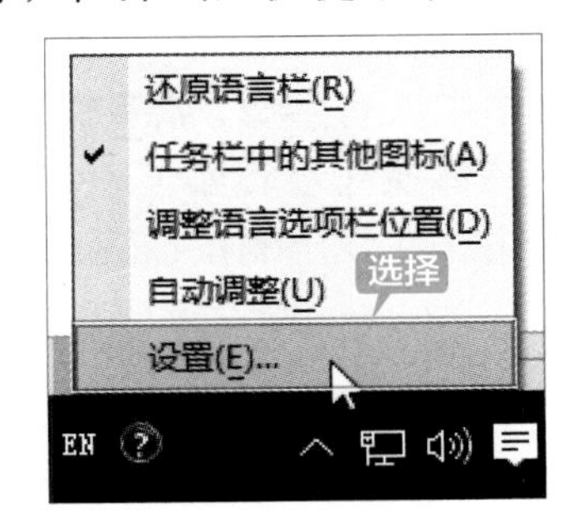

第 2 步 弹出【语言】窗口，在其中单击【高级设置】超链接。

第 3 步 弹出【高级设置】窗口，单击【切换输入法】设置区域中的【选项】超链接。

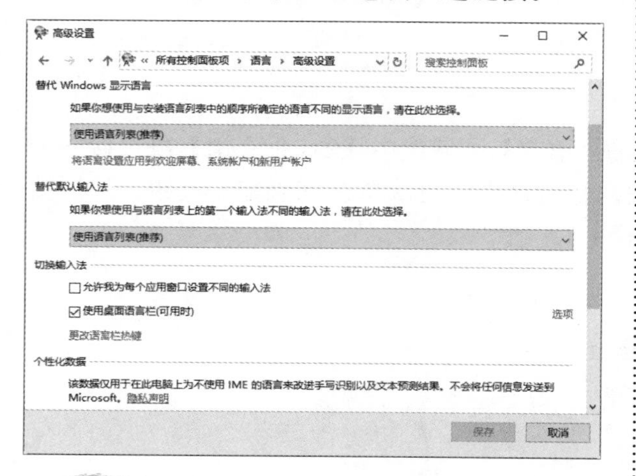

第 4 步 在打开的对话框中单击【替代默认输入法】区域的下拉按钮，在弹出【文本服务和输入语言】对话框，在【替代默认输入语言】区域单击下拉按钮，在弹出的下拉列表中选择要设置为默认输入法的输入法，这里选择【搜狗拼音输入法】选项。单击【保存】按钮，即可将搜狗拼音设置为默认的输入法。

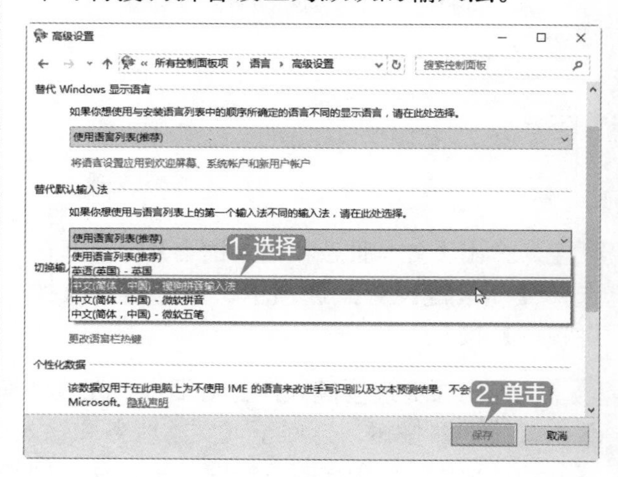

4.3 实战 2：使用拼音输入法

拼音输入是常见的一种输入方法，用户最初的输入形式基本都是从拼音开始的。拼音输入法是按照拼音规定来进行汉字的输入，不需要特殊记忆，符合人的思维习惯，只要会拼音就可以输入汉字。

4.3.1 全拼输入

全拼输入是要输入要打的字的全拼中所有字母，如要输入“你好”，需要输入拼音“nihao”。在搜狗拼音输入法中开启全拼输入的具体操作步骤如下。

第 1 步 在搜狗拼音输入法状态条上右击，在弹出的快捷菜单中选择【设置属性】菜单命令。

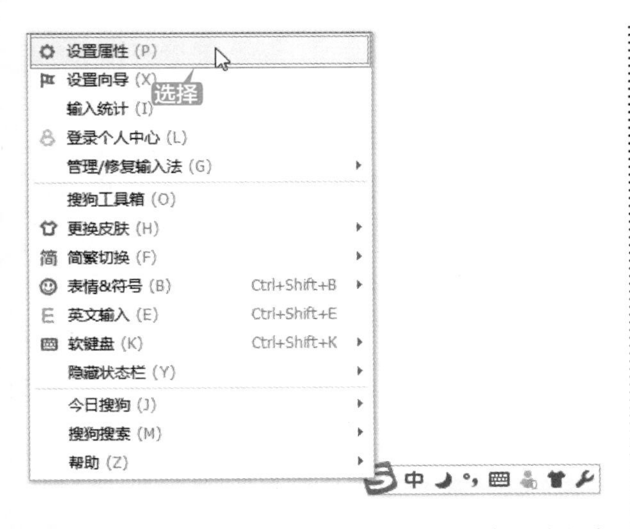

第 2 步 弹出【属性设置】对话框，在左侧列表中选择【常用】选项，在右侧的【特殊习惯】组中选中【全拼】单选按钮，单击【确定】按钮即可在搜狗拼音下开启全拼输入模式。

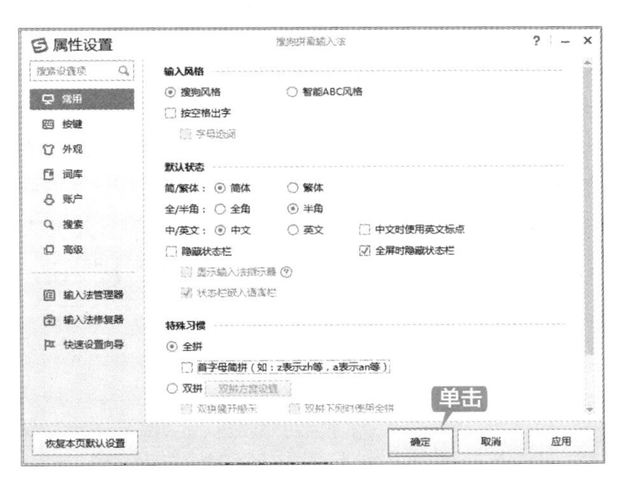

第 3 步 例如，要输入“计算机”，在全拼模式下需要从键盘中输入“jisuanji”，如下图所示。

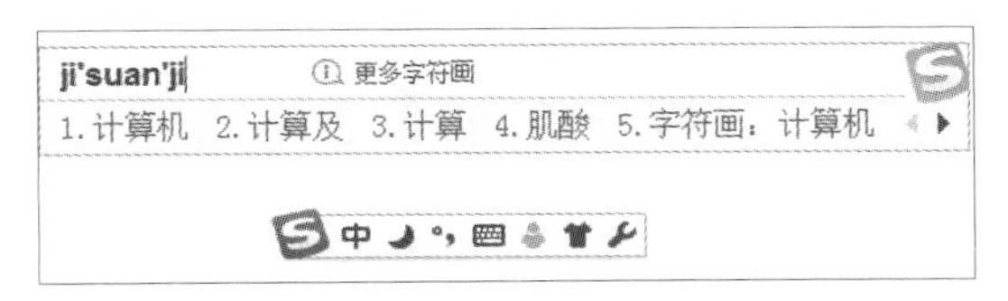

4.3.2 简拼输入

首字母输入法，又叫简拼输入，只需要输入要打的字的全拼中的第一个字母即可，如要输入“你好”，则需要输入拼音“nh”。

打开搜狗输入法的【属性设置】对话框，在左侧列表中选择【常用】选项，在右侧的【特殊习惯】组中选中【全拼】单选按钮，并选中【首字母简拼】和【超级简拼】复选框，单击【确定】按钮即可在搜狗拼音下开启简拼输入模式。

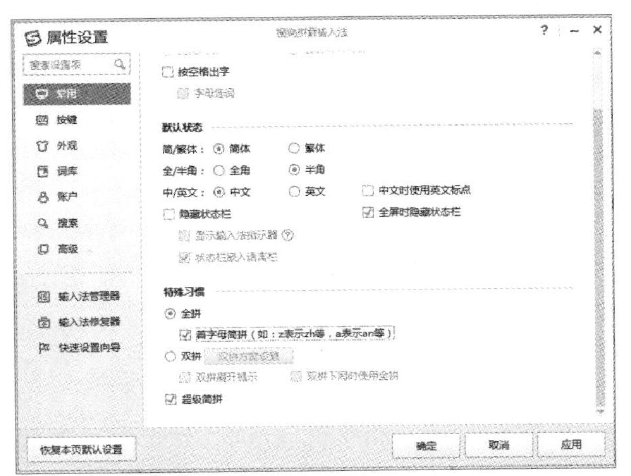

例如，要输入“计算机”，在简拼模式下只需要从键盘中输入“jsj”即可，如下图所示。

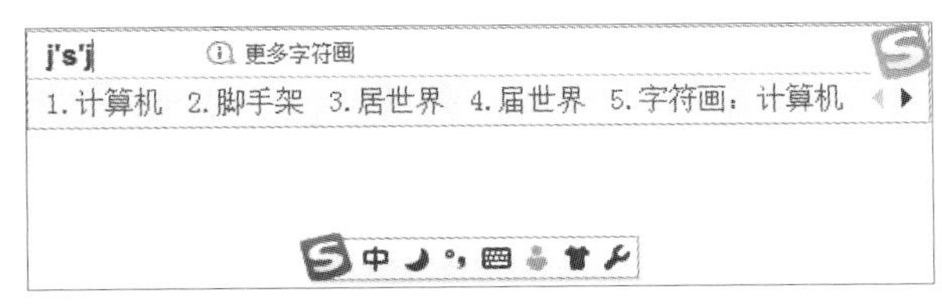

4.3.3 双拼输入

双拼输入是建立在全拼输入基础上的一种改进输入，它通过将汉语拼音中每个含多个字母的声母或韵母各自映射到某个按键上，使得每个音都可以用最多两次按键打出，这种对应的表通常称为双拼方案。目前流行的拼音输入法都支持双拼输入，左下图所示为搜狗拼音输入法的双拼设置界面，单击【双拼方案设置】按钮，可以对双拼方案进行设置，如右下图所示。

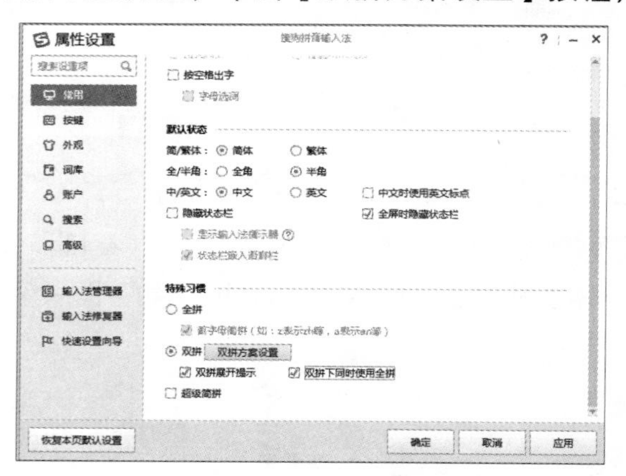

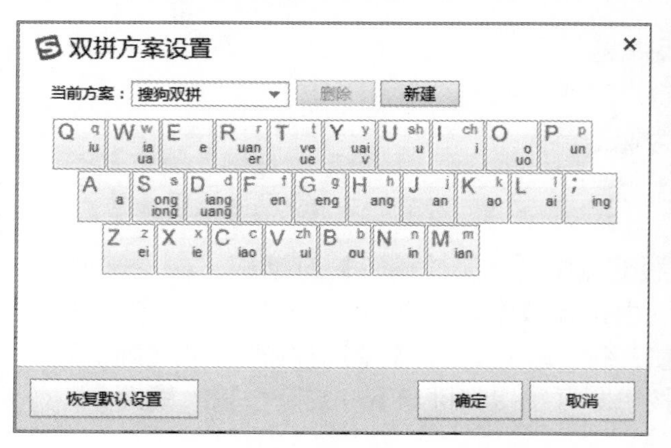

提示

现在拼音输入以词组输入甚至短句输入为主，双拼的效率低于全拼和简拼综合在一起的混拼输入，从而边缘化了，双拼多用于低配置的且按键不太完备的手机、电子字典等。

另外，简拼由于候选词过多，使用双拼又需要输入较多的字符，开启双拼模式后，就可以采用简拼和全拼混用的模式，这样能够兼顾最少输入字母和提高输入效率。例如，想输入“龙马精神”，可以从键盘输入“longmajs”“lmjings”“lmjshen”“lmajs”等。打字熟练的人会经常使用全拼和简拼混用的方式。

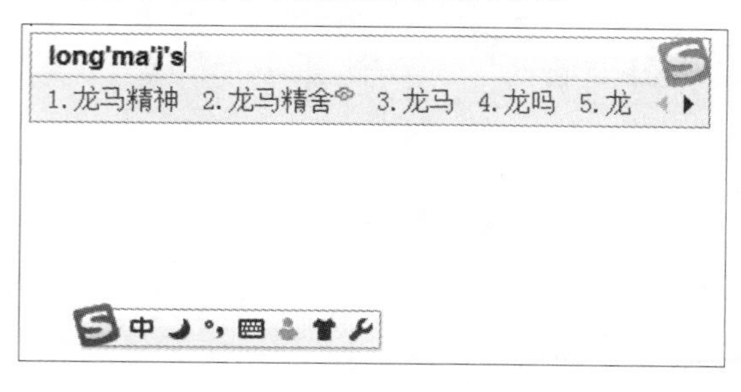

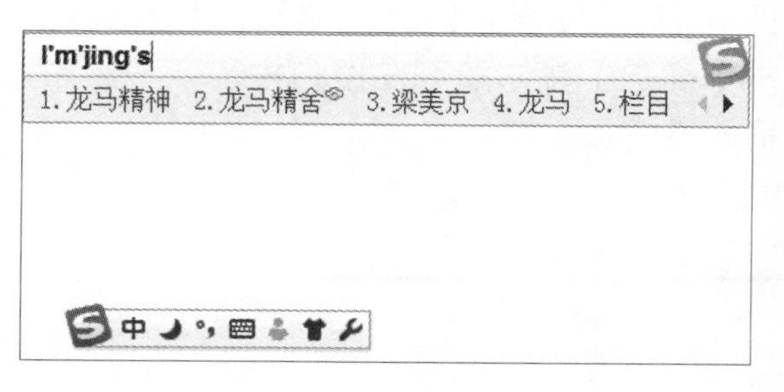

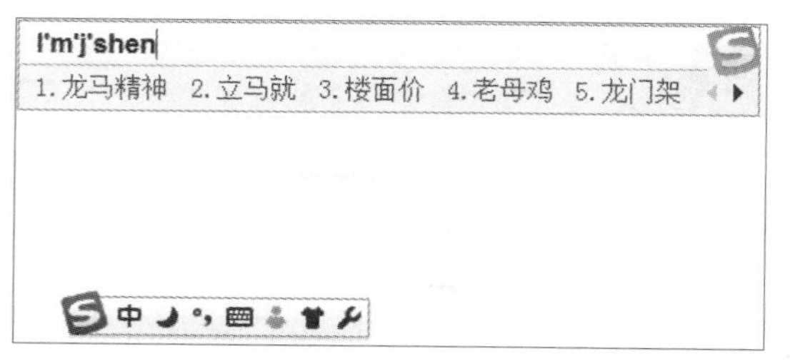

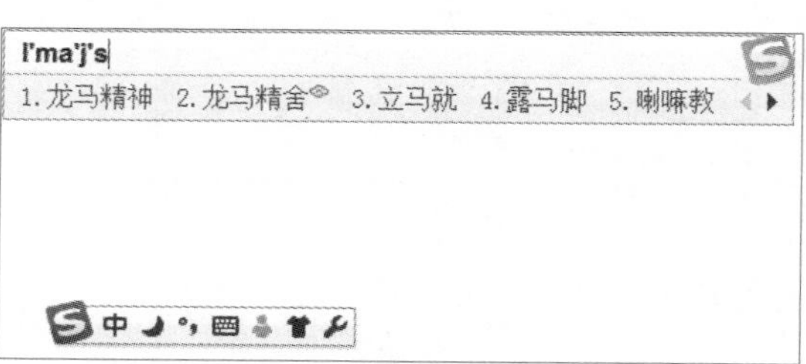

4.3.4 中英文输入

在平时写邮件、发送消息时经常需要输入一些英文字符，搜狗拼音自带了中英文混合输入功能，便于用户快速地在中文输入状态下输入英文。

1. 通过按【Enter】键输入拼音

在中文输入状态下，如果要输入拼音，可以在输入拼音的全拼后，直接按【Enter】键。下面以输入“搜狗”的拼音“sougou”为例进行介绍。

第 1 步 在中文输入状态下，从键盘输入“sougou”。

第 2 步 直接按【Enter】键即可输入英文字符。

提示

如果要输入一些常用的包含字母和数字的验证码，如“q8g7”，也可以直接输入“q8g7”，然后按【Enter】键。

2. 中英文混合输入

在输入中文字符的过程中，如果要在中间输入英文，就可以使用搜狗拼音的中英文混合输入功能。例如，要输入“你好的英文是 hello”的具体操作步骤如下。

第 1 步 在键盘中输入“nihaodeyingwenshihello”。

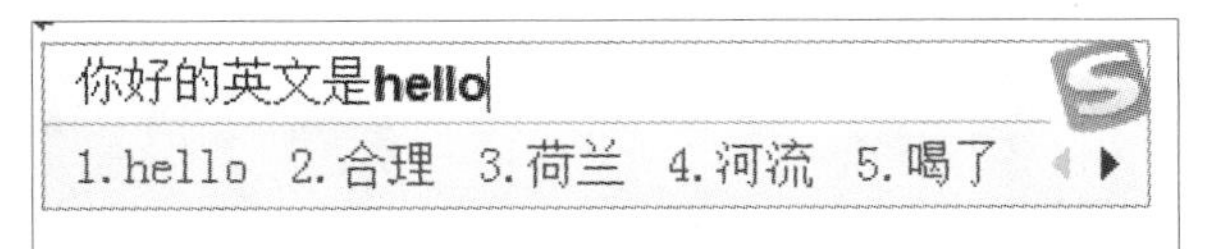

第 2 步 此时直接按空格键或者数字键【1】，即可输入“你好的英文是 hello”。

你好的英文是 hello

第 3 步 根据需要还可以输入“我要去 party”“说 goodbye”等。

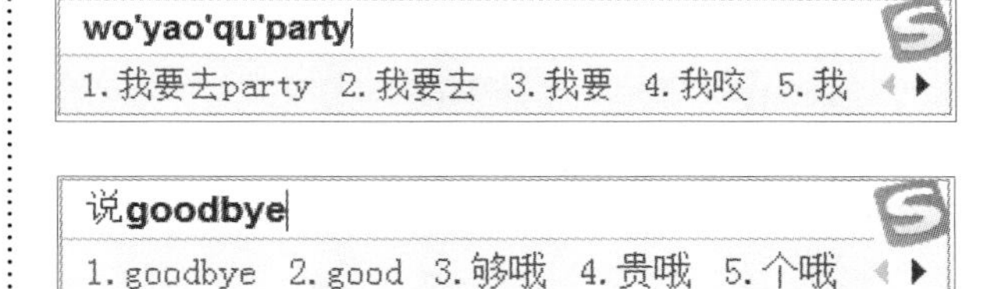

3. 直接输入英文单词

在搜狗拼音的中文输入状态下，还可以直接输入英文单词。下面以输入单词“congratulation”为例进行介绍。

第 1 步 在中文输入状态下，直接从第一个字母开始输入，输入一些字母之后，将会看到【更多英文补全】选项，选择该选项。

第 2 步 将会显示与输入字母有关的单词。

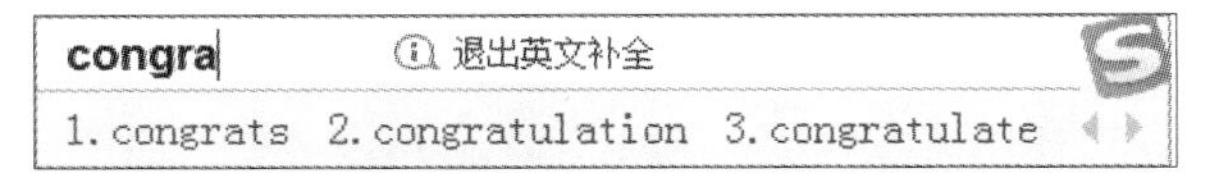

第 3 步 直接单击第 2 个候选单词或者按数字键【2】，即可在中文输入状态下输入英文单词。

congratulation

第 4 步 输入完成单词中的所有字母，直接按空格键也可输入英文单词。

congratulation 更多英文补全
1. congratulation 2. 从容 3. 苁蓉 4. 从人 5. 从戎

4.3.5 模糊音输入

对于一些前后鼻音、平舌翘舌分不清的用户，可以使用搜狗拼音的模糊音输入功能输入正确的汉字。

第 1 步 在搜狗拼音状态栏上右击，在弹出的快捷菜单中选择【设置属性】菜单命令。

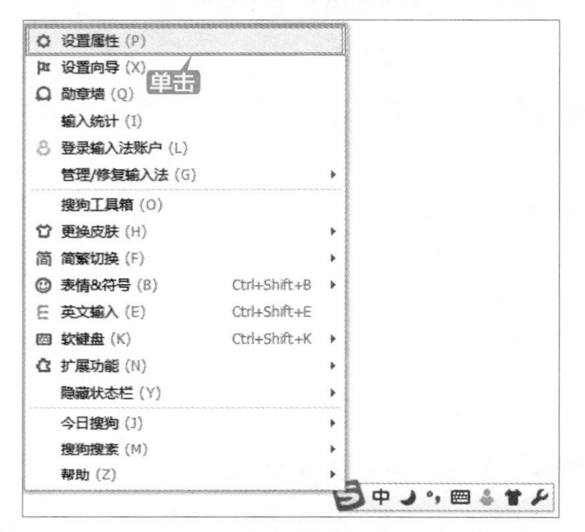

第 2 步 弹出【属性设置】对话框，选择【高级】选项卡，在右侧的【智能输入】组中单击【模糊音设置】按钮。

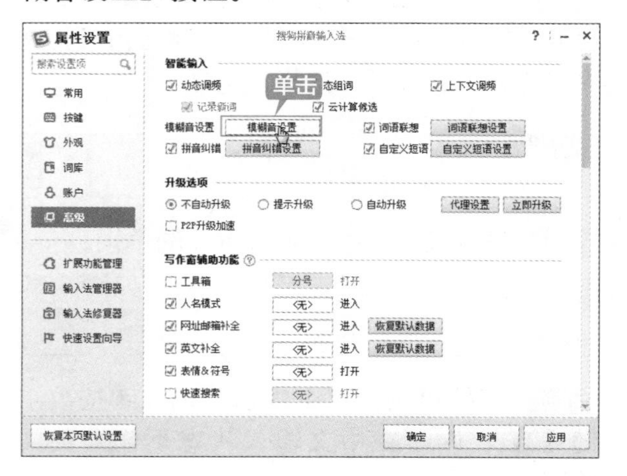

第 3 步 弹出【模糊音设置】对话框，选中左下角的【开启智能模糊音推荐】复选框，并在上方的列表框中选中想要使用的模糊音。

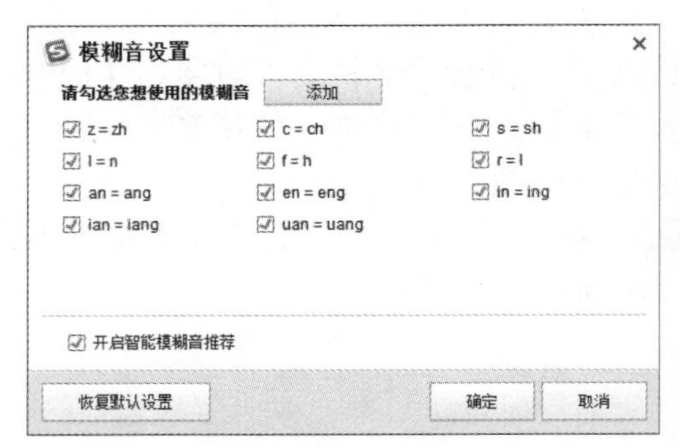

第 4 步 如果需要自定义模糊音，可以单击【添加】按钮，弹出【添加模糊音】对话框，在【您的读音】文本框中输入“liu”，在【普通话读音】文本框中输入“niu”，单击【确定】按钮。

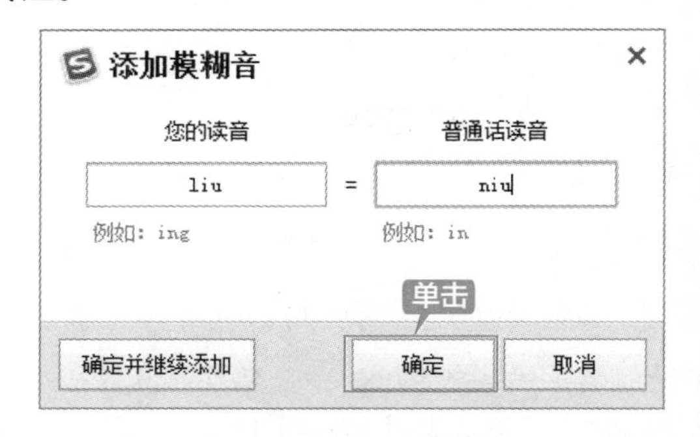

第 5 步 返回【模糊音设置】对话框，即可看到自定义的模糊音，单击【确定】按钮，返回【属性设置】对话框，再次单击【确定】按钮。

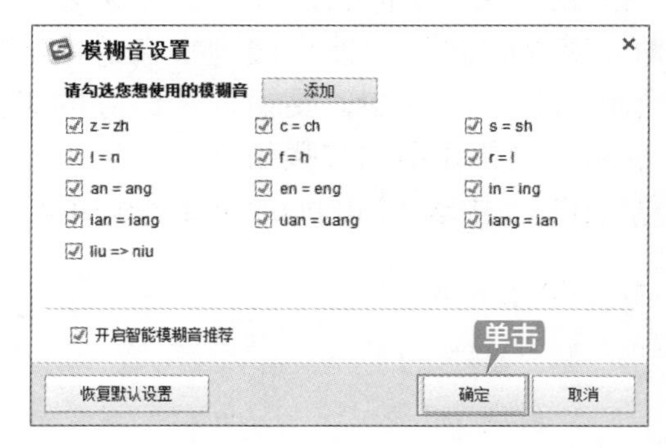

第 6 步 方看到设置后的正确读音“niunai”，按空格键即可完成输入。

4.3.6 拆字辅助码

使用搜狗拼音的拆字辅助码可以快速地定位到一个单字，常用在候选字较多，并且要输入的汉字比较靠后的情况下，下面介绍使用拆字辅助码输入汉字“娴”的具体操作步骤。

第 1 步 从键盘中输入“娴”字的汉语拼音“xian”。此时看不到候选项中包含有“娴”字。

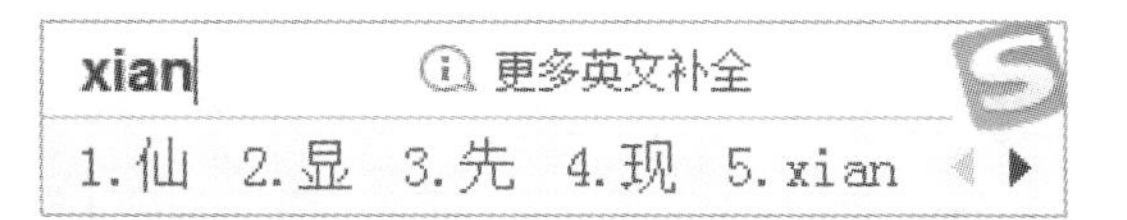

第 2 步 按【Tab】键。

第 3 步 再输入“娴”字的两部分【女】和【闲】的首字母 nx，就可以看到“娴”字了。

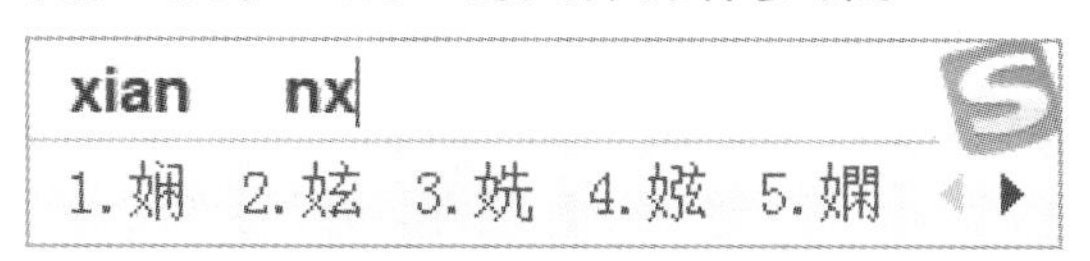

第 4 步 按空格键即可完成输入。

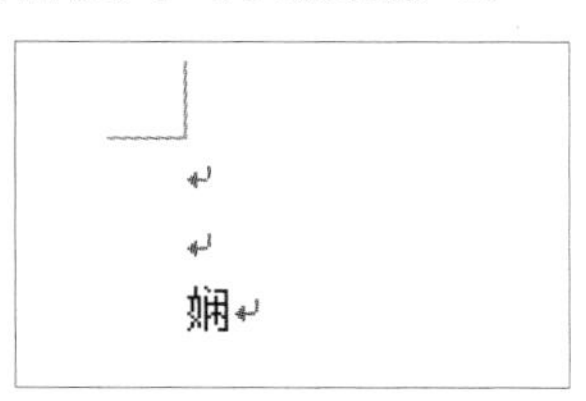

提示

独体字由于不能被拆成两部分，所以独体字是没有拆字辅助码的。

4.3.7 生僻字的输入

以搜狗拼音输入法为例，使用搜狗拼音输入法也可以通过启动 U 模式来输入生僻汉字，在搜狗输入法状态下输入字母“U”，即可打开 U 模式。

提示

在双拼模式下可按【Shift+U】组合键启动 U 模式。

（1）笔画输入。

常用的汉字均可通过笔画的方法输入。如输入“囧”的具体操作步骤如下。

第 1 步 在搜狗拼音输入法状态下，按字母“U”，启动 U 模式，可以看到笔画对应的按键。

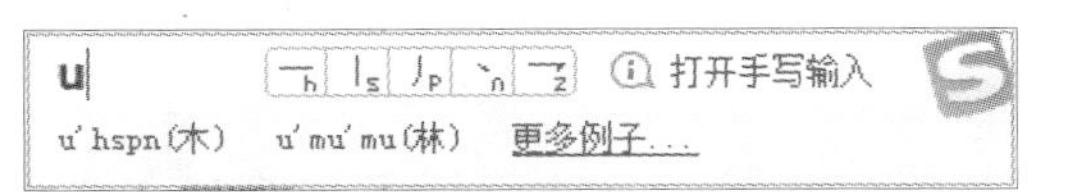

提示

按键【H】代表横或提，按键【S】代表竖或竖钩，按键【P】代表撇，按键【N】代表点或捺，按键【Z】代表折。

第 2 步 根据“囧”的笔画依次输入“szpnsz”，即可看到显示的汉字及其正确的读音。按空格键，即可将“囧”字插入光标所在位置。

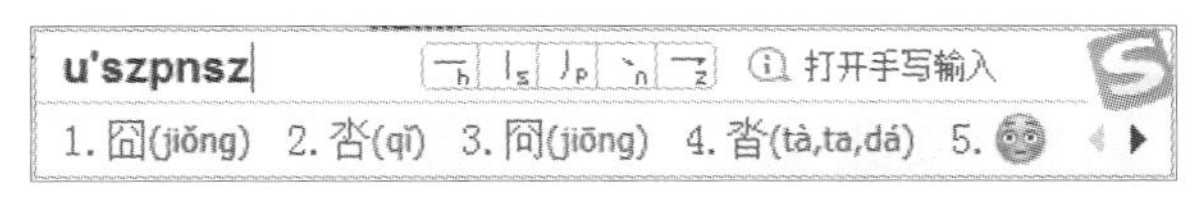

提示

需要注意的是，“忄”的笔画是点点竖（dds），而不是竖点点（sdd）、点竖点（dsd）。

（2）拆分输入。

将一个汉字拆分成多个组成部分，U模式下分别输入各部分的拼音，即可得到对应的汉字。例如，分别输入“犇”“肫”“湸”的具体操作步骤如下。

第1步 “犇”字可以拆分为3个“牛（niu）”，因此在搜狗拼音输入法下输入“u’niu’niu’niu”（’符号起分隔作用，不用输入），即可显示“犇”字及其汉语拼音，按空格键输入。

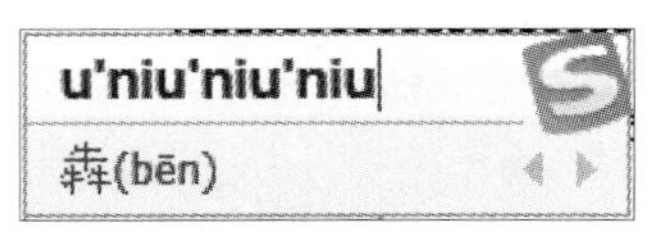

第2步 “肫”字可以拆分为“月（yue）”和“屯（tun）”，在搜狗拼音输入法下输入“u’yue’tun”（’符号起分隔作用，不用输入），即可显示“肫”字及其汉语拼音，按空格键输入。

u'yue'tun
1.肫(zhūn,chún) 2.脏(zāng,zang,zàng)

第3步 “湸”字可以拆分为“氵（shui）”和“亮（liang）”，在搜狗拼音输入法下输入“u’shui’liang”（’符号起分隔作用，不用输入），即可显示“湸”字及其汉语拼音，按数字键【2】输入。

u'shui'liang
1.浪(làng) 2.湸(liàng) 3.沟(jūn) 4.淄(zī) 5.U树

提示

在搜狗拼音输入法中将常见的偏旁定义了拼音，如下图所示。

偏旁部首	输入	偏旁部首	输入
阝	fu	忄	xin
卩	jie	钅	jin
讠	yan	礻	shi
辶	chuo	廴	yin
冫	bing	氵	shui
宀	mian	冖	mi
扌	shou	犭	quan
纟	si	幺	yao
灬	huo	罒	wang

（3）笔画拆分混输。

除了使用笔画和拆分的方法输入陌生汉字外，还可以使用笔画拆分混输的方法输入，输入“绎”字的具体操作步骤如下。

第1步 “绎”字左侧可以拆分为“纟（si）”，输入“u’si”（’符号起分隔作用，不用输入）。

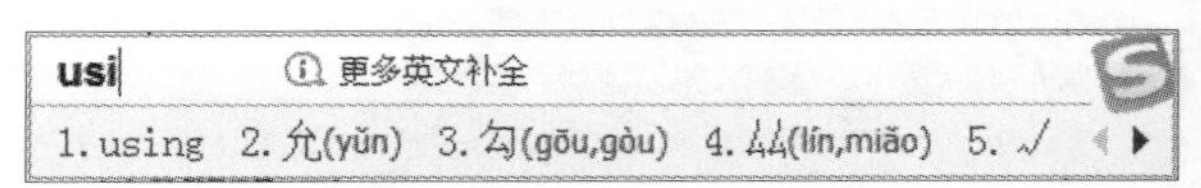

第2步 右侧部分可按照笔画顺序，输入“znhhs”，即可看到要输入的陌生汉字及其正确读音。

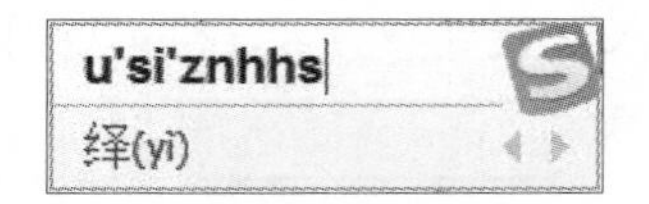

使用写字板输入一首诗词

1. 实战分析

本实例主要是以写字板为环境，使用拼音输入法来写一首诗词，进而学习拼音输入法的使用方法与技巧。

2. 实战思路

输入一首诗主要包括标题、诗词内容和标点的输入，本节诗词输入主要使用拼音输入法。

3. 操作步骤

这里以输入一首北宋诗人苏轼的《浣溪沙·游蕲水清泉寺》为例，来具体介绍使用写字板书写诗词的具体操作步骤。

第 1 步 打开写字板软件，即可创建一个新的空白文档。

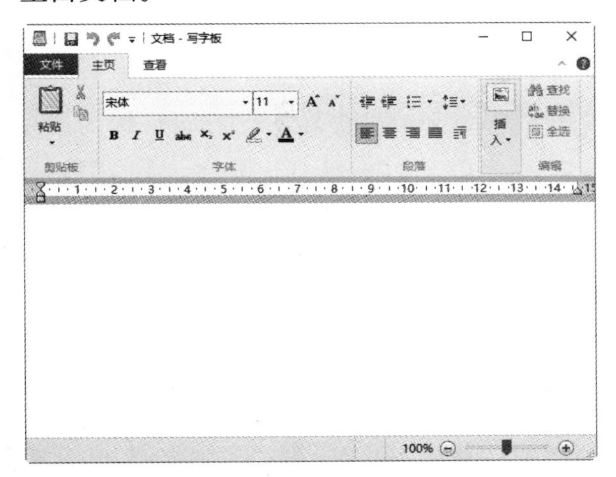

第 2 步 输入词的标题，在键盘中输入“huanxisha”，选择第一个选项或按空格键。

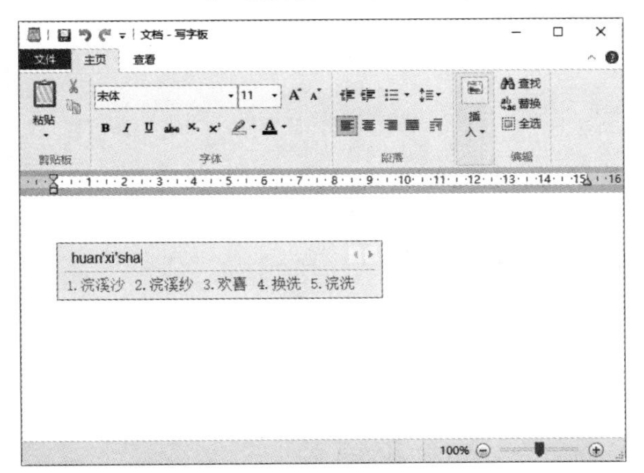

第 3 步 即可输入“浣溪沙”词牌名，打开输入法的【标点符号】软键盘，单击【间隔符】标点。

第 4 步 即可输入标点“·”，然后输入“youqishuiqingquansi”拼音，将标题“游蕲水清泉寺”输入写字板中。

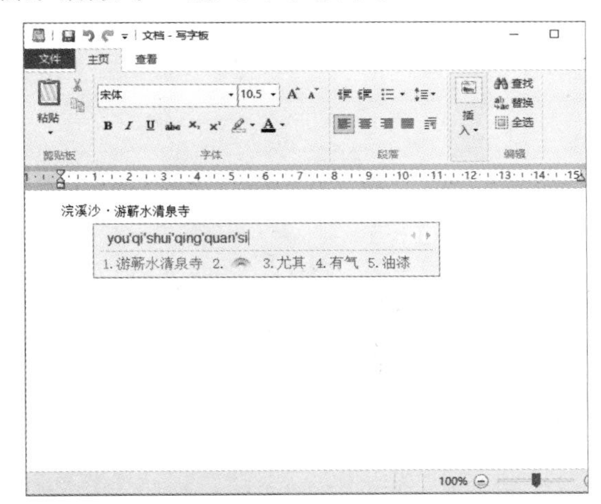

第 5 步 选择输入的词牌和标题，单击写字板上的【居中】按钮，将其居中显示。

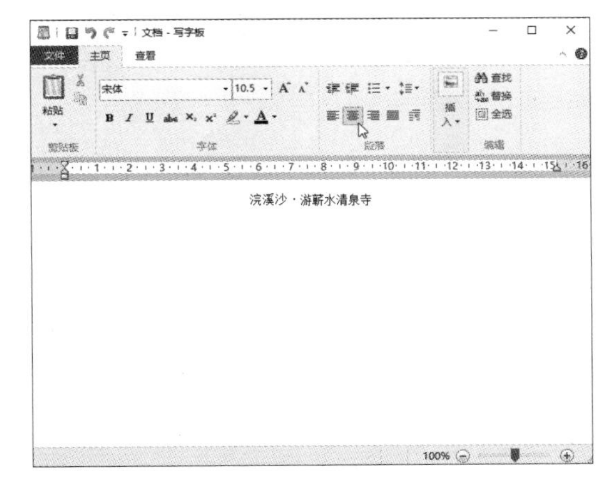

第 6 步 按【Enter】键换行，然后直接输入词的正文，输入正文时汉字直接按相应的拼音，标点可直接按键盘中的标点键。

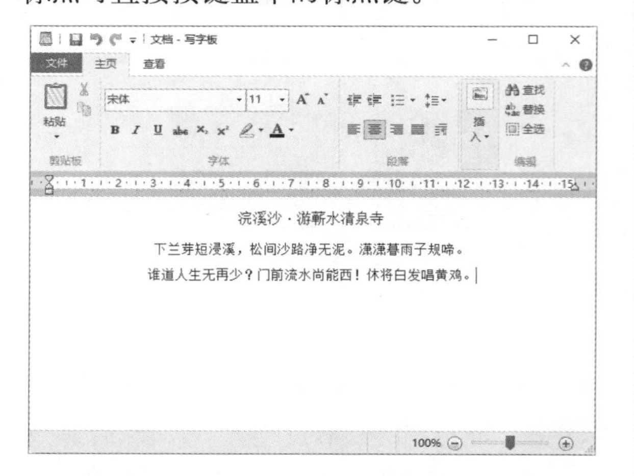

第 7 步 根据需要设置词内容的字体大小，最终效果如下图所示。至此，就完成了使用搜狗拼音输入法在写字板中写一首诗词的操作，只要将制作的文档保存即可。

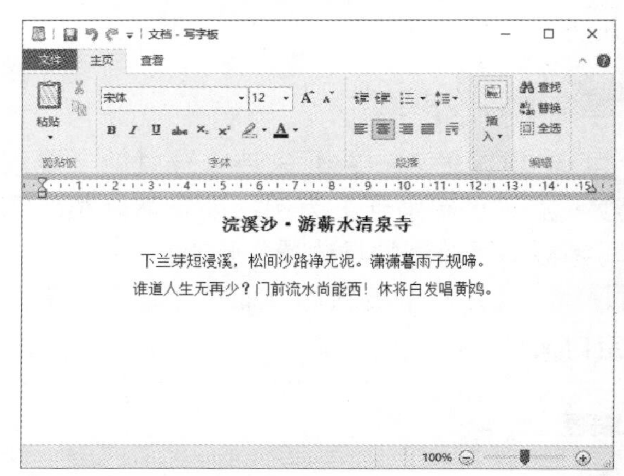

◇ 使用手写输入法快速输入

在使用搜狗拼音输入法输入文字时，可能会遇到需要输入英文或者数字的情况，关闭【手写输入】面板，再切换输入法输入会比较麻烦，在【手写输入】面板可以快速展开英文、数字及标点面板来进行输入。

第 1 步 在【手写输入】面板单击右下角的【abc】按钮。

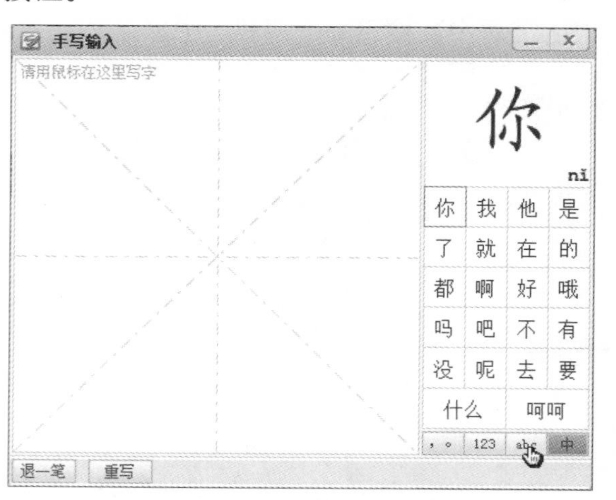

第 2 步 即可在手写区域显示英文字母，如果要输入小写字母，单击前半部分的小写字符按钮，输入大写字母，只需要单击后半部分的大写字符按钮即可。

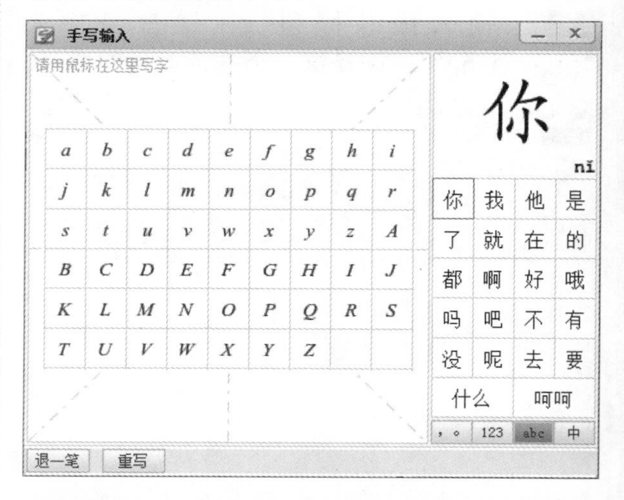

第 3 步 单击【手写输入】面板右下角的【123】按钮，即可切换至数字输入面板。

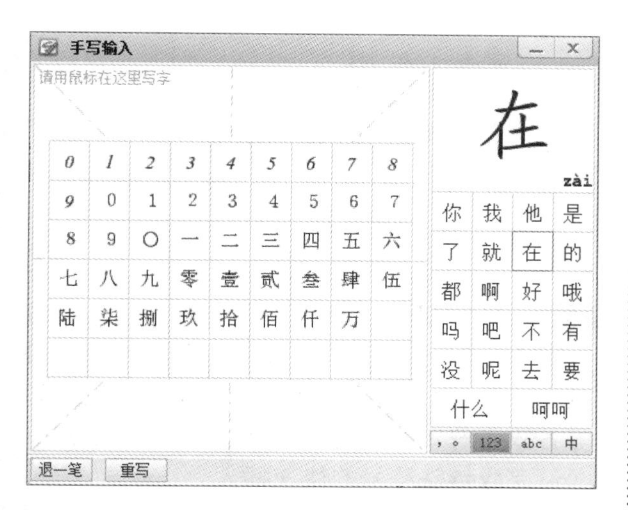

第 4 步 单击【手写输入】面板右下角的【，。】按钮，即可切换至标点输入面板。

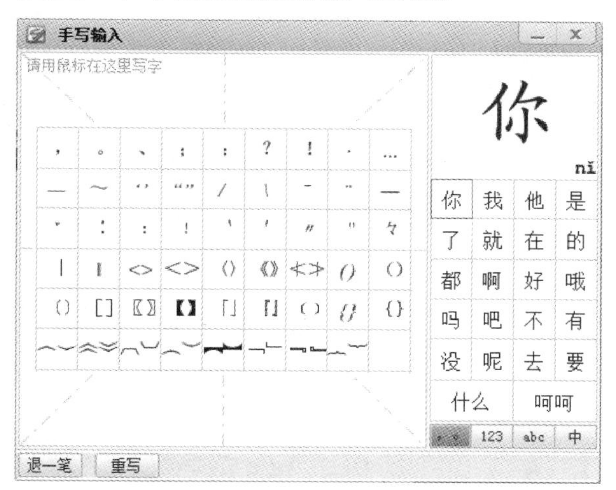

◇ 快速输入表情及其他特殊符号

使用搜狗拼音输入法还可以快速输入表情及其他特殊符号。搜狗输入法为您提供丰富的表情、特殊符号库及字符画，不仅可以在候选项上进行选择，还可以单击上方提示，进入表情 & 输入专用面板，随意选择自己喜欢的表情、符号、字符画。

第 1 步 在搜狗拼音中输入“ha”，即可看到候选项中的表情符号。

ha　更多搜狗表情
1.哈　2.蛤　3.铪　4.o(∩_∩)o哈!　5.虾

第 2 步 选择表情符号，也就是第 4 个候选项，即可完成输入。

第 3 步 在候选项中选择【更多搜狗表情】选项，即可打开【字符表情】面板，将鼠标指针放置到表情上，可以看到表情提示。选择要插入的表情，即可完成表情符号的快速插入。

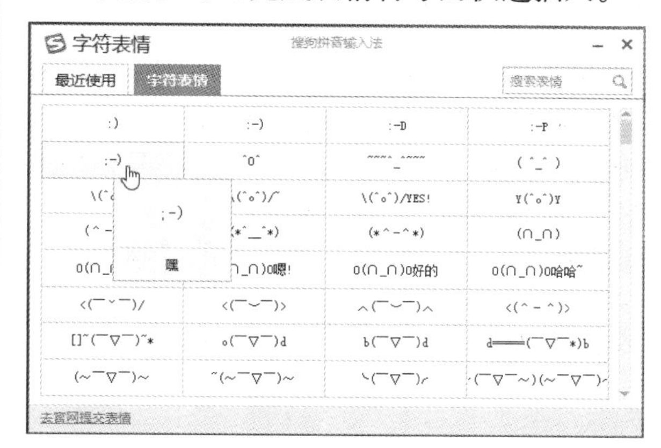

第 4 步 此外，还可以单击搜狗拼音状态栏中的【搜狗工具箱】按钮，在弹出的列表中选择【字符表情】选项，也可以打开【字符表情】面板。

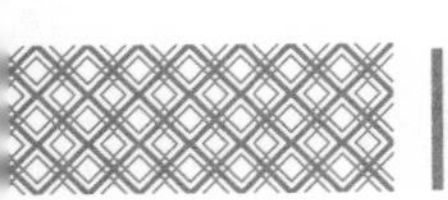

第5步　在第4步的列表中选择【图片表情】选项，可以打开【图片表情】面板，选择要插入的表情即可快速完成插入。

除了表情外，还会经常使用一些特殊的符号，搜狗拼音提供了一些特殊符号，插入特殊符号的具体操作步骤如下。

第1步　单击搜狗拼音状态栏中的【软键盘】按钮，在弹出的列表中选择【特殊符号】选项，或者按【Ctrl+Shift+K】组合键。

第2步　即可打开【符号大全】面板，其中包含有【特殊符号】【数字序号】【数学/单位】【标点符号】【希腊/拉丁】【拼音/注音】等各式各样的特殊符号。选择符号并单击，即可完成特殊符号的快速插入。

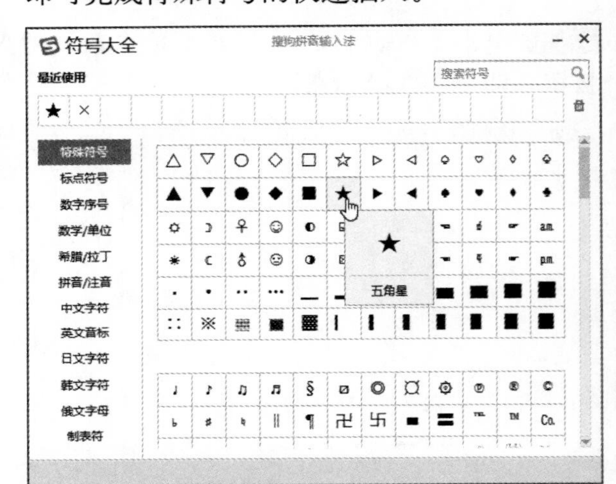

第 5 章 管理电脑中的文件资源

本章导读

电脑中的文件资源是 Windows 10 操作系统资源的重要组成部分，只有管理好电脑中的文件资源，才能很好地运用操作系统完成工作和学习。本章主要讲述 Windows 10 中文件资源的基本管理操作。

思维导图

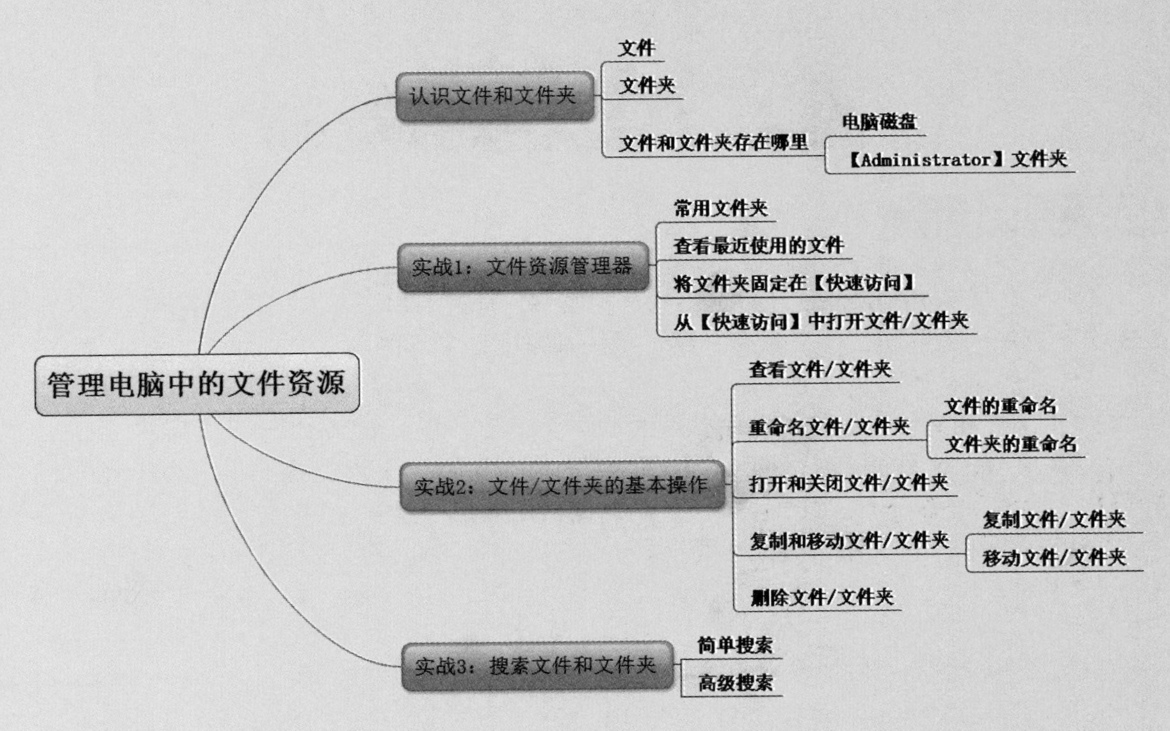

5.1 认识文件和文件夹

在 Windows 10 操作系统中，文件是最小的数据组织单位，文件中可以存放文本、图像和数值数据等信息。为了便于管理文件，还可以把文件组织到目录和子目录中去，这些目录被认为是文件夹，而子目录则被认为是文件夹中的文件或子文件夹。

5.1.1 文件

文件是 Windows 存取磁盘信息的基本单位，一个文件是磁盘上存储的信息的一个集合，可以是文字、图片、影片和一个应用程序等。每个文件都有自己唯一的名称，Windows 10 正是通过文件的名字来对文件进行管理的。下图所示为一个图片文件。

5.1.2 文件夹

文件夹是从 Windows 95 开始提出的一种名称，其主要用来存放文件，是存放文件的容器。在操作系统中，文件和文件夹都有名字，系统都是根据它们的名字来存取的。一般情况下，文件和文件夹的命名规则有以下几点。

（1）文件和文件夹名称长度最多可达 256 个字符，1 个汉字相当于两个字符。

（2）文件、文件夹名中不能出现这些字符：斜线（\、/）、竖线（|）、小于号（<）、大于号（>）、冒号（：）、引号（“、‘）、问号（？）、星号（*）。

（3）文件和文件夹不区分大小写字母。如“abc”和“ABC”是同一个文件名。

（4）通常一个文件都有扩展名（通常为 3 个字符），用来表示文件的类型。文件夹通常没有扩展名。

（5）同一个文件夹中的文件和文件夹不能同名。

如下图所示为 Windows 10 操作系统的【保存的图片】文件夹，双击这个文件夹将其打开，可以看到文件夹中存放的文件。

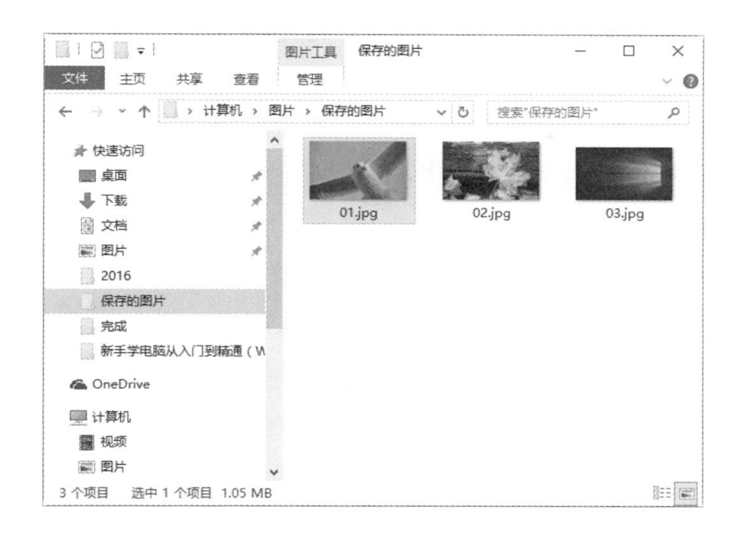

5.1.3 文件和文件夹存在哪里

文件或文件夹一般存放在本台电脑的磁盘或【Administrator】文件夹当中。

1. 电脑磁盘

理论上来说，文件可以被存放在电脑磁盘的任意位置，但是为了便于管理，文件的存放有以下常见的原则。

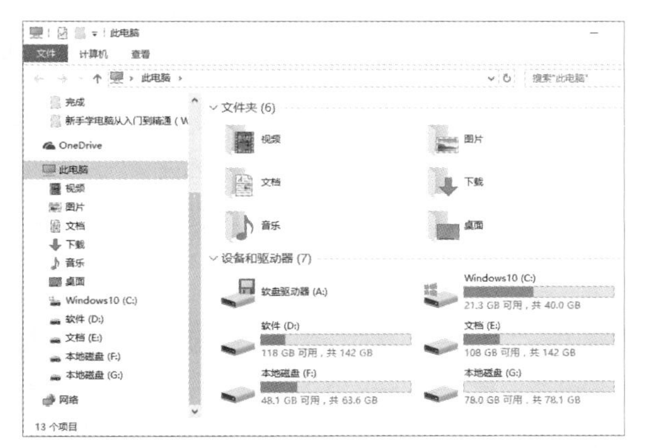

通常情况下，电脑的硬盘最少需要划分为三个分区：C、D 和 E 盘。三个盘的功能分别如下。

C 盘主要是用来存放系统文件。所谓系统文件，是指操作系统和应用软件中的系统操作部分。默认情况下系统都会被安装在 C 盘，包括常用的程序。

D 盘主要用来存放应用软件文件，如 Office、Photoshop 和 3ds Max 等程序，常被安装在 D 盘。对于软件的安装，有以下常见的原则。

（1）一般小的软件，如 RAR 压缩软件等可以安装在 C 盘。

（2）对于大的软件，如 3ds Max 等，需要安装在 D 盘，这样可以少占用 C 盘的空间，从而提高系统运行的速度。

（3）几乎所有软件默认的安装路径都在 C 盘，电脑用得越久，C 盘被占用的空间越多。随着时间的增加，系统反应会越来越慢。所以安装软件时，需要根据具体情况改变安装路径。

E 盘用来存放用户自己的文件。比如用户自己的电影、图片和 Word 资料文件等。如果硬盘还有多余的空间，可以添加更多的分区。

2. 【Administrator】文件夹

【Administrator】文件夹是 Windows 10 中的一个系统文件夹，这是系统为每个用户建立的文件夹，主要用于保存文档、图形，当然也可以保存其他任何文件。对于常用的文件，用户可以将其放在【Administrator】

文件夹中，以便于及时调用。

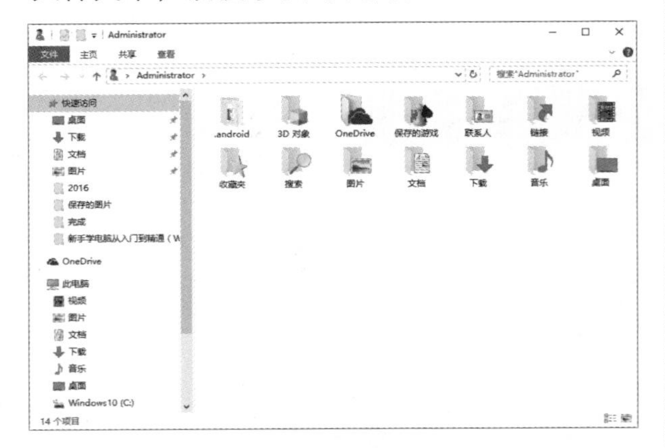

默认情况下，在桌面上并不显示【Administrator】文件夹，用户可以通过选中【桌面图标设置】对话框中的【用户的文件】复选框，将【Administrator】文件夹放置在桌面上，然后双击该图标，打开【Administrator】文件夹。

5.2 实战 1：文件资源管理器

在 Windows 10 操作系统当中，用户打开文件资源管理器默认显示的是快速访问界面，在快速访问界面中用户可以看到常用的文件夹、最近使用的文件等信息。

5.2.1 常用文件夹

文件资源管理器窗口中的常用文件夹默认显示为 8 个，包括桌面、下载、文档和图片 4 个固定的文件夹，另外 4 个文件夹是用户最近常用的文件夹。通过常用文件夹，用户可以打开文件夹来查看其中的文件。

具体操作步骤如下。

第 1 步 单击【开始】按钮，在打开的【开始屏幕】中选择【文件资源管理器】选项。

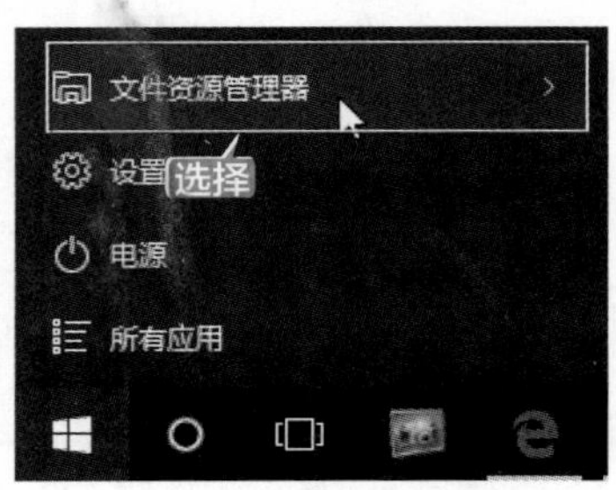

第 2 步 打开【文件资源管理器】窗口，在其中可以看到【常用文件夹】包含的文件夹列表。

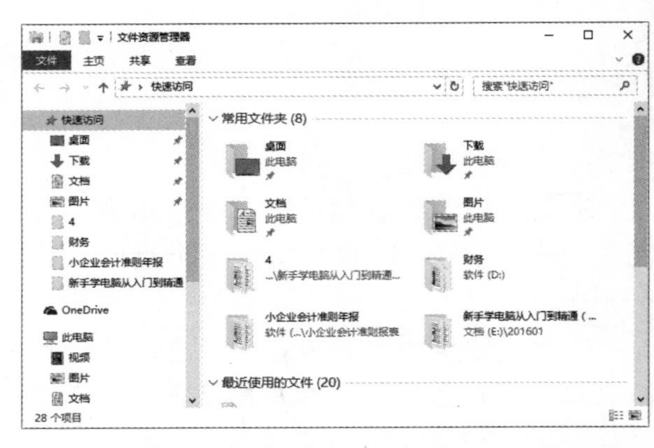

第 3 步 双击打开【图片】文件夹，可以看到该文件夹包含的图片信息。

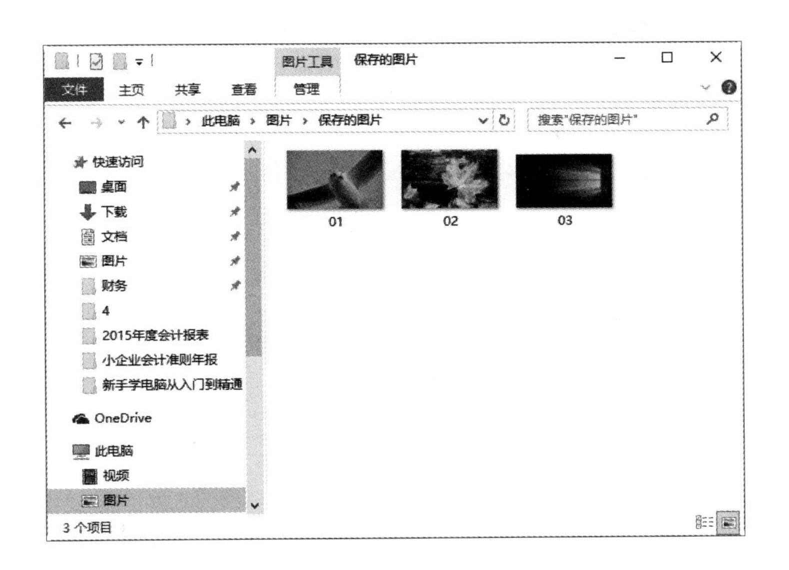

5.2.2 查看最近使用的文件

文件资源管理器提供有最近使用的文件列表，默认显示为 20 个，用户可以通过最近使用的文件列表来快速打开文件。

具体操作步骤如下。

第 1 步 打开【文件资源管理器】窗口，在其中可以看到【最近使用的文件】列表区域。

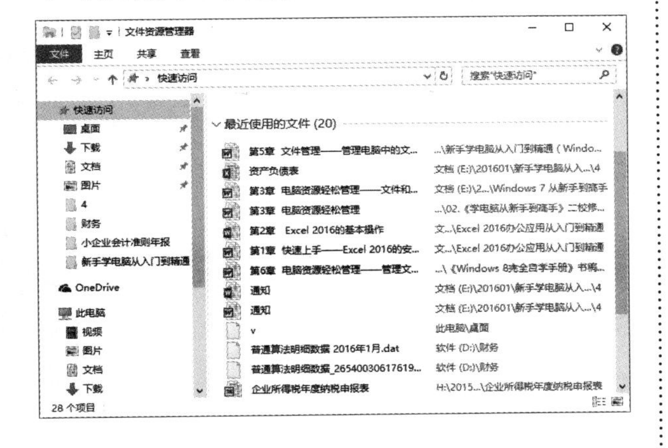

第 2 步 双击需要打开的文件，即可打开该文件，如这里双击【通知】Word 文档，即可打开该文件的工作界面。

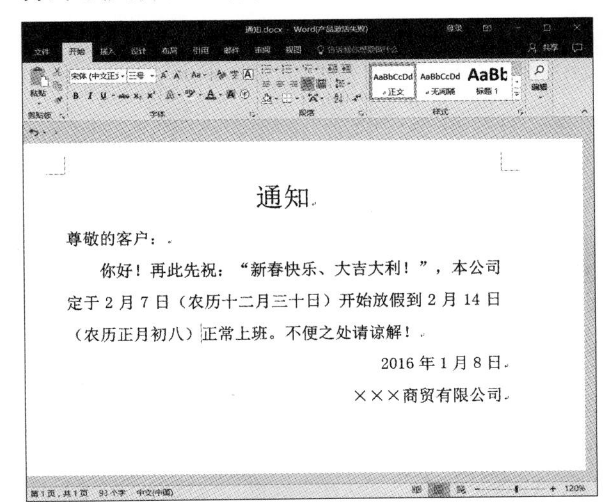

5.2.3 将文件夹固定在【快速访问】

对于常用的文件夹，用户可以将其固定在【快速访问】列表当中。具体操作步骤如下。

第 1 步 选中需要固定在【快速访问】列表中的文件夹，并右击，在弹出的快捷菜单中选择【固定到"快速访问"】选项。

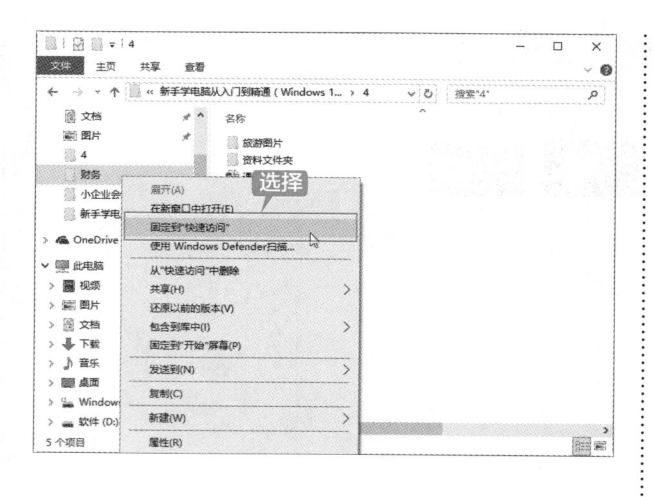

第 2 步 返回【文件资源管理器】窗口，可以看到选中的文件夹固定到【快速访问】列表中，在其后面显示一个固定图标【📌】。

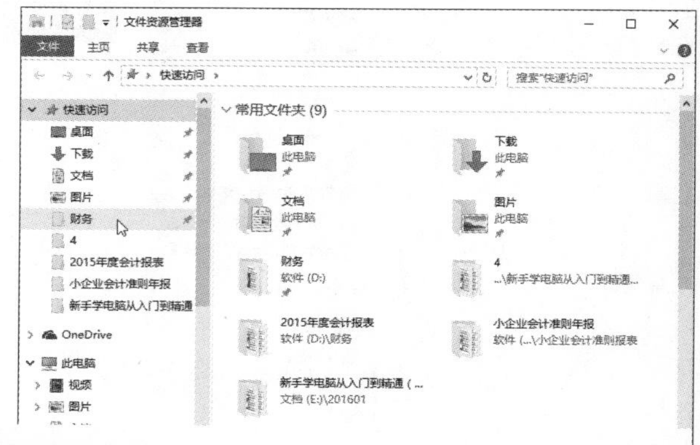

5.2.4 从【快速访问】中打开文件 / 文件夹

在【快速访问】功能列表中可以快速打开文件 / 文件夹，而不需要通过电脑磁盘查找之后再进行打开。通过【快速访问】快速打开文件 / 文件夹的具体操作步骤如下。

第 1 步 打开【文件资源管理器】窗口，在其中可以看到窗口左侧显示的【快速访问】功能列表。

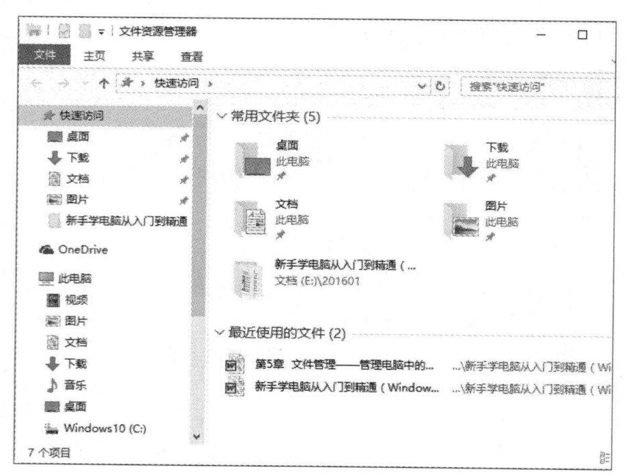

第 2 步 选择需要打开的文件夹，如这里选择【文档】文件夹，即可在右侧的窗格中显示【文档】文件夹中的内容。

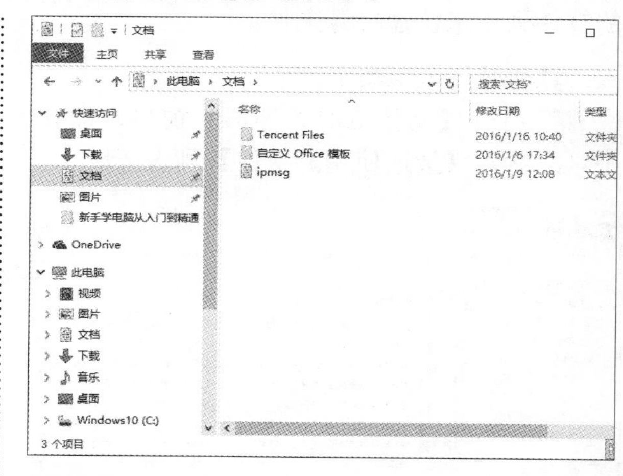

第 3 步 双击文件夹中的文件，如这里选择【ipmsg】记事本文件，即可打开该文件，在打开的界面中查看内容。

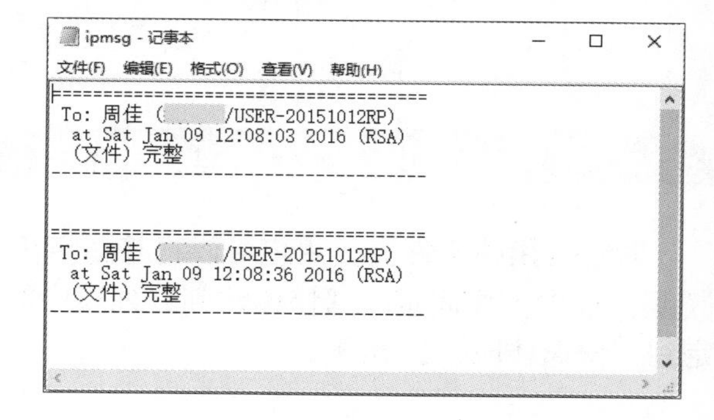

5.3 实战 2：文件 / 文件夹的基本操作

用户要想管理电脑中的数据，首先要熟练掌握文件 / 文件夹的基本操作，文件 / 文件夹的基本操作包括创建文件 / 文件夹、打开与关闭文件 / 文件夹、复制与移动文件 / 文件夹、删除文 件 / 文件夹、重命名文件 / 文件夹等。

5.3.1 查看文件 / 文件夹

系统当中的文件或文件夹可以通过【查看】右键菜单和【查看】选项卡两种方式进行查看，查看文件或文件夹的具体操作步骤如下。

第 1 步 在文件夹窗口的空白处右击，在弹出的快捷菜单中选择【查看】→【大图标】菜单命令。

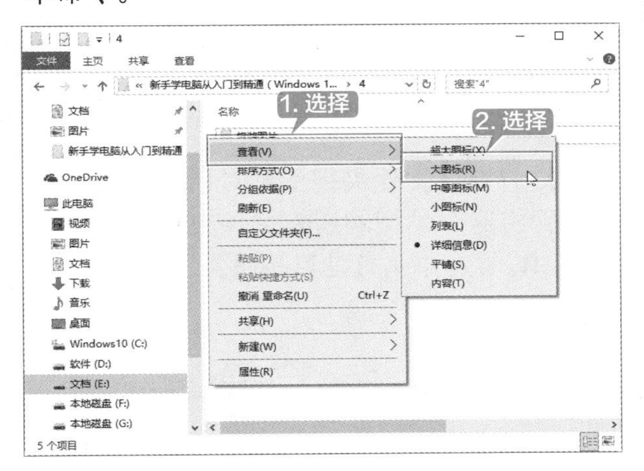

第 2 步 随即文件夹中的文件和子文件夹都以大图标的方式显示。

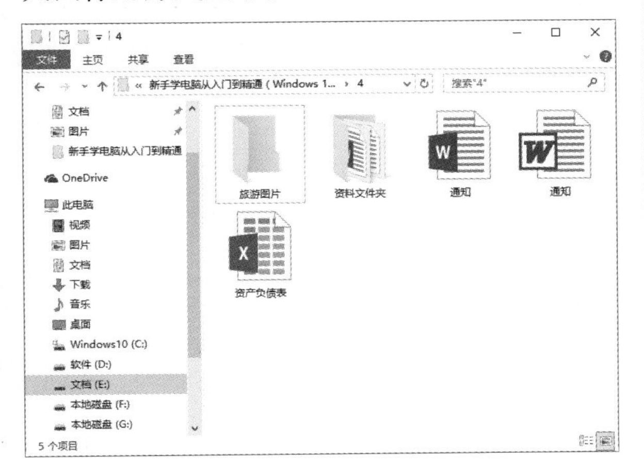

第 3 步 在文件夹窗口中选择【查看】选项卡，进入【查看】功能区，在【布局】组中可以看到当前文件或文件夹的布局方式为【大图标】。

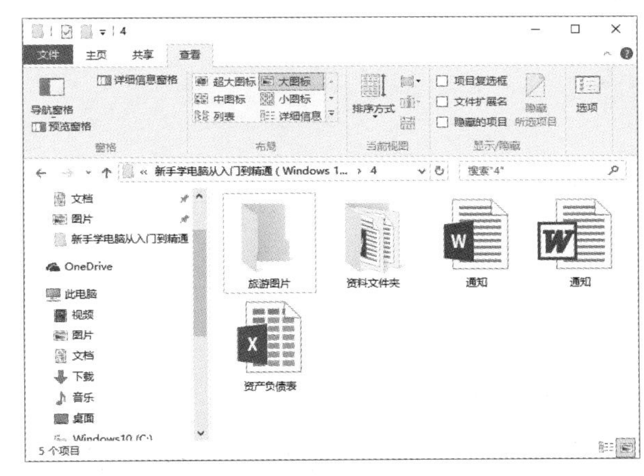

第 4 步 单击【窗格】组中的【预览窗格】按钮，可以以预览的方式查看文件或文件夹。

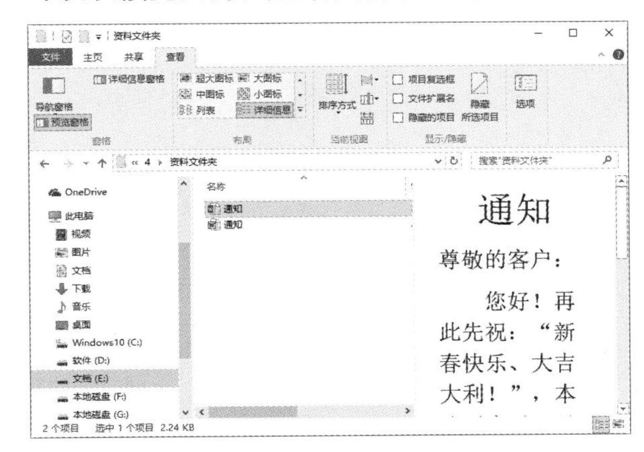

第 5 步 单击【窗格】组中的【详细信息窗格】按钮，即可以详细信息的方式查看文件或文

件夹。

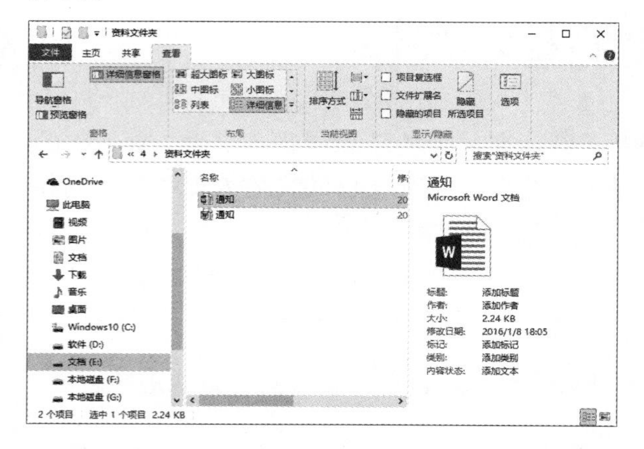

第 6 步　选择【布局】组中的【内容】选项，即可以内容布局方式显示文件或文件夹。

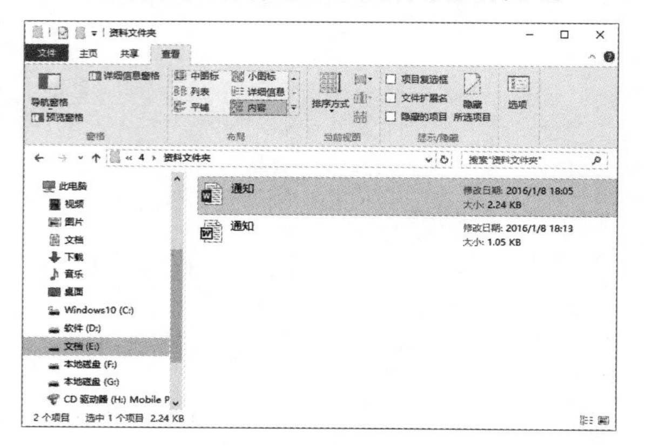

第 7 步　单击【当前视图】组中的【排序方式】按钮，在弹出的下拉列表中可以选择文件或文件夹的排序方式。

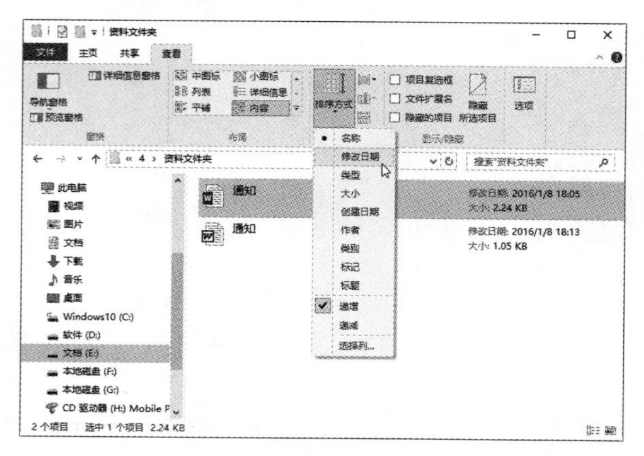

第 8 步　如果想要恢复系统默认视图方式，则可以单击【查看】选项卡下的【选项】按钮，打开【文件夹选项】对话框，选择【查看】选项卡，单击【重置文件夹】按钮。

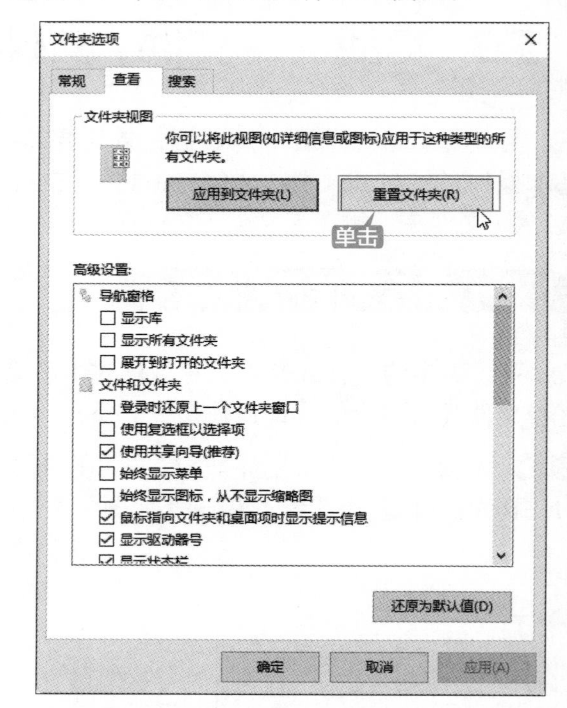

第 9 步　打开【文件夹视图】对话框，提示用户是否将这个类型的所有文件夹都重置为默认视图设置，单击【是】按钮。

第 10 步　即可完成重置操作，返回到文件夹窗口当中，可以看到文件或文件夹都以默认的视图方式显示。

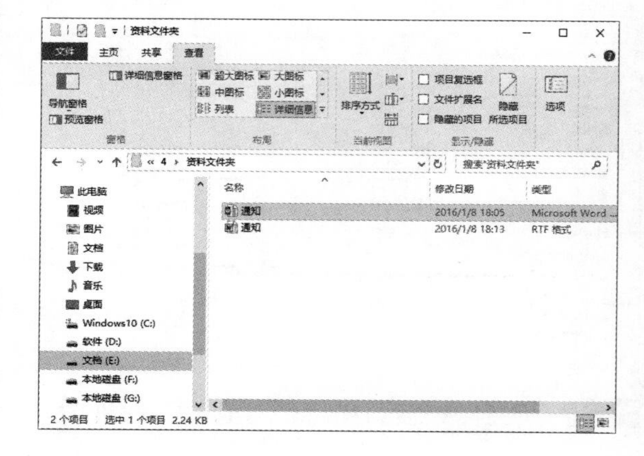

5.3.2 重命名文件 / 文件夹

新建文件或文件夹后，都是以一个默认的名称作为文件名或文件夹的名称，其实用户可以在文件资源管理器或任意一个文件夹窗口中，给新建的或已有的文件或文件夹重新命名。

1. 文件的重命名

（1）常见的更改文件名称的具体操作步骤如下。

第 1 步 在【文件资源管理器】的任意一个驱动器中，选定要重命名的文件，右击，在弹出的快捷菜单中选择【重命名】选项。

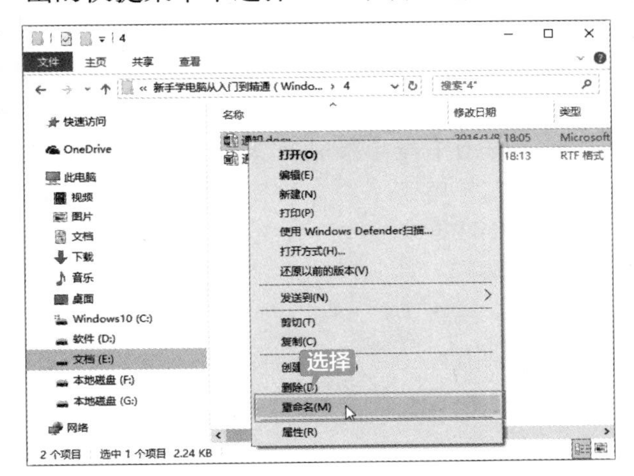

第 2 步 文件的名称以蓝色背景显示。

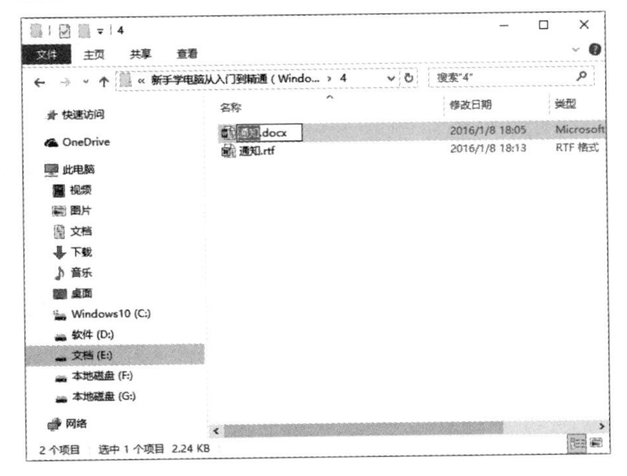

第 3 步 用户直接输入文件的名称，按【Enter】键，即可完成对文件名称的更改。

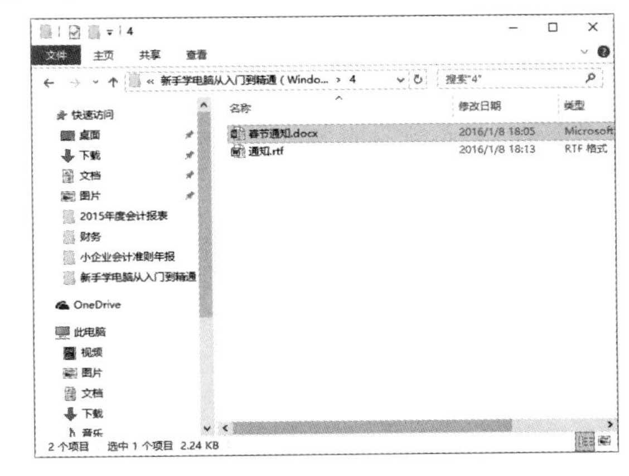

提示

在重命名文件时，不能改变已有文件的扩展名，否则当要打开该文件时，系统不能确认要使用哪种程序。

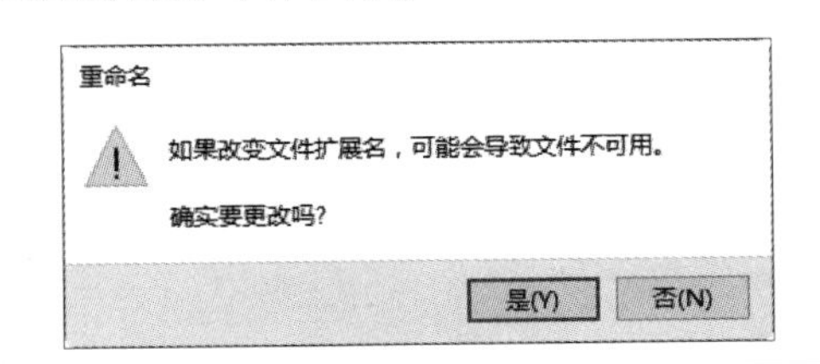

如果更换的文件名与原有的文件名重复，系统则会给出如下图所示的提示，单击【是】按钮，则会以文件名后面加上序号来命名，如果单击【否】按钮，则需要重新输入文件名。

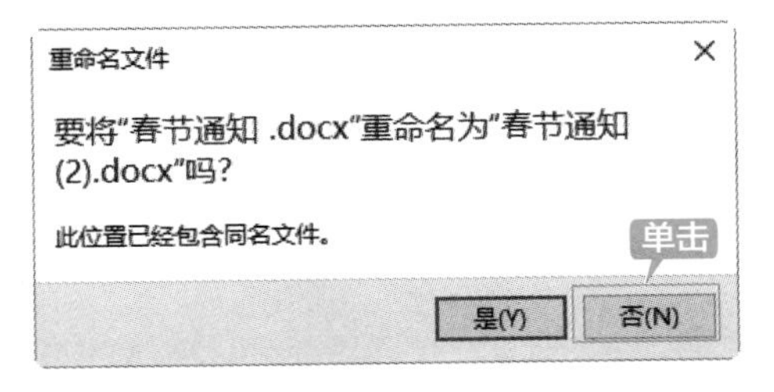

（2）用户可以选择需要更改名称的文件，按【F2】功能键，从而快速地更改文件的名称。

（3）选择需要更名的文件，单击要重命

名的文件名称，此时选中的文件名显示为可编辑状态，在其中输入名称，按 【Enter】键即可完成对文件名称的更改。

2. 文件夹的重命名

（1）常见的更改文件夹名称的具体操作步骤如下。

第1步 在【文件资源管理器】的任意一个驱动器中，选定要重命名的文件夹，右击，在弹出的快捷菜单中选择【重命名】选项。

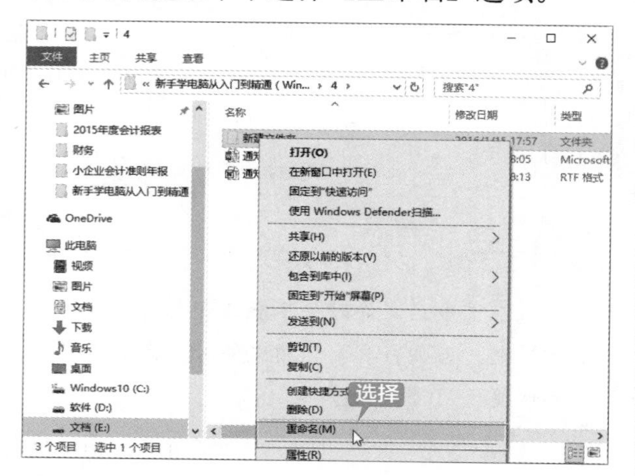

第2步 文件夹的名称以蓝色背景显示。

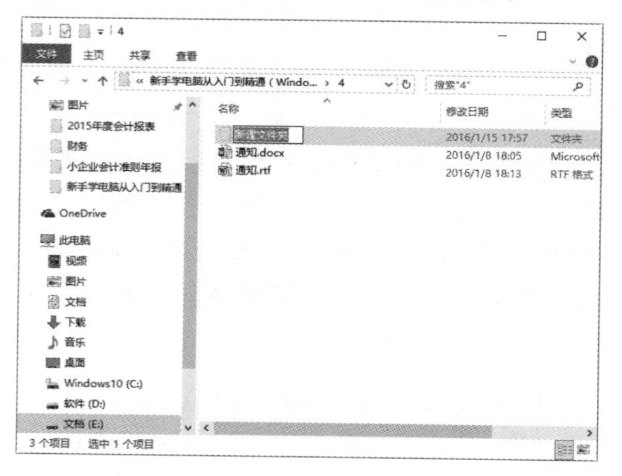

第3步 用户直接输入文件夹的名称，按【Enter】键，即可完成对文件夹名称的更改。

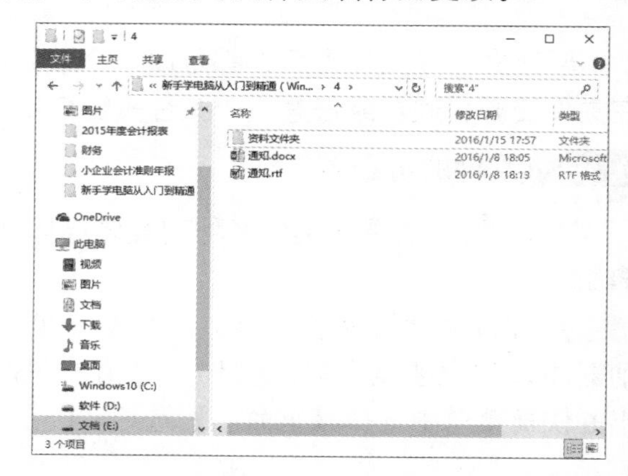

如果更换的文件夹名与原有的文件夹名重复，系统则会弹出【确认文件夹替换】对话框，单击【是】按钮，则会替换原来的文件夹，如果单击【否】按钮，则需要重新输入文件夹的名称。

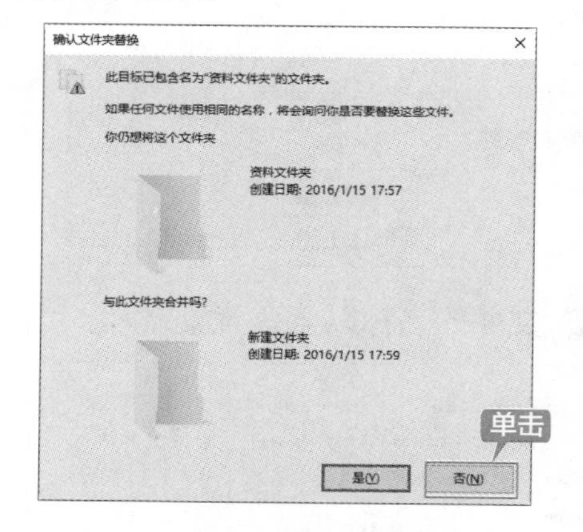

（2）用户可以选择需要更改名称的文件夹，按【F2】功能键，从而快速地更改文件夹的名称。

（3）选择需要更名的文件夹，单击要重命名的文件夹名称，此时选中的文件夹名显示为可编辑状态，在其中输入名称，按【Enter】键即可完成对文件夹名称的更改。

5.3.3 打开和关闭文件 / 文件夹

打开文件 / 文件夹共用的方法有以下两种。

（1）双击需要打开的文件 / 文件夹，即可打开文件 / 文件夹。

（2）选择需要打开的文件 / 文件夹，右击，在弹出的快捷菜单中选择【打开】菜单命令。

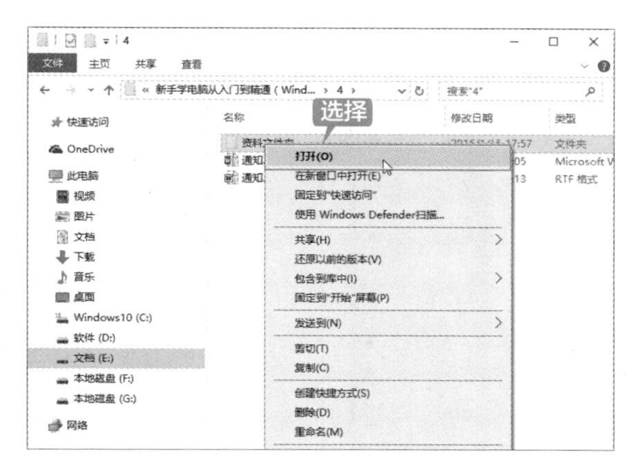

对于文件，用户还可以利用【打开方式】菜单命令将其打开，具体操作步骤如下。

第 1 步 选择需要打开的文件，右击，在弹出的快捷菜单中选择【打开方式】菜单命令。

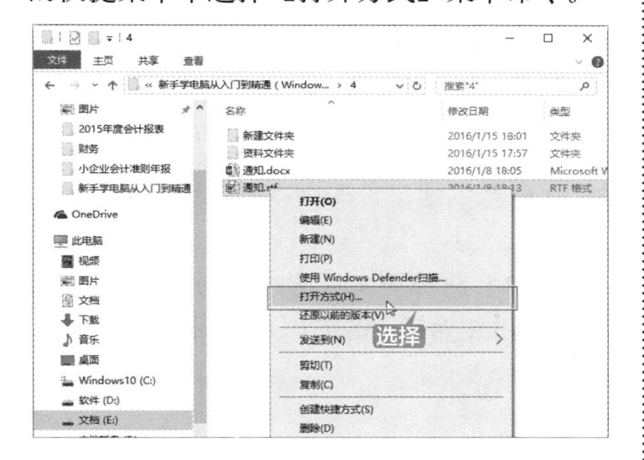

第 2 步 打开【你要如何打开这个文件？】对话框，在其中选择打开文件的应用程序，本实例选择【写字板】选项，单击【确定】按钮。

第 3 步 写字板软件将自动打开选择的文件。

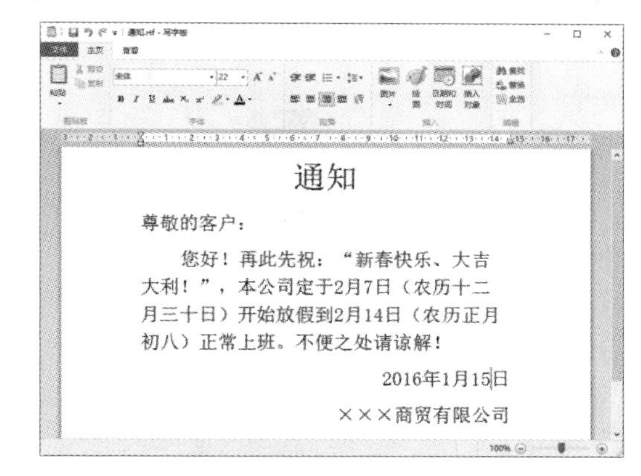

关闭文件或文件夹的常见方法如下。

（1）在软件窗口的右上角都有一个关闭按钮，如以写字板为例，单击写字板工作界面右上角的【关闭】按钮，可以直接关闭文件。

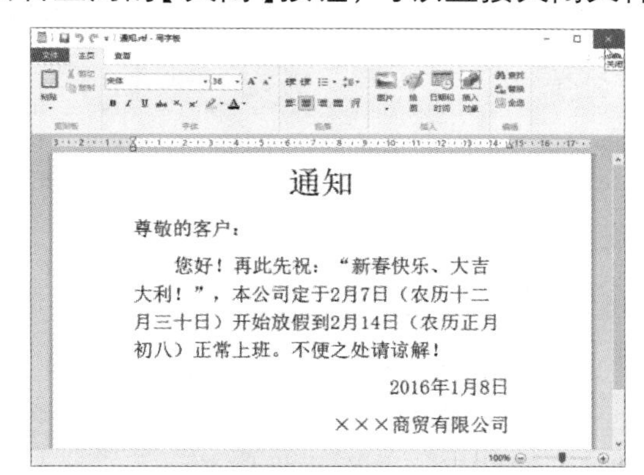

（2）关闭文件夹的操作很简单，只需要在打开的文件夹窗口中单击右上角的【关闭】按钮即可。

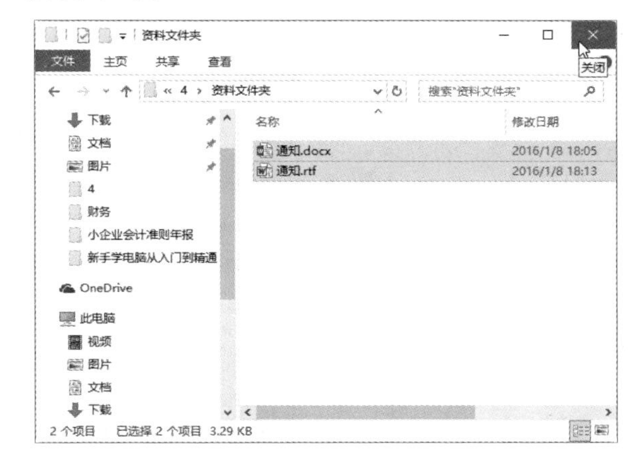

（3）在文件夹窗口中选择【文件】选项卡，在弹出的功能区界面中选择【关闭】选项，也可以关闭文件夹。

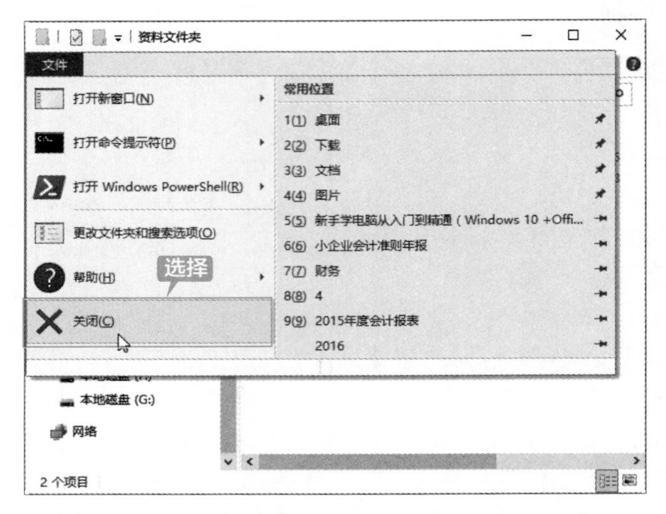

（4）按【Alt+F4】组合键，可以快速地关闭当前被打开的文件 / 文件夹。

5.3.4 复制和移动文件 / 文件夹

在日常生活中，经常需要对一些文件进行备份，也就是创建文件的副本，这里就需要用到【复制】命令进行操作。

1. 复制文件 / 文件夹

复制文件 / 文件夹的方法有以下几种。

（1）选择要复制的文件 / 文件夹，按住【Ctrl】键将其拖动到目标位置。

（2）选择要复制的文件 / 文件夹，右击并拖动到目标位置，在弹出的快捷菜单中选择【复制到当前位置】菜单命令。

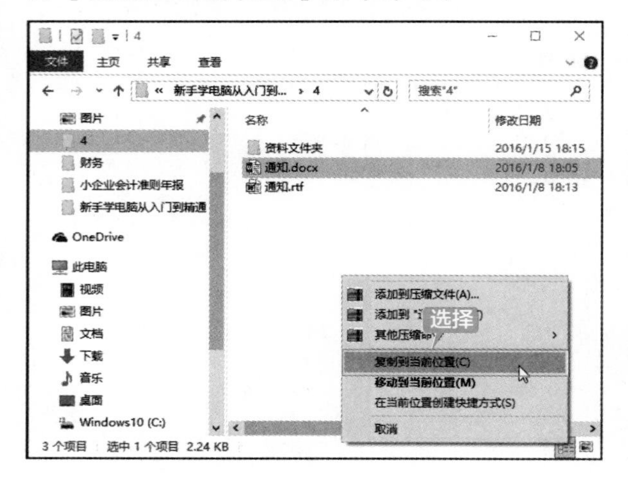

（3）选择要复制的文件或文件夹，按【Ctrl+C】组合键，再按【Ctrl+V】组合键即可。

提示

文件或文件夹除了直接复制和发送以外，还有一种更为简单的复制方法，就是在打开的文件夹窗口中，选取要进行复制的文件或文件夹，然后按住鼠标左键，并拖动鼠标到要粘贴的地方，可以是磁盘、文件夹或者是桌面上，释放鼠标，就可以把文件或文件夹复制到指定的地方了。

2. 移动文件 / 文件夹

移动文件 / 文件夹的具体操作步骤如下。

第 1 步　选择需要移动的文件 / 文件夹，右击，并在弹出的快捷菜单中选择【剪切】菜单命令。

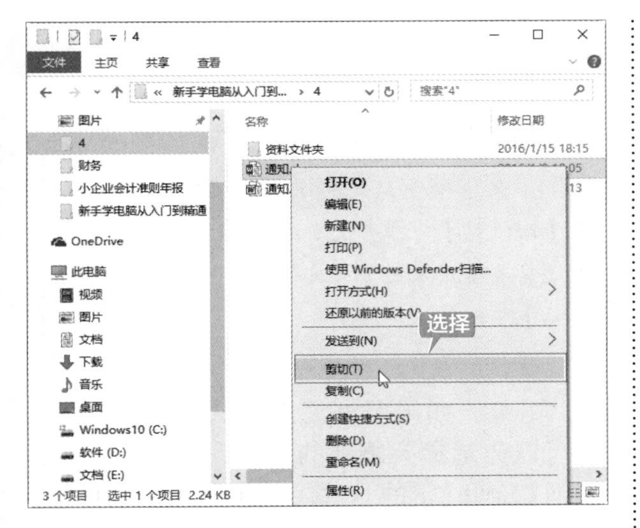

第 2 步 选定目的文件夹并打开它，右击，并在弹出的快捷菜单中选择【粘贴】菜单命令。

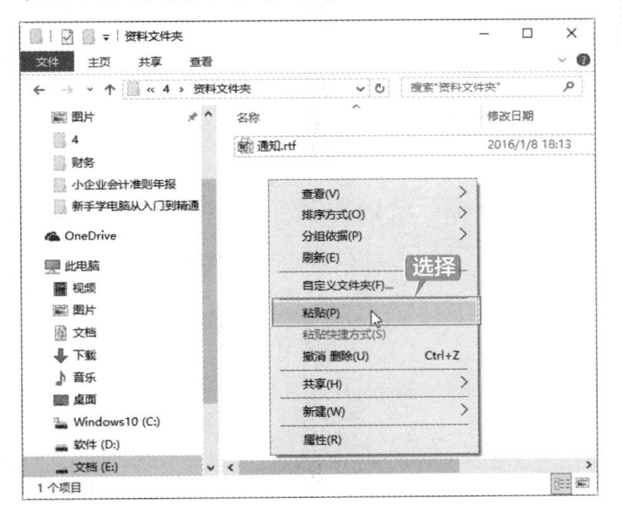

第 3 步 则选定的文件 / 文件夹就被移动到当前文件夹。

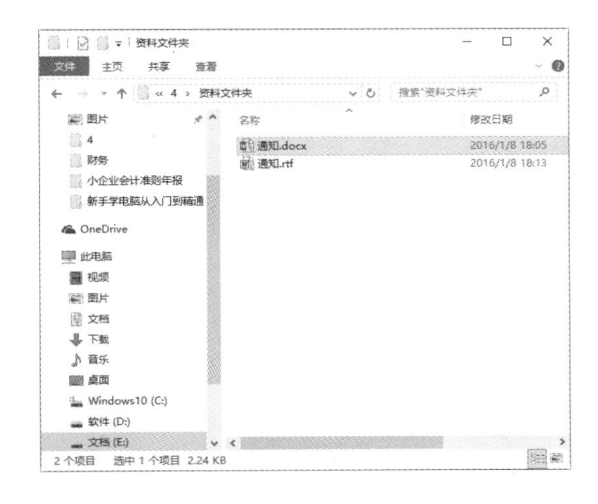

提示

用户除了使用上述方法移动文件外，还可以使用【Ctrl+X】组合键实现【剪切】功能，使用【Ctrl+V】组合键实现【粘贴】功能。

当然，用户也可以使用鼠标直接拖动完成复制操作，方法是先选中要拖动的文件 / 文件夹，在按住键盘上的【Shift】键的同时按住鼠标左键，然后把它拖到需要的文件夹中，并使之反蓝显示，再释放左键，选中的文件或文件夹就移动到指定的文件夹下了。

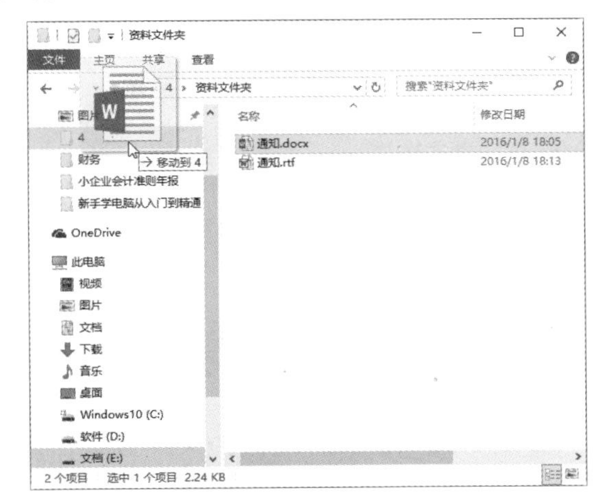

5.3.5 删除文件 / 文件夹

删除文件 / 文件夹的常见方法有以下几种。

（1）选择要删除的文件 / 文件夹，按键盘上的【Delete】键。

（2）选择要删除的文件 / 文件夹，单击【主页】选项卡【组织】组中的【删除】按钮。

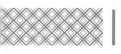

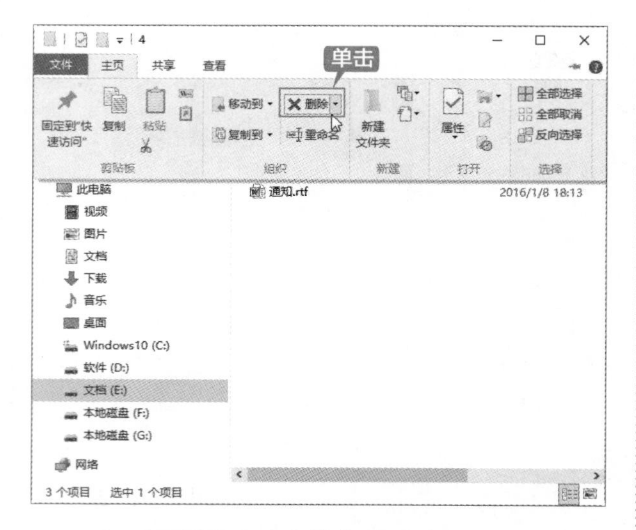

（3）选择要删除的文件或文件夹，右击，并在弹出的快捷菜单中选择【删除】菜单命令。

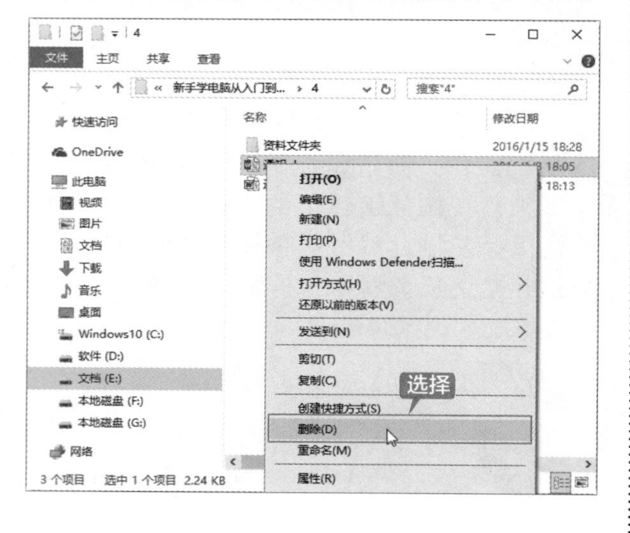

（4）选择要删除的文件，直接拖动到【回收站】中。

提示

删除命令只是将文件 / 文件夹移入到【回收站】中，并没有从磁盘上清除，如果还需要使用该文件或文件夹，可以从【回收站】中恢复。

另外，如果要彻底删除文件 / 文件夹，则可以先选择要删除的文件 / 文件夹，然后按下【Shift】键的同时，再按下【Delete】键，将会弹出【删除文件】或【删除文件夹】对话框，提示用户是否确实要永久性地删除此文件或文件夹，单击【是】按钮，即可将其彻底删除。

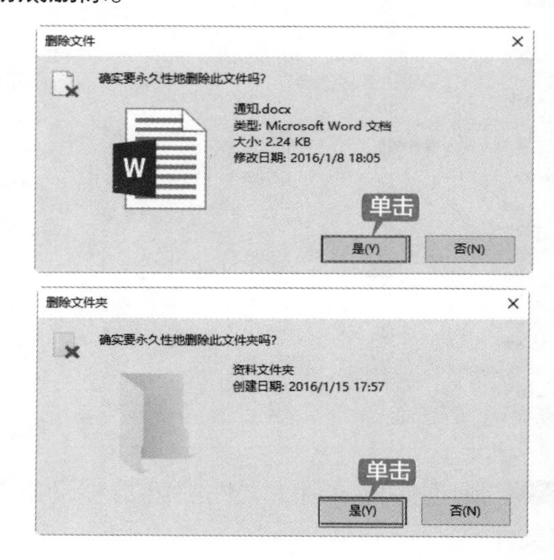

5.4 实战 3：搜索文件 / 文件夹

当用户忘记了文件或文件夹的位置，只是知道该文件或文件夹的名称时，就可以通过搜索功能来搜索需要的文件 / 文件夹。

5.4.1 简单搜索

根据搜索参数的不同，在搜索文件 / 文件夹的过程中，可以分为简单搜索和高级搜索，下面介绍简单搜索的方法，这里以搜索一份通知为例，简单搜索的具体操作步骤如下。

第 1 步 打开【文件资源管理器】窗口。

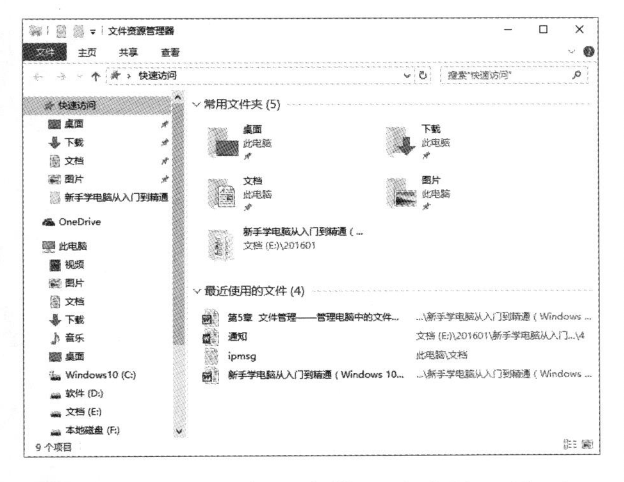

第 2 步 选择左侧窗格中的【此电脑】选项，将搜索的范围设置为【此电脑】。

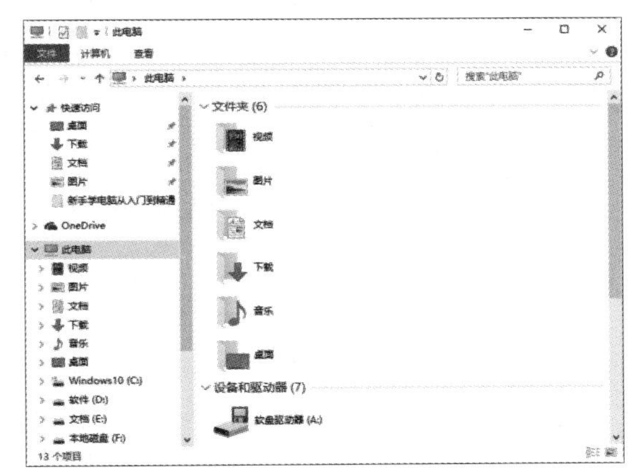

第 3 步 在【搜索】文本框中输入搜索的关键字，这里输入“通知”，此时系统开始搜索本台电脑中的“通知”文件。

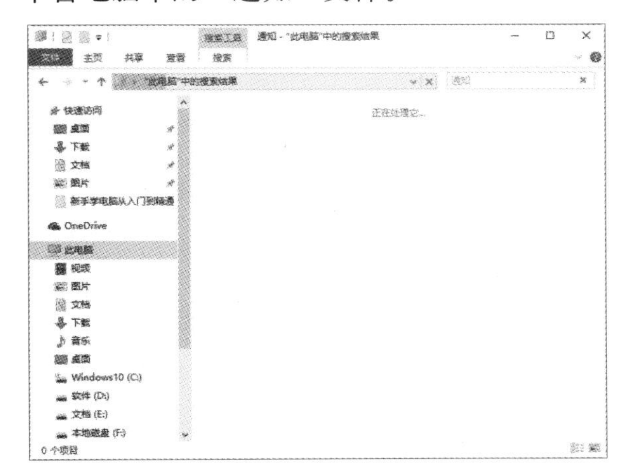

第 4 步 搜索完毕后，将在下方的窗格中显示搜索的结果，在其中可以查找自己需要的文件。

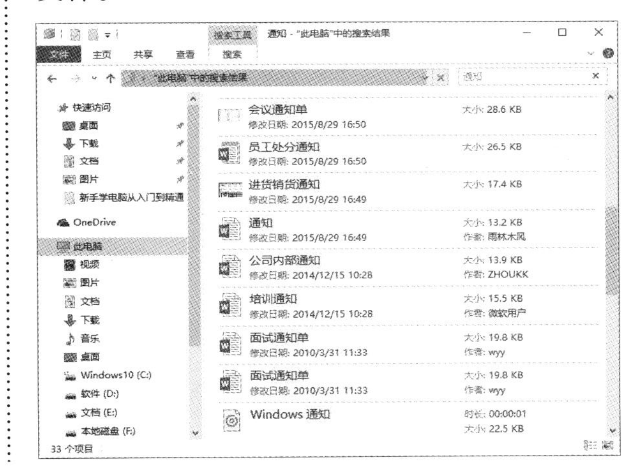

5.4.2 高级搜索

使用简单搜索得出的结果比较多，用户在查找自己需要的文档过程中比较麻烦，这时就可以使用系统提供的搜索工具进行高级搜索了，这里以搜索“通知”文件为例。高级搜索的具体操作步骤如下。

第 1 步 在简单搜索结果的窗口中选择【搜索】选项卡，进入【搜索】功能区域。

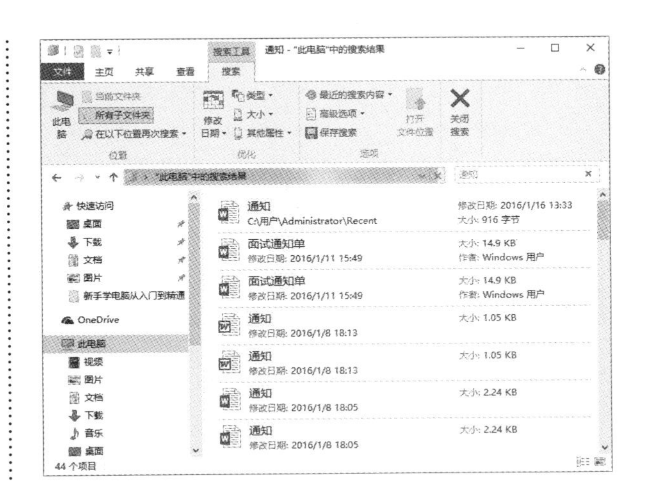

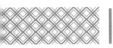

第 2 步 单击【优化】组中的【修改日期】按钮，在弹出的下拉列表中选择文档修改的日期范围。

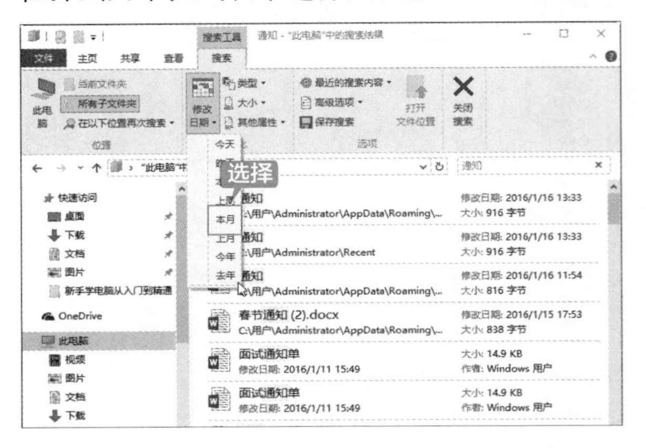

第 3 步 如果选择【本月】选项，则在搜索结果中只显示本月的“通知”文件。

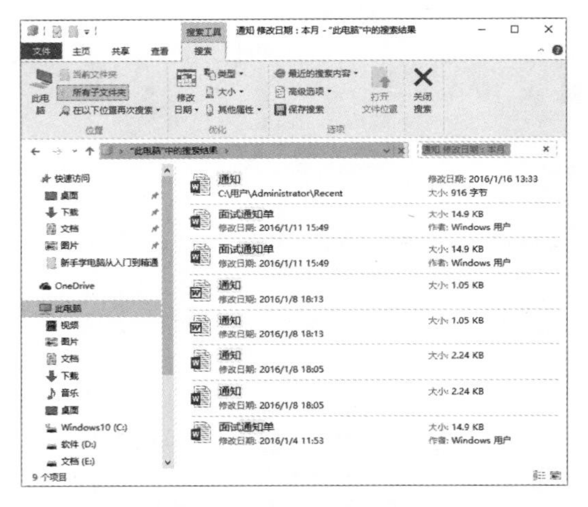

第 4 步 单击【优化】组中的【类型】按钮，在弹出的下拉列表中可以选择搜索文件的类型。

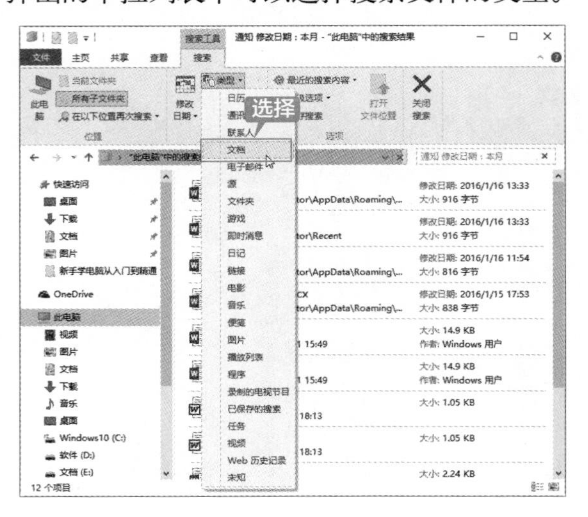

第 5 步 单击【优化】组中的【大小】按钮，在弹出的下拉列表中可以选择搜索文件的大小范围。

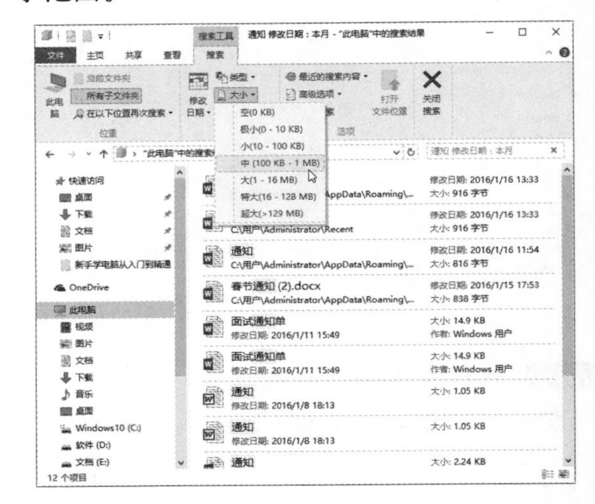

第 6 步 当所有的搜索参数设置完毕后，系统开始自动根据用户设置的条件进行高级搜索，并将搜索结果显示在下方的窗格中。

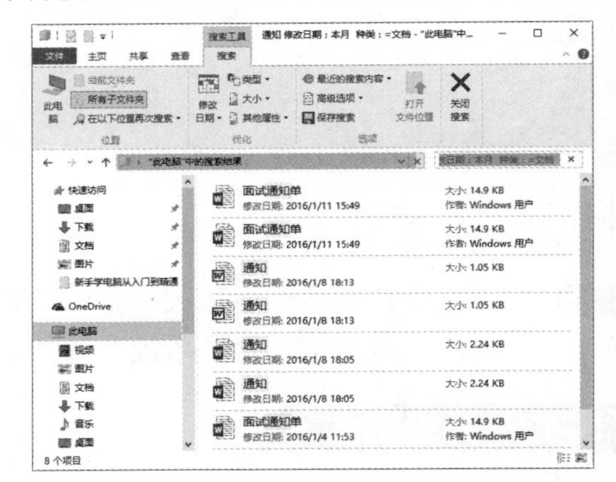

第 7 步 双击自己需要的文件，即可将该文件打开。

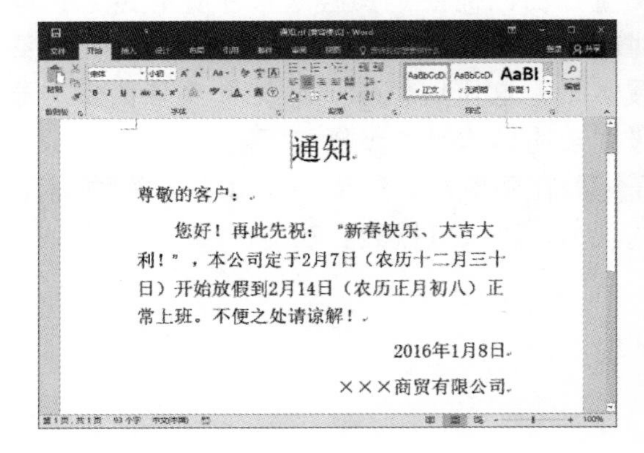
通知

尊敬的客户：

您好！再此先祝：“新春快乐、大吉大利！”，本公司定于2月7日（农历十二月三十日）开始放假到2月14日（农历正月初八）正常上班。不便之处请谅解！

2016年1月8日

×××商贸有限公司

第 8 步 如果想要关闭搜索工具，则可以单击【搜索】功能区域中的【关闭搜索】按钮，将搜索功能关闭，并进入【此电脑】工作界面。

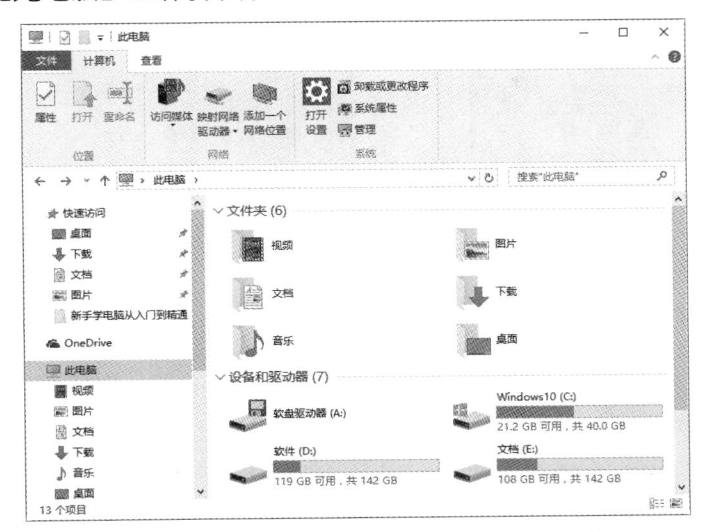

将手机上的照片存放到电脑中

如今，拍照已经不仅是年轻人的专利，也深得老年人的喜欢，可以使用手机记录生活的点点滴滴。拍照完成后，可以将手机中的照片存放到电脑中，既方便浏览，又方便照片的存储。

按照手机的系统划分，主要分为安卓系统和苹果系统，本节分别介绍两种系统下如何将手机上的照片存放到电脑中。

1. 安卓系统手机导入图片的方法

华为、OPPO、ViVO、联想、小米、魅族等品牌，均使用的安卓系统，其向电脑导入图片的方法基本相同。具体操作步骤如下。

第 1 步 使用手机数据线，一端连接手机充电端口，另一端接入电脑的 USB 端口。当连接正常，手机顶部通知栏会弹出连接信息，轻点顶部信息，并轻按通知栏向下拖曳。

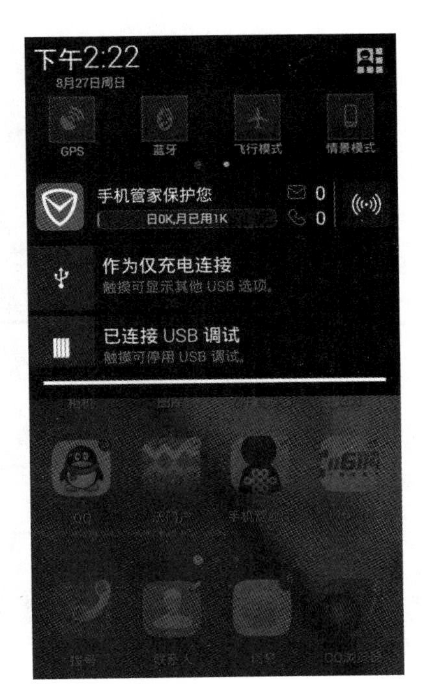

第 2 步 通知栏完全显示后，点击【作为调制解调器连接】选项。

第 3 步 进入【USB 计算机连接】界面，选中【相机（PTP）】复选框，即可实现手机与电脑互相传输照片。

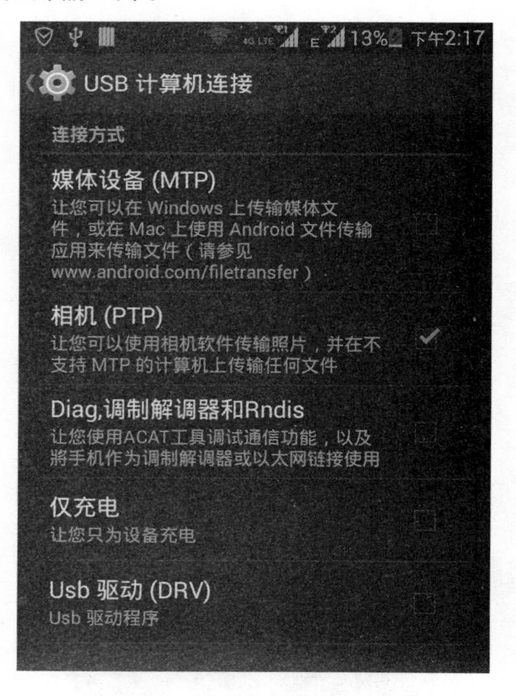

第 4 步 设置完成后，打开【此电脑】窗口，在【设备和驱动器】区域下，双击显示的设备图标。

第 5 步 双击【内部存储】存储器图标。

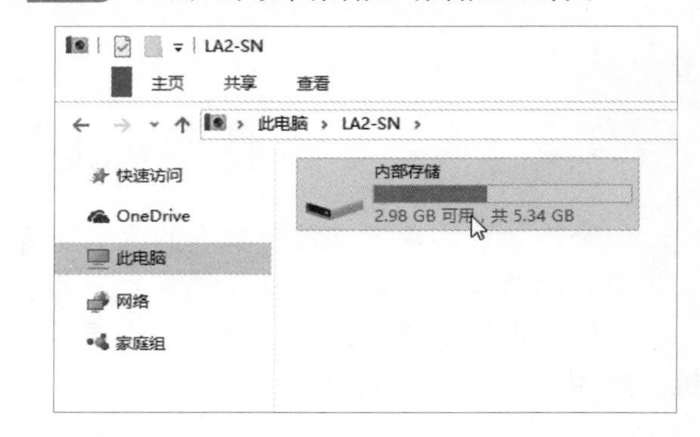

第 6 步 双击【DCIM】文件夹图标。

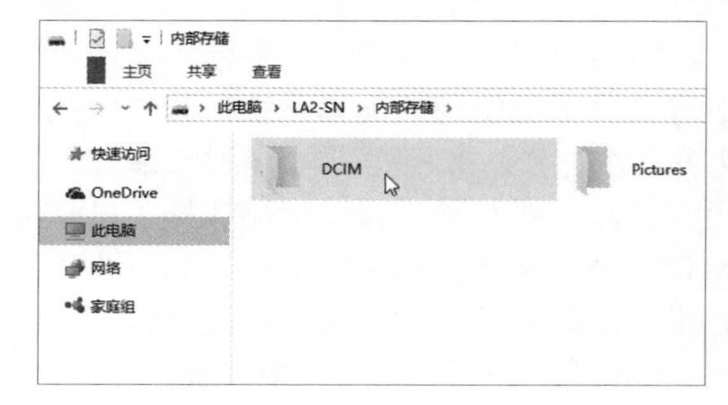

提示

DCIM 是照片存储文件夹，而 Pictures 文件夹一般用于存储手机内的其他图片文件，如手机截屏图片、壁纸等图片。

第 7 步 再次双击【Camera】文件夹图标。

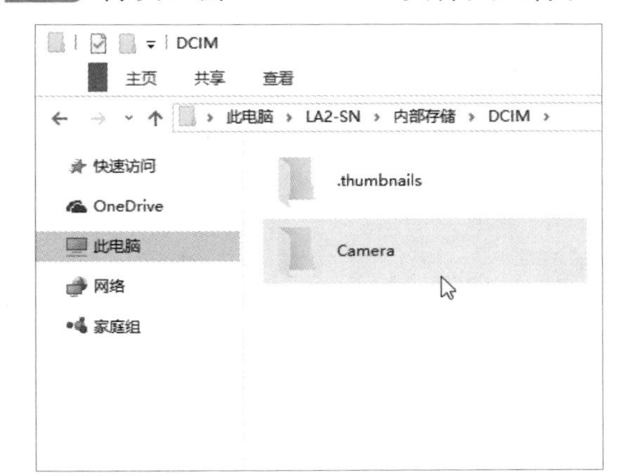

第 8 步 进入【Camera】文件夹内，即可看到里面存储的日常拍照照片，选择要导入电脑的图片，如全部选择，按【Ctrl+A】组合键全选，也可拖曳鼠标进行选择。选择完成后，按【Ctrl+C】组合键进行复制。

第 9 步 打开目标文件夹，右击，在弹出的快捷菜单中选择【粘贴】菜单命令。

第 10 步 即可向电脑中复制并粘贴照片，导入完成后，在目标文件夹内显示粘贴的照片，如下图所示。此时，即完成了安卓系统手机向电脑导入照片的操作。

2. 苹果系统手机导入图片的方法

如 iPhone 5、iPhone 6、iPhone 7 等，都是苹果系统的手机，其向电脑导入照片的方法与安卓系统手机导入的方法稍有所不同，主要是手机端的设置，电脑端的操作基本相

同。具体操作步骤如下。

第 1 步 使用手机数据线，一端连接手机充电端口，另一端接入电脑的 USB 端口。连接正常后，弹出【允许此设备访问照片和视频吗】对话框，点击【允许】按钮。

第 2 步 在电脑端【此电脑】窗口，即会显示【Apple iPhone】图标，双击该图标。

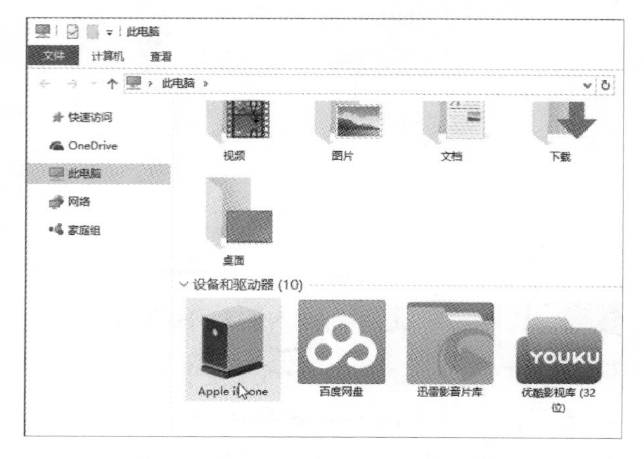

第 3 步 进入设备窗口，双击打开存储器。

第 4 步 双击打开【DCIM】文件夹图标。

第 5 步 在【DCIM】文件夹下，双击【100APPLE】文件夹图标。

第 6 步 即可选择照片，进行复制和粘贴。

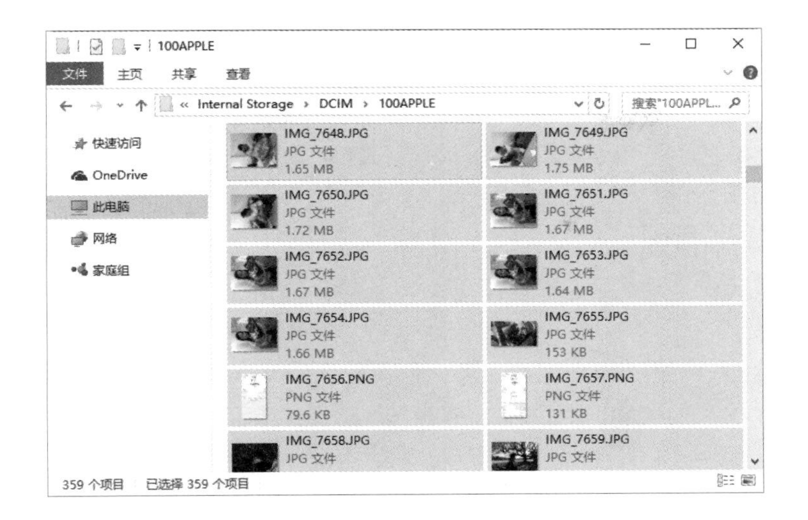

◇ 复制文件时冲突了怎么办

复制完一个文件后，当需要将其粘贴到目标文件夹当中时，如果目标文件夹中包括一个与要粘贴的文件具有一样名称的文件，就会弹出一个信息提示框。

如果选择【替换目标中的文件】选项，则要粘贴的文件会替换掉原来的文件。如果选择【跳过该文件】选项，则不粘贴要复制的文件，只保留原来的文件。

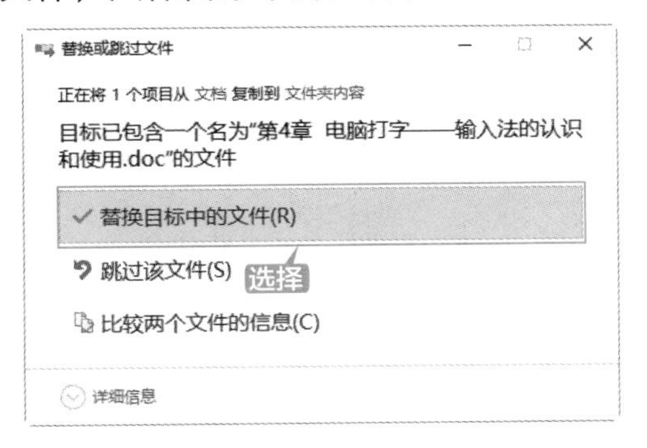

如果选择【比较两个文件的信息】选项，则会打开【1 个文件冲突】对话框，提示用户要保留哪些文件。

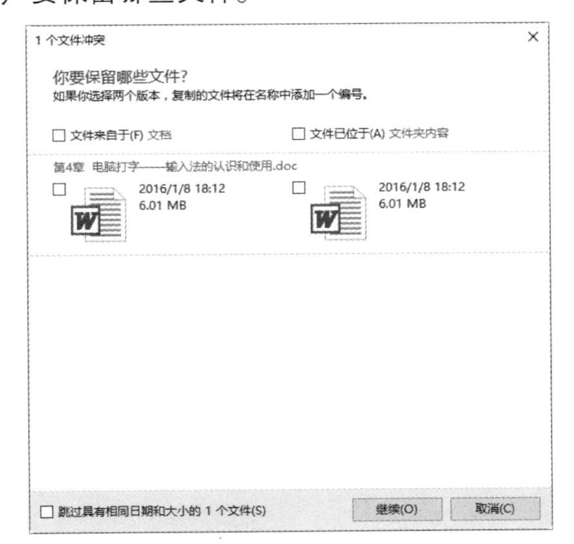

如果想要保留两个文件，则选中两个文件左上角的复选框，这样复制的文件将在名称中添加一个编号，单击【继续】按钮。

返回文件夹窗口中，可以看到添加序号的文件与原文件。

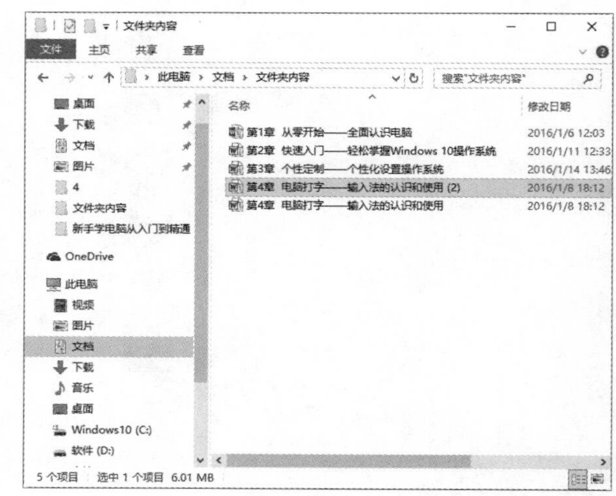

第 6 章

电脑软件的安装与管理

本章导读

要想使用好电脑，离不开对软件的操作。本章主要介绍如何安装软件、打开和关闭软件及卸载软件等。

思维导图

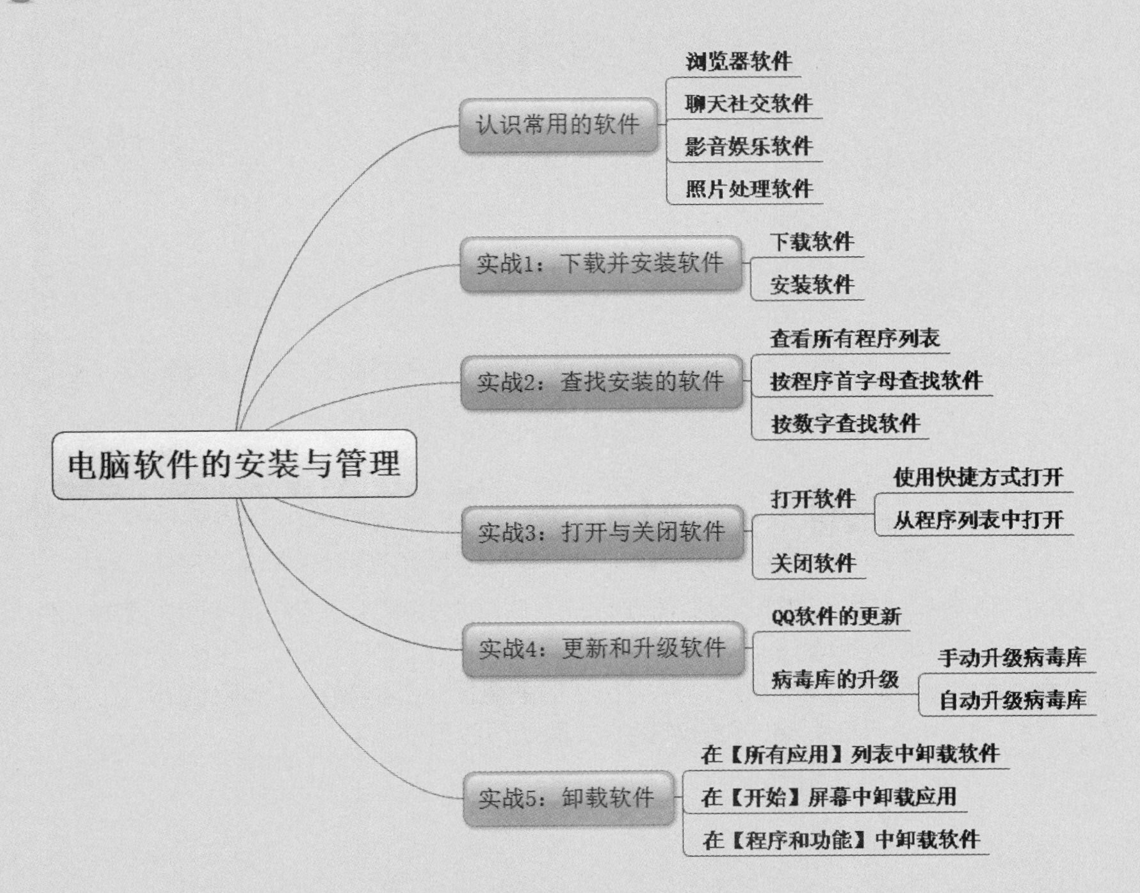

6.1 认识常用的软件

根据软件的分类，主要包括浏览器软件、聊天社交软件、影音娱乐软件、办公应用软件、图像处理软件等，本节介绍常用的软件。

6.1.1 浏览器软件

浏览器软件是指可以显示网页服务器或者文件系统的 HTML 文件内容，并让用户与这些文件交互的一种软件，一台电脑只有安装了浏览器软件，才能进行网上冲浪。

IE 浏览器是现在使用人数较多的浏览器软件，它是微软新版本的 Windows 操作系统的一个组成部分，在 Windows 操作系统安装时默认安装，双击桌面上的 IE 快捷方式图标，即可打开 IE 浏览器窗口。

除 IE 浏览器软件外，360 浏览器软件是互联网上好用且安全的新一代浏览器软件，与 360 安全卫士、360 杀毒等软件一同成为 360 安全中心的系列产品，该浏览器软件采用恶意网址拦截技术，可自动拦截挂马、欺诈、网银仿冒等恶意网址，其独创了沙箱技术，在隔离模式下即使访问木马也不会感染，360 安全浏览器界面如下图所示。

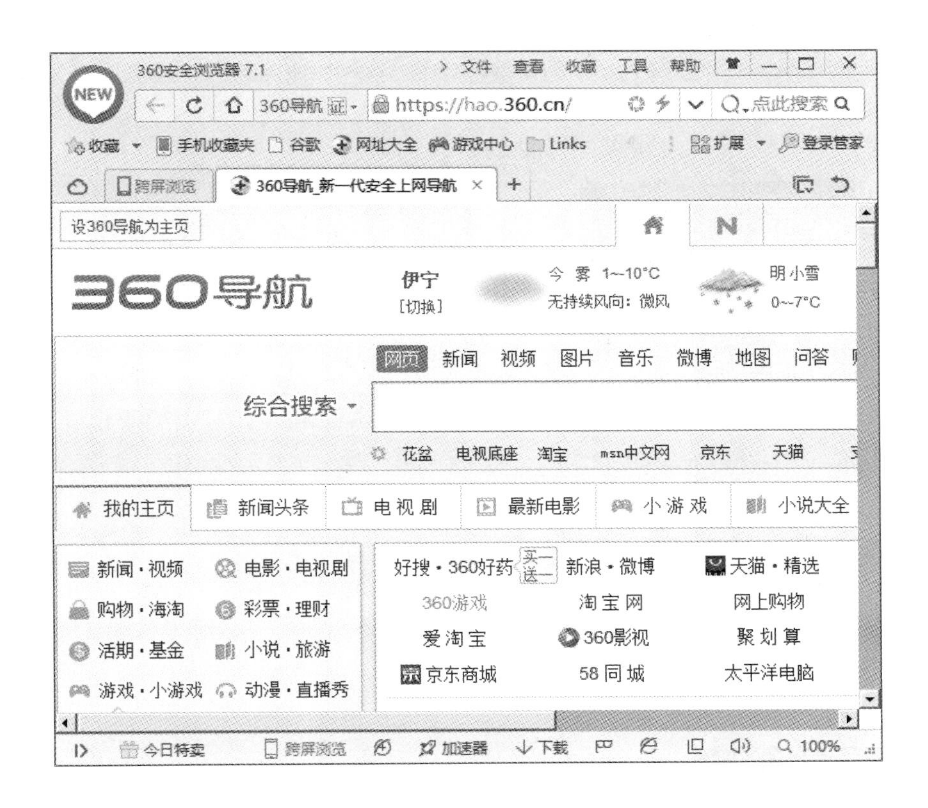

6.1.2 聊天社交软件

目前网络上存在的聊天社交软件有很多，比较常用的有腾讯 QQ、微信等。腾讯 QQ 支持显示朋友在线信息、即时传送信息、即时交谈、即时传输文件等。另外，QQ 还具有发送离线文件、超级文件、共享文件、QQ 邮箱、游戏等功能，下图所示为 QQ 聊天软件的聊天窗口。

微信是一种移动通信聊天软件，目前主要应用在智能手机上，支持发送语音短信、视频、图片和文字，可以进行群聊。微信除了手机客户端版外，还有网页版，使用网页版微信可以在电脑上进行聊天，如下图所示为网页版微信的聊天窗口。

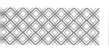

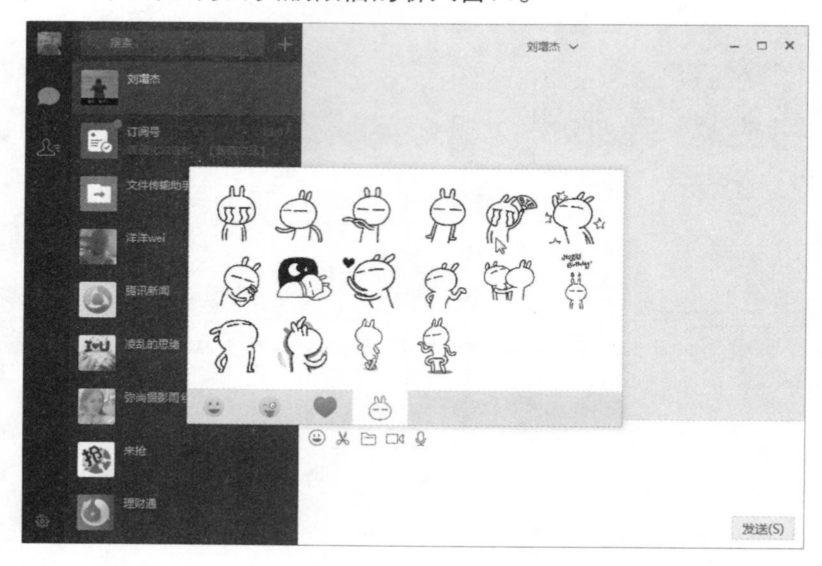

6.1.3 影音娱乐软件

使用电脑看电影听音乐，自然少不了影音娱乐类的软件，常见的有暴风影音、爱奇艺、乐视、优酷土豆、腾讯视频等。暴风影音是一款视频播放器，该播放器兼容大多数的视频和音频格式，暴风影音播放的文件清晰，且具有稳定高效、智能渲染等特点，被很多用户视为经典播放器。

爱奇艺是一款集P2P直播点播于一身的网络视频软件，爱奇艺PPS影音支持在线收看电影、电视剧、体育直播、游戏竞技、动漫、综艺、新闻等，该软件播放流畅，是看电影的必备软件。

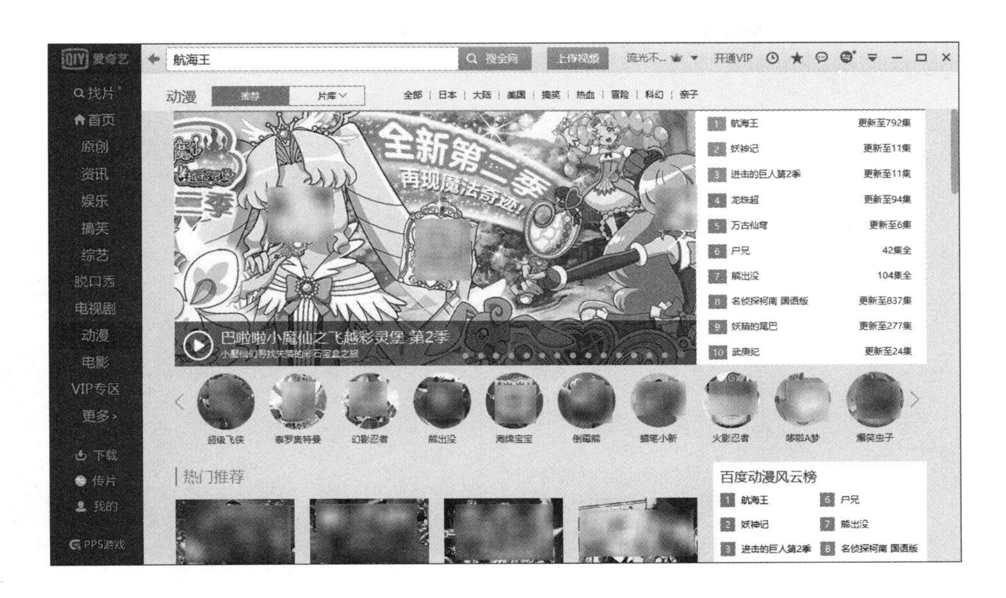

6.1.4 照片处理软件

老年人在处理照片时，就需要借助一些软件来美化照片效果，以得到更漂亮的照片。除了可以借助 Windows 10 自带的照片工具，对照片进行简单的美化处理，还可以使用一些“傻瓜”式的照片处理工具，如美图秀秀，可以使用上面的素材资源，制作出多彩多样的照片。 下图所示即为美图秀秀界面。

6.2 实战 1：下载并安装软件

本节介绍如何下载并安装软件。

6.2.1 下载软件

软件的获取方式有多种多样，最常见的下载软件的方法是从网页中下载，本节以下载“QQ”为例。具体操作步骤如下。

第 1 步 打开 IE 浏览器，在地址栏中输入 QQ 软件的官方网址，输入“http://im.qq.com/pcqq/”，按下【Enter】键，即可打开软件下载页面。

第 2 步 单击【立即下载】按钮，即可开始下载 QQ 软件安装包，并在下方显示下载的进度与剩余的时间。

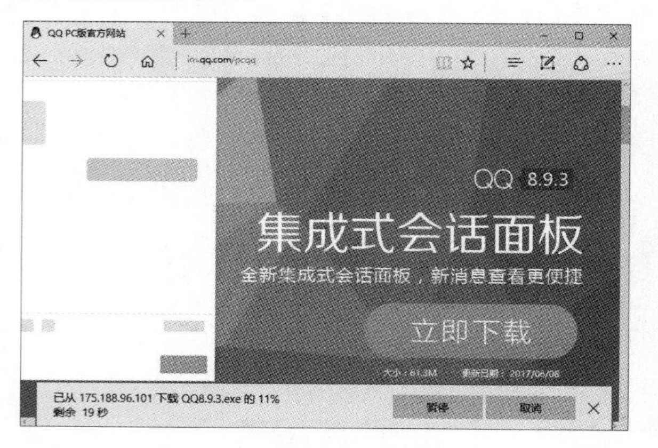

第 3 步 下载完毕后，会在 IE 浏览器窗口显示下载完成的信息提示。

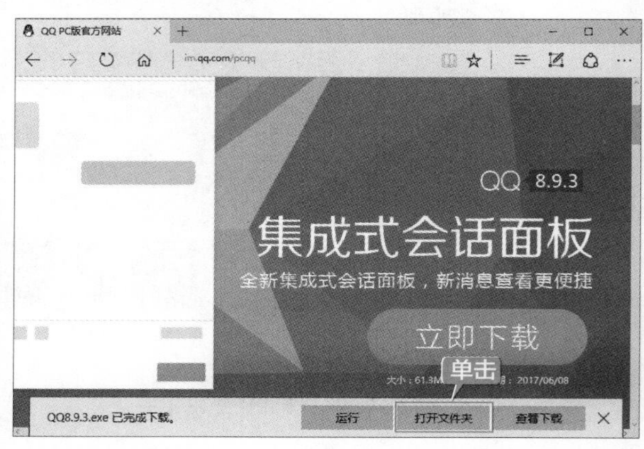

第 4 步 单击【打开文件夹】按钮，即可打开【下载】文件夹，在其中查看下载的软件安装包。

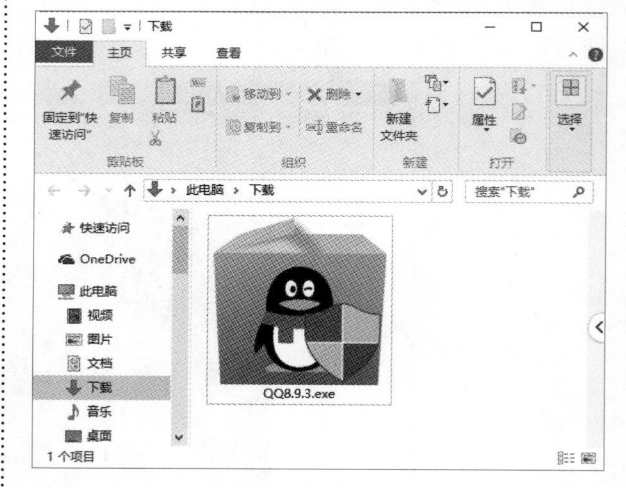

6.2.2 安装软件

当下载好软件之后，就可以将该软件安装到电脑当中了，这里以安装 QQ 为例，来介绍安装软件的具体操作步骤如下。

第 1 步 双击下载的 QQ 安装程序，打开安装对话框，单击【立即安装】按钮。

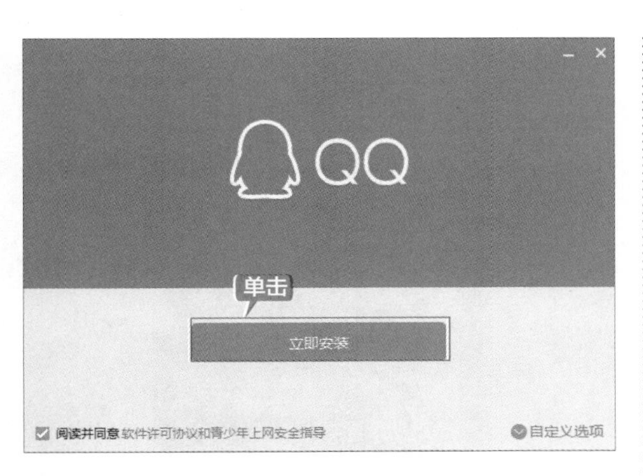

第 2 步 软件即会进入安装中，并显示安装进度条。

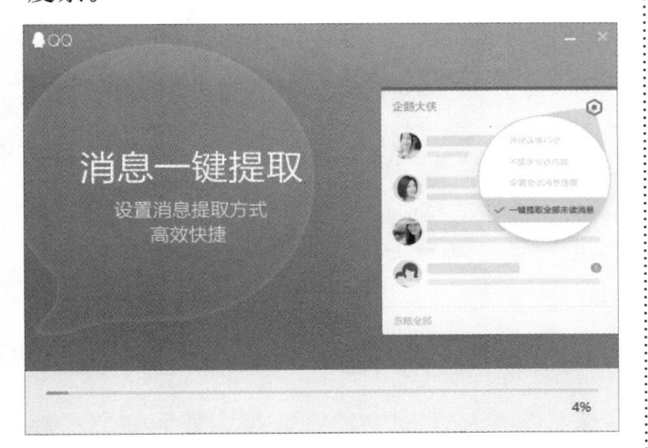

第 3 步 软件安装完成后，进入如下界面，单击【完成安装】按钮。

第 4 步 即可打开 QQ 软件登录界面，如下图所示。

6.3 实战 2：查找安装的软件

软件安装完毕后，用户可以在此电脑中查找安装的软件，查找的方法包括查看所有程序列表、按照程序首字母和数字查找软件等。

6.3.1 查看所有程序列表

在 Windows 10 操作系统当中，用户可以很简单地查看所有程序列表。具体操作步骤如下。

第 1 步 单击【开始】按钮，进入【开始】屏幕工作界面。

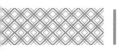

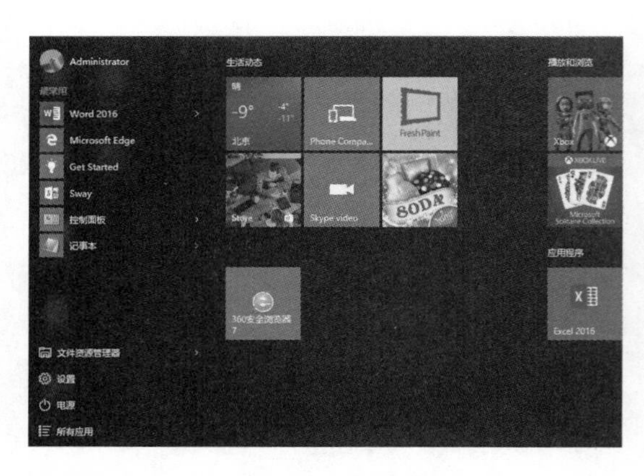

第 2 步 在【开始】屏幕的左侧可以查看最常用的程序列表。

第 3 步 选择【所有应用】选项，即可在打开的界面中查看所有程序列表。

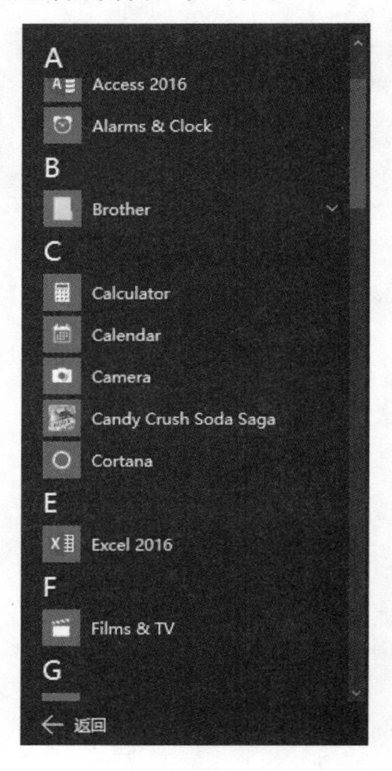

6.3.2 按程序首字母查找软件

在程序所有列表中可以看到包括很多软件，在查找某个软件时，比较麻烦，如果知道程序的首字母，则可以利用首字母来查找软件。具体操作步骤如下。

第 1 步 在所有程序列表中选择最上面的数字【0-9】选项，即可进入程序的搜索界面。

第 2 步 单击程序首字母，如这里需要查看首字母为【W】的程序，则单击【搜索】界面中的【W】按钮。

第 3 步 返回程序列表中，可以看到首先显示的就是以【W】开头的程序列表。

6.3.3 按数字查找软件

在查找软件时，除了使用程序首字母外，还可以使用数字查找软件。具体操作步骤如下。

第 1 步 在程序的搜索界面中单击【0－9】按钮。

第 2 步 返回程序列表，可以看到首先显示的就是以数字开头的程序列表。

第 3 步 单击程序列表后面的下拉按钮，可以看到其子程序列表也以数字开头显示。

6.4 实战 3：打开与关闭软件

安装软件后需要打开软件才能使用，使用完毕就可以将其关闭。

6.4.1 打开软件

打开软件的方法很简单，也有多种方法。下面以打开爱奇艺视频软件为例进行介绍。

1. 使用快捷方式打开

在安装软件的过程中，桌面上会创建相应的快捷方式，双击桌面上的软件快捷方式图标，即可快速打开软件。

第 1 步 双击桌面上的【爱奇艺视频】图标。

第 2 步 即可打开爱奇艺视频，如下图所示。

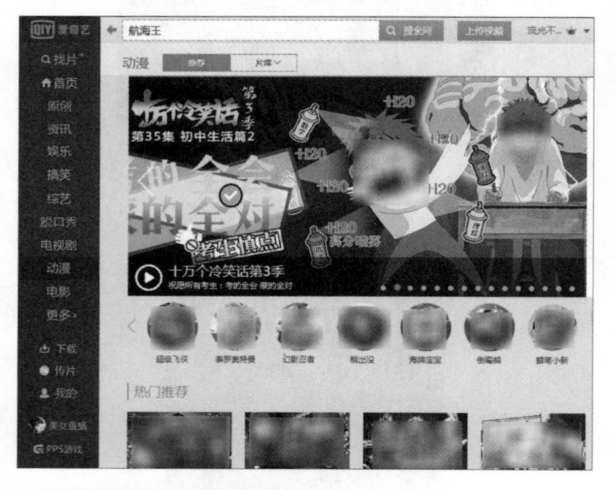

2. 从程序列表中打开

如果桌面上没有软件图标的快捷方式，可以从程序列表中找到相应的软件，并打开它。

第 1 步 单击【开始】按钮，在弹出的【开始】屏幕中，选择【所有应用】命令，打开所有程序列表，找到要打开的【爱奇艺视频】菜单命令。

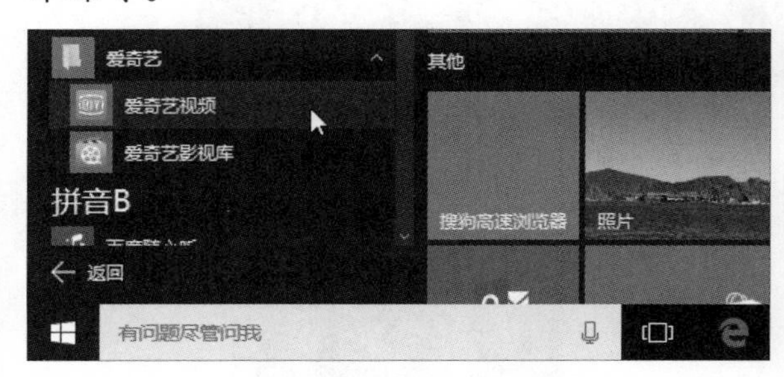

第 2 步 即可打开爱奇艺视频软件。

6.4.2 关闭软件

如果不使用软件的话，就需要将其关闭。下面以【爱奇艺视频】软件为例，常用便捷的有以下 3 种方法。

方法 1：单击【关闭】按钮

单击软件界面右上角的【关闭】按钮 ×，即可关闭。

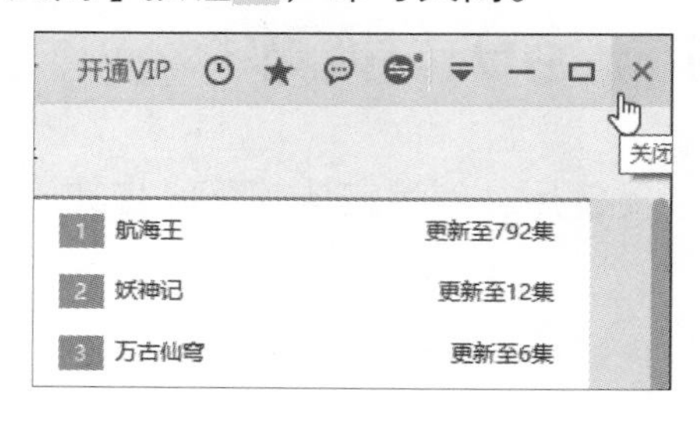

方法 2：在任务栏关闭

在桌面的任务栏中将显示软件的图标，右击图标，并在弹出的快捷菜单中选择【关闭窗口】命令，即可关闭软件。

方法 3：使用快捷键

按【Alt+F4】组合键可以快速关闭软件。

6.5 实战 4：更新和升级软件

软件不是一成不变的，而是一直处于升级和更新状态，特别是杀毒软件的病毒库，一直在升级，下面将分别讲述更新和升级的具体方法。

6.5.1 QQ 软件的更新

所谓软件的更新，是指软件版本的更新。软件的更新一般分为自动更新和手动更新两种，下面以更新 QQ 软件为例，来讲述软件更新的一般步骤。

第 1 步 启动 QQ 程序，单击界面左下角的【主菜单】按钮，在弹出的子菜单中选择【软件升级】选项。

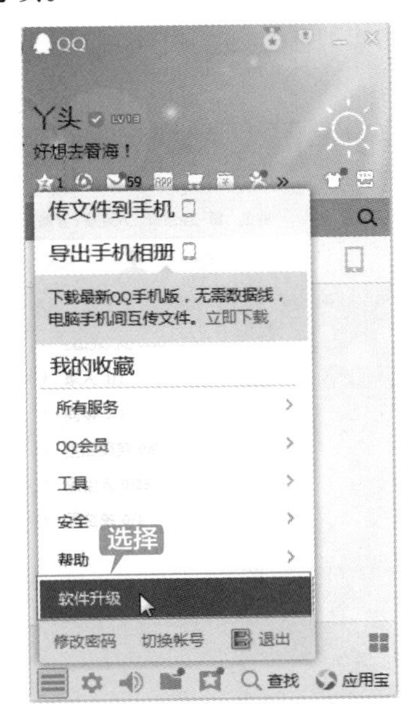

第 2 步 打开【QQ 更新】对话框，在其中提示用户有最新 QQ 版本可以更新，单击【更新到最新版本】按钮，如下图所示。

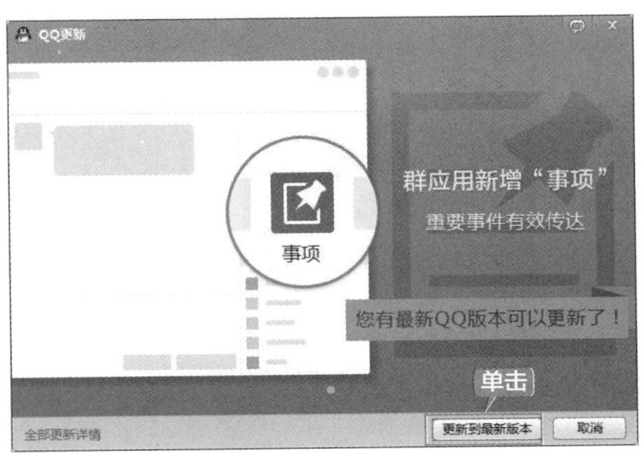

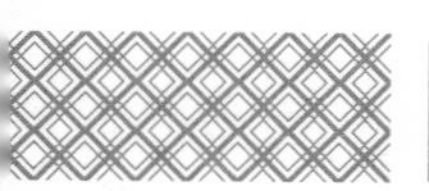

第3步 打开【正在准备升级数据】对话框，在其中显示了软件升级数据下载的进度。

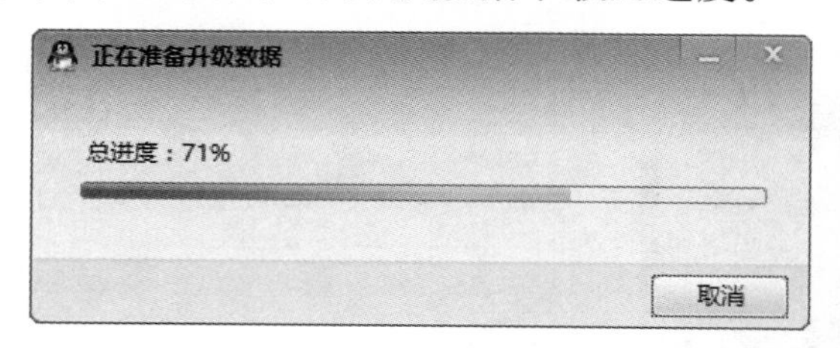

第4步 升级数据下载完毕后，在QQ工作界面下方显示【QQ更新】信息提示框，提示用户更新下载完成，需要启动QQ后安装更新。

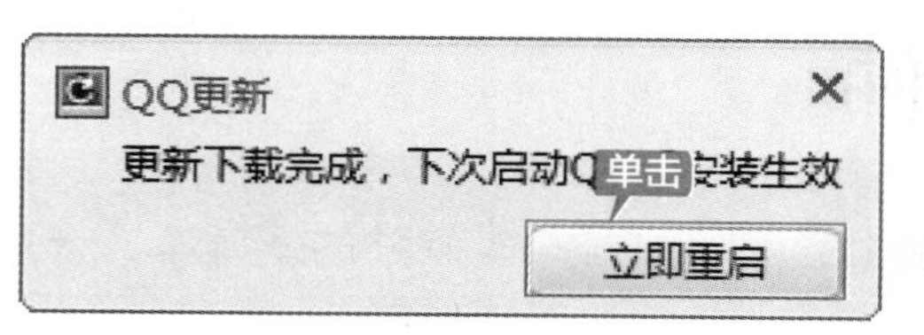

第5步 单击【立即重启】按钮，打开【正在安装更新】对话框，显示更新安装的进度，并提示用户不要中止安装，否则QQ将无法正常启动。

第6步 更新安装完成后，自动弹出QQ的登录界面，在其中输入QQ号码与登录密码，单击【登录】按钮，如下图所示。

第7步 即可登录到QQ的工作界面，并自动弹出【QQ更新完成】对话框。

第8步 在QQ工作界面中单击【主菜单】按钮，打开级联菜单，在其中选择【软件升级】选项，将打开【QQ更新】对话框，在其中可以看到“恭喜！您的QQ已是最新版本！”的提示信息，说明软件的更新完成。

6.5.2 病毒库的升级

所谓软件的升级，是指软件的数据库增加的过程。对于常见的杀毒软件，常常需要升级病毒库。升级软件分为自动升级和手动升级两种。下面以升级 360 杀毒软件为例，来讲述软件的这两种升级的方法。具体操作步骤如下。

1. 手动升级病毒库

升级“360 杀毒”病毒库的具体操作步骤如下。

第 1 步 在【360 杀毒】软件工作界面中单击【检查更新】超链接。

第 2 步 即可检测网络中的最新病毒库，并显示病毒库升级的进度。

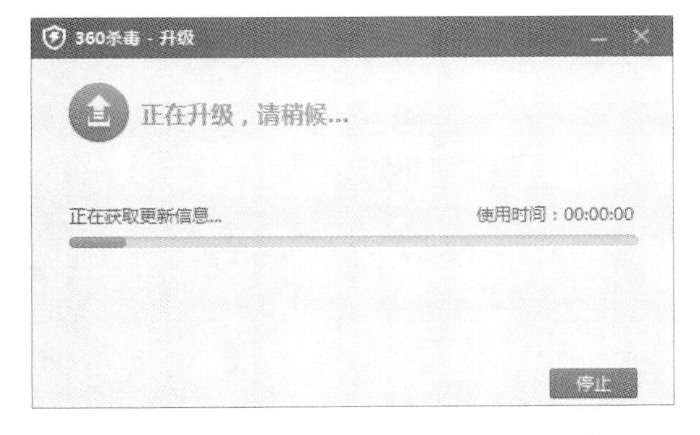

第 3 步 完成病毒库的更新后，提示用户病毒库升级已经完成。

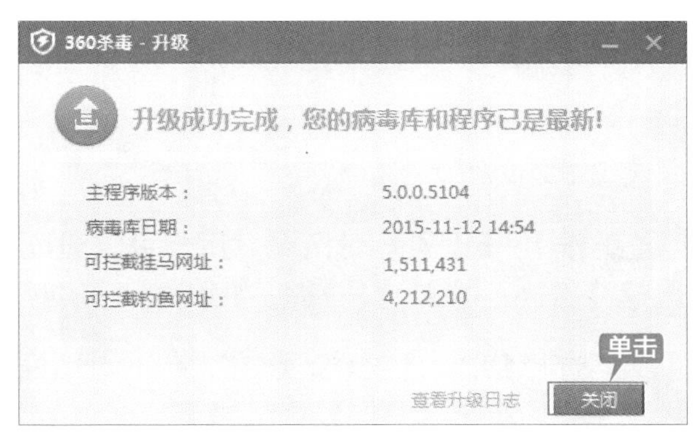

第 4 步 单击【关闭】按钮，关闭【360 杀毒－升级】窗口，单击【查看升级日志】超链接，打开【360 杀毒－日志】对话框，在其中可以查看病毒升级的相关日志信息。

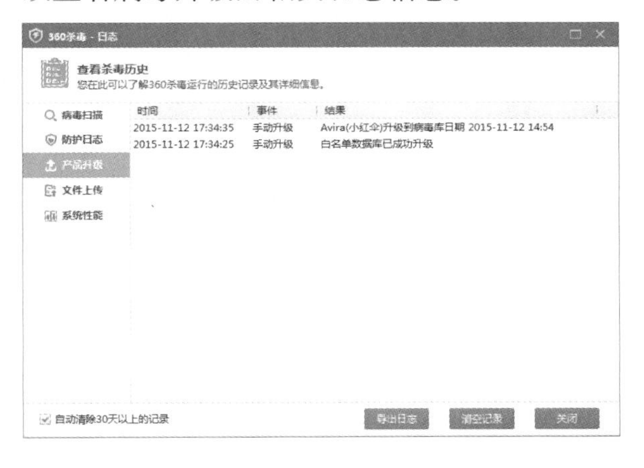

2. 自动升级病毒库

为了减少用户实时操心病毒库更新的麻烦，可以给杀毒软件制订一个病毒库自动更新的计划。具体操作步骤如下。

第 1 步 打开 360 杀毒的主界面，单击右上角的【设置】超链接。

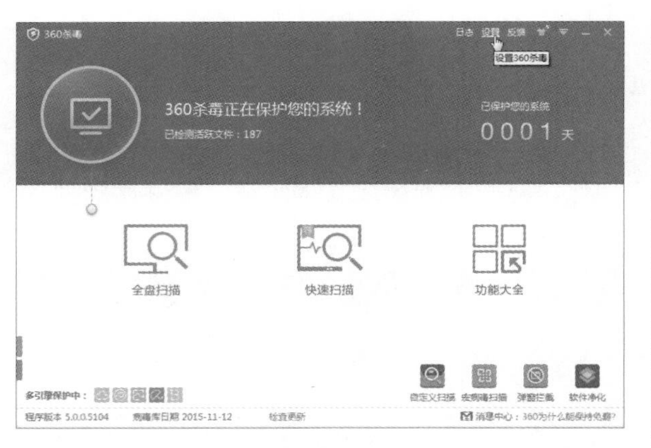

第 2 步　弹出【设置】对话框，用户可以通过选择【常规设置】【病毒扫描设置】【实时防护设置】【升级设置】【文件白名单】和【免打扰设置】选项，详细地设置杀毒软件的参数。

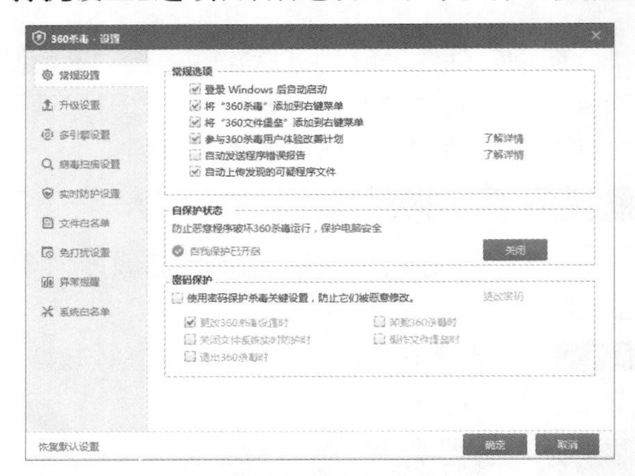

第 3 步　选择【升级设置】选项，在弹出的对话框中用户可以进行自动升级设置和代理服务器设置，设置完成后单击【确定】按钮。

6.6 实战 5：卸载软件

当安装的软件不再需要时，就可以将其卸载，以便腾出更多的空间来安装需要的软件，在 Windows 操作当中，用户可以通过【所有应用】列表、【开始】屏幕、【程序和功能】窗口等方法卸载软件。

6.6.1 在【所有应用】列表中卸载软件

当软件安装完成后，会自动添加在【所有应用】列表中，如果需要卸载软件，可以在【所有应用】列表中查找是否有自带的卸载程序，下面以卸载腾讯 QQ 为例进行讲解。

具体操作步骤如下。

第 1 步 单击【开始】按钮，在弹出的菜单中选择【所有应用】→【腾讯软件】→【卸载腾讯 QQ】菜单命令。

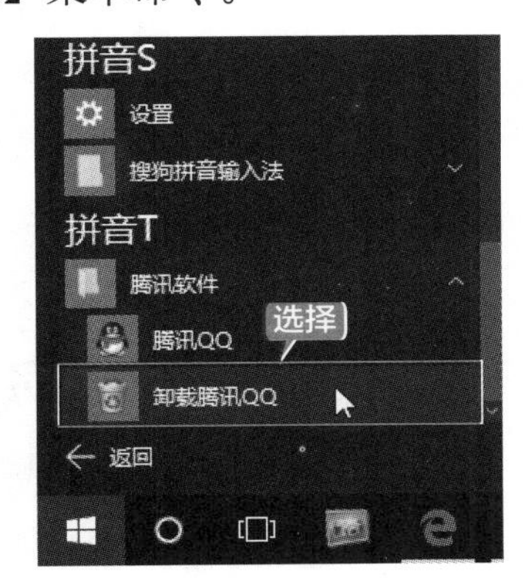

第 2 步 弹出一个信息提示框，提示用户是否确定要卸载此产品，单击【是】按钮。

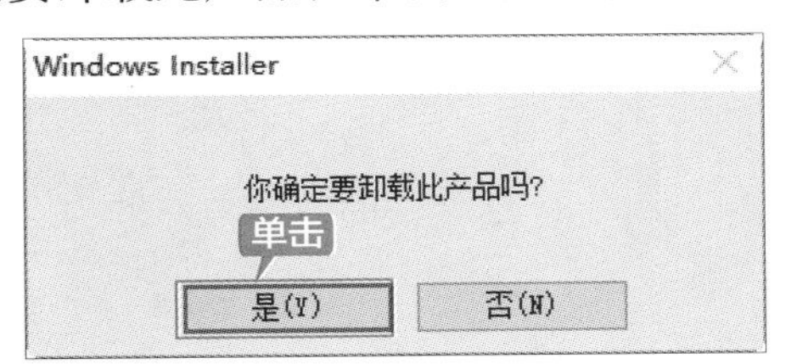

第 3 步 弹出【腾讯 QQ】对话框，显示配置腾讯 QQ 的进度。

第 4 步 配置完毕后，弹出【腾讯 QQ 卸载】对话框，提示用户“腾讯 QQ 已成功地从您的计算机移除”，表示软件卸载成功。

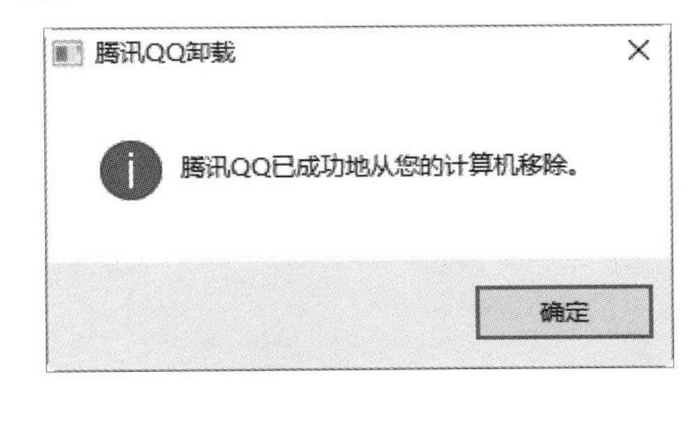

6.6.2 在【开始】屏幕中卸载应用

【开始】是 Windows 10 操作系统的亮点，用户可以在【开始】屏幕中卸载应用，这里以卸载千千静听应用为例，来介绍在【开始】屏幕中卸载应用的方法。

具体操作步骤如下。

第 1 步 单击【开始】按钮，在弹出的【开始】屏幕中右击需要卸载的应用，在弹出的快捷菜单中选择【卸载】选项。

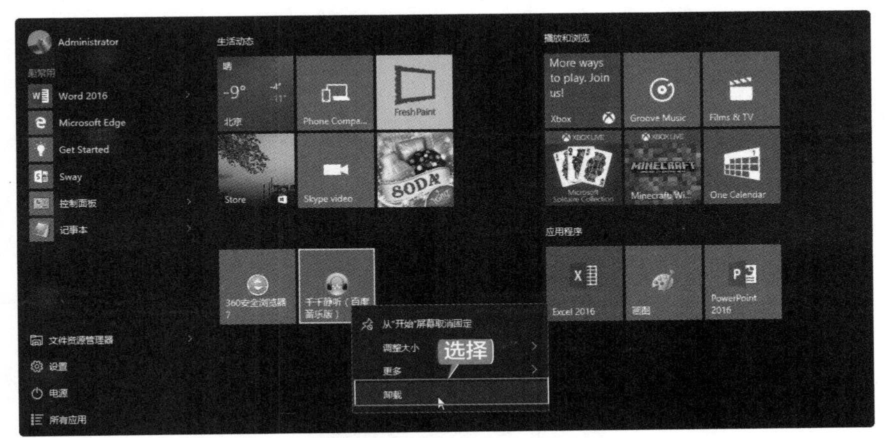

第 2 步　弹出【程序和功能】窗口。

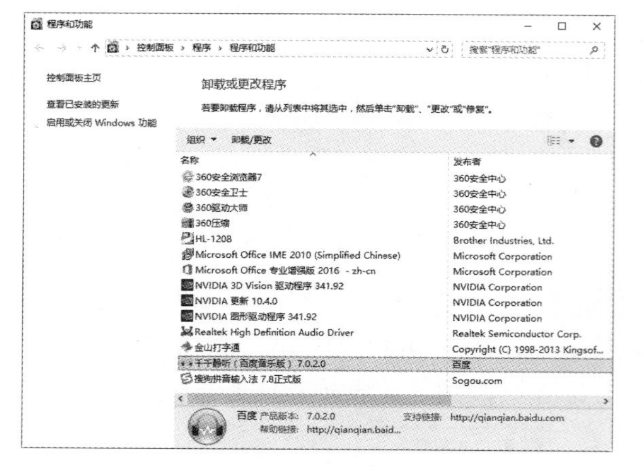

第 3 步　选中需要卸载的应用并右击，在弹出的快捷菜单中选择【卸载 / 更改】选项。

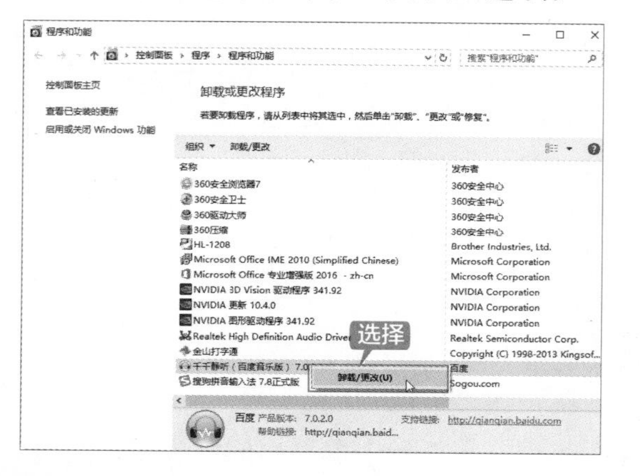

第 4 步　弹出【千千静听（百度音乐版）卸载向导】对话框，在其中根据需要选中相应的复选框，单击【下一步】按钮。

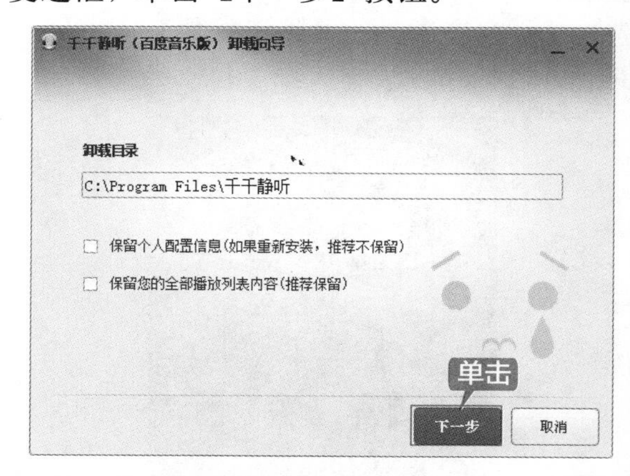

第 5 步　开始卸载应用，卸载完毕后，弹出卸载完成对话框，单击【完成】按钮，即可完成应用的卸载操作。

6.6.3 在【程序和功能】中卸载软件

当电脑系统中的软件版本过旧，或者是不需要某个软件了，除使用软件自带的卸载功能将其卸载外，还可以在【程序和功能】中将其卸载，这里以卸载暴风影音应用为例，具体操作步骤如下。

第 1 步　右击【开始】按钮，在弹出的快捷菜单中选择【控制面板】菜单命令。

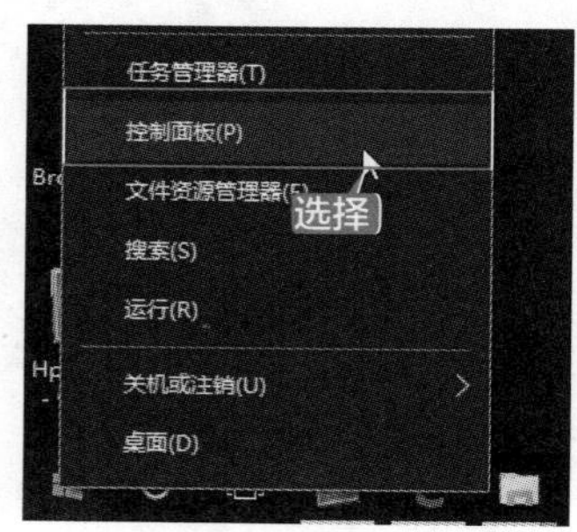

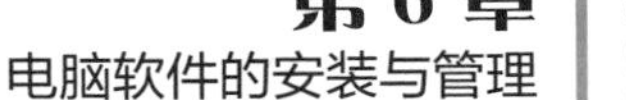

第 2 步 弹出【控制面板】窗口，选择【卸载程序】选项。

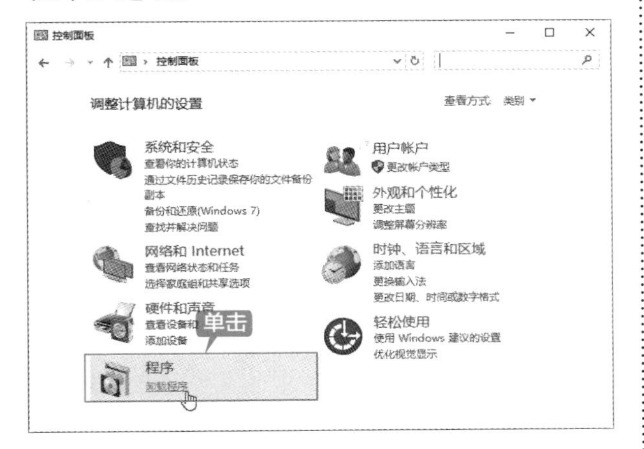

第 3 步 弹出【程序和功能】窗口，在需要卸载的程序上右击，然后在弹出的快捷菜单中选择【卸载 / 更改】菜单命令。

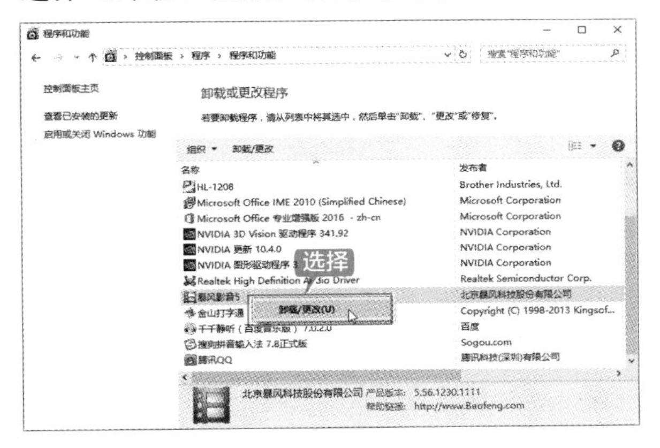

第 4 步 弹出【暴风影音 5 卸载】对话框，在其中选中【直接卸载】单选按钮。

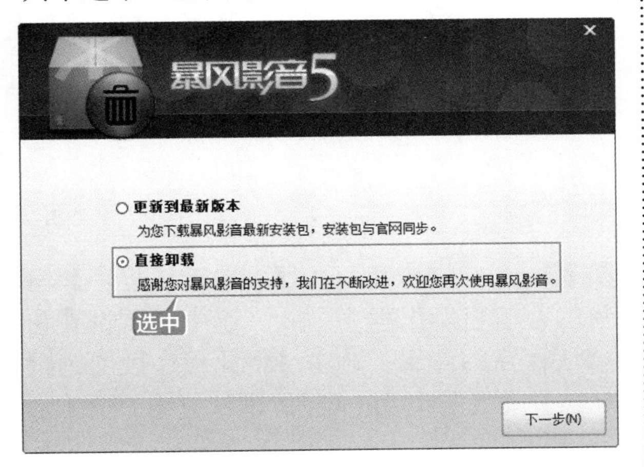

第 5 步 单击【下一步】按钮，打开【暴风影音卸载提示】对话框，提示用户是否保存电影皮肤、播放列表、在线视频数据文件等信息。

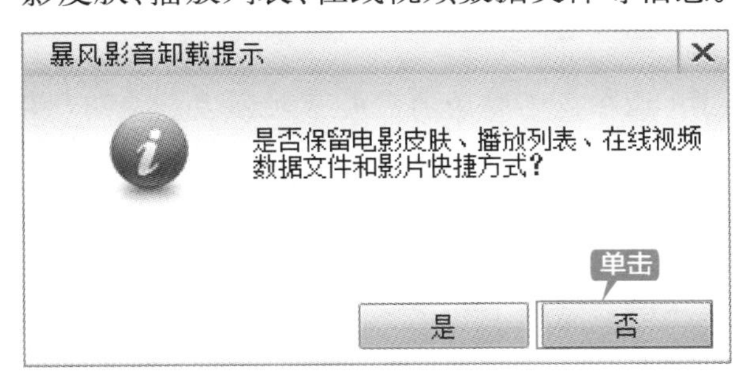

第 6 步 单击【否】按钮，打开【正在卸载，请稍候】对话框，在其中显示了软件卸载的进度。

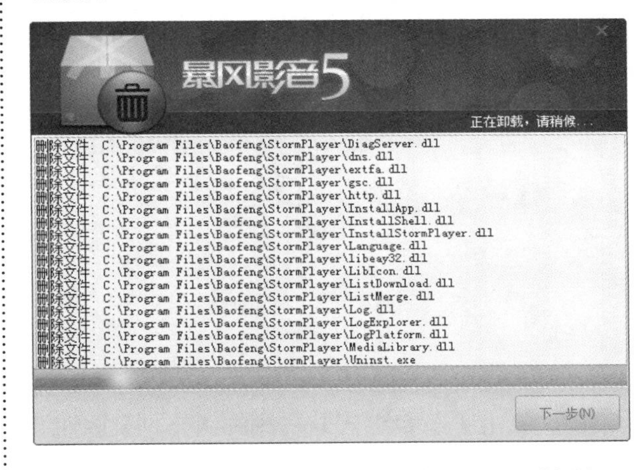

第 7 步 卸载完毕后，打开【卸载原因】对话框，在其中选择卸载的相关原因，单击【完成】按钮，即可完成软件的卸载操作。

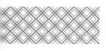

设置默认的应用

现在，电脑的功能越来越强大，应用软件的种类也越来越多，往往一个功能用户会在电脑上安装多个软件，这时该怎么设置其中一个为默认的应用呢？

设置默认应用的方法有多种，最常用的方法是在【控制面板】窗口中进行设置，还可以在360安全卫士当中进行设置。在【控制面板】中设置默认应用与在360安全卫士当中设置默认应用的方法如下。

1. 在【控制面板】中设置默认应用

具体操作步骤如下。

第1步 单击【开始】按钮，在弹出的【开始】屏幕中选择【控制面板】选项，打开【控制面板】窗口。

第2步 单击【查看方式】右侧的【类别】按钮，在弹出的快捷列表中选择【大图标】选项。

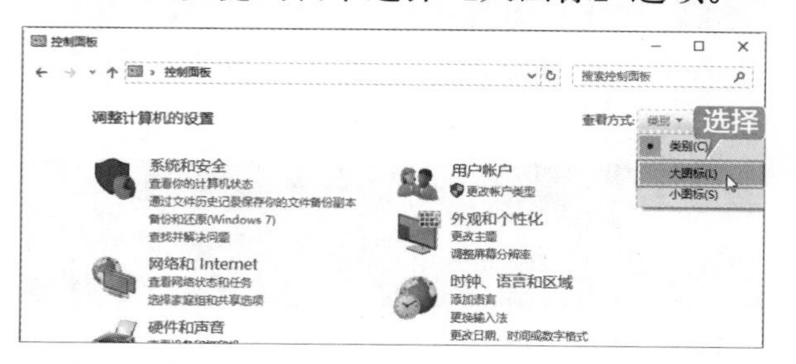

第3步 这样控制面板中的选项以大图标的方式显示。

第4步 单击【默认程序】按钮，打开【默认程序】窗口。

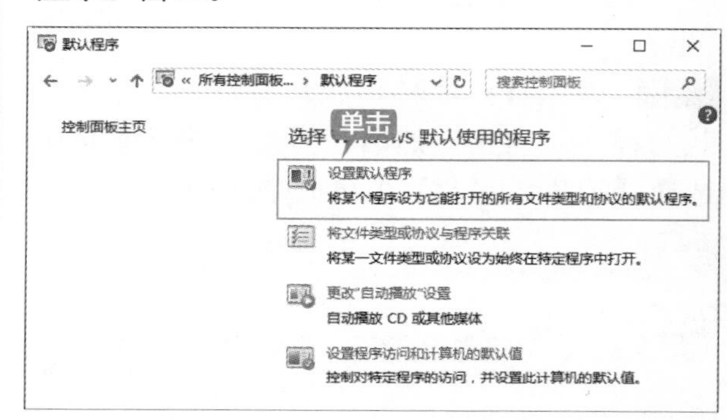

第5步 单击【设置默认程序】超链接，即可开始加载系统当中的应用程序。

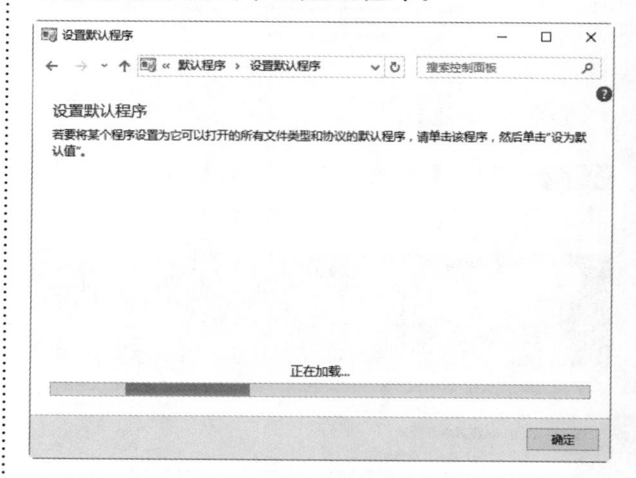

第6步 加载完毕后，在【设置默认程序】窗口的左侧显示出程序列表。选中需要设置为默认程序的应用，单击【将此程序设置为默认值】按钮，即可完成设置默认应用的操作。

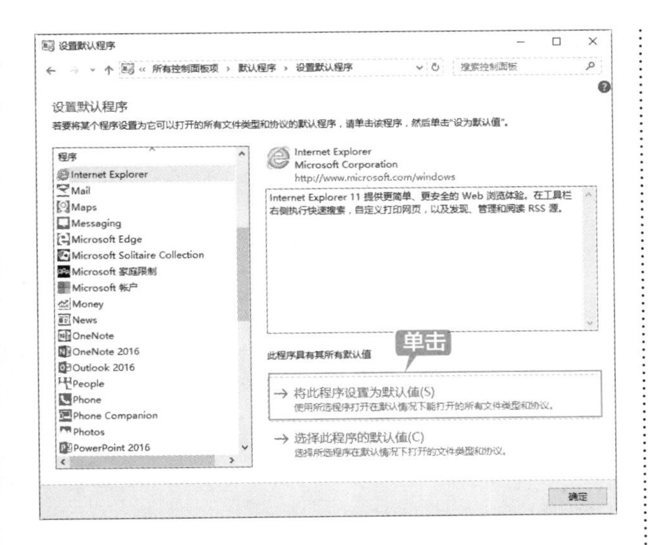

2. 使用 360 安全卫士设置默认应用

具体操作步骤如下。

第 1 步 双击桌面上的 360 安全卫士图标，打开 360 安全卫士操作界面，单击右下角的【更多】按钮。

第 2 步 打开 360 安全卫士的【全部工具】工作界面。

第 3 步 单击【系统工具】设置区域中的【默认软件】按钮，打开【默认软件设置】对话框，在其中可以看到相关的参数选项。

第 4 步 单击应用程序下方的【设为默认】按钮，即可将该应用程序设置为默认应用。

◇ 使用电脑为手机安装软件

可以使用电脑为手机安装软件，不过要想完成安装软件的操作，需要借助第三方软件，这里以 360 手机助手为例。具体操作步骤如下。

第 1 步 使用数据线将电脑与手机相连，进入 360 手机助手的工作界面，并弹出【360 手机助手 – 连接我的手机】对话框。

第 2 步 单击【开始连接我的手机】按钮，进入下图所示界面，单击【连接】按钮。

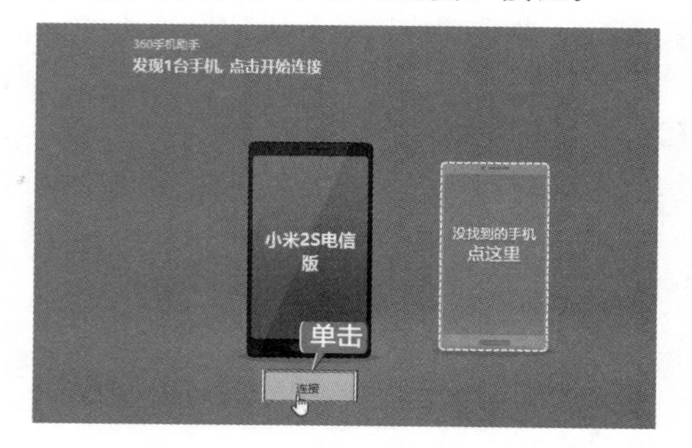

第 3 步 开始通过 360 手机助手将手机与电脑连接起来。

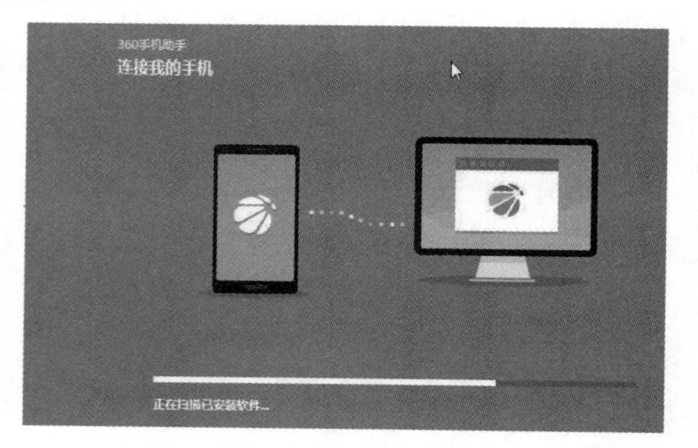

第 4 步 连接完成后，将弹出一个手机连接成功的信息提示对话框。

第 5 步 在 360 手机助手工作界面右上角的【搜索】文本框中输入要安装到手机上的软件名称，这里输入【UC 浏览器】。

第 6 步 随即在下方的窗格中显示有关 UC 浏览器的搜索结果。

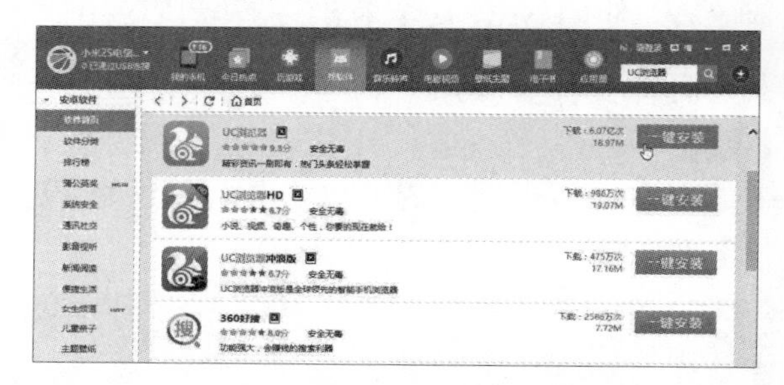

第 7 步 单击想要安装的软件后面的【一键安装】按钮，即可将该软件安装到手机上。

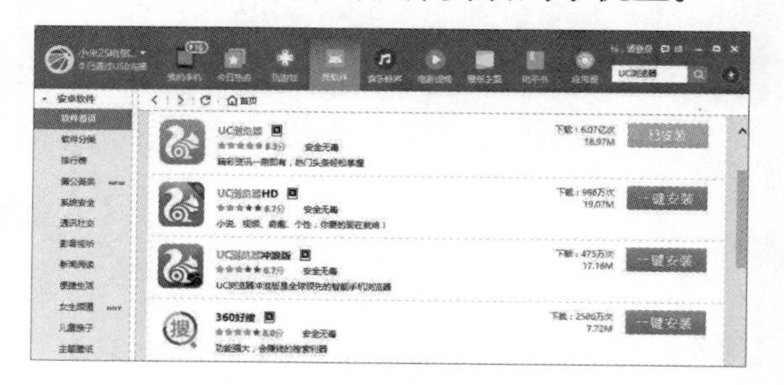

第 8 步 安装完毕后，选择【我的手机】选项，进入【我的手机】工作界面，在其中可以查看手机中的应用。

第3篇

上网娱乐篇

第 7 章　浏览和处理家庭照片

第 8 章　开启网络之旅

第 9 章　网上搜索需要的信息

第 10 章　网上理财与购物

第 11 章　和亲朋好友聊天

第 12 章　丰富多彩的网上娱乐

本篇主要介绍上网娱乐的基础操作，通过本篇的学习，读者可以掌握如何浏览和处理家庭照片、开启网络之旅、网上搜索需要的信息、网上理财与购物、和亲朋好友聊天与丰富多彩的网上娱乐的基本操作。

第7章 浏览和处理家庭照片

本章导读

随着手机和数码相机的流行，老年人随时可以给儿孙拍摄照片，留作纪念。此时，如果学会了使用电脑浏览和处理照片，就可以将自己儿孙的照片和游玩的风景照片进行美化，使其浏览起来更加赏心悦目。

思维导图

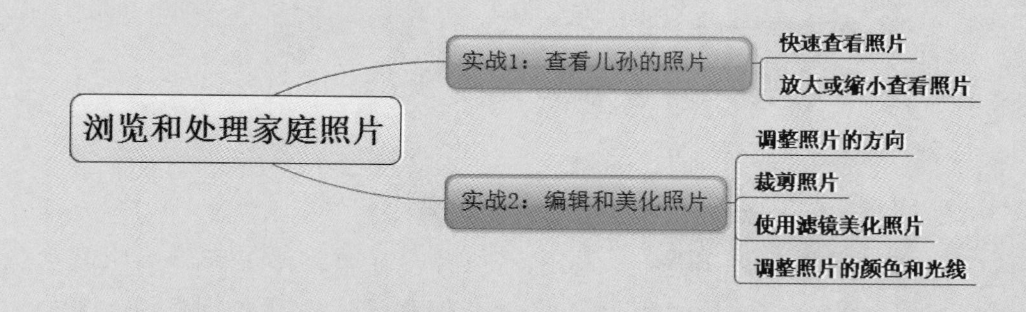

7.1 实战 1：查看儿孙的照片

与手机相比，在电脑中查看照片更加方便，也更容易存储，本节介绍如何查看儿孙的照片。

7.1.1 快速查看照片

在 Windows 10 操作系统中，默认的浏览照片的工具是【照片】应用，本节主要介绍如何查看照片。

第 1 步 打开照片所在的文件夹，单击窗口右下角的 按钮。

第 2 步 即可以大缩略图显示文件夹中的照片，可以拖动右侧的滑块，以缩略图的形式浏览照片。

第 3 步 选择要查看的照片，双击或按【Enter】键，即可打开照片。

第 4 步 单击【照片】应用窗口中的【下一个】按钮→，即可查看下一张照片；单击【上一个】按钮←，即可查看上一张照片。

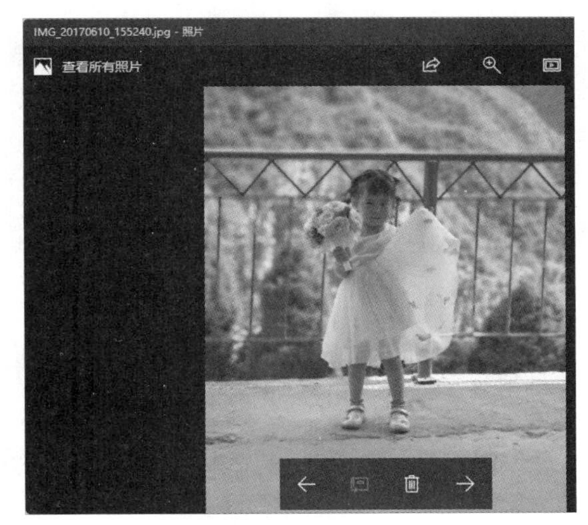

提示

按快捷键【F5】，可以以幻灯片的形式浏览照片。

7.1.2 放大或缩小查看照片

在浏览照片时，可以将照片放大显示，查看照片的局部，也可以缩小照片，更清晰地查看照片。

第 1 步 打开要浏览的照片，单击【放大】按钮。

第 2 步 即可放大显示照片，其弹出控制器，可拖曳滑块，调整照片大小。

第 3 步 如果要缩小显示照片，可单击【缩小】按钮，即可向下缩小照片。

第 4 步 单击【照片】应用窗口右下角的【全屏】按钮，可全屏显示照片。

7.2 实战 2：编辑和美化照片

使用电脑还可以对照片进行美化，本节介绍编辑和美化照片的方法。

7.2.1 调整照片的方向

如果在拍照时，不小心把照片方向拍摄颠倒了，此时可以使用电脑将照片方向调整过来。具体操作步骤如下。

第 1 步 打开要编辑的照片，单击【旋转】按钮。

第 2 步 照片则向右旋转 90°，每单击该按钮一次，照片则向右旋转一次，直至旋转为合适的方向。

提示

按【Ctrl+R】组合键，可快速实现旋转。

7.2.2 裁剪照片

在处理照片时，有时照片会存在较多多余的部分，此时可以根据照片情况，对照片进行裁剪，以达到合适的尺寸。

第 1 步 打开要裁剪的照片，单击窗口右上角的【编辑】按钮。

第 2 步 即可进入照片编辑窗口，单击【裁剪和旋转】按钮。

第 3 步 将鼠标指针移动到照片边缘的控制点，单击并拖动鼠标调整，调整到合适位置后，单击【完成】按钮。

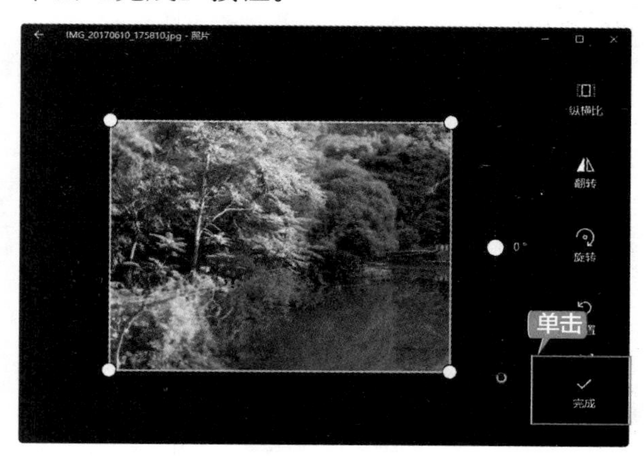

第 4 步 返回【照片】窗口，单击【保存】按钮，即可替换原始照片，保存当前编辑后的照片；单击【保存副本】按钮，则不替换原始照片，并且保存编辑后的照片。

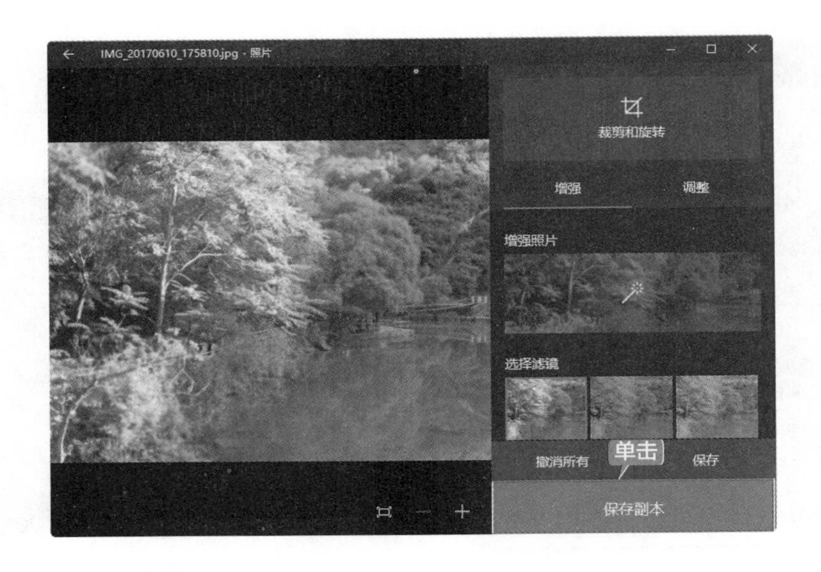

7.2.3 使用滤镜美化照片

【照片】应用中带有 15 种照片特效，老年朋友在使用特效时，并不需要掌握每种特效具体的意义，可以尝试使用，看哪种效果美化最好看。

第 1 步 打开要编辑的照片，单击窗口右上角的【编辑】按钮。

第 2 步 进入照片编辑窗口，选择右侧的【增强】选项卡，拖曳右侧的滑块，即可看到包含的滤镜选项，并以缩略图的形式显示当前照片不同的滤镜效果。

第 3 步 通过观察缩略图效果，可单击不同的效果以大图显示，如选择第 3 种【Neo】效果。

第 4 步 同样可以选择其他效果进行切换查看，确定要美化的效果后，单击【保存】按钮即可。

7.2.4 调整照片的颜色和光线

如果照片的颜色不正，或者光线太暗或太亮，可以使用以下方法进行调整。

第 1 步 打开要编辑的照片，单击窗口右上角的【编辑】按钮。

第 2 步 进入照片编辑窗口，选择【调整】选项卡，即可看到光线和颜色控制器。

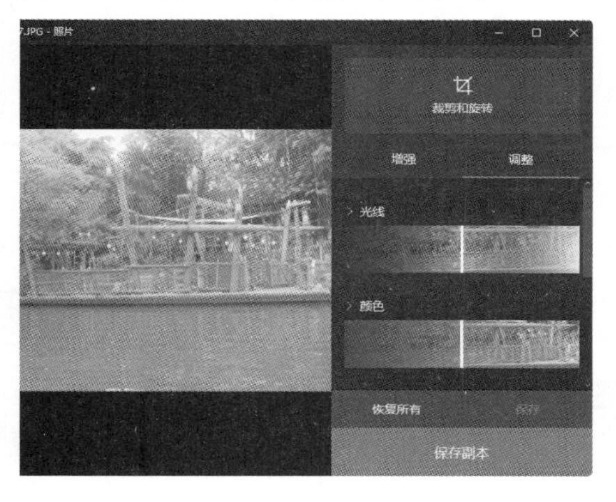

第 3 步 根据照片的颜色和光线情况，拖曳光线和颜色控制器的调节模块，如下图所示。

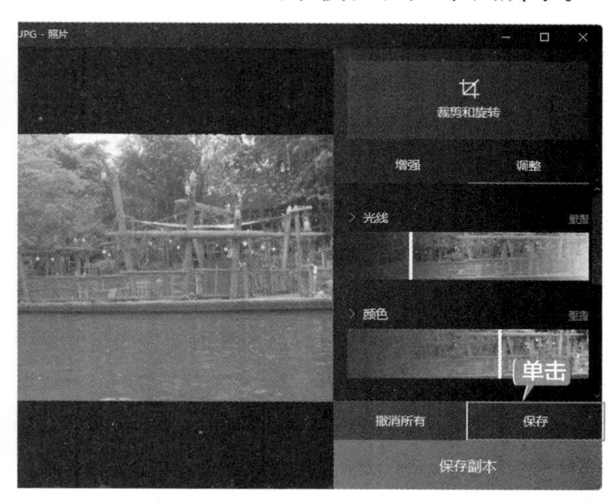

第 4 步 照片效果改善后，单击【保存】按钮进行保存即可。

举一反三

使用美图秀秀美化照片

Windows 系统中自带的【照片】应用，虽然操作起来很简单，但是自带效果太少，很难满足用户的更高要求。美图秀秀是一款傻瓜式的照片处理软件，深受年轻人喜爱，不管是在电脑上还是在手机中，都是处理照片的首选。而对于老年人而言，虽然美图秀秀是一款偏年轻化的产品，但是操作简单，极易上手，也特别适合老年人使用，本节就介绍如何使用美图秀秀处理照片。

本节主要讲述美图秀秀的两个主要功能，一是照片美化，二是人像美容。

1. 照片美化处理

照片美化的具体操作步骤如下。

第1步 打开浏览器，在百度上搜索“美图秀秀”或输入美图秀秀的官方网址，进入美图秀秀官网，下载并安装该软件。

第2步 打开美图秀秀软件，选择主界面中的【美化照片】选项。

第3步 进入美化照片编辑页面，单击【打开一张图片】按钮。

第4步 弹出【打开一张图片】对话框，浏览并选择电脑中要处理的照片，然后单击【打开】按钮。

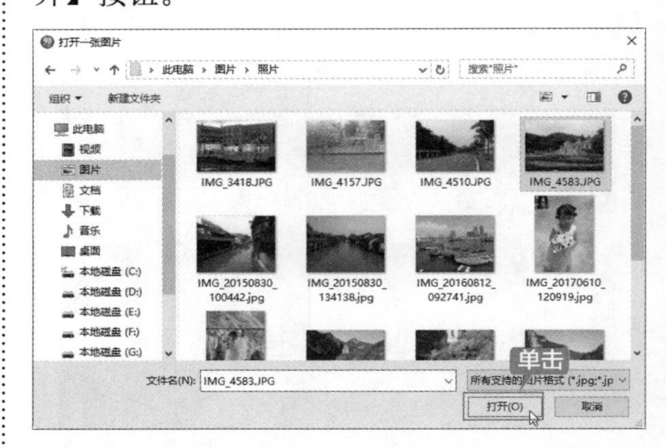

第5步 如果照片尺寸较大，则弹出如下对话框。如果主要是在电脑上浏览，为了不影响质量，建议单击【否】按钮。

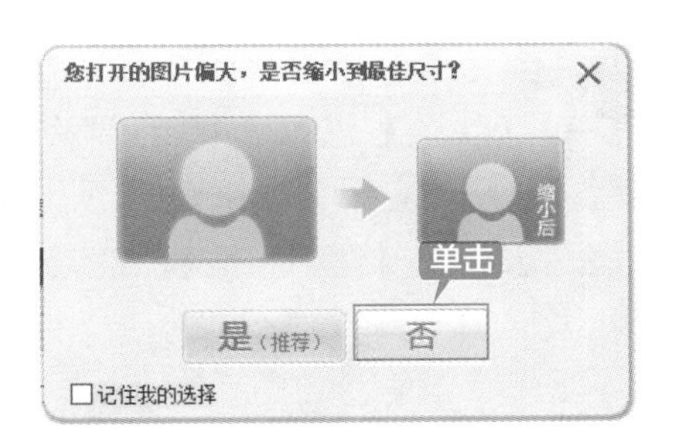

第 6 步　即可打开照片，窗口左侧为照片的基本编辑工具，右侧是照片特效窗口。

第 7 步　如本节主要设置照片的特效，则单击右侧特效的标签分类，选择合适的特效，如单击【艺术】标签，选择【蜡笔】特效。

第 8 步　照片即以【蜡笔】特效的形式呈现，如下图所示。

第 9 步　用户还可以根据需要，调整照片的亮度、对比度等，如由于蜡笔效果颜色过浅，通过调整照片的【色彩饱和度】，使照片效果更出众。

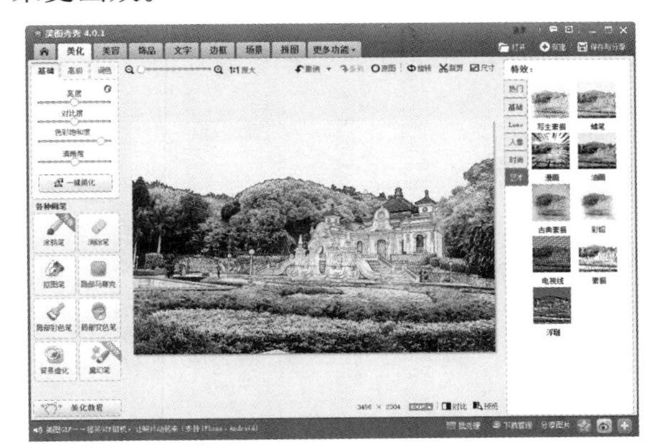

第 10 步　美化完成后，单击【保存与分享】按钮，弹出如下对话框，选择要保存的名称和位置，单击【保存】按钮即可。

2. 人像美容

使用人像美容可以将儿孙的人像照片进行美化，使照片效果更加好看。

第 1 步 打开美图秀秀软件，在主界面中选择【人像美容】选项卡。

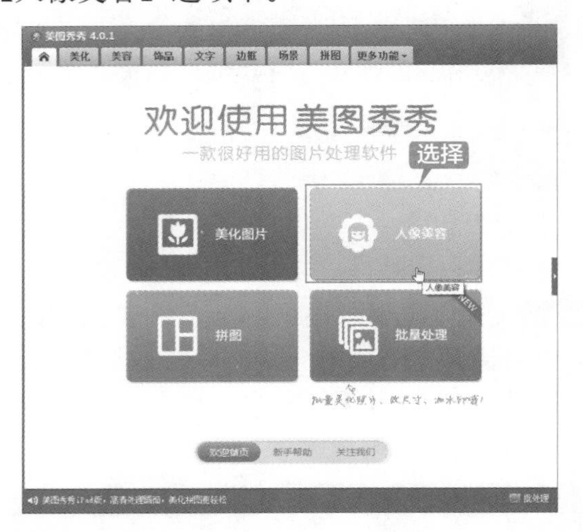

第 2 步 选择要美化的照片，单击【打开】按钮。

第 3 步 单击【皮肤美白】图标。

第 4 步 即可进入【皮肤美白】界面，拖动【美白力度】和【肤色】滑块，即可调整照片人像的肤色，单击【应用】按钮，如下图所示。

第 5 步 则确定美白效果操作，返回【美容】窗口，还可以进行其他的美容设置，其方法与【美白皮肤】差不多，在此不再一一赘述。

◇ 制作一个电子相册

如今电子相册极为流行，下面介绍使用 Windows 自带的【照片】应用制作一个电子相册。具体操作步骤如下。

第 1 步 打开【照片】应用，在其窗口中选择【相册】选项卡。

第 2 步 进入【相册】界面，单击右上角的【新建相册】按钮＋。

第 3 步 进入【选择此相册的照片】界面，选择要添加到该相册的照片，添加完成后，单击【完成】按钮✓。

第 4 步 进入【相册】编辑页面，输入相册的名称，单击右上角的【保存】按钮。

第 5 步 进入创建的相册中，拖曳右侧的滑块，即可浏览相册中的照片。

第 6 步 如果需要对相册照片进行添加或删除，单击右上角的【编辑】按钮即可。

第 8 章
开启网络之旅

本章导读

计算机网络技术近年来取得了飞速的发展，正改变着人们学习和工作的方式。在网上查看信息、下载需要的资源和设置 IE 浏览器是用户网上冲浪经常进行的操作。

思维导图

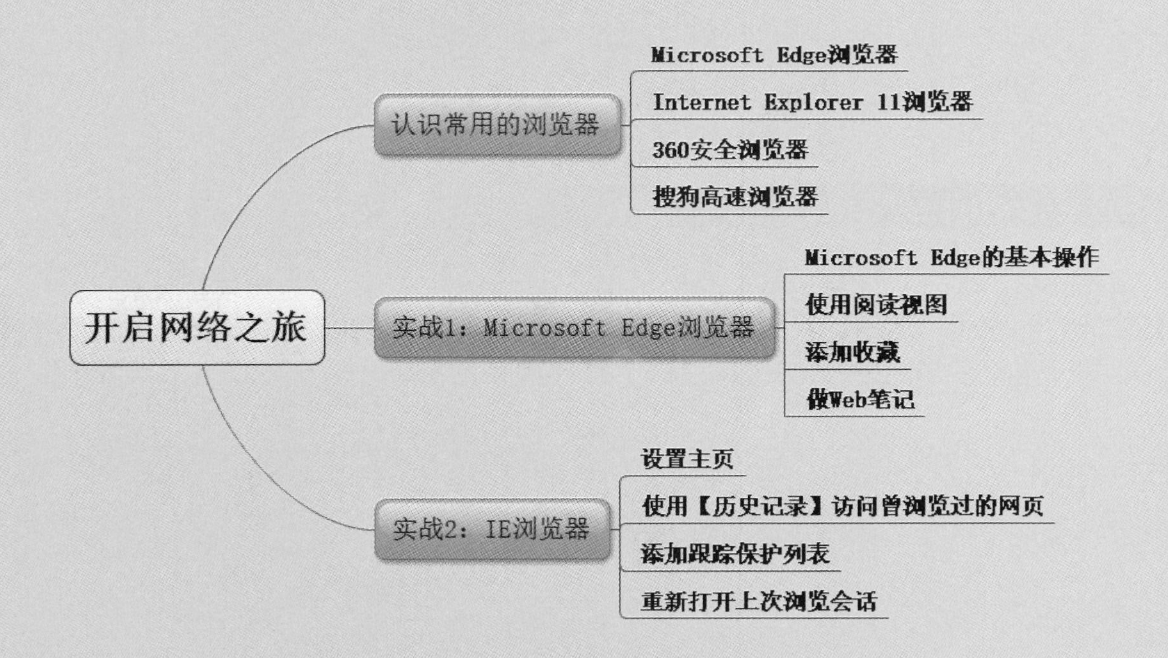

8.1 认识常用的浏览器

浏览器是指可以显示网页服务器或者文件系统的 HTML 文件内容，并让用户与这些文件交互的一种软件，一台电脑只有安装了浏览器软件，才能进行网上冲浪，下面就来认识一下常用的浏览器。

8.1.1 Microsoft Edge 浏览器

Microsoft Edge 浏览器是 Windows 10 操作系统内置的浏览器，Edge 浏览器的一些功能细节包括支持内置 Cortana 语音功能，内置了阅读器、笔记和分享功能；设计注重实用和简约，下图所示为 Microsoft Edge 浏览器的工作界面。

8.1.2 Internet Explorer 11 浏览器

Internet Explorer 11 浏览器是现在使用人数较多的浏览器，它是微软新版本的 Windows 操作系统的一个组成部分，在 Windows 操作系统安装时默认安装，双击桌面上的 IE 快捷方式图标，或单击快速启动栏中的 IE 图标，都可以打开 Internet Explorer 11，其工作界面如下图所示。

8.1.3 360 安全浏览器

360 安全浏览器是互联网上好用且安全的新一代浏览器，与 360 安全卫士、360 杀毒等软件一同成为 360 安全中心的系列产品，360 安全浏览器拥有较大的恶意网址库，采用恶意网址拦截技术，可自动拦截木马、欺诈、网银仿冒等恶意网址。其独创了沙箱技术，在隔离模式下即使访问木马也不会感染，360 安全浏览器界面如下图所示。

8.1.4 搜狗高速浏览器

搜狗浏览器是给网络加速的浏览器，可明显提升速度，通过防假死技术，使浏览器运行快捷流畅且不卡不死，具有自动网络收藏夹、独立播放网页视频、Flash 游戏提取操作等多项特色功能，并且兼容大部分用户的使用习惯，支持多标签浏览、鼠标手势、隐私保护、广告过滤等主流功能。搜狗高速浏览器界面如下图所示。

8.2 实战1：Microsoft Edge 浏览器

通过 Microsoft Edge 浏览器用户可以浏览网页，还可以根据自己的需要设置其他功能，如在阅读视图模式下浏览网页、将网页添加到浏览器的收藏夹中、给网页做 Web 笔记等。

8.2.1 Microsoft Edge 的基本操作

Microsoft Edge 的基本操作包括启动、关闭与打开网页等，下面分别进行介绍。

1. 启动 Microsoft Edge 浏览器

启动 Microsoft Edge 浏览器，通常使用以下三种方法之一。

（1）双击桌面上的 Microsoft Edge 快捷方式图标。

（2）单击快速启动栏中的 Microsoft Edge 图标。

（3）单击【开始】按钮，选择【所有程序】→【Microsoft Edge】菜单命令。

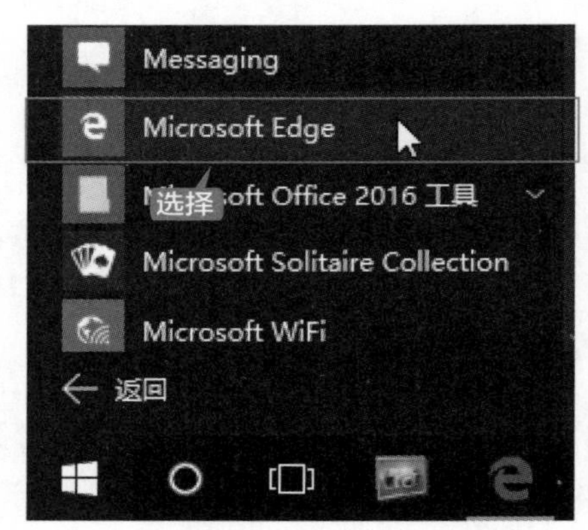

通过上述三种方法之一打开 Microsoft Edge 浏览器，默认情况下，启动 Microsoft Edge 后将会打开用户设置的首页，它是用户进入 Internet 的起点。下图所示为用户设置的首页为百度搜索页面。

2. 使用 Microsoft Edge 浏览器打开网页

如果知道要访问网页的网址（即 URL），则可以直接在 Microsoft Edge 浏览器的地址栏中输入该网址，然后按【Enter】键，即可打开该网页。例如，在地址栏中输入新浪网网址“http://www.sina.com.cn/”，按【Enter】键，即可进入该网站的首页。

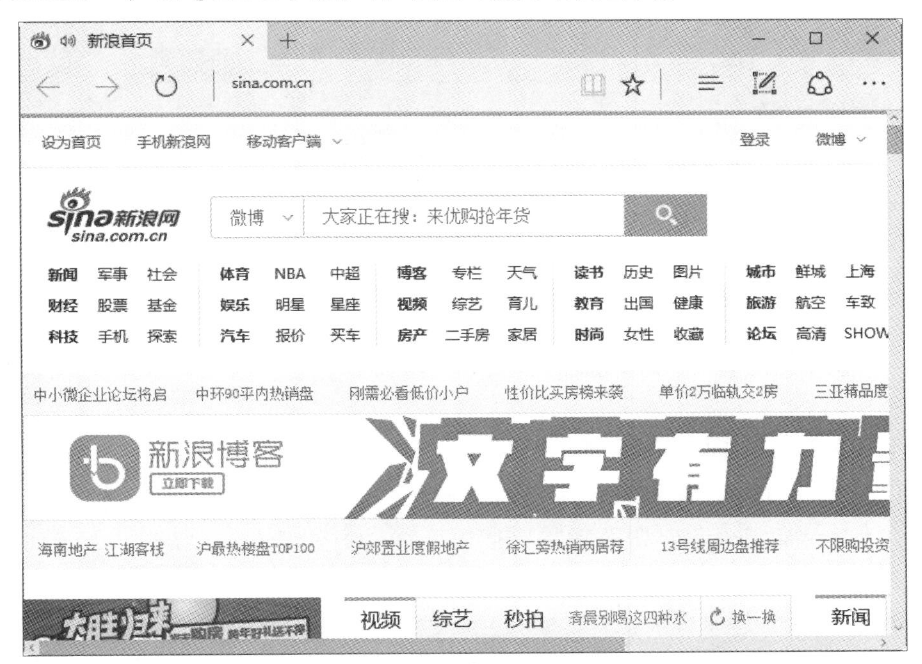

另外，当打开多个网页后，单击地址栏中的下拉按钮，在弹出的下拉列表中可以看到曾经输入过的网址。当在地址栏中再次输入该地址时，只需要输入一个或几个字符，地址栏中将自动弹出一个下拉列表，其中列出了与输入部分相同的曾经访问过的所有网址，如下图所示。

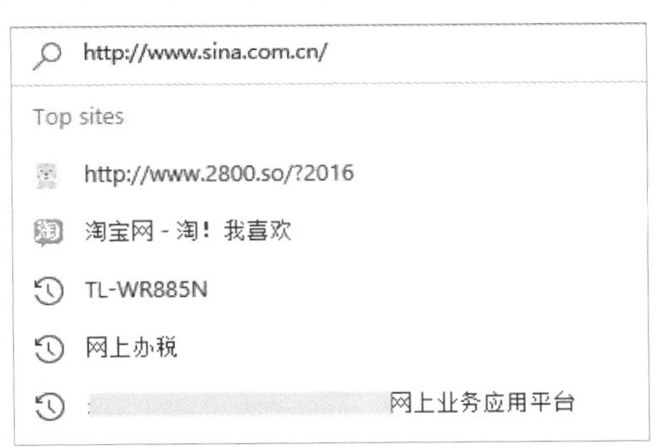

在其中选择所需要的网址，即可进入相应的网页。例如，选择【淘宝网 – 淘！我喜欢】网址，即可打开淘宝网首页。

3. 关闭 Microsoft Edge 浏览器

当用户浏览网页结束后，就需要关闭 Microsoft Edge 浏览器，同大多数 Windows 应用程序一样，关闭 Microsoft Edge 浏览器通常采用以下 3 种方法之一。

（1）单击【Microsoft Edge 浏览器】窗口右上角的【关闭】按钮 ×。

（2）按下键盘上的【Alt+F4】组合键。

（3）右击 Microsoft Edge 浏览器的标题栏，在弹出的快捷菜单中选择【关闭】选项。

为了方便起见，用户一般采用第一种方法来关闭 Microsoft Edge 浏览器。

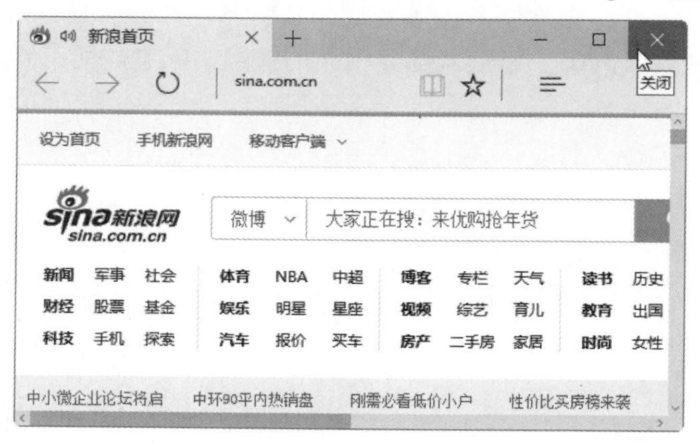

8.2.2 使用阅读视图

Microsoft Edge 浏览器提供阅读视图模式，可以在没有干扰（没有广告，没有网页的头标题和尾标题等，只有正文）的模式下看文章，还可以调整背景和文字大小。

具体操作步骤如下。

第1步 在 Edge 浏览器中打开一篇文章的网页，如这里打开一篇有关【蜂蜜】介绍的网页。

第 2 步 单击浏览器工具栏中的【阅读视图】按钮 。

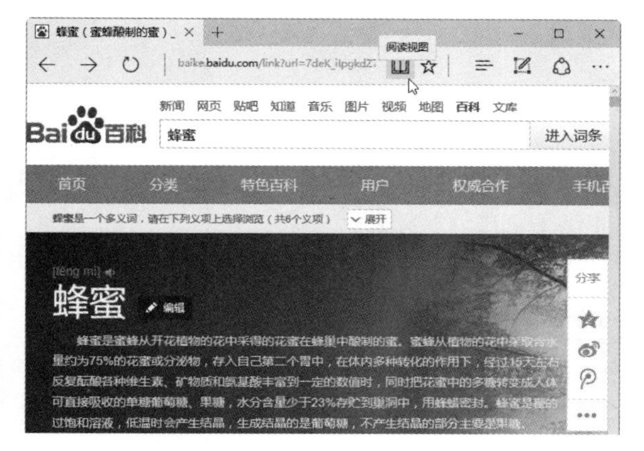

第 3 步 进入网页阅读视图模式当中，可以看到此模式下除了文章外，没有网页上其他的内容。

提示

再次单击【阅读视图】按钮，会退出阅读模式。

第 4 步 如果想调整阅读时的背景和字体大小，需要单击浏览器当中的【更多】按钮，在弹出的下拉列表中选择【设置】选项。

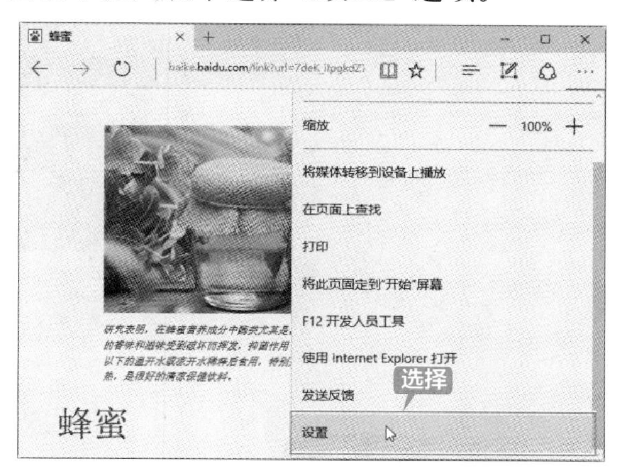

第 5 步 打开设置界面，单击【阅读视图风格】下方的下拉按钮，在弹出的下拉列表中选择【亮】选项。

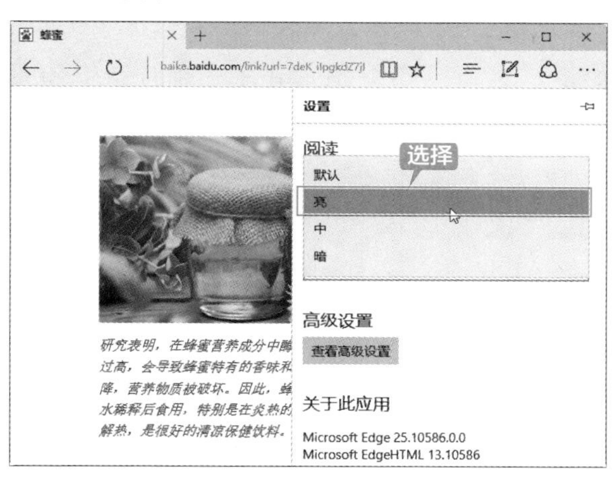

第 6 步 单击【阅读视图字号】下方的下拉按钮，在弹出的下拉列表中选择【超大】选项。

第 7 步 设置完毕后，返回到【阅读视图】当中，可以看到调整设置后的效果。

8.2.3 添加收藏

Microsoft Edge 浏览器的收藏夹其实就是一个文件夹，其中存放着用户喜爱或经常访问的网站地址，如果能好好利用这一功能，将会使网上冲浪更加轻松惬意。

将网页添加到收藏夹的具体操作步骤如下。

第 1 步 打开一个需要将其添加到收藏夹的网页，如新浪首页。

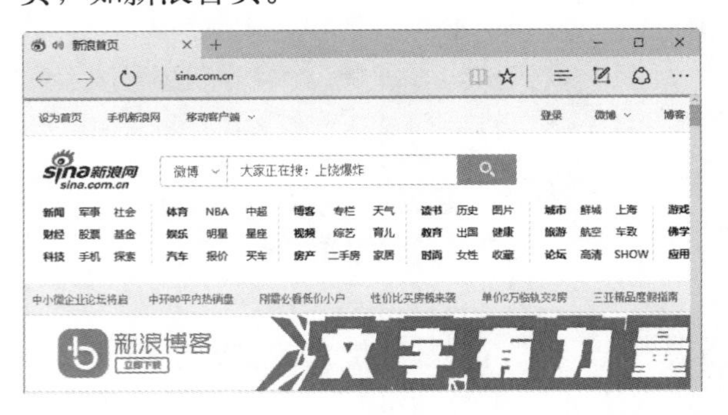

第 2 步 单击页面中的【添加到收藏夹或阅读列表】按钮。

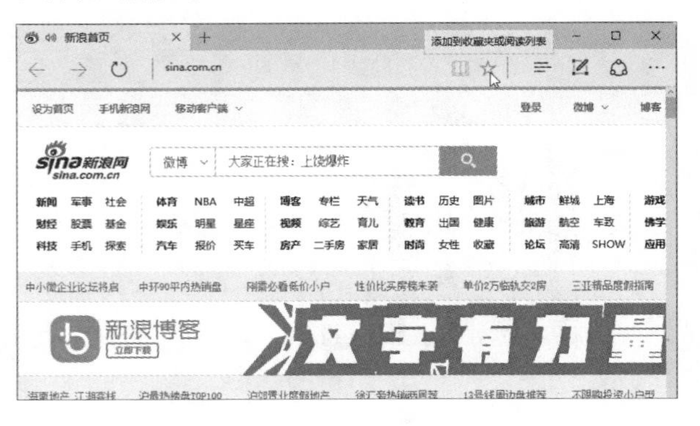

第 3 步 打开【收藏夹或阅读列表】工作界面，在【名称】文本框中可以设置收藏网页的名称，在【保存位置】文本框中可以设置网页收藏时保存的位置。

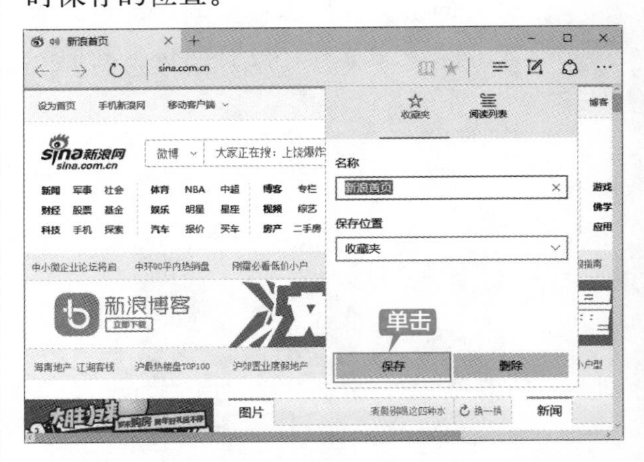

第 4 步 单击【保存】按钮，即可将打开的网页收藏起来，单击页面中的【中心】按钮，可以打开【中心】设置界面，在其中单击【收藏夹】按钮，可以在下方的列表中查看收藏夹中已经收藏的网页信息。

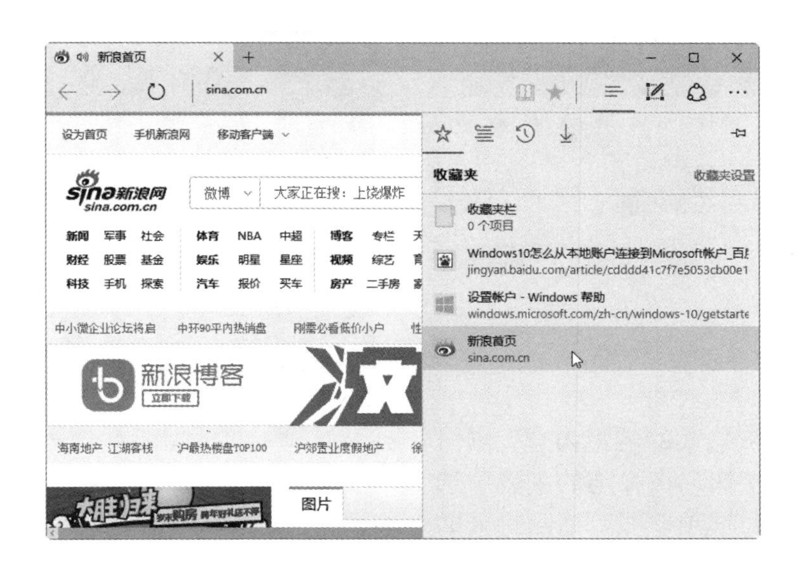

8.2.4 做 Web 笔记

Web 笔记，顾名思义，就是浏览网页时，如果想要保存当前网页的信息，可以通过这个功能实现，使用 Web 笔记保存网页信息的具体操作步骤如下。

1. 做 Web 笔记内容

第 1 步 单击任务栏中的【Microsoft Edge】图标，启动 Microsoft Edge 浏览器。

第 2 步 单击 Microsoft Edge 浏览器页面中的【做 Web 笔记】按钮。

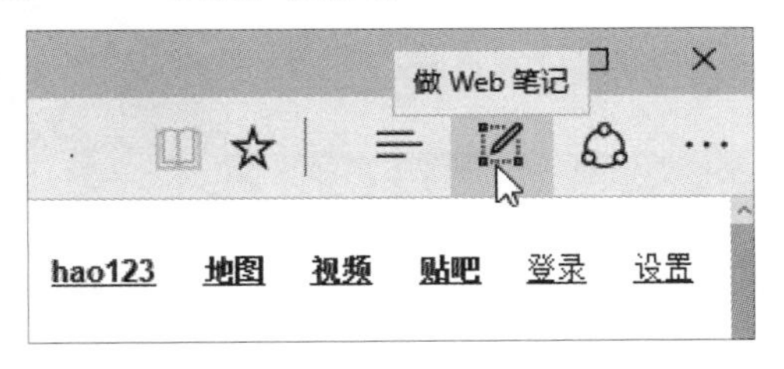

第 3 步 进入浏览器做 Web 笔记工作环境当中。

第 4 步 单击页面左上角的【笔】按钮，在弹出的面板中可以设置做笔记时的笔触颜色。

第 5 步 使用笔工具可以在页面中输入笔记内容，如这里输入“大”字。

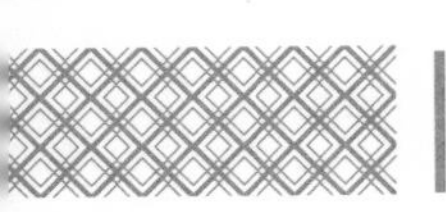

第 6 步 如果想要清除输入的笔记内容，则可以单击【橡皮擦】按钮，在弹出的列表中选择【清除所有墨迹】选项，即可清除输入的笔记内容。

第 7 步 单击【添加键入的笔记】按钮。

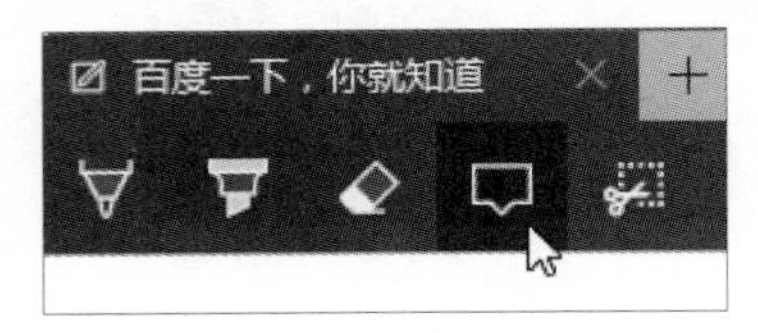

第 8 步 可以在页面中绘制一个文本框，然后在其中输入笔记内容。

第 9 步 单击【剪辑】按钮，进入剪辑编辑状态。

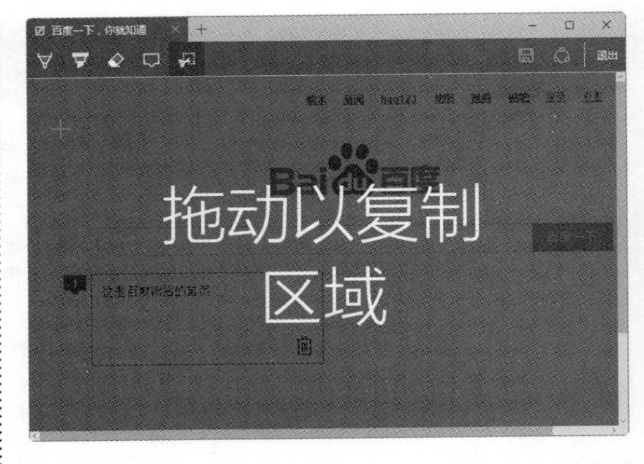

第 10 步 按下鼠标左键，拖动鼠标可以复制区域。

2. 保存笔记

第 1 步 笔记做完之后，单击页面中的【保存 Web 笔记】按钮。

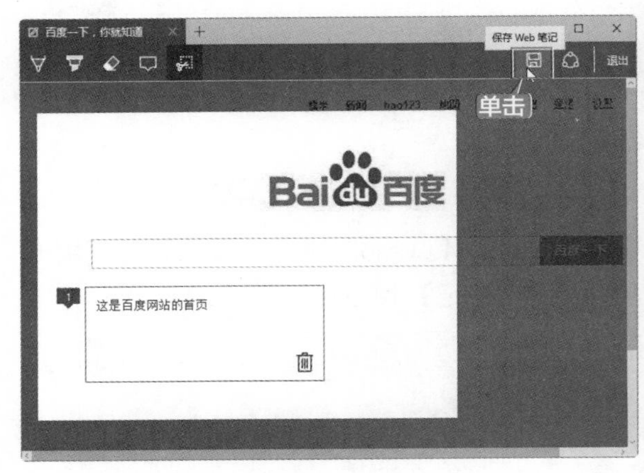

第 2 步 弹出笔记保存设置界面，单击【保存】按钮，即可将做的笔记保存起来。

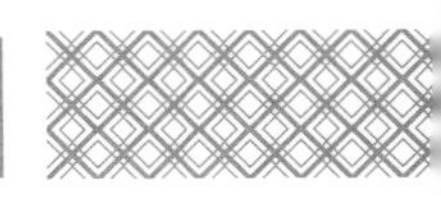

第 3 步 如果想要退出 Web 笔记工作模式，则可以单击【退出】按钮。

8.3 实战 2：IE 浏览器

Internet Explorer 11 是微软公司推出的一款新的浏览器，具有快速、安全、与现有网站兼容等特点，可提供网络互动新体验，对于开发者来说，IE 11 支持新的网络标准和技术。

8.3.1 设置主页

为了使浏览网页时方便、快捷，可以将经常访问的网站设置为主页，这样当启动IE浏览器后，就会自动打开该网页。

设置常用默认主页的具体操作步骤如下。

第 1 步 双击桌面上的 IE 浏览器图标，打开 IE 浏览器的工作界面。

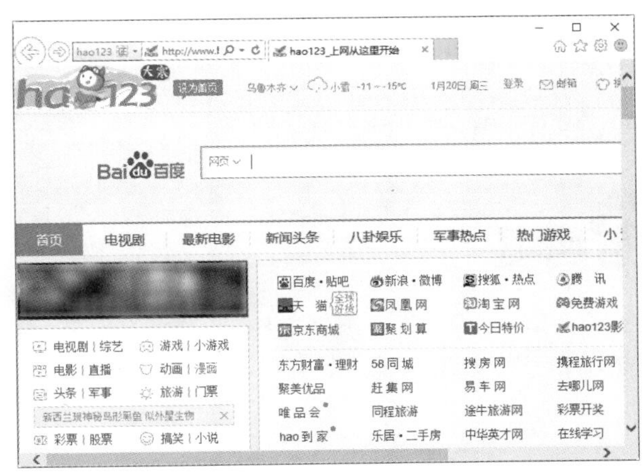

第 2 步 按下键盘上的【Alt】键，显示浏览器的工具栏。

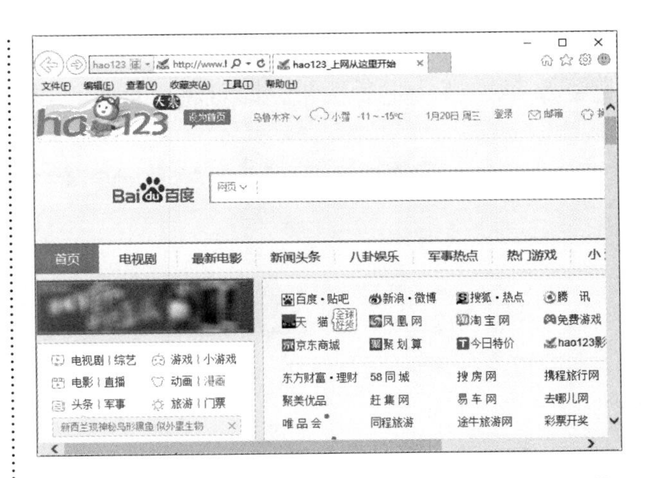

第 3 步 选择【工具】→【Internet 选项】菜单命令，打开【Internet 选项】对话框，选择【常规】选项卡。

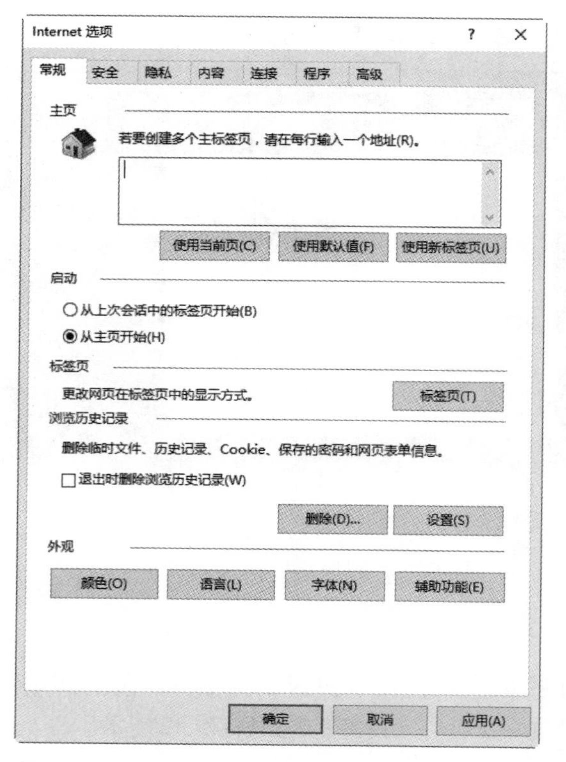

第 4 步 在【主页】组合框中的文本框中输入要设置为主页的网址，如这里输入“http://www.baidu.com”。

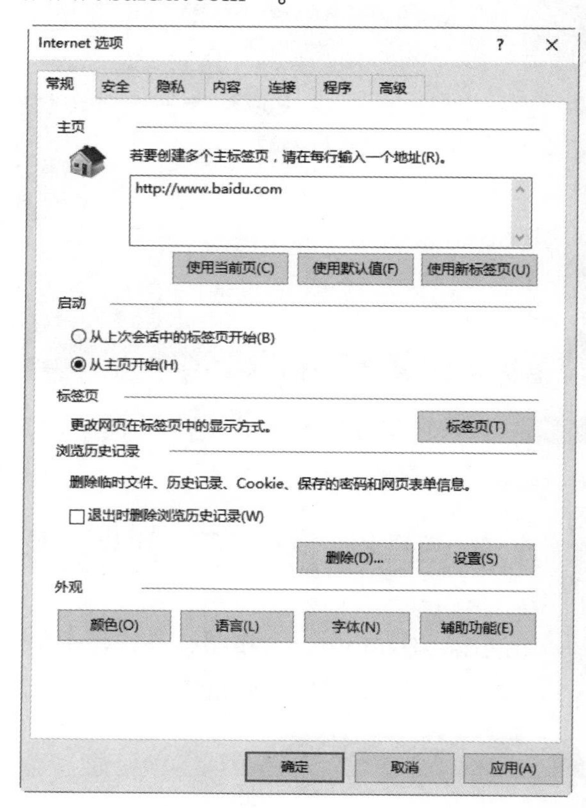

在【主页】组合框中存在 3 个按钮，其作用如下。

（1）【使用当前页】按钮：用于将主页设置为当前正在浏览的页面。

（2）【使用默认值】按钮：用于将主页设置为默认的网站首页。

（3）【使用空白页】按钮：用于将主页设置为空白页。

第 5 步 单击【确定】按钮，即可将百度首页设置为主页。

8.3.2 使用【历史记录】访问曾浏览过的网页

使用 Internet Explorer 11 浏览器的【历史记录】功能可以访问用户曾浏览过的网页。具体操作步骤如下。

第 1 步 双击桌面上的 Internet Explorer 11 浏览器图标，启动浏览器，单击【查看收藏夹、源和历史记录】按钮。

第 2 步 打开其工作界面，在其中选择【历史记录】选项。

第 3 步 选择想要查看的历史记录时间，如这里选择【星期一】选项，可以展开星期一用户所浏览的网页网址列表。

第 4 步 单击其中的网址列表，如这里单击第一个网址列表，可以展开子网页网址列表。

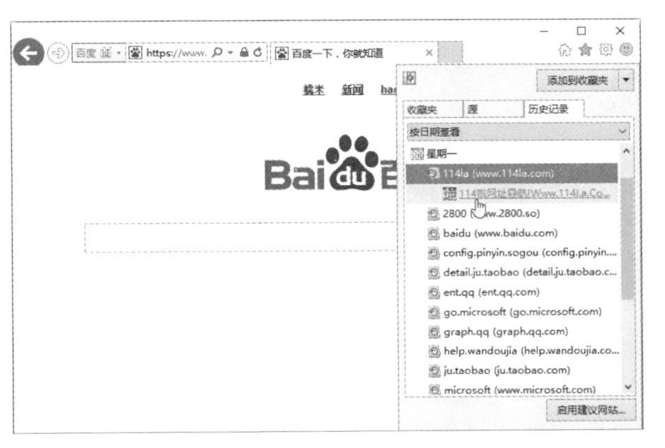

第 5 步 单击网页的网址，可以打开曾经浏览过的网页。

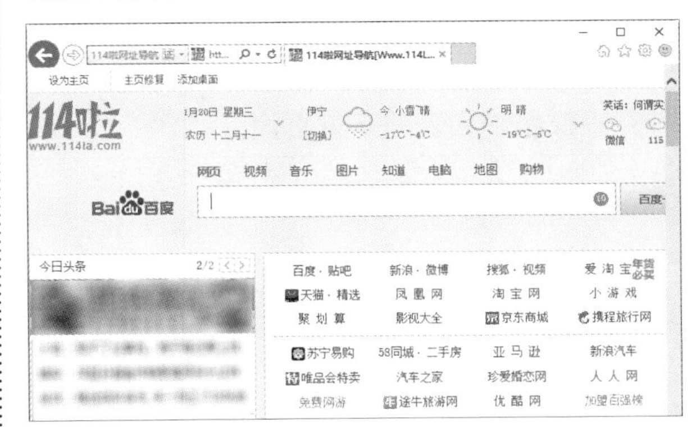

8.3.3 添加跟踪保护列表

使用浏览器浏览网页的过程中，总会弹出各种广告窗口，给用户带来很大麻烦，一不小心还会感染上病毒，使用IE浏览器的跟踪保护功能，可以有效拦截广告。

使用跟踪保护功能拦截广告首先要做的就是添加跟踪保护列表。具体操作步骤如下。

第1步 启动Internet Explorer 11浏览器，单击浏览器工作界面中的【设置】按钮，在弹出的下拉列表中选择【安全】→【启用跟踪保护】选项。

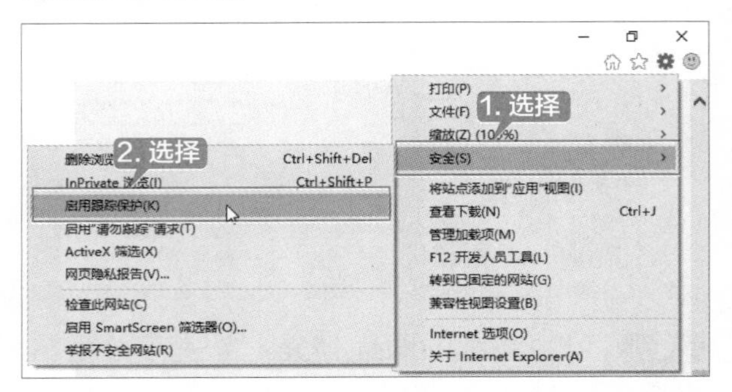

第2步 打开【管理加载项】对话框，在其中选择【跟踪保护】选项。

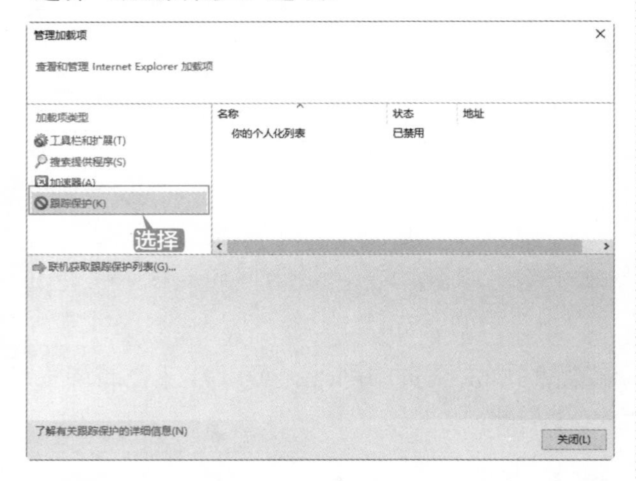

第3步 单击【联机获取跟踪保护列表】超链接，打开跟踪保护列表的下载页面。

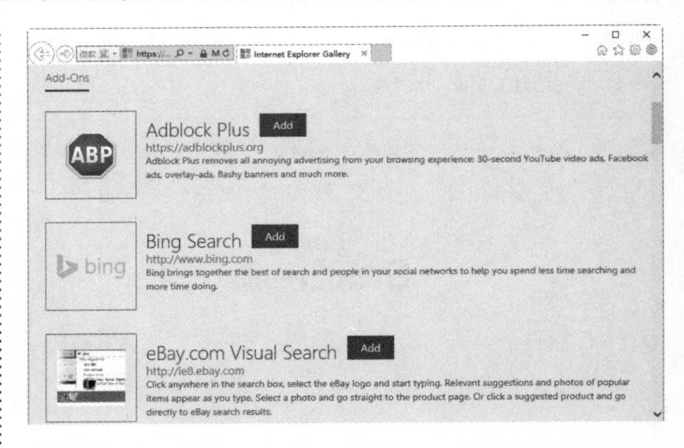

第4步 单击想要添加的跟踪列表后面的【Add（添加）】按钮，打开【跟踪保护】对话框，单击【添加列表】按钮。

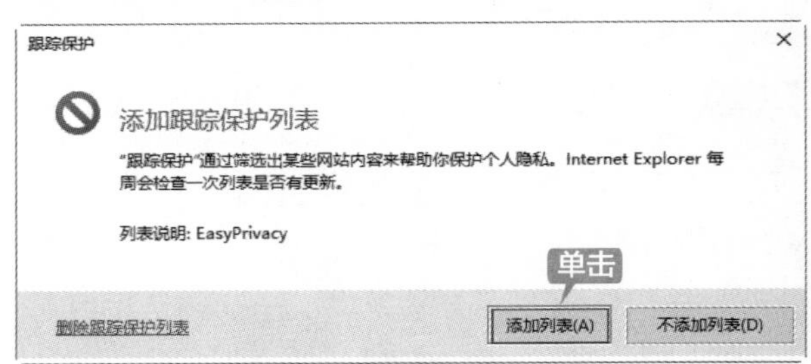

第5步 即可将选中的跟踪列表添加到【管理加载项】对话框当中。

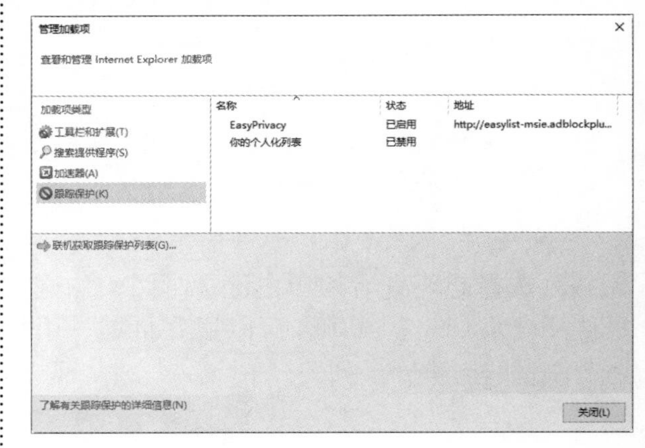

第 6 步 双击添加的跟踪列表，即可打开【详细信息】对话框，在其中可以看到添加的跟踪列表信息。至此，就完成了跟踪保护列表的添加操作。

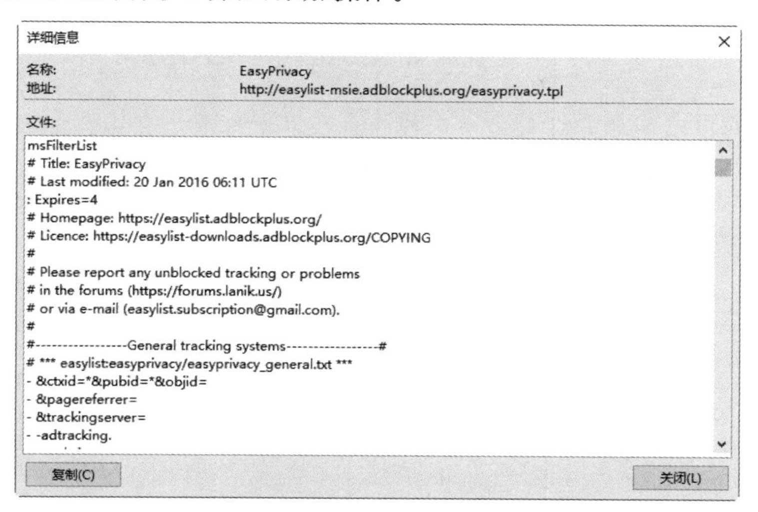

8.3.4 重新打开上次浏览会话

当启动新的浏览会话时，可以通过重新打开上次使用 Internet Explorer 时打开的部分或全部页面，从之前中断的地方继续浏览，用户可以使用 Internet Explorer 打开各个网页选项卡，或者打开上一次的整个浏览会话。

重新打开上次浏览会话的具体操作步骤如下。

第 1 步 启动 Internet Explorer 11 浏览器。

第 2 步 按下键盘上的【Alt】键，显示出浏览器的工具栏，选择【工具】→【重新打开上次浏览页面】菜单命令。

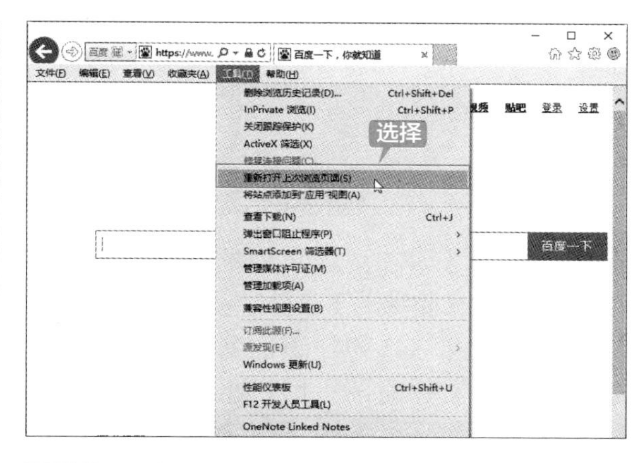

第 3 步 即可重新打开上次浏览的页面。

收藏自己喜欢的网页

在浏览网页过程中，如果看到自己喜欢的网页，第一反应，肯定是如何将它保存下来。有的老年朋友将网址记录到本子上，再次使用时，重新在浏览器中输入网址，进入该网站。其实，并不需要这样烦琐，用户可以将其收藏到电脑中，再次浏览该网页时，可以直接打开，本节主要介绍如何收藏喜欢的网页，以方便自己浏览网页。

1. 收藏喜欢的网页

收藏网页的具体操作步骤如下。

第 1 步 打开要收藏的网页，例如，打开“途牛旅游官网”网站的首页。

第 2 步 单击【添加到收藏夹或阅读列表】按钮☆，弹出【收藏夹】对话框，用户可以设置网站的收藏名称和收藏位置，默认保存在【收藏夹】文件夹下，用户还可以自建子文件夹保存，如这里单击【创建新的文件夹】超链接。

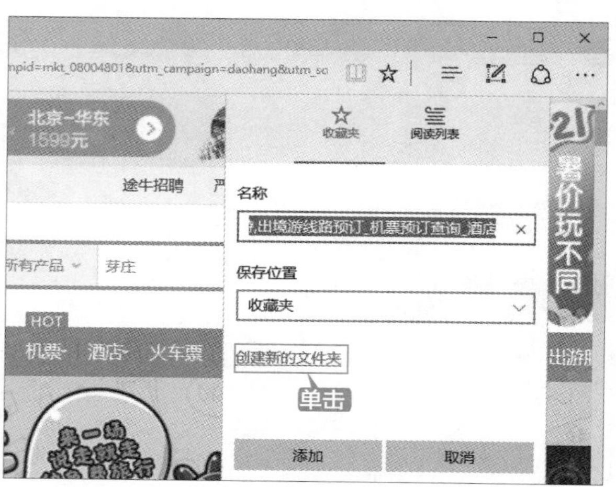

第 3 步 在【名称】文本框中输入网站名称，在【文件夹名称】文本框中输入文件夹名称，然后单击【添加】按钮。

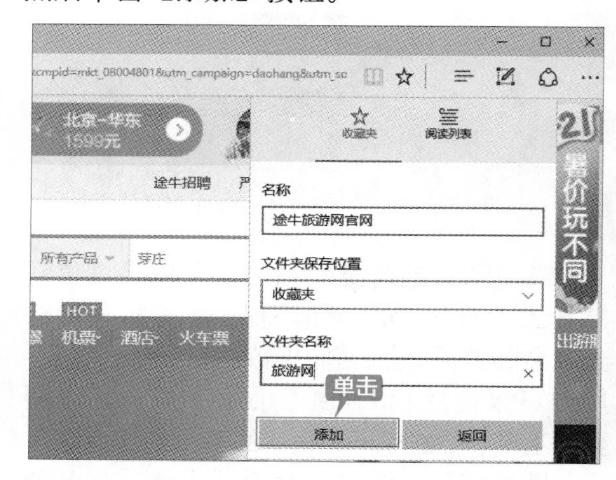

第 4 步 返回浏览器页面，即可看到【添加到收藏夹或阅读列表】按钮高亮显示，如下图所示。

第 5 步 单击【中心】按钮≡，打开收藏夹列表，即可看到创建的【旅游网】文件夹，单击【旅游网】文件夹。

第 6 步 即可看到文件夹内收藏的网站，单击网站名称，即可快速打开网站。

2. 收藏夹的管理

如果收藏的网站较多，用户可以根据需要删除不需要的网站，还可以对收藏夹中的网站进行重命名或者移动操作。

第 1 步 启动浏览器，单击浏览器窗口中的【中心】按钮 ，在【收藏夹】 图标列表下，即可看到收藏的网站。

第 2 步 使用鼠标可以将网址拖曳到已有文件夹，如拖曳收藏列表中的【去哪儿网】到【旅游网】文件夹中。

第 3 步 松开鼠标左键即可完成归类。如果要新建分类，右击列表空白处，在弹出的快捷菜单中选择【创建新的文件夹】菜单命令。

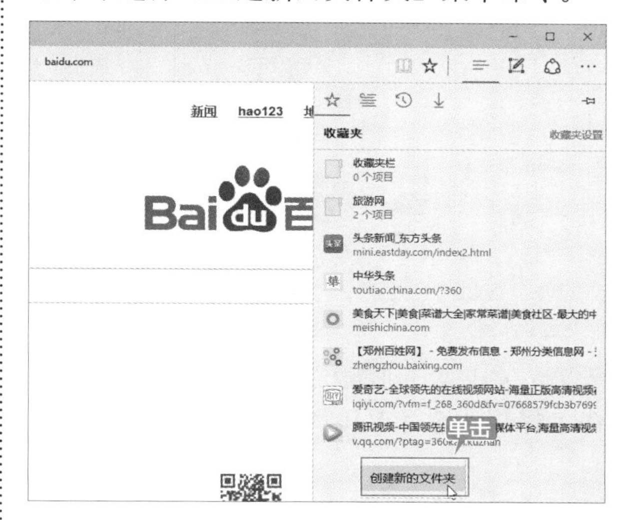

第 4 步 则弹出新建文件夹，在命名文本框中输入文件夹名称，如输入“新闻”，按【Enter】键即可完成命名操作。

第5步 将新闻类的网站拖曳到【新闻】文件夹中。

第6步 使用同样的方法，对其他网站进行分类即可，如下图所示。

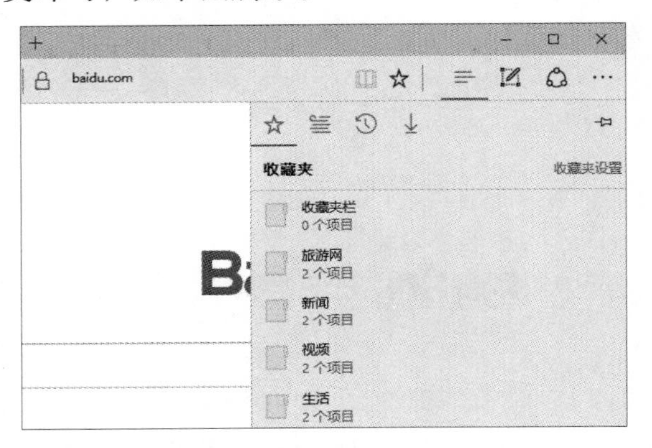

第7步 如果要对收藏文件夹进行删除或者重命名操作，选择要操作的文件夹，右击，在弹出的快捷菜单中选择相应的命令，如选择【重命名】命令，将【旅游网】文件夹名称修改为【旅游】。

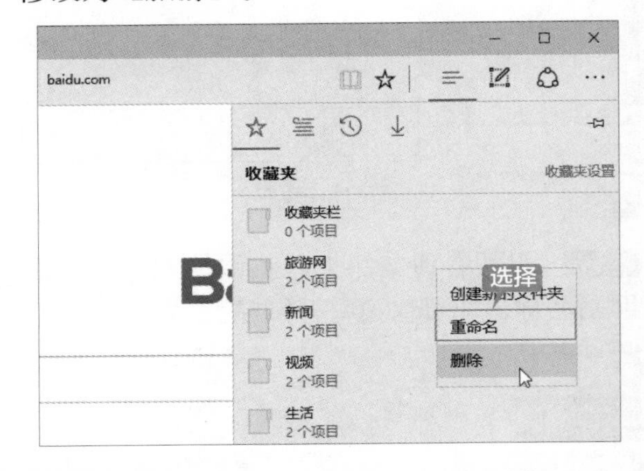

第8步 重命名完成后，关闭收藏夹列表即可，如下图所示。

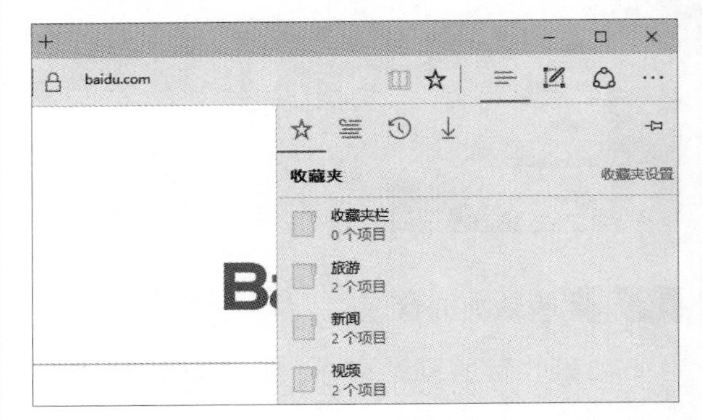

◇ 将电脑收藏夹中的网址同步到手机

使用 360 安全浏览器可以将电脑收藏夹中的网址同步到手机当中，其中 360 安全浏览器的版本要求在 7.0 以上。具体操作步骤如下。

1. 在电脑环境下将浏览器的收藏夹进行同步

第1步 在电脑中打开 360 安全浏览器 8.1。

第2步 单击工作界面左上角的浏览器标志，在弹出的界面中单击【登录账号】按钮。

第 3 步　弹出【登录 360 账号】对话框，在其中输入账号与密码。

提示

如果没有账号，则可以单击【免费注册】按钮，在打开的界面中输入账号与密码进行注册操作。

第 4 步　输入完毕后，单击【登录】按钮，即可以会员的方式登录到 360 安全浏览器中，单击浏览器左上角的图标，在弹出的下拉列表中单击【手动同步】按钮。

第 5 步　即可将电脑中的收藏夹进行同步操作。

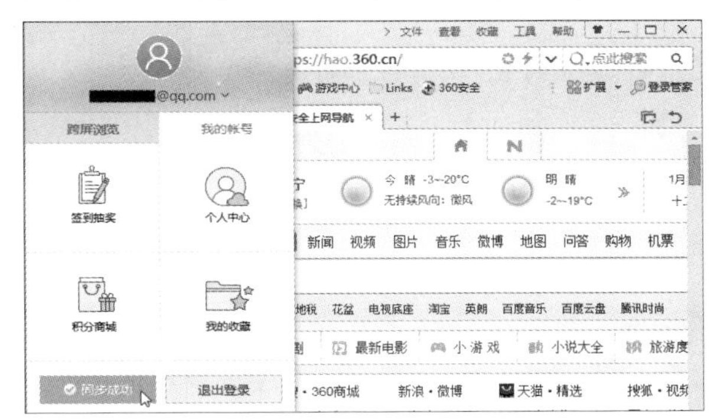

2. 在手机中查看同步的收藏夹网址

具体操作步骤如下。

第 1 步　进入手机操作环境当中，点击 360 手机浏览器图标，进入手机 360 浏览器工作界面。

第 2 步　点按页面下方的【三】按钮，打开手机 360 浏览器的设置界面。

第 3 步　点按【收藏夹】图标，进入手机 360 浏览器的收藏夹界面，点击【同步】按钮。

第 4 步　打开【账号登录】界面。

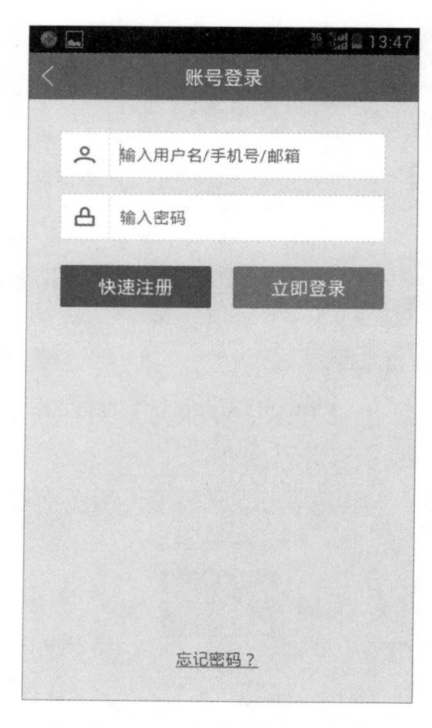

第 5 步　在登录界面中输入账号与密码，这里需要注意的是，手机登录的账号和密码与电脑登录的账号和密码必须一致，点击【立即登录】按钮。

第 6 步　即可以会员的方式登录到手机 360 浏

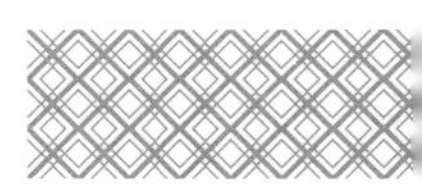

览器当中，在打开的界面中可以看到【电脑收藏夹】选项，选择【电脑收藏夹】选项。

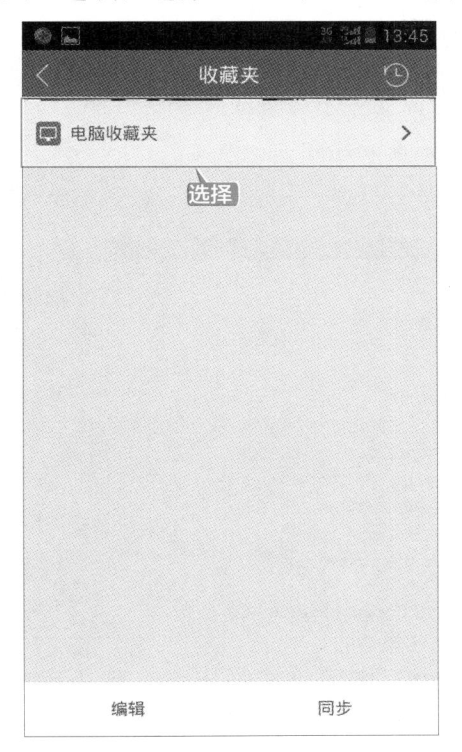

第 7 步 即可打开【电脑收藏夹】操作界面，在其中可以看到电脑中的收藏夹的网址信息出现在手机浏览器的收藏夹当中，这就说明收藏夹同步完成。

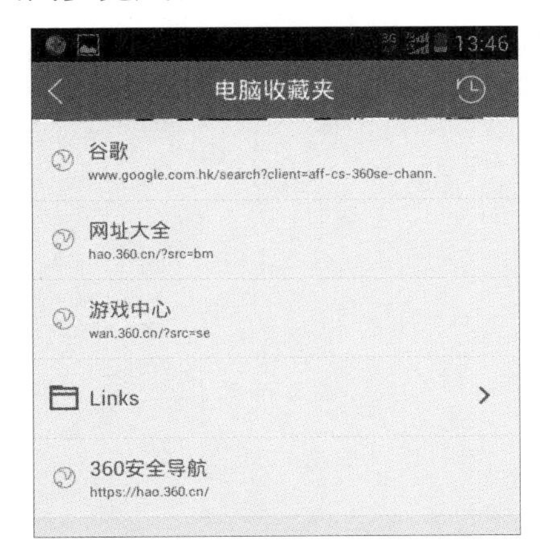

◇ 屏蔽网页广告弹窗

Internet Explorer 11 浏览器具有屏蔽网页广告弹窗的功能，使用该功能屏蔽网页广告弹窗的操作步骤如下。

第 1 步 在 IE 11 浏览器的工作界面中选择【工具】→【弹出窗口阻止程序】→【启用弹出窗口阻止程序】菜单命令。

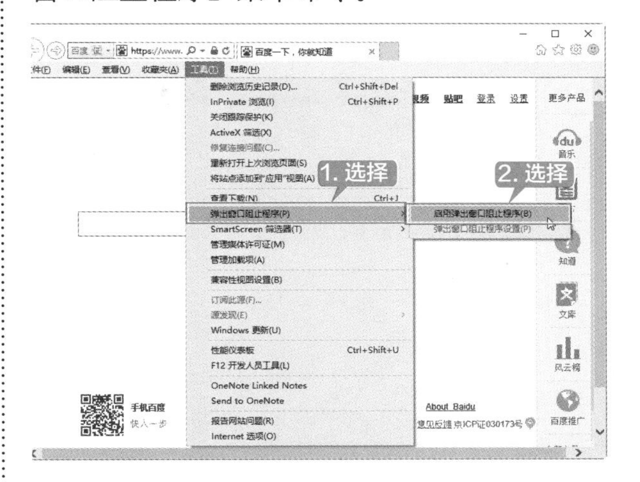

第 2 步 打开【弹出窗口阻止程序】对话框，提示用户是否确实要启用 Internet Explorer 弹出窗口阻止程序，单击【是】按钮。

第 3 步 即可启用该功能，然后选择【工具】→【弹出窗口阻止程序】→【弹出窗口阻止程序设置】菜单命令。

第 4 步 打开【弹出窗口阻止程序设置】对话框，在【要允许的网站地址】文本框中输入允许的网站地址。

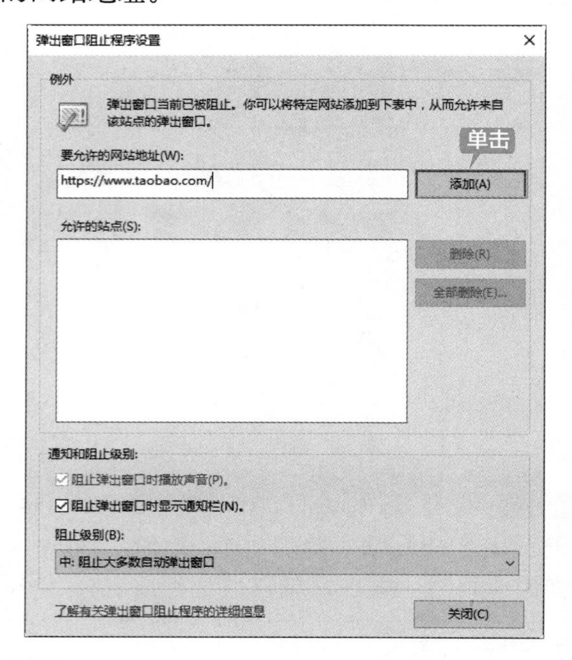

第 5 步 单击【添加】按钮，即可将输入的网址添加到【允许的站点】列表，单击【关闭】按钮。

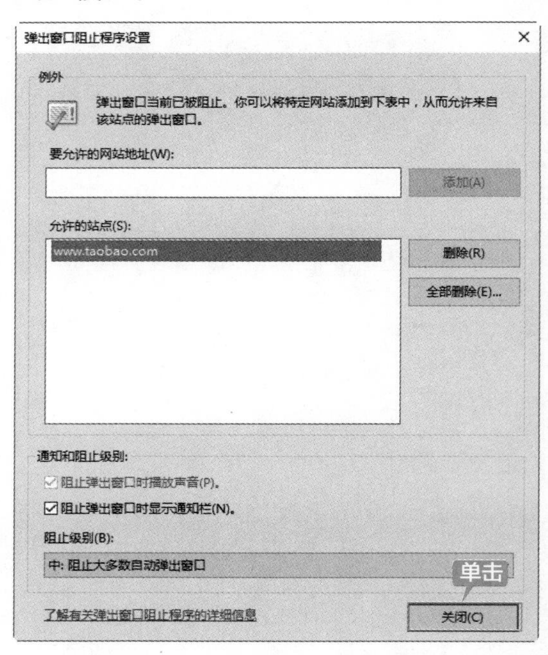

第 6 步 即可完成弹出窗口阻止程序的设置操作。

第 9 章 网上搜索需要的信息

本章导读

互联网是一个信息丰富的世界，老年朋友可以根据需要来搜索和下载需要的信息，也可以在网络中查询日历、天气、地图等，本章将详细介绍如何利用网络搜索需要的信息。

思维导图

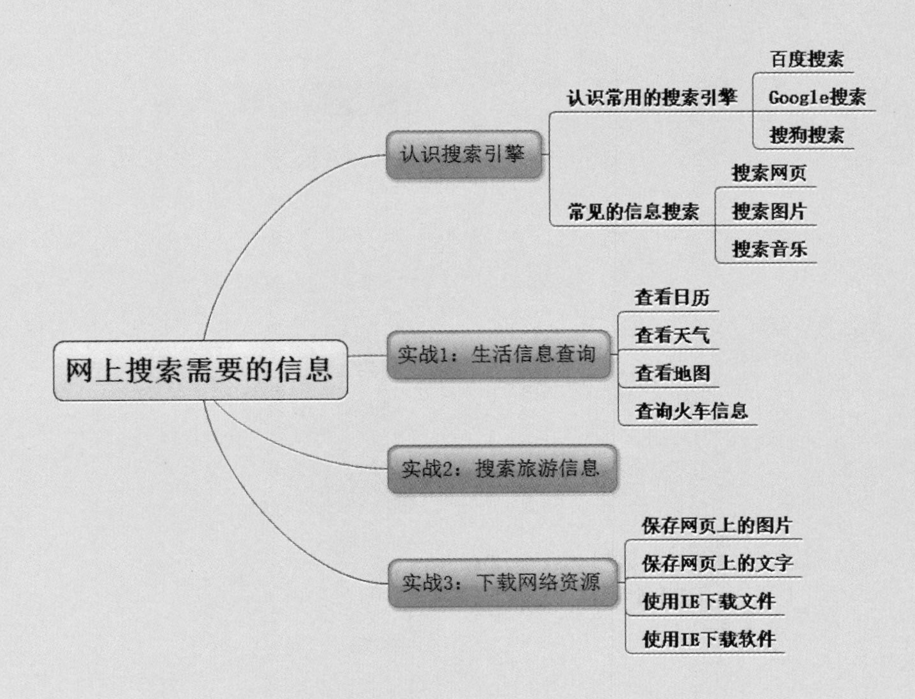

9.1 认识搜索引擎

搜索引擎是指根据一定的策略、运用特定的电脑程序搜集互联网上的信息，在对信息进行组织和处理后，将处理后的信息显示给用户，简而言之，搜索引擎就是一个为用户提供检索服务的系统。

9.1.1 认识常用的搜索引擎

目前网络当中常见的搜索引擎有很多种，比较常用的如百度搜索、Google 搜索、搜狗等，下面分别进行介绍。

1. 百度搜索

百度是最大的中文搜索引擎，在百度网站中可以搜索页面、图片、新闻、mp3 音乐、百科知识、专业文档等内容。

2. Google 搜索

Google 搜索引擎成立于 1997 年，是世界上较大的搜索引擎之一，Google 通过对 70 多亿网页进行整理，为世界各地的用户提供搜索，属于全文搜索引擎，而且搜索速度非常快。Google 搜索引擎分为【网站】【新闻】【网页目录】【图像】等类别，下图所示是 Google 搜索引擎首页。

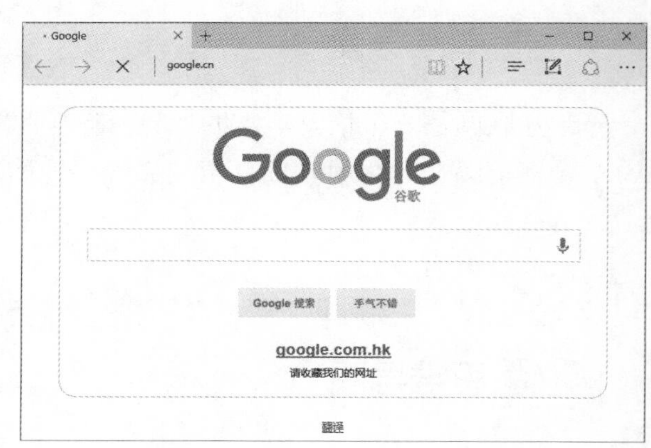

3. 搜狗搜索

搜狗是第三代互动式中文搜索引擎，其网页收录量已达到 100 亿，并且每天以 5 亿的速度更新，凭借独有的 SogouRank 技术及人工智能算法，搜狗为用户提供快、准、全的搜索资源。下图所示就是搜狗搜索引擎的首页。

9.1.2 常见的信息搜索

使用搜索引擎可以搜索很多信息，如网页、图片、音乐、百科知识、专业文档等，用户所遇到的问题，几乎都可以使用搜索引擎进行搜索。

1. 搜索网页

搜索网页可以说是百度最基本的功能，在百度中搜索网页的具体操作步骤如下。

第1步 打开 IE 11 浏览器，在地址栏中输入百度搜索网址“http://www.baidu.com”，按下【Enter】键，即可打开百度首页。

第2步 在【百度搜索】文本框中输入想要搜索网页的关键字，如输入【蜂蜜】，即可进入【蜂蜜－百度搜索】页面。

第3步 单击需要查看的网页，如这里单击【蜂蜜 百度百科】超链接，即可打开【蜂蜜 百度百科】页面，在其中可以查看有关【蜂蜜】的详细信息。

2. 搜索图片

使用百度搜索引擎搜索图片的具体操作步骤如下。

第1步 打开百度首页，将鼠标指针放置在【更多产品】按钮上，在弹出的下拉列表中选择【图片】选项。

第2步 进入图片搜索页面，在【百度搜索】文本框中输入想要搜索图片的关键字，如输入【玫瑰】。

第 3 步 单击【百度一下】按钮，即可打开有关【玫瑰】的图片搜索结果。

第 4 步 单击自己喜欢的玫瑰图片，如这里单击第二个蓝色的玫瑰图片链接，即可以大图的方式显示该图片。

3. 搜索音乐

使用百度搜索引擎搜索 mp3 的具体操作步骤如下。

第 1 步 打开百度首页，将鼠标指针放置在【更多产品】按钮上，在弹出的下拉列表中选择【音乐】选项。

第 2 步 进入 mp3 搜索页面，在【百度搜索】文本框中输入想要搜索音乐的关键字，如输入【回家】。

第 3 步 单击【百度一下】按钮，即可打开有关【回家】的音乐搜索结果。

9.2 实战 1：生活信息查询

随着网络的普及，人们生活节奏的加快，现在很多生活信息都可以足不出户在网上进行查询，就拿天气预报来说，再也不用守时守点地听广播或看电视了。

9.2.1 查看日历

日历用于记载日期等相关信息，用户如果想要查询有关日历的信息，不用再去找日历本了，可以在网上进行查询，具体的操作步骤如下。

第 1 步 打开浏览器，在地址栏中输入百度搜索网址“http://www.baidu.com”，按下【Enter】键，即可打开百度首页。

第 2 步 在【搜索】文本框中输入【日历】，即可在下方的界面中列出有关日历的信息，并显示今天的日期。

第 3 步 单击【日历】当中年份后面的下三角按钮，可以在弹出的下拉列表中查询日历的年份。

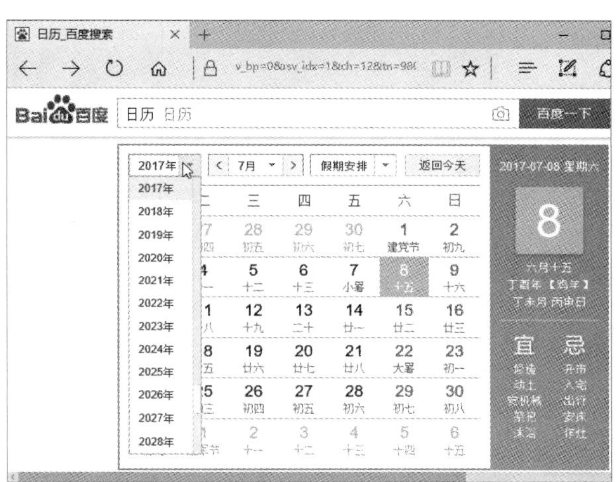

第 4 步 单击月份后面的下三角按钮，可以在弹出的下拉列表中选择日历的月份。

9.2.2 查看天气

天气关系着人们的生活，尤其是在出差或旅游时一定要知道所到地当天的天气如何，这样才能有的放矢地准备自己的衣物。

在网上查询天气的具体操作步骤如下。

第 1 步 启动浏览器，打开百度首页，在【搜索】文本框中输入想要查询天气的城市名称，如这里输入【北京天气】，即可在下方的界面中列出有关北京天气预报的查询结果。

第 2 步 单击【北京天气预报 一周天气预报 中国天气网】超链接，即可在打开的页面中查询北京最近一周的天气预报，包括气温、风向等。

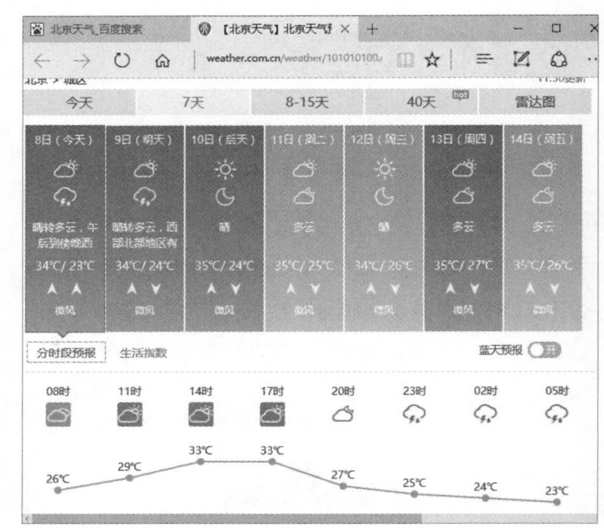

除了利用百度查询天气外，用户经常上的 QQ 登录窗口中也列出了实时天气情况及最近 3 天的天气预报。登录 QQ，然后将鼠标指针放置在 QQ 登录窗口右侧的天气预报区域，这时会在右侧弹出天气预报面板，在其中列出了 QQ 登录地最近 3 天的天气预报。

9.2.3 查看地图

地图在人们的日常生活中是必不可少的，尤其是在出差、旅游时，那么如何在网上查询平面地图呢？具体操作步骤如下。

第 1 步 启动浏览器，打开百度首页，单击【地图】超链接，即可打开百度地图页面，在其中显示了当前城市的平面地图。

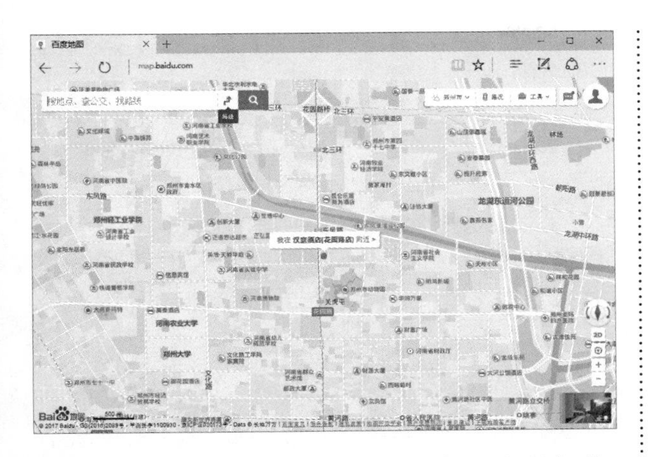

第 2 步 将鼠标指针放置在地图中，当鼠标指针变成手形时，按下鼠标左键不放，即可来回移动地图。

第 3 步 在百度地图首页中单击【切换城市】超链接，打开【城市列表】对话框，在其中可以选择想要查看的其他城市的地图。

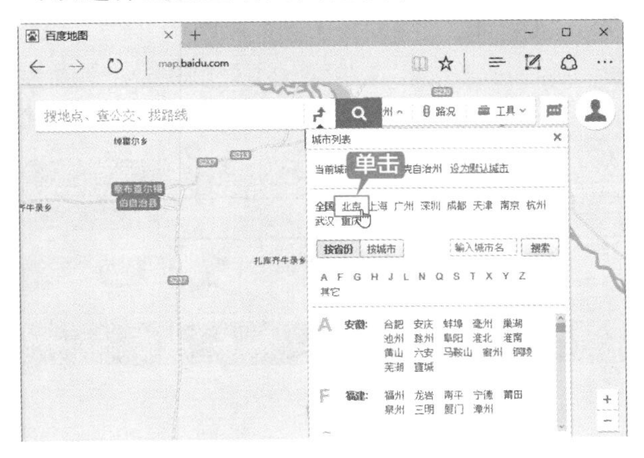

第 4 步 如这里单击【北京】超链接，就可以在页面中显示出北京的平面地图。

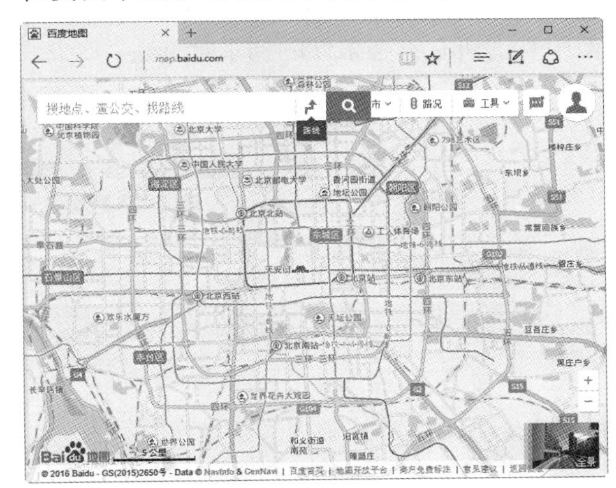

9.2.4 查询火车信息

在出差、旅游及探亲的时候，如果没有列车车次时刻表，或者是列车车次时刻表已经过期，那么就可以在网上进行查询。

查询火车时刻表的具体操作步骤如下。

第 1 步 启动浏览器，在地址栏中输入火车票查询网站的网址“http://www.12306.cn”。

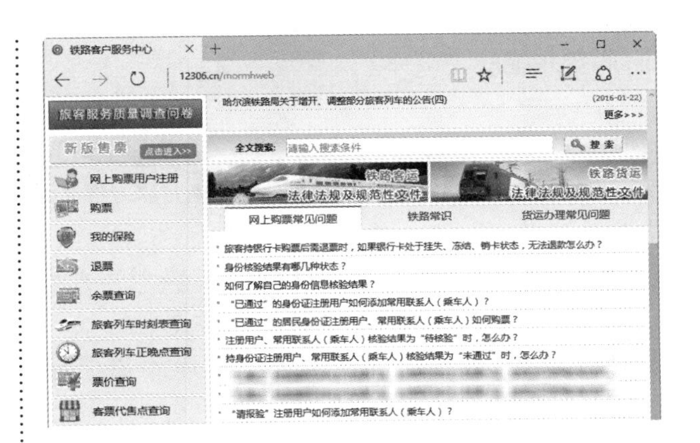

第 2 步 单击页面左侧的【余票查询】超链接，即可打开余票查询界面，在【出发地】文本框中输入出发地点，在【目的地】文本框中输入目的地，并选择出发的日期。

第 3 步 单击【查询】按钮，即可在打开的页面中查询所有符合条件的列车时刻表。

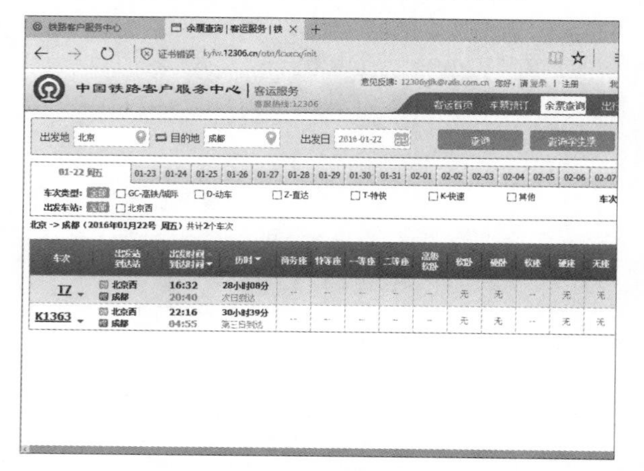

第 4 步 单击车次按钮，即可弹出这趟车所经过的车站名称、到站时间、出站时间和停留时间等信息。

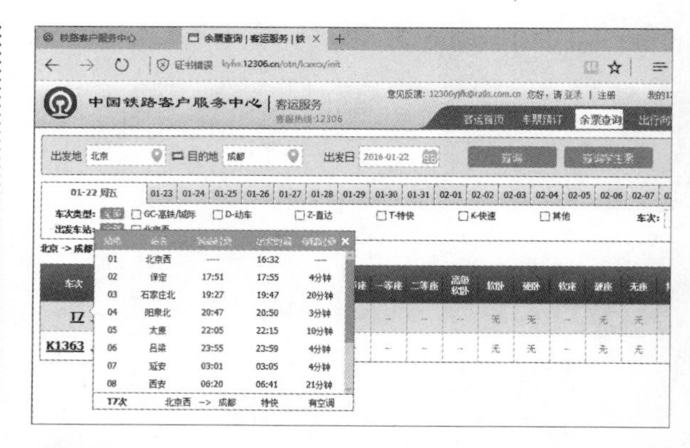

第 5 步 单击座位类型下方的数字，展开该车次的票价信息。

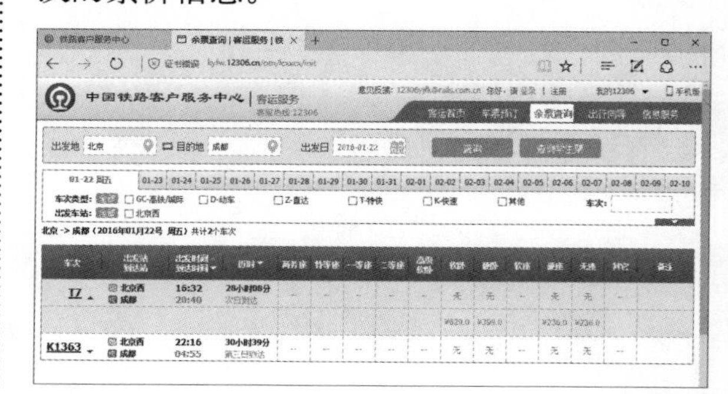

第 6 步 在 12306 网站首页的左侧还可以根据自己的需要进行火车票其他业务的操作，如退票、票价查询及列车时间表的查询等。

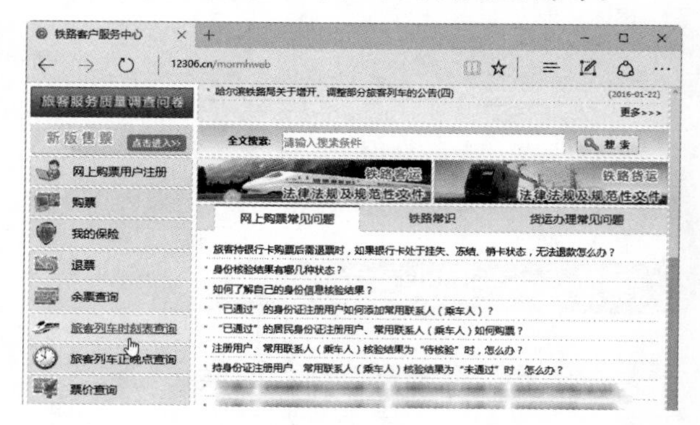

9.3 实战 2：搜索旅游信息

旅游已经成为老年人休闲娱乐的主要方式之一，既可以放松心情，还可以锻炼身体，在旅游之前，可以通过网络了解旅游信息。

第 1 步 在浏览器地址栏中输入“途牛旅游网”网站的网址“www.tuniu.com”，然后按下【Enter】键。

第 2 步 在搜索文本框中输入要查找的旅游地点，如这里输入“青岛”，并单击【搜索】按钮。

第 3 步 即可搜索出【青岛】的旅游产品信息，如下图所示。

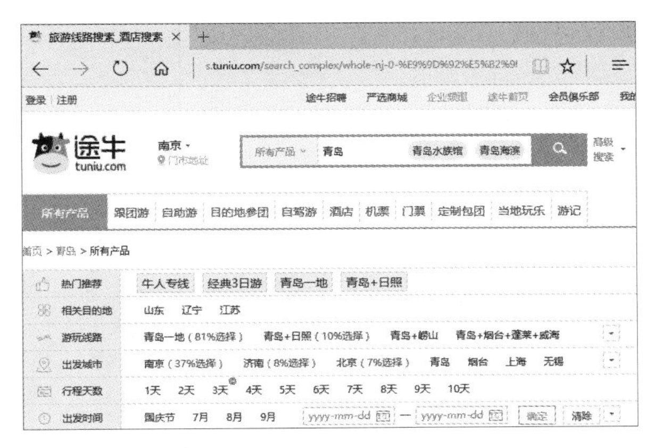

第 4 步 在顶部菜单栏中，可以根据需要，筛选【青岛】旅游产品，如选择【当地玩乐】菜单命令，在分类子菜单中选择筛选项，即可精选旅游信息。

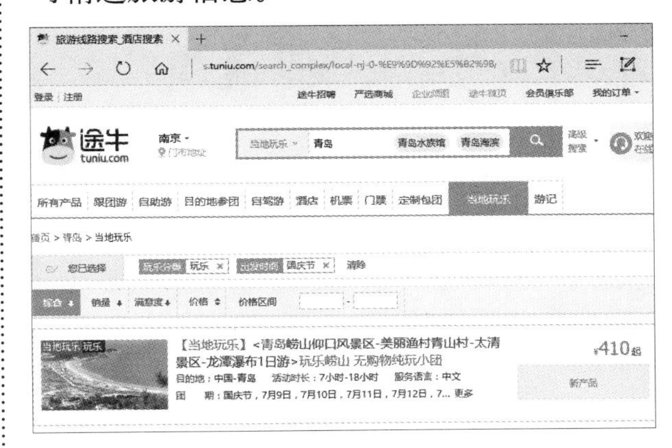

9.4 实战 3：下载网络资源

网络就像一个虚拟的世界，在网络中用户可以搜索到各种信息资源，当遇到想要保存的数据时，就需要将其从网络下载到自己的电脑中。

9.4.1 保存网页上的图片

在上网的时候，我们可能遇到一些好的图片，希望保存下来将其设置为壁纸或作其他用途，本节讲述如何将这些照片保存下来。

第 1 步 打开包含图片的网页，右击图片，在弹出的快捷菜单中选择【将图片另存为】菜单命令。

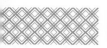

第 2 步 弹出【另存为】对话框，在顶部路径文本框中，可以选择保存的位置，也可以单击左侧的导航栏选择保存的磁盘，然后在【文件名】文本框中输入文件名称，再单击【保存】按钮即可保存图片。

9.4.2 保存网页上的文字

在使用电脑时，如果遇到比较好的文字内容，希望将它保存下来、发送给其他人或者保存到电脑上。具体操作步骤如下。

第 1 步 打开一个包含文本信息的网页。

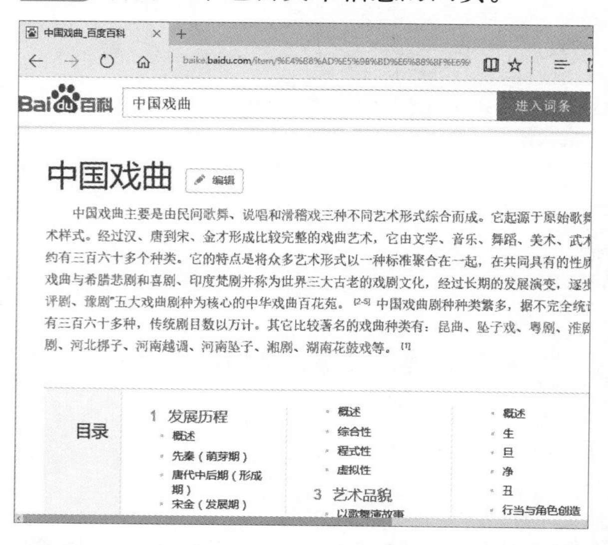

第 2 步 按住鼠标左键，并拖曳鼠标选择需要复制的文字内容，然后右击，在弹出的快捷菜单中选择【复制】菜单命令。

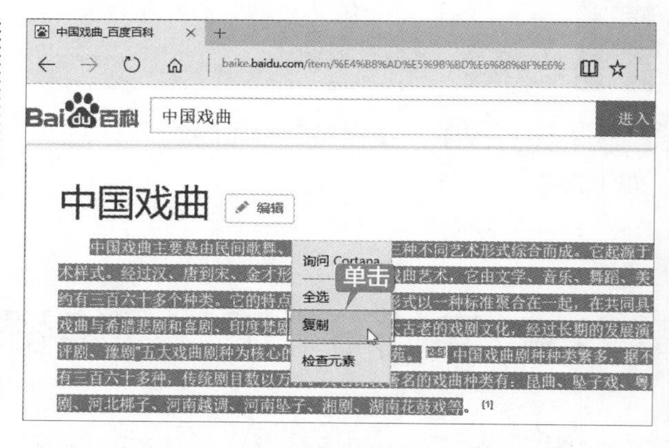

第 3 步 单击【开始】按钮，选择【所有应用】→【Windows 附件】→【记事本】菜单命令，打开【记事本】应用窗口。

第 4 步 在记事本窗口中右击空白处，在弹出的快捷菜单中选择【粘贴】菜单命令，即可将网页的文本信息粘贴到记事本中，选择【文件】→【保存】命令，即可保存。在实际使用中，也可以将复制的信息粘贴到 QQ 和微信聊天窗口，发送给其他人。

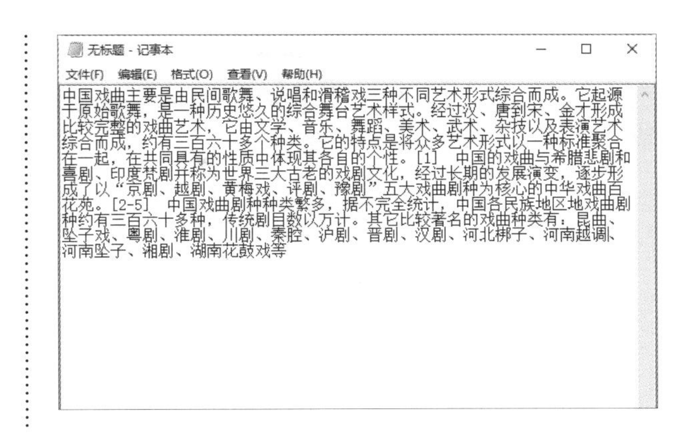

9.4.3 使用 IE 下载文件

用 IE 浏览器直接下载是比较普通的一种下载方式，但是这种下载方式不支持断点续传。一般情况下只在下载小文件时使用，对于下载大文件就很不适用。

下面以 Internet Explorer 11 浏览器为例，介绍在 IE 浏览器中直接下载文件的方法。一般网上的文件以 .rar、.zip 等扩展名存在，使用 IE 浏览器下载扩展名为 .rar 文件的具体操作步骤如下。

第 1 步 打开要下载的文件所在的页面，单击需要下载的链接，如这里单击【下载】按钮。

第 2 步 即可打开【文件下载】对话框，单击【普通下载】按钮。

第 3 步 在页面的下方显示下载信息提示框，提示用户是否运行或保存此文件。

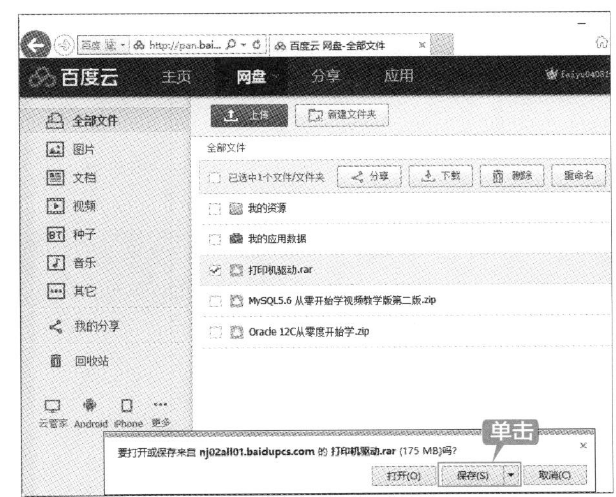

第 4 步 单击【保存】按钮右侧的下拉按钮，在弹出的下拉列表中选择【另存为】选项。

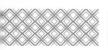

提示

在单击网页上的链接时，会根据链接的不同而执行不同的操作，如果单击的链接指向的是一个网页，则会打开该网页；当链接为一个文件时，才会打开【文件下载】对话框。

第 5 步　打开【另存为】对话框，选择保存文件的位置，单击【保存】按钮。

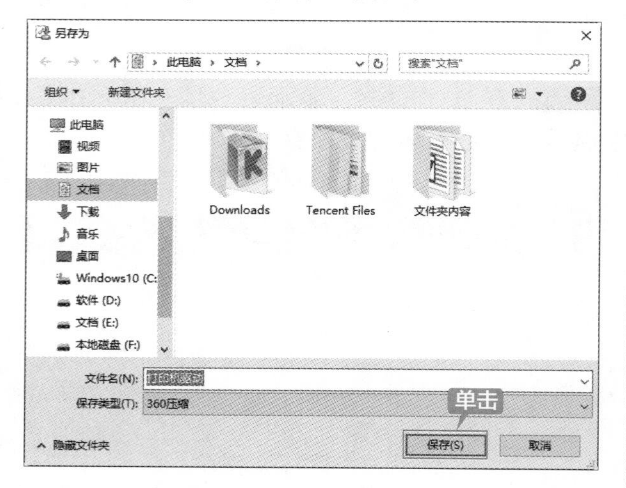

第 6 步　开始下载文件。

第 7 步　下载完成后，出现【下载完毕】对话框，单击【打开文件夹】按钮。

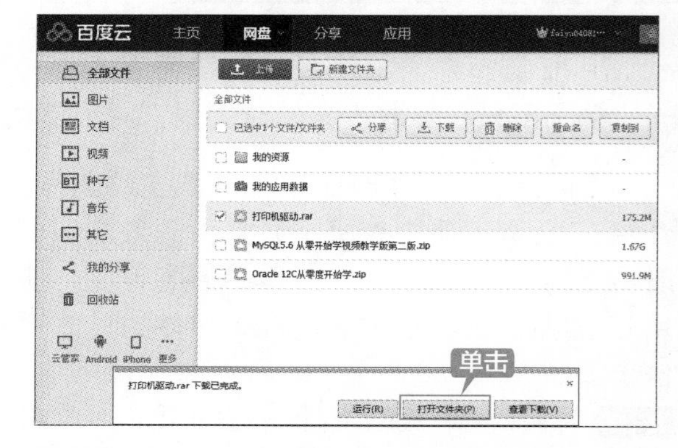

第 8 步　可以打开下载文件所在的位置，单击【运行】按钮，即可执行程序的安装操作。

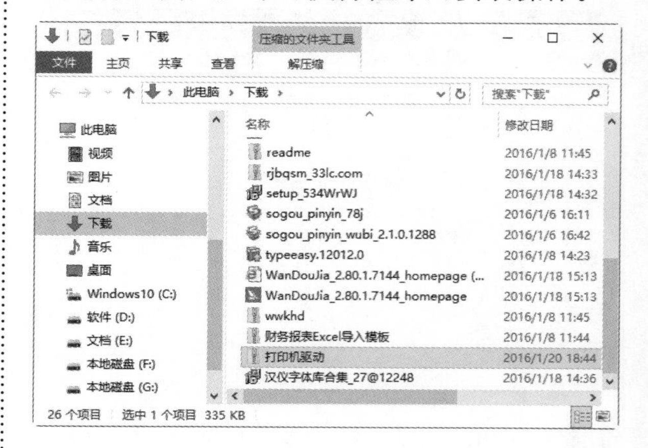

9.4.4 使用 IE 下载软件

一般情况下，用户下载软件时都要到软件时的官方网站上，下面以下载 360 杀毒软件为例进行讲解。具体操作步骤如下。

第 1 步　打开 IE 浏览器，在地址栏中输入“http://www.360.com/”，单击【转到】按钮，打开 360 主页，在其中找到 360 杀毒软件的下载页面。

第 2 步　单击【免费下载】按钮，在页面的下方显示出下载提示框，提示用户是否运行或保存此文件。

第 3 步　单击【保存】按钮右侧的下拉按钮，在弹出的下拉列表中选择【另存为】选项。

第 4 步　打开【另存为】对话框，在其中选择软件保存的位置，并输入软件的名称。

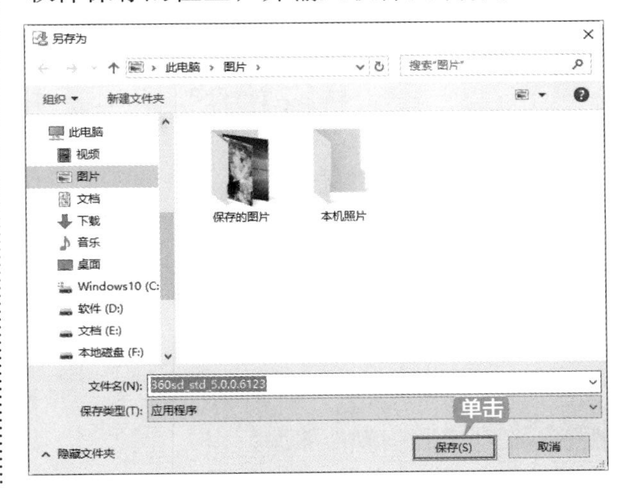

第 5 步　单击【保存】按钮，开始下载软件，下载完毕后，弹出下载完成信息提示。

第 6 步　单击【查看下载】按钮，打开【查看下载】窗口，在其中可以看到已经下载完成的 360 杀毒软件。

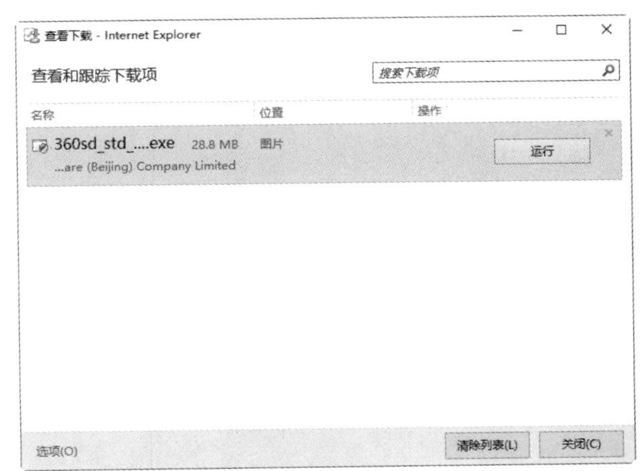

出行攻略——手机电脑协同，制定旅游行程

随着人们生活水平的提高，旅游已成为休假当中首选的事情，而且自由行已成为年轻一代追求的旅游方式，那么怎么才能做到使自己的旅游丰富而舒适呢？这就需要出行前制定好旅游行程了，本节就来介绍如何使用电脑与手机协同制作旅游行程。

目前提供旅游计划服务的网站有很多，如携程旅游、去哪儿网、驴妈妈旅游等，在这些网站当中，用户可以很轻松地制作旅游行程，这里以去哪儿网为例，来介绍制作旅游行程的方法与技巧。

1. 在电脑中制作旅游行程

第 1 步 以会员的身份登录到去哪儿网站当中，在页面的【旅行攻略】区域可以看到【创建行程】按钮。

第 2 步 单击【创建行程】按钮，进入【创建行程】页面。

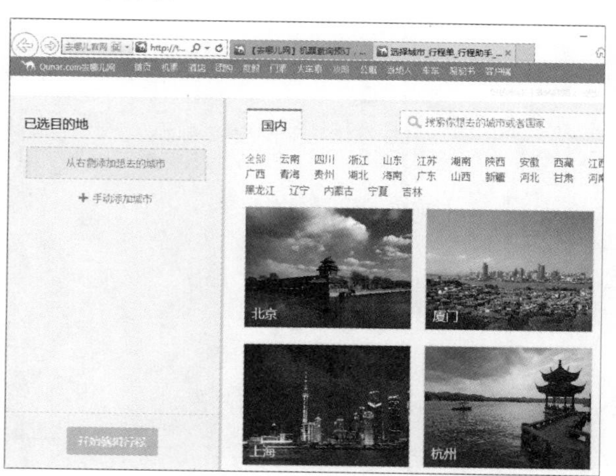

第 3 步 在页面的左侧可以手动添加城市，还可以在右侧选择自己想要去的城市，如这里选择云南省的昆明。

第 4 步 单击页面当中的【加号】或【减号】按钮，可以设置自己旅行的天数，单击【开始编辑行程】按钮。

第 5 步 进入编辑行程页面。

第 6 步 单击【添加】按钮，打开【添加地点】对话框，在其中输入行程当中的地点名称，并选择类型与城市，单击【保存】按钮。

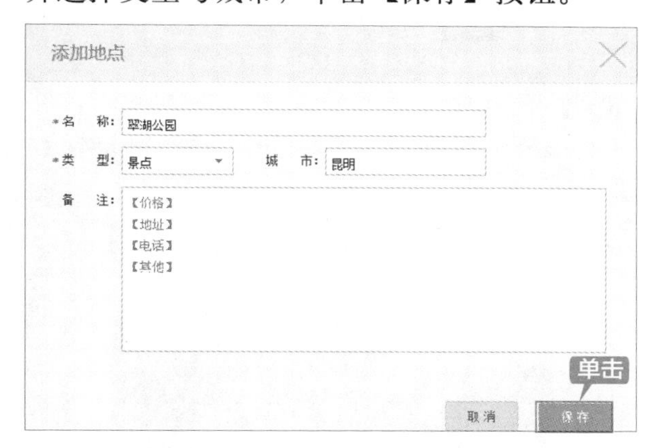

第 7 步 返回编辑行程页面，在其中可以看到添加的旅游景点与 行程。

第 8 步 使用同样的方法添加这个城市当中的其他景点，然后单击页面右上角的【完成】按钮。

第 9 步 在打开的页面中可以看到自己制作的【昆明 7 日游】行程概览，这样就完成了电脑当中添加旅游行程的操作。

2. 使用手机团购网预订酒店

第 1 步 打开手机当中的团购网，这里以美团网为例进行介绍。

第2步 点按页面当中的【酒店】链接，进入【酒店】界面，在其中选择入住的日期和离开的日期。

第3步 点击【查找】按钮，即可查找出目前进行团购的酒店列表。

第4步 在其中找到自己想要入住的酒店，并点按该酒店的链接，即可进入【商家详情】页面。

第 5 步 选择自己想要入住的房间类型，然后点按后面的【预订】按钮，进入房间预订页面，在其中根据团购网的提示输入银行卡或其他支付工具信息进行支付，即可完成酒店的预订。

◇ 将常用地点固定在【开始】屏幕上

用户可以将常用地点固定在【开始】屏幕上，以方便随时查看。具体操作步骤如下。

第 1 步 打开地图程序，在搜索框中输入常去地点，例如，这里输入【景山公园】，从地图给出的选项中选择正确的地点，单击【固定】按钮，在弹出的下拉列表中，选择【将位置固定到“开始”屏幕】选项。

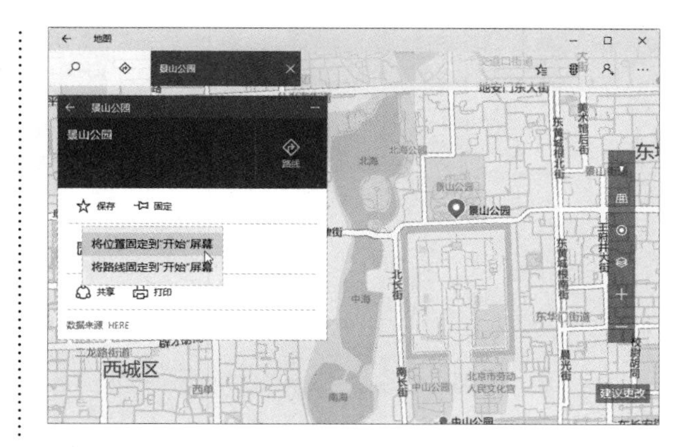

第2步 弹出如下对话框，单击【是】按钮。

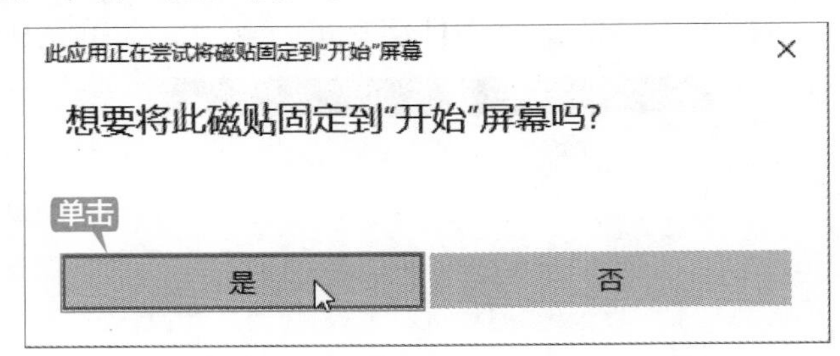

第3步 打开【开始】屏幕，即可看到常用地点已被固定在【开始】屏幕上。

第 10 章

网上理财与购物

本章导读

随着网络技术的发展，老年朋友不需要奔波于银行和证券公司之间，在家通过电脑即可轻松获取想要的财富信息，也可以像年轻人一样，通过网络实现“吃喝玩乐”。本章主要介绍如何在网上理财和购物。

思维导图

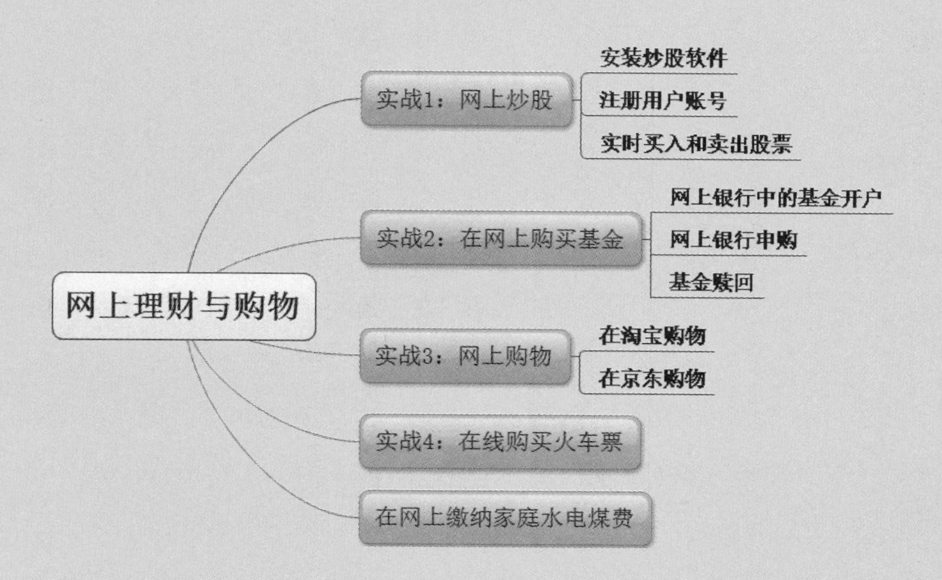

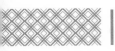

10.1 实战 1：网上炒股

互联网的普及为网上炒股提供了很多方便，投资者在网络世界中就能够及时获得全面且丰富的股票资讯，网上炒股方便快捷，成本低廉。使用模拟炒股软件进行炒股，可以有效地避免新股民不懂炒股而误操作导致的损失。下面以模拟炒股软件为例，介绍网上炒股买入与卖出的操作步骤。

提示

炒股涉及金钱操作，有一定的风险，操作需谨慎。此外，也要防范各类诈骗手段。

10.1.1 安装炒股软件

软件下载完成后，即可进行安装操作。具体操作步骤如下。

第 1 步 在电脑中找到所下载文件的安装程序 setup.exe，双击安装程序，将会出现一个【安装－股城模拟炒股标准版】对话框，单击【下一步】按钮。

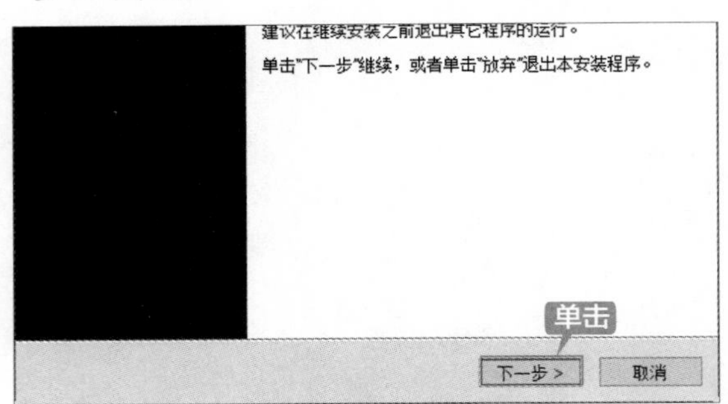

第 2 步 弹出【选择目标位置】对话框，根据需要设置安装程序的目标文件夹，单击【下一步】按钮。

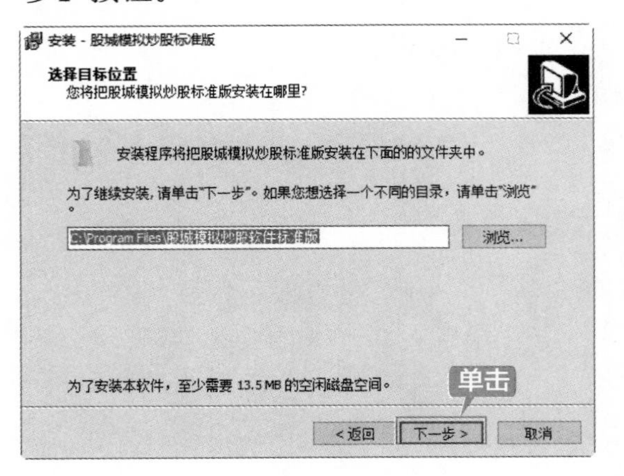

第 3 步 弹出【选择开始菜单文件夹】对话框，根据需要设置快捷方式的放置路径，单击【下一步】按钮。

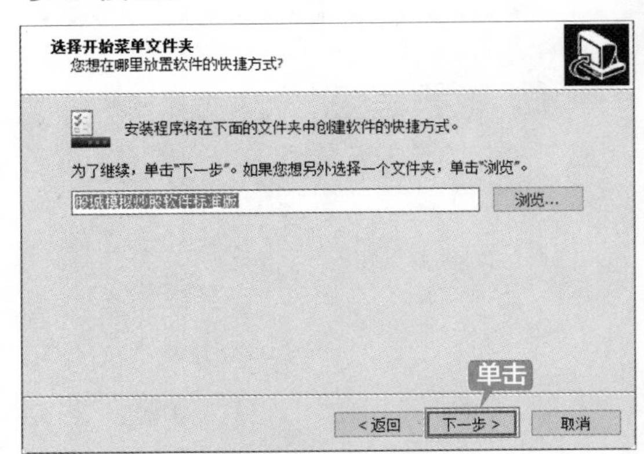

第 4 步 弹出【准备开始安装】对话框，核实安装参数，无误后单击【安装】按钮。

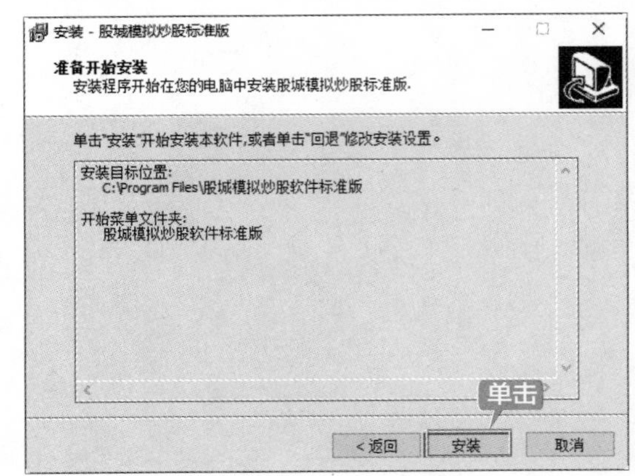

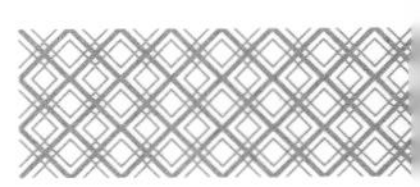

第 5 步 系统即可开始自动安装软件，并显示安装的进度，安装完成后，弹出【股城模拟炒股标准版安装完成】对话框，单击【完成】按钮，即可完成股城模拟炒股软件的安装。

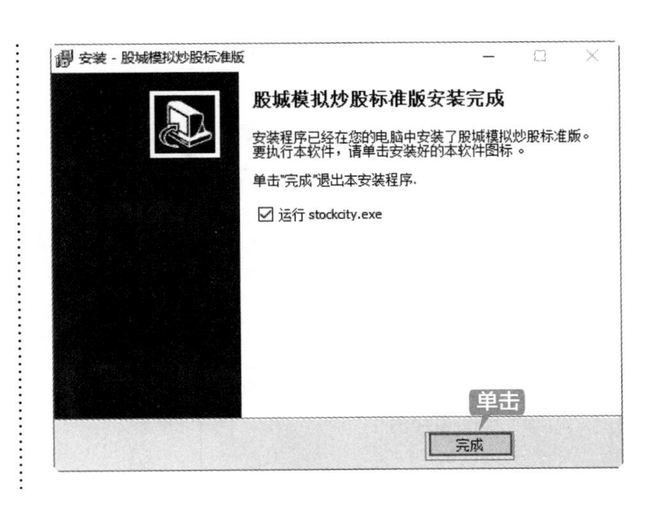

10.1.2 注册用户账号

在使用股城模拟炒股软件之前，投资者需要先进行用户注册。

具体操作步骤如下。

第 1 步 股城模拟炒股软件安装成功后，双击桌面上的股城模拟炒股的快捷方式图标，即可打开【股城模拟炒股平台登录】对话框，单击【免费注册】按钮。

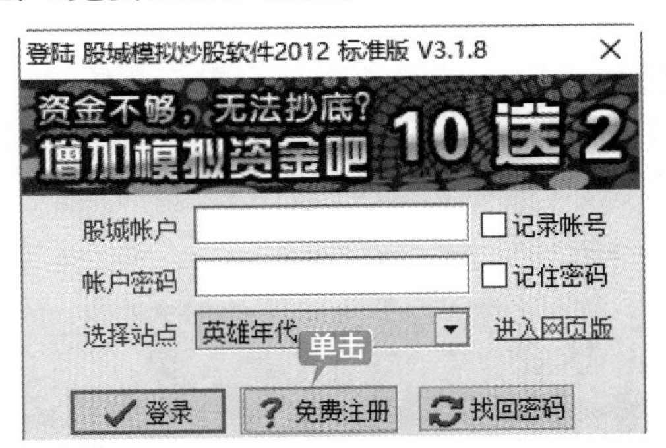

第 2 步 即可打开【股城网_通行证注册】页面，根据提示填写完注册信息，单击页面下方的【我接受条款，注册账号】按钮，即可完成用户的注册。

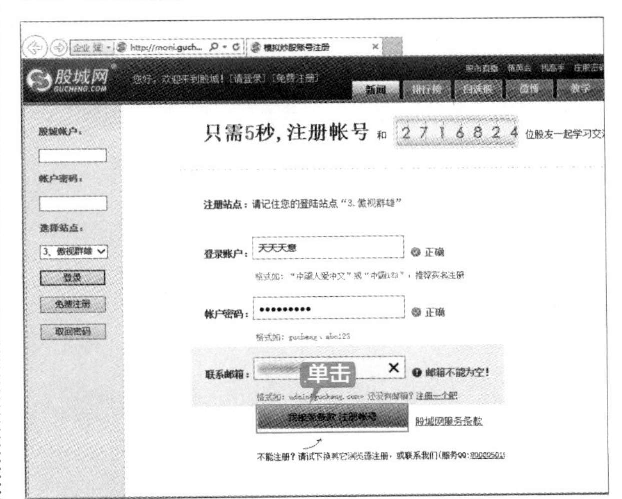

10.1.3 实时买入和卖出股票

实时买卖是指在股市开盘交易的时间之内进行的买卖操作，超过这个时间段，是不能进行实时买卖操作的，并且会弹出一个不能进行交易的提示信息。

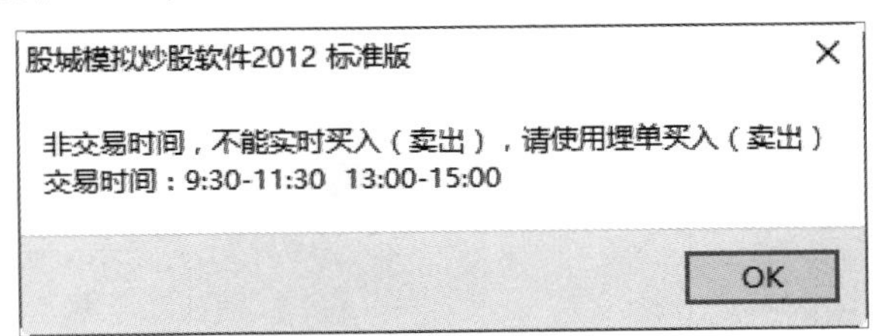

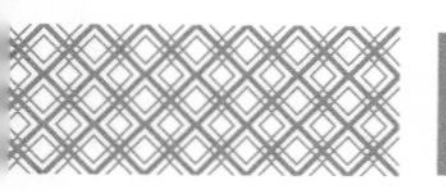

在股城模拟炒股平台上模拟股票实时买入的具体操作步骤如下。

第 1 步 在股城模拟炒股软件的登录对话框中输入股城账户、密码和站点等信息。

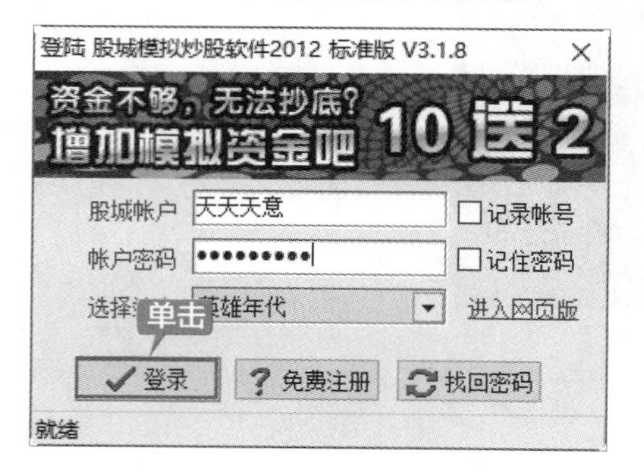

第 2 步 单击【登录】按钮，即可以会员的身份登录到股城模拟炒股软件当中。

1 000001 平安银行 -1.59% 10.54 -0.17 6.0亿 1.83% 3.9 10.53 10.54 10.70 10.71 10.44
2 000002 万 科A 24.43
3 000004 国农科技 0.83% 32.35 0.27 8859.5万 3.20% 5148.4 32.95 32.97 32.68 32.68 33.94 32.01
4 000005 世纪星源 0.38% 8.03 0.03 3.5亿 4.76% 133.8 8.02 8.03 7.98 8.00 8.24 7.86
5 000006 深振业A -1.73% 8.55 -0.15 1.1亿 1.40% 32.4 8.54 8.55 8.62 8.70 8.87 8.48
6 000007 零七股份 23.79
7 000008 神州高铁 -3.52% 9.34 -0.34 1.9亿 28.15% 9.33 9.34 9.67 9.68 9.76 9.29
8 000009 中国宝安 0.46% 13.28 0.06 9.6亿 6.76% 33.2 13.28 13.29 13.10 13.22 13.55 12.88
9 000010 深华新 2.18% 8.77 0.18 2.3亿 39.54% 8.77 8.78 8.68 8.59 9.15 8.41
10 000011 深物业A -0.10% 10.58 -0.01 5440.0万 3.61% 15.4 10.57 10.58 10.48 10.59 10.85 10.37
11 000012 南 玻A -2.39% 9.82 -0.24 3.3亿 2.60% 12.3 9.81 9.82 9.86 10.06 10.65 9.61
12 000014 沙河股份 6.45% 17.02 1.03 1.3亿 4.06% 443.2 17.00 17.02 15.95 15.99 17.38 15.71
13 000016 深康佳A 1.98% 5.16 0.10 3.7亿 12.05% 5.15 5.16 5.03 5.06 5.33 4.98
14 000017 深中华A -2.16% 10.91 -0.24 9256.3万 4.41% 114.8 10.91 10.92 11.00 11.15 11.03 10.60
15 000018 神州长城 3.16% 39.59 1.21 1.7亿 4.56% 39.58 39.59 38.38 38.38 40.29 37.82
上证 2976.52 -31.22 2345.63亿 深证 10405.32 -96.46 3421.89亿 深沪 3174.46 -48.67 1433.13亿 信达证券
帐户信息
持股信息
实时买入
实时卖出
埋单买入
埋单卖出
卖空操作
平仓操作
撤单操作
欢迎登录股城模拟炒股软件，使用过程中有任何疑问请联系客服。
方式：（QQ）800005015 （电话）020-38681181转802
教学：股票入门 实战技巧 技术分析
提示：股市有风险，入市需谨慎。股城模拟炒股软件仅作为教学软件，不可用于实际操作。
数据：资金流向 个股数据 潜力股追踪 个股掘金 个股万花筒 活跃股点评
比赛：股城网可免费提供比赛支持，如有需要请联系（QQ）5889566
万2.5佣金
庄股密码
资金充值

第 3 步 在股城模拟炒股平台界面下方的工具栏中，单击【实时买入】按钮，即可打开【实时买入】面板。

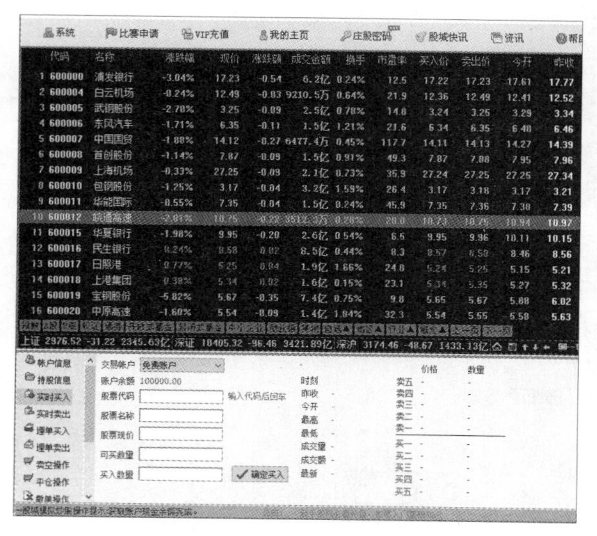

第 4 步 在【股票代码】文本框中输入个股代码，本实例输入【深发展 A】的代码【000001】，按【Enter】键，即可显示【股票名称】【股票现价】【可买数量】等基本信息，在【买入数量】文本框中输入【300】，单击【确定买入】按钮。

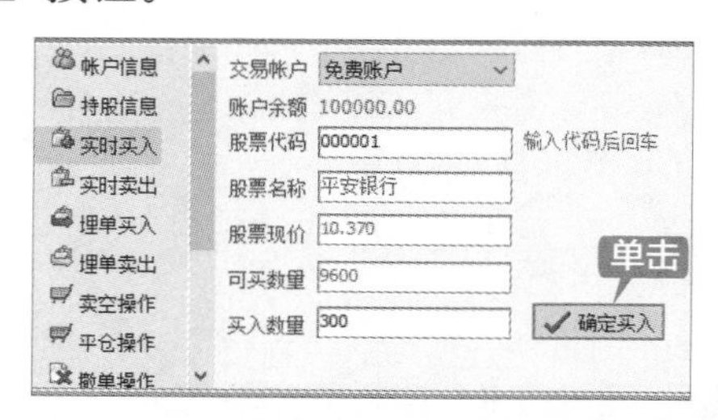

第 5 步 弹出【交易成功】对话框，单击【OK】按钮即可。

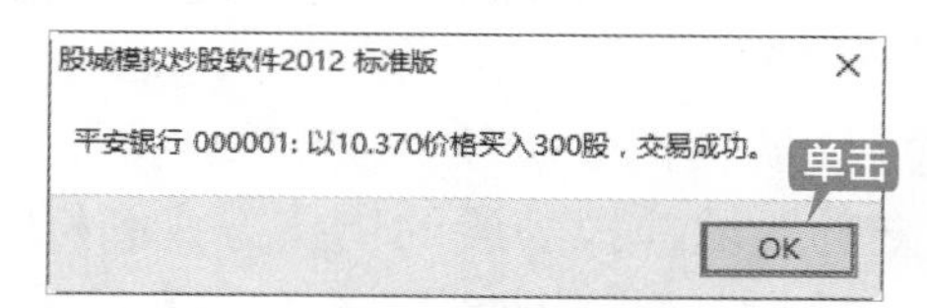

在股城模拟炒股平台上模拟股票实时卖出的具体操作步骤如下。

第 1 步 在股城模拟炒股平台界面下方的工具栏中，单击【实时卖出】按钮，即可打开【实时卖出】面板。

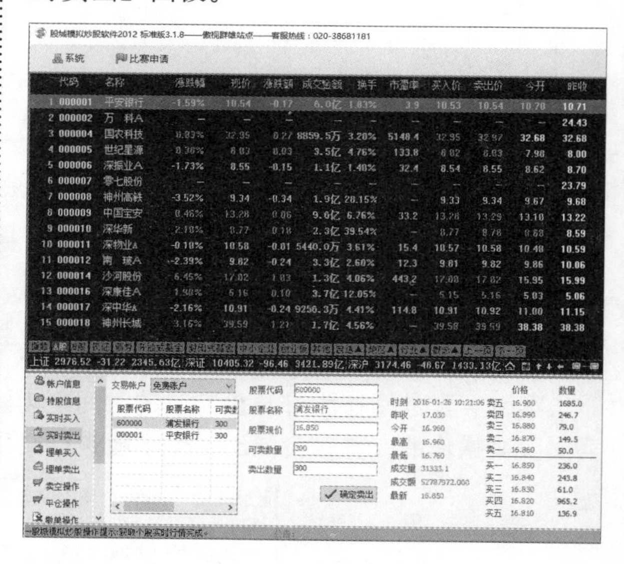

第 2 步 在【实时卖出】面板的股票列表中单击要卖出的股票，即可在其右侧出现该股票的股票代码、股票名称等信息，在【卖出数量】

文本框中输入数量【300】，单击【确定卖出】按钮。

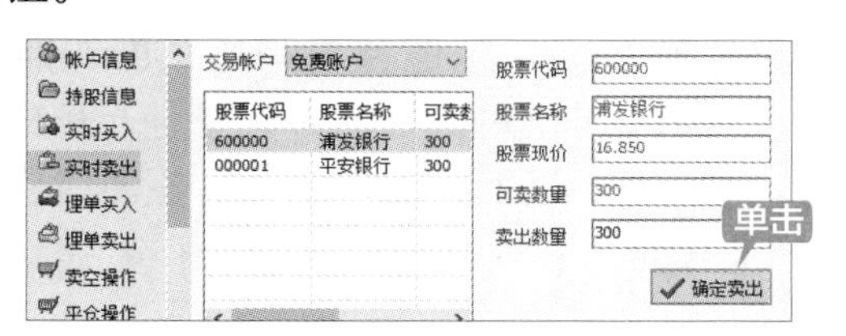

第 3 步 弹出【交易成功】对话框，单击【OK】按钮即可完成实时卖出股票。

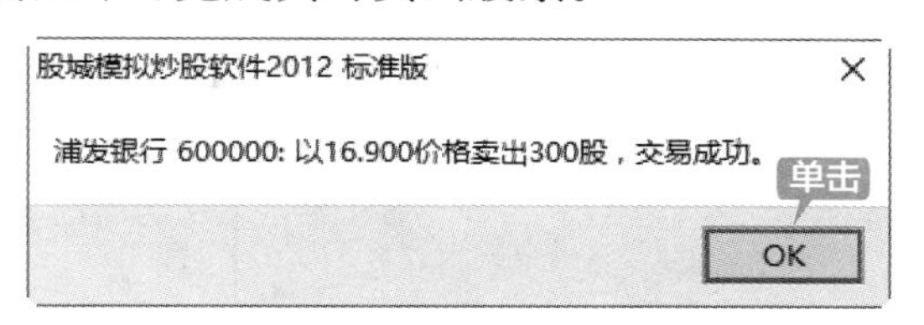

10.2 实战 2：在网上购买基金

股市变幻莫测，风险较大，而且需要花费很多的时间去关注，然而很多忙碌的年轻人却没有这么多时间去关注股市，因此不少人就选择了更为省心的理财方式，那就是网上购买基金。

提示

在网上购买基金要到正规渠道购买，要增强保护意识，防范各类诈骗手段。

10.2.1 网上银行中的基金开户

在网上银行中开通基金账户是进行网上基金交易的首要条件，在开通基金账户之前，投资者必须拥有一个银行的活期卡账户。例如，投资者想要在招商银行的网上银行中开通基金账户，必须先申请一张招商银行的借记卡，这就需要到招商银行的柜台前填写有关申请单，办理相关手续，获取银行卡号，然后再到网上银行中进行相关的设置。

下面就以已经申请好银行账户为例，来介绍在招商银行开通基金账户的操作步骤。

第 1 步 进入招商银行首页，单击【个人网上银行大众版】按钮，进入【个人银行理财大众版】主页，单击页面右侧的【立即下载】按钮。

第 2 步 弹出【一网通网盾】页面，在其中介绍了为何在使用网上银行之前必须安装一网通网盾。

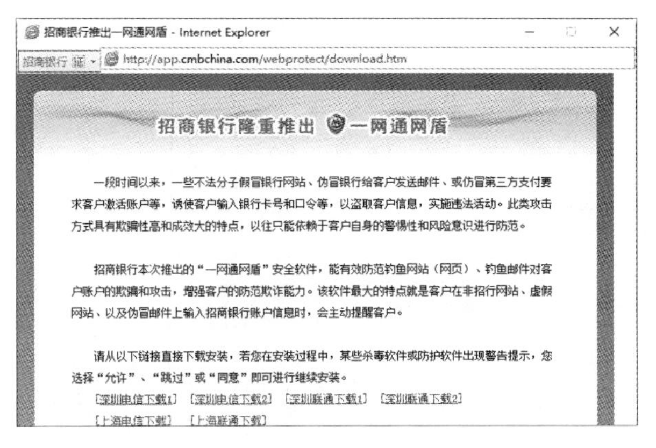

第 3 步 单击任意一个下载链接，下载并安装一网通网盾。

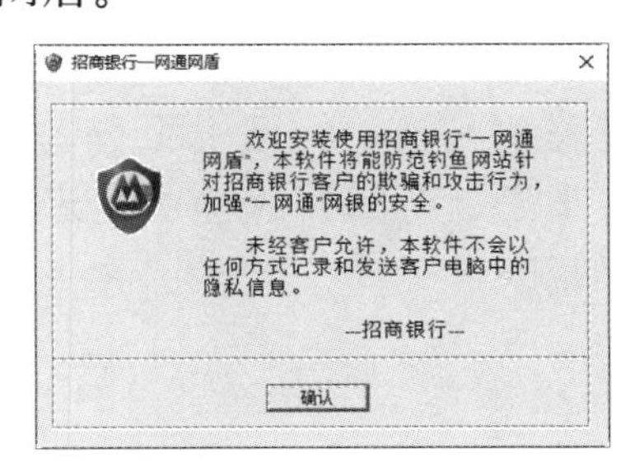

第 4 步 在安装好一网通网盾之后，在大众版登录页面中输入卡号、密码和附加码等信息。

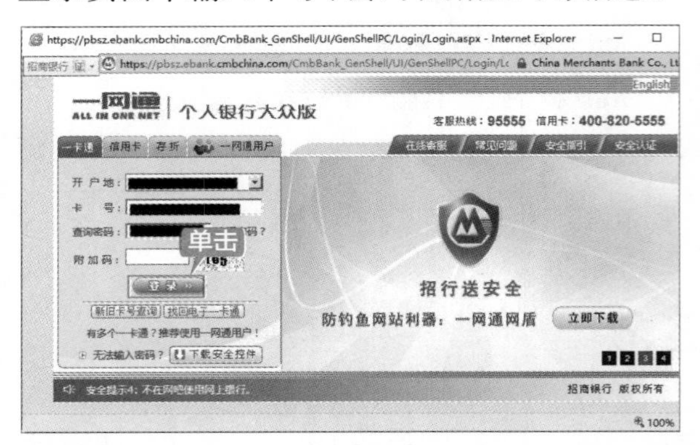

第 5 步 单击【登录】按钮，登录到个人银行大众版页面当中，在其中可以看到该页面集中了银行账户管理、各种投资理财账户管理、贷款管理、自助缴费、网上支付等多种功能。

第 6 步 单击页面左下角的【基金首页】选项，进入【基金首页】页面。如果是第一次使用该基金管理页面，应该首先开通该网银账号的基金理财专户，单击页面中的【网上开户】按钮，进入开户页面，在其中输入各种信息，带“*”号的是必须填写的内容。

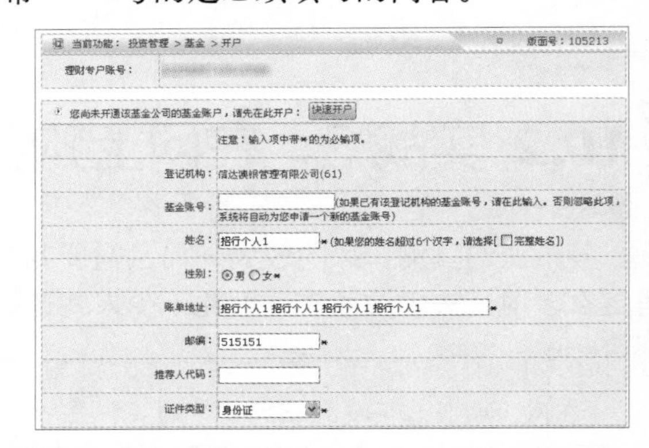

第 7 步 在设置好各种信息后，单击【确定】按钮，即可开通成功。返回基金首页，在其中输入理财专户密码，再单击【确定】按钮，即可进入基金账户页面。

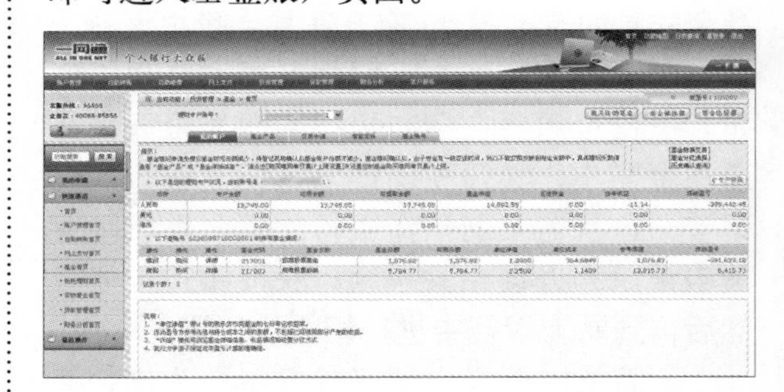

10.2.2 网上银行申购

在网上银行申购基金的操作非常简单，这为很多初学基金理财的人带来了极大的方便，本节就来介绍如何在招商银行的网上银行中申购基金，其具体操作步骤如下。

第 1 步 进入招商银行的网上银行基金首页，单击【基金产品】选项卡，进入基金产品页面。

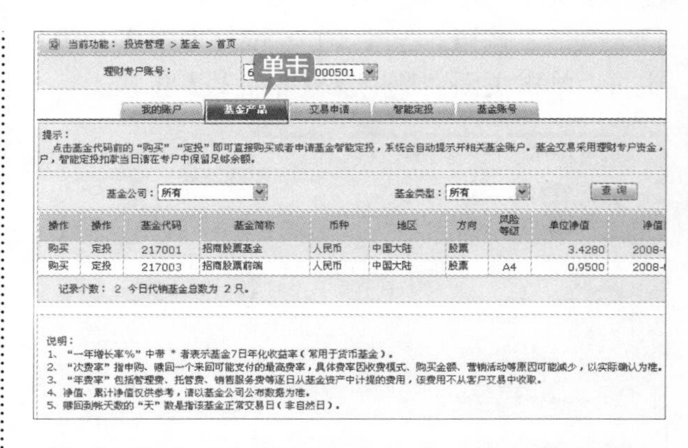

第 2 步 单击【购买】链接，进入【基金申购】

页面，在【理财专户购买】文本框中输入购买的金额，单击【确定】按钮。

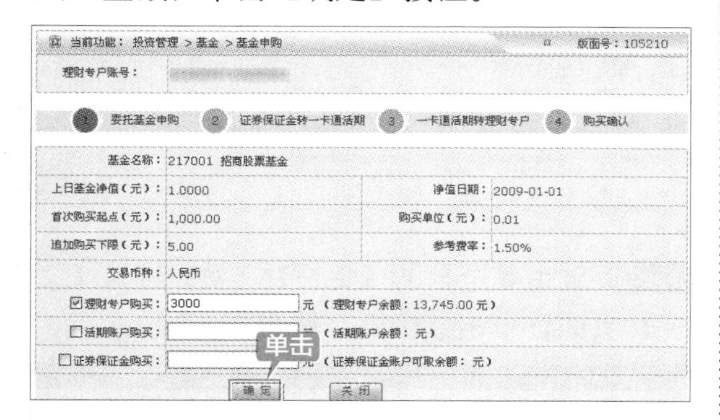

第 3 步　进入【购买确认】页面，在其中查看购买的基金名称、交易币种、理财专户余额、申购金额汇总等，单击【确定】按钮。

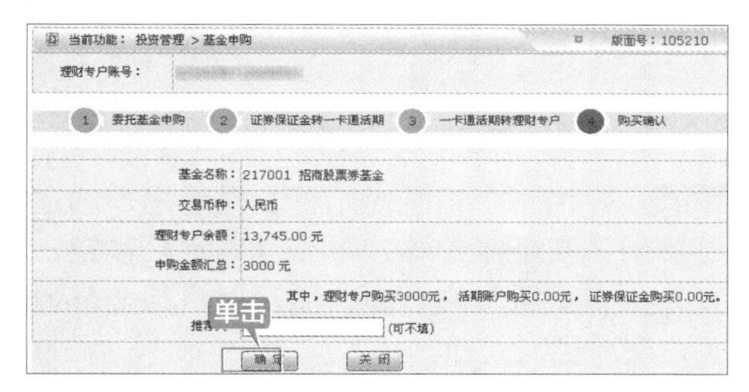

第 4 步　弹出一个信息提示框，提示用户所填写的资料是否正确无误。如果确认无误，则单击【确定】按钮，打开【申购基金交易以受理】页面，在其中提示用户交易委托已经接受。

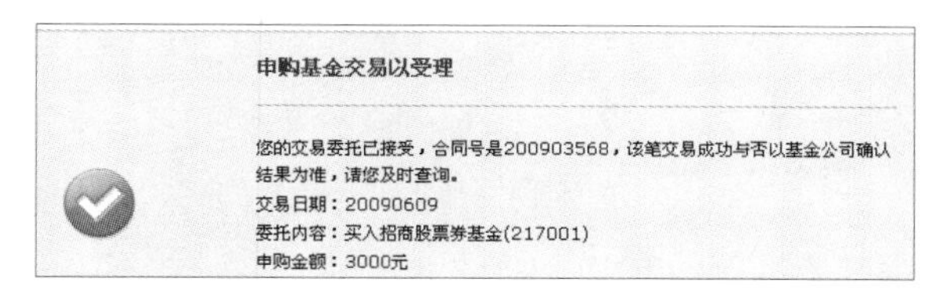

第 5 步　返回网上银行基金首页中，单击【交易申请】按钮，进入交易申请页面，在其中可以查看用户最近提交的基金购买或赎回申请。如果已经交易成功，则不会显示在该窗口中，如果还未交易成功，则会显示在该窗口中，且状态是【在途申请】。

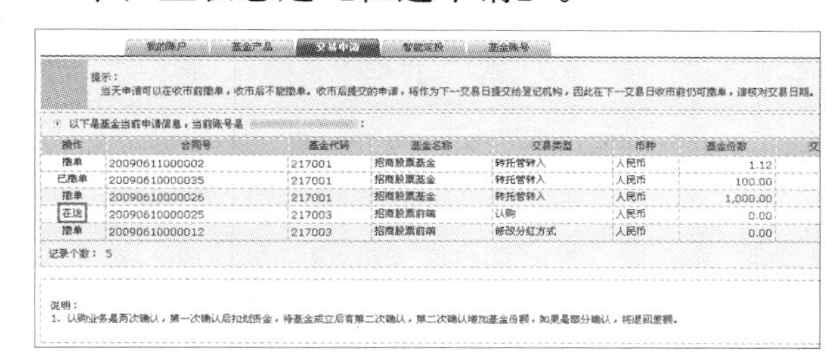

10.2.3 基金赎回

当购买了几只基金后，如果觉得是赎回的时机了，就可以通过网上银行进行基金赎回的操作。具体操作步骤如下。

第 1 步　进入网上银行的基金首页，选择【我的账户】选项卡，在其中可以看出投资者所购买的基金收益情况。

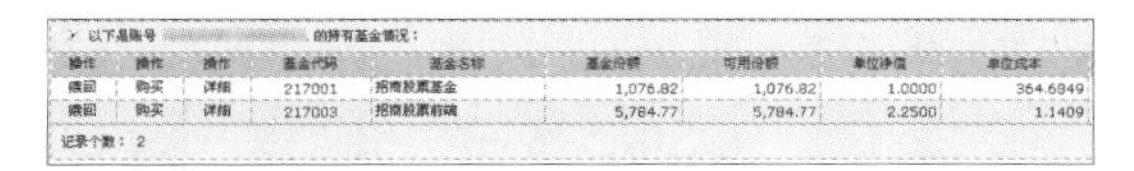

第 2 步　单击【赎回】按钮，打开【验证专户密码】对话框，在其中进行理财专户的验证，单击【确定】按钮。

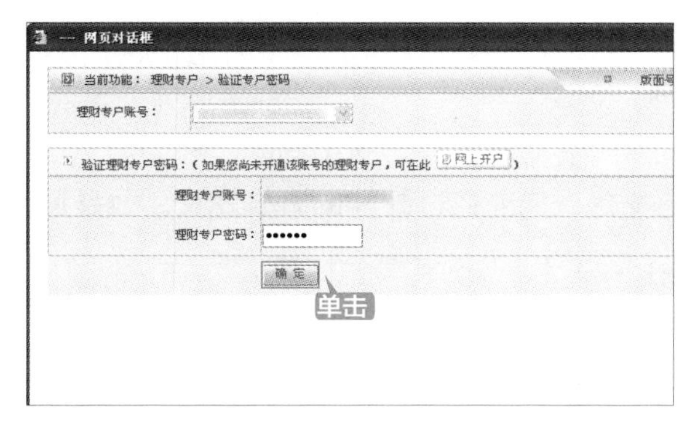

第 3 步　进入【赎回】页面，在其中输入赎回的份数，单击【确定】按钮。

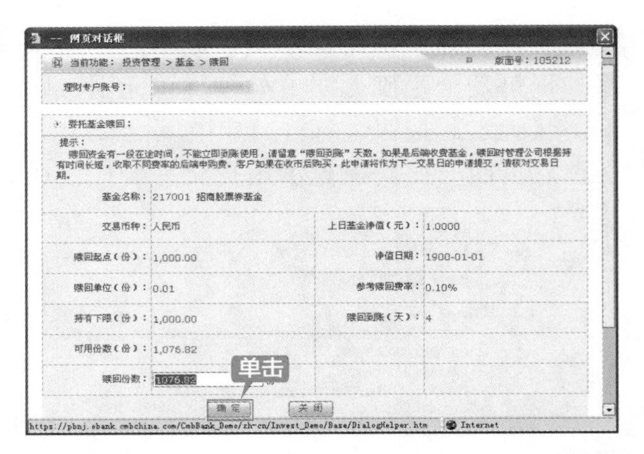

第 4 步 弹出一个信息提示框，提示用户所填写的资料是否正确无误。如果确认无误，单击【确定】按钮，打开【赎回基金交易已受理】页面，提示用户交易委托已经受理。

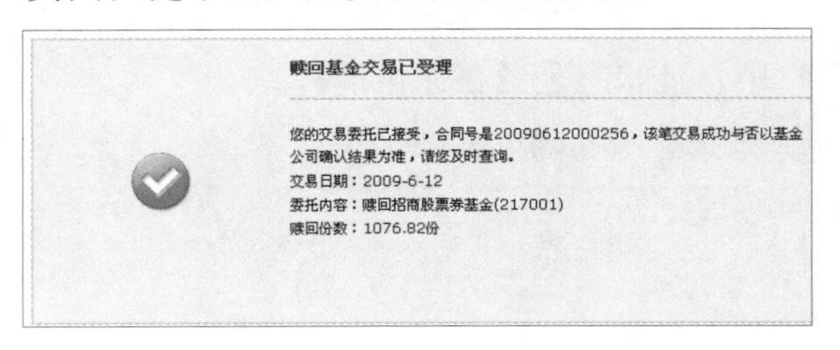

第 5 步 另外，在基金赎回后，如果长期不再购买该基金公司的基金的话，就可以关闭该基金公司的理财账户了。在基金首页中单击【基金账户】选项卡，进入基金账户页面。

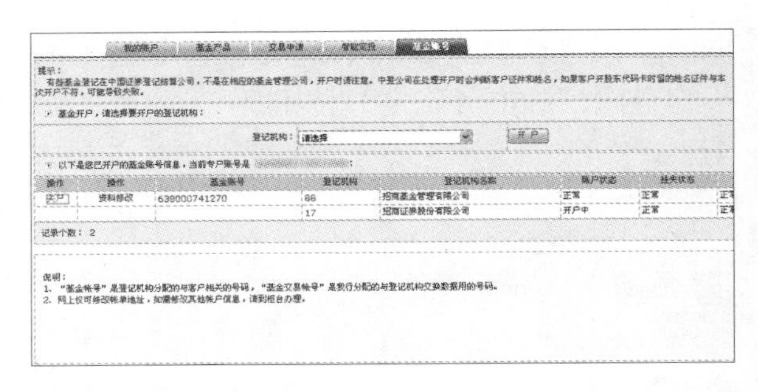

第 6 步 单击基金前的【关户】链接，进入【关户】页面，单击【确定】按钮。

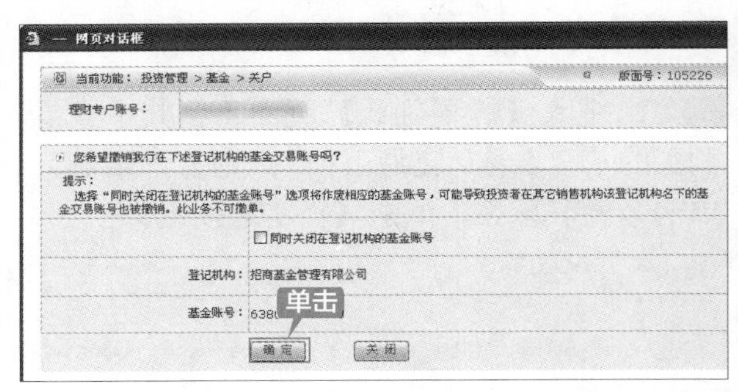

第 7 步 弹出一个信息提示框，提示用户确定要关闭该基金账户吗，单击【确定】按钮，打开如下图所示的页面，提示用户基金公司关户交易已经受理。

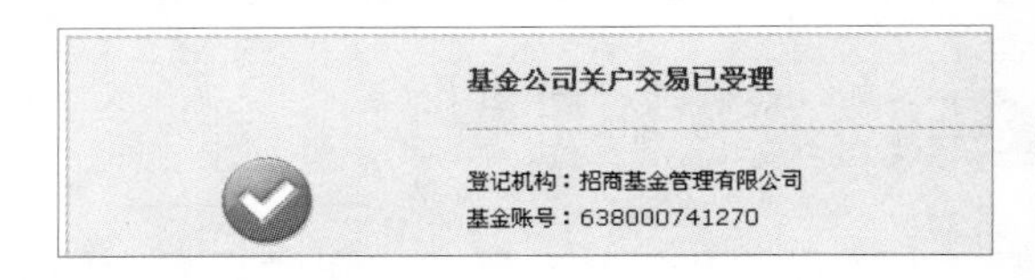

10.3 实战 3：网上购物

网上购物，就是通过互联网检索商品信息，并通过电子订购单发出购物请求，然后进行网上支付，厂商通过邮购的方式发货，或是通过快递公司送货上门。

提示

网上购物需要到正规的电子商务网站购买，避免到来历不明的网站购物。

10.3.1 在淘宝购物

要想在淘宝网上购买商品，首先要注册一个账号，才可以以淘宝会员的身份在其网站上进行购物，下面介绍如何在淘宝网上注册会员并购买物品。

1. 注册淘宝会员

第 1 步　启动 Microsoft Edge 浏览器，在地址栏中输入“http://www.taobao.com”，打开淘宝网首页。

第 2 步　单击页面左上角的【免费注册】按钮，打开【注册协议】工作界面，单击【同意协议】按钮。

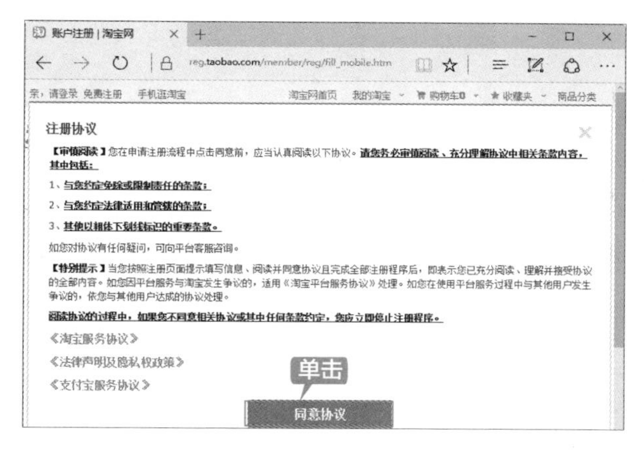

第 3 步　打开【设置用户名】界面，在其中可以输入自己的手机号码进行注册，单击【下一步】按钮。

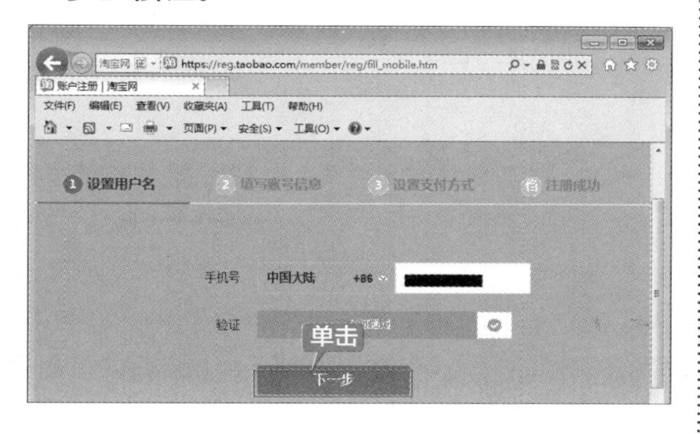

第 4 步　打开【验证手机】界面，在其中输入淘宝网发给手机的验证码，单击【确认】按钮。

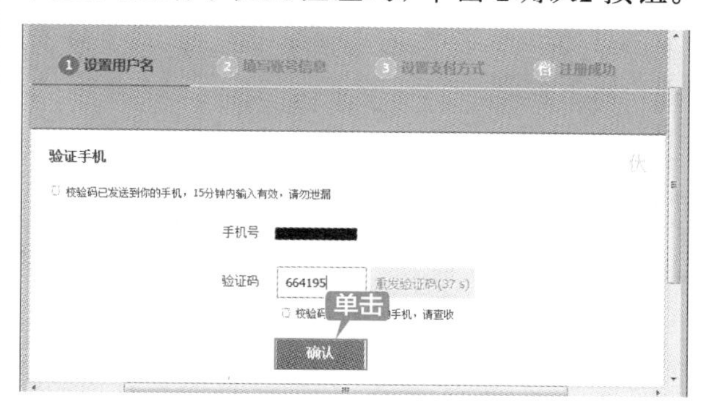

第 5 步　打开【填写账户 信息】界面，在其中输入相关的账户信息，单击【提交】按钮。

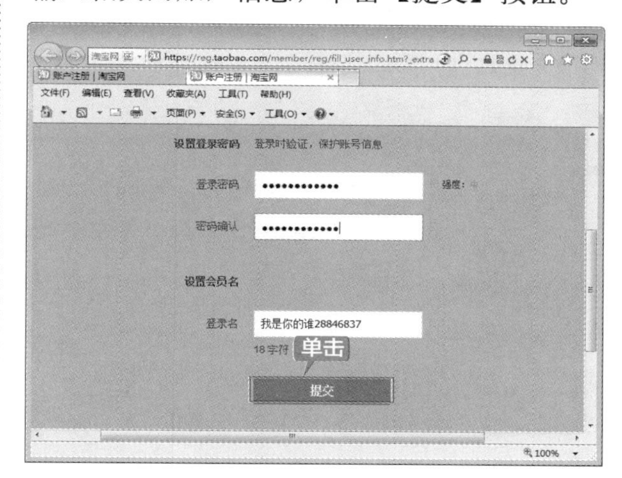

第 6 步　打开【用户注册】界面，在其中设置支付方式，设置完成后，单击【同意协议并确定】按钮。

第 7 步 则会弹出【用户注册】界面，提示用户注册成功，并在页面左上角显示注册的用户名，表示已注册为淘宝会员，单击【淘宝网首页】链接。。

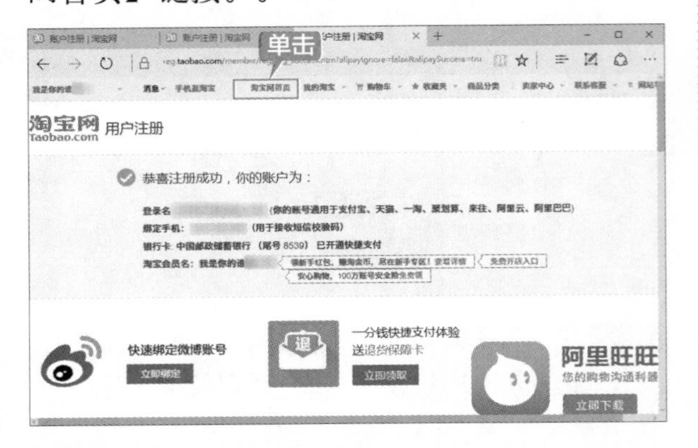

第 8 步 即可以该会员身份进入到淘宝网首页。

2. 在淘宝网上购买商品

第 1 步 在淘宝网的首页搜索文本框中输入自己想要购买的商品名称，如这里想要购买一个手机壳，就可以输入【手机壳】。

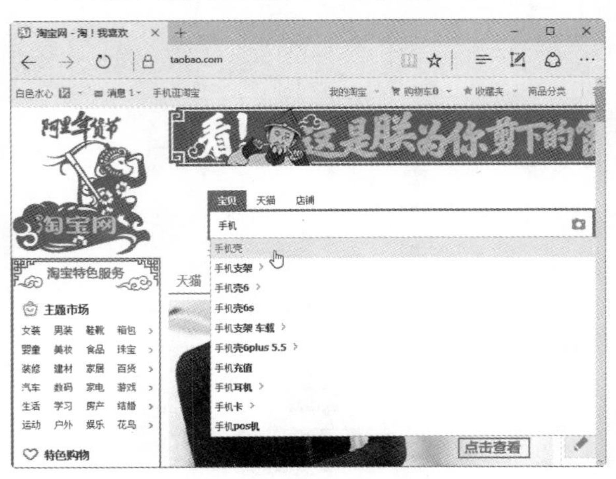

第 2 步 单击【搜索】按钮，弹出搜索结果页面，选择喜欢的商品。

第 3 步 单击喜欢的商品图片，弹出商品的详细信息页面，在【颜色分类】中选择商品的颜色分类，并输入购买的数量，单击【立即购买】按钮。

第 4 步 弹出发货详细信息页面，设置收货人的详细信息和运送方式，单击【提交订单】按钮。

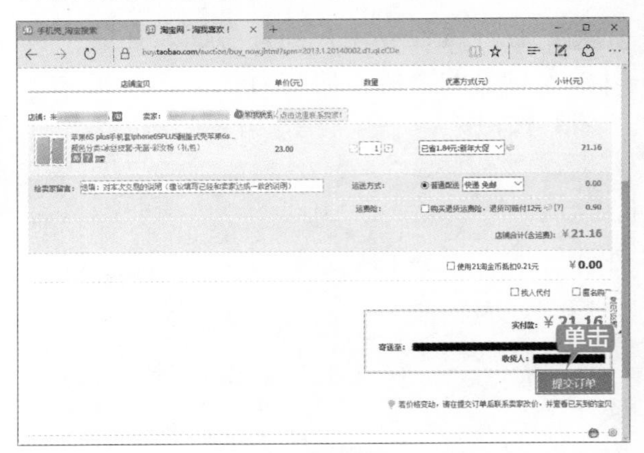

第 5 步 弹出【支付宝 我的收银台】窗口，在其中输入支付宝的支付密码，单击【确认付款】

按钮。

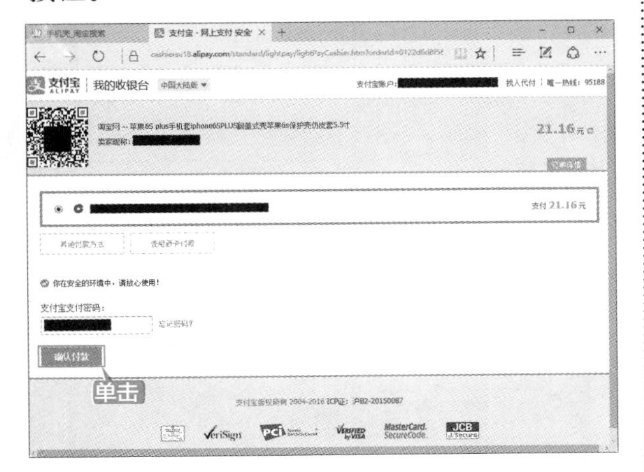

第 6 步 即可完成整个网上购物操作，并在打开的界面中显示付款成功的相关信息，接下来只需要等待快递送货即可。

10.3.2 在京东购物

京东商城是为广大用户提供便利可靠的高品质网购专业平台，本节讲述如何在京东商城购买电子类商品。

具体操作步骤如下。

第 1 步 启动 Microsoft Edge 浏览器，在地址栏中输入京东商城的网址“http://www.jd.com”，打开京东商城的首页。

第 2 步 单击页面上的【登录】按钮，打开京东商城的登录界面，在其中输入用户名和密码。

第 3 步 单击【登录】按钮，即可以会员的身份登录到京东商城。

第 4 步 在京东商城的搜索栏中输入想要购买的电子商品，如这里想要购买一部华为品牌的手机，可以在搜索框中输入【华为手机】。

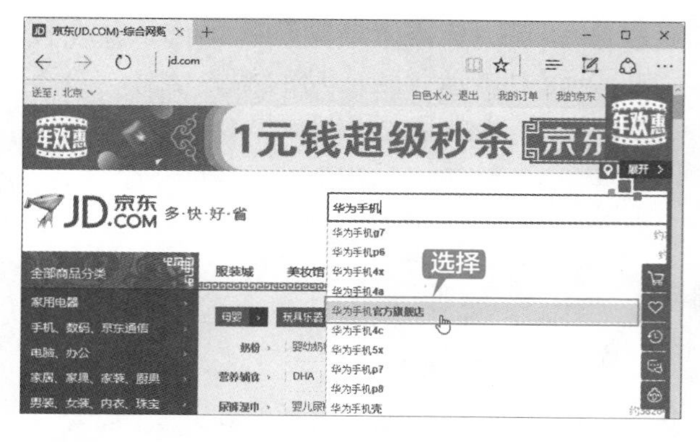

第5步 在搜索中选择相关的搜索关键字，这里选择【华为手机官方旗舰店】，即可进入华为手机在京东商城的官方旗舰店中。

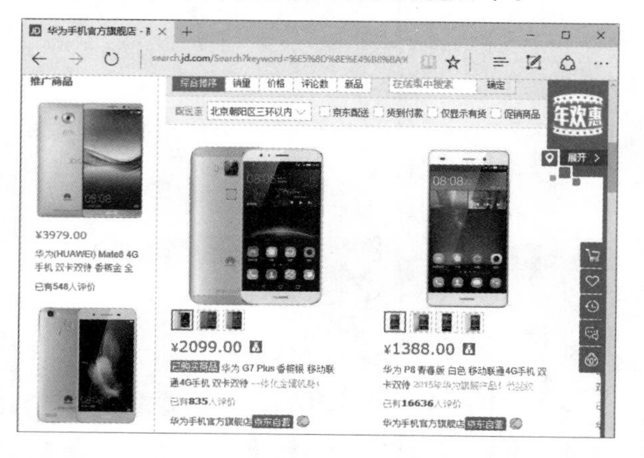

第6步 在官方旗舰店之中单击想要购买的华为手机图片，即可进入商品的详细信息界面，在其中可以查看相关的购买信息，以及商品的相关说明信息，如商品颜色、商品型号等，单击【加入购物车】按钮。

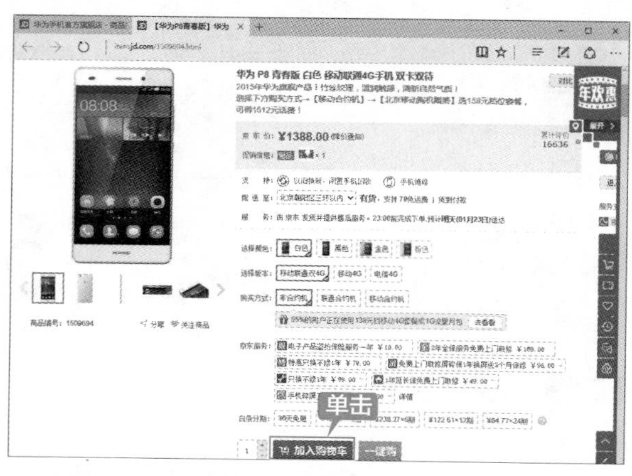

第7步 即可将自己喜欢的商品放置到购物车当中，这时可以去购物车当中结算，也可以继续到网站中选购其他的商品。

第8步 单击【去购物车结算】按钮，即可进入商品的结算页面，在其中显示了商品的价位、购买的数量等信息。

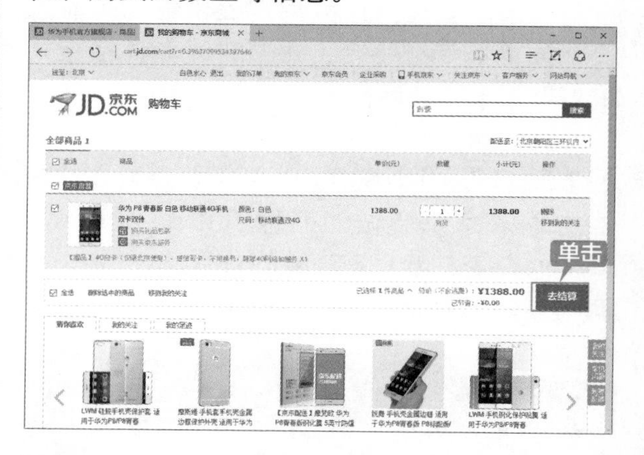

第9步 单击【去结算】按钮，进入【填写并核对订单信息】界面，在其中设置收货人信息、支付方式等。

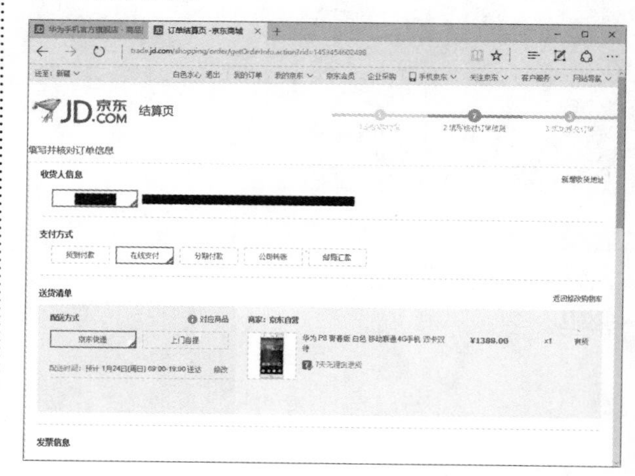

第 10 步 单击【提交订单】按钮，进入订单付款界面，在其中可以选择付款的银行信息，最后单 击【立即支付】按钮，即可完成在京东商城购买电子产品的相关操作。

10.4 实战 4：在线购买火车票

现在很多的人会选择在网上购买火车票，既方便又快捷，而且不用去排队，也避免出一些意外。

在线购买火车票的具体操作步骤如下。

第 1 步 启动 IE 11 浏览器，在地址栏中输入官方购票网站“www.12306.cn”，按下【Enter】键，打开该网站的首页。

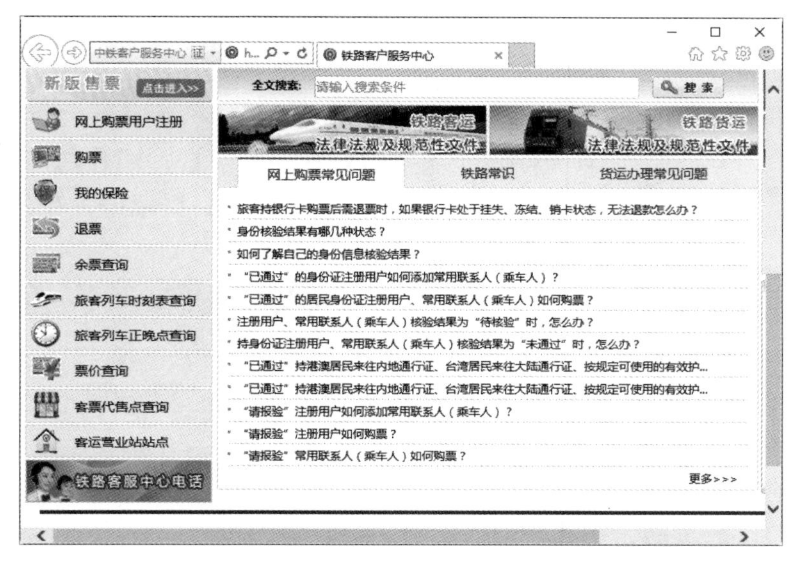

第 2 步 在网页左侧的列表中单击【购票】超链接，进入【购买】界面，单击【登录】按钮。

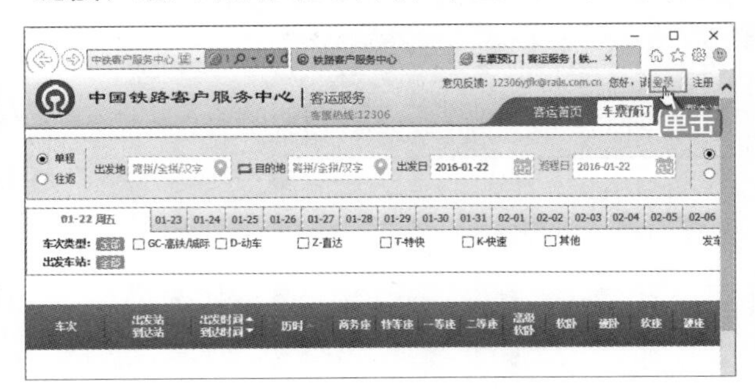

第 3 步 打开【登录】页面，在其中输入登录名与密码等信息。

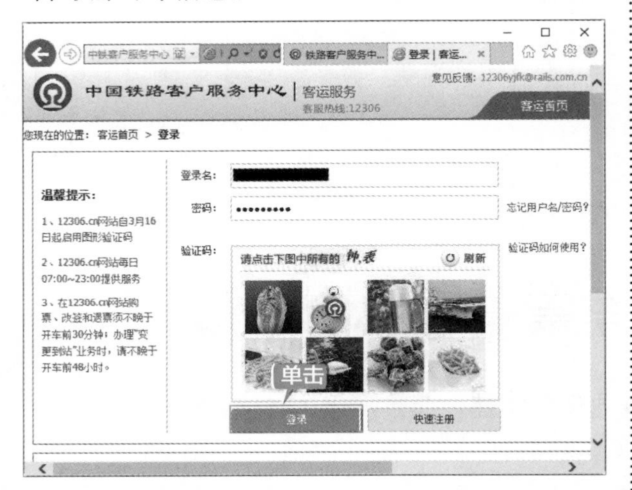

第 4 步 单击【登录】按钮，即可以会员的身份登录到购票网站当中。

第 5 步 选择页面右上角的【车票预订】选项卡，进入【车票预订】页面，在其中输入车票的出发地、目的地与出发日期等信息。

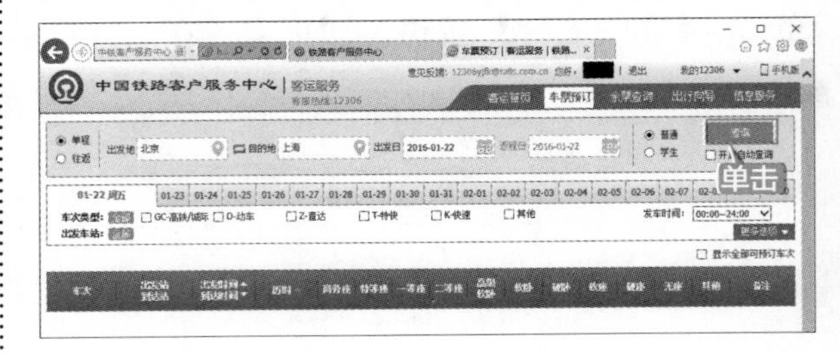

第 6 步 单击【查询】按钮，即可查询出符合条件的火车票信息。

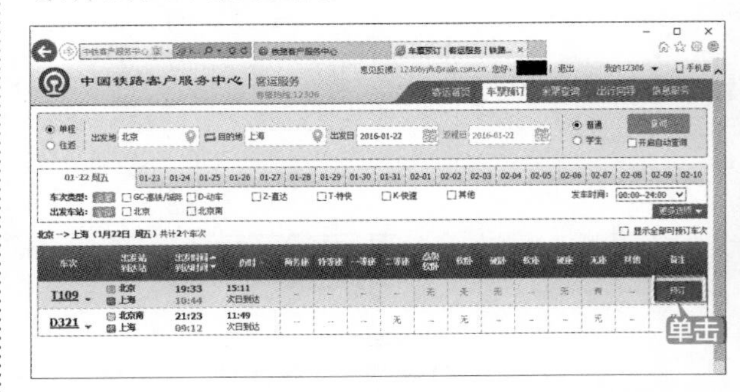

第 7 步 单击【预订】按钮，系统进入【列车信息】页面，在其中添加乘客信息。

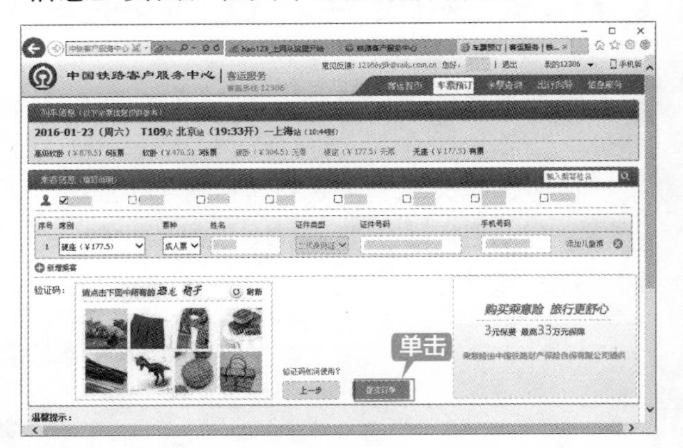

第 8 步 单击【提交订单】按钮，弹出【请核对以下信息】提示框，在其中核实自己的车票信息。

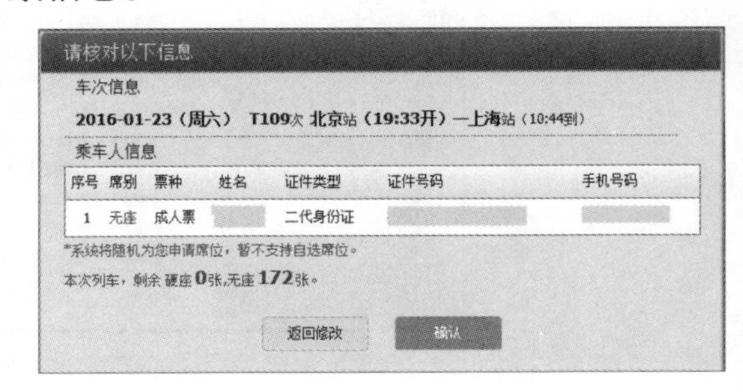

第 9 步 如果没有错误，则可以单击【确认】按钮，进入【订单信息】页面，在其中可以查看自己的订单信息，单击【网上支付】按钮。

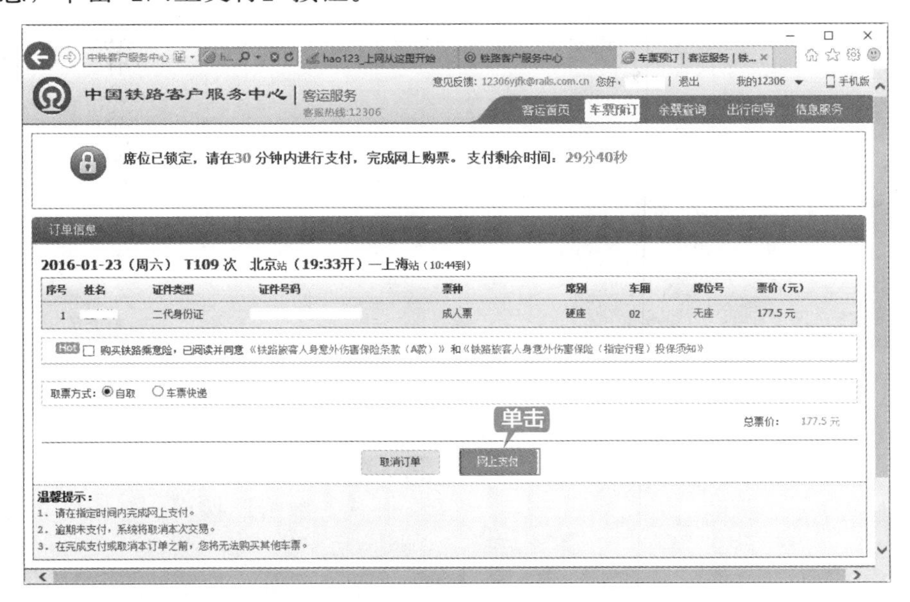

第 10 步 按照网站的提示进行支付，即可完成在线购买火车票的操作流程。

10.5 在网上缴纳家庭水电煤费

有了网络支付，用户可以在网上缴纳日常水电煤费，不需要再去营业厅进行缴纳。具体操作步骤如下。

第 1 步 打开浏览器，通过百度搜索引擎搜索【支付宝】官网，并进入支付宝官方网站，在页面中单击【登录】按钮。如没有账户，单击【立即注册】按钮，根据提示进行注册即可。

第 2 步 弹出登录对话框，输入支付宝账号和密码，单击【登录】按钮。

第3步 登录成功后，单击底部【生活好助手】菜单栏中的【水电煤缴费】图标。

第4步 选择缴纳的业务，如单击【缴燃气费】按钮，进行燃气费的缴纳。

第5步 在【公用事业单位】下拉列表中，选择所在城市的缴纳单位，并在【用户编号】文本框中输入燃气使用编号，单击【查询】按钮。

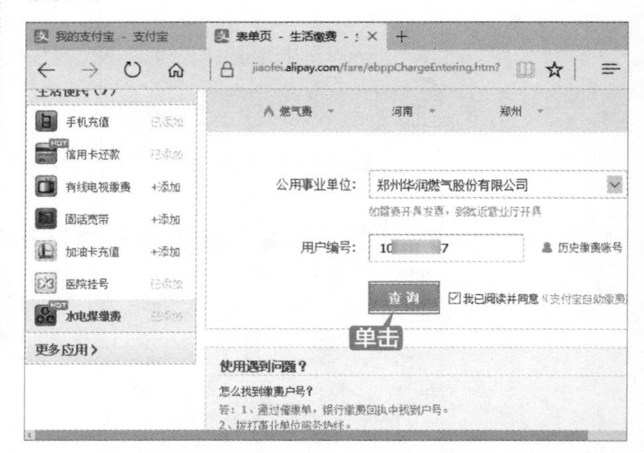

第6步 查询到欠费信息后，输入欠费的金额，单击【去缴费】按钮。

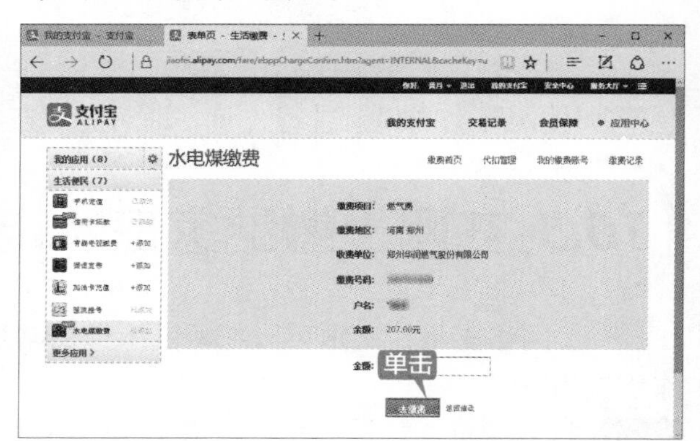

第7步 进入付款页面，选择要缴纳的银行卡信息，然后输入支付宝支付密码，单击【确认付款】按钮进行付款即可。

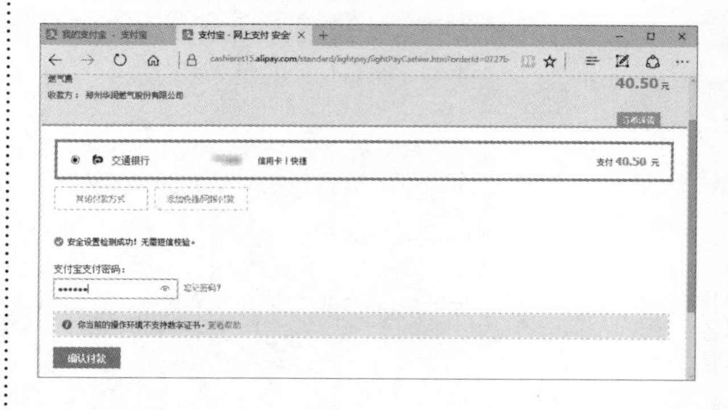

提示

如果初次使用，可根据提示添加银行卡号并设置支付密码信息。

使用微信滴滴打车

随着网络约车的普及，人们出行变得更加方便，尤其滴滴打车等在年轻人出行中占据了重要位置，而老年人也可以在出行时，根据需要，选择网络约车的出行方式。

用户不仅可以在支付宝中下单，也可以在微信中下单，另外，也可以在手机中下载客户端进行使用。由于微信和支付宝中已经集成了滴滴打车的功能，因此不需要再进行下载，可以直接使用，本节以滴滴打车为例，其具体操作步骤如下。

第 1 步 打开手机中的微信，点击底部的【我】图标。

第 2 步 进入【钱包】页面，在【第三方服务】区域下，点击【滴滴出行】图标。

第 3 步 进入【滴滴出行】页面，选择【快车】

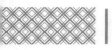

选项卡。

第 4 步 输入起点和目的地位置，点击【呼叫快车】按钮，叫车成功后，司机就会根据位置信息去起点位置，此时只需等待车来了。同时，司机也会根据你提供的手机信息进行联系，以确定准确的位置。搭车成功后，当到达目的地时，根据提示进行付款即可。

◇ 使用比价工具寻找最便宜的卖家

【惠惠购物助手】比价工具能够进行多站比价，显示历史价格曲线，寻找网上最便宜的卖家，将商品添加到【想买】清单后还可开通降价提醒，帮用户轻松省钱。

使用【惠惠购物助手】比价工具寻找最便宜卖家的具体操作步骤如下。

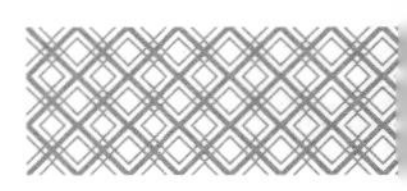

第 1 步 启用 360 安全浏览器，单击浏览器工作界面右上角的【扩展】按钮，在弹出的快捷菜单中选择【扩展中心】选项。

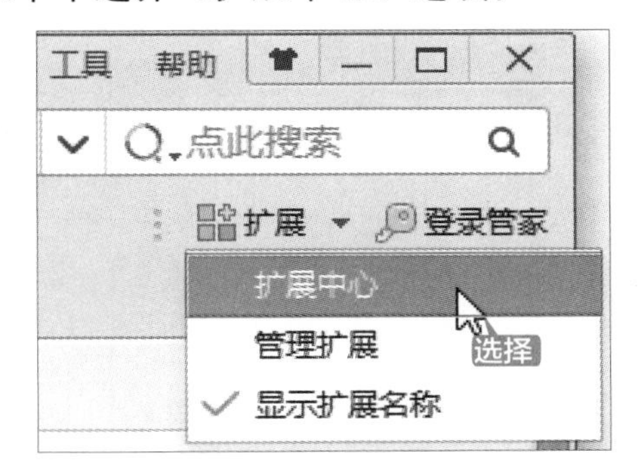

第 2 步 进入 360 安全浏览器的扩展中心页面，在其中选择【全部分类】选项，并在左侧的列表中选择【生活便利】选项，进入【生活便利】信息页面。

第 3 步 单击【惠惠购物助手】下方的【安装】按钮，即可安装【惠惠购物助手】。

第 4 步 安装完毕后，弹出一个信息提示框，提示用户是否要添加【惠惠购物助手】。

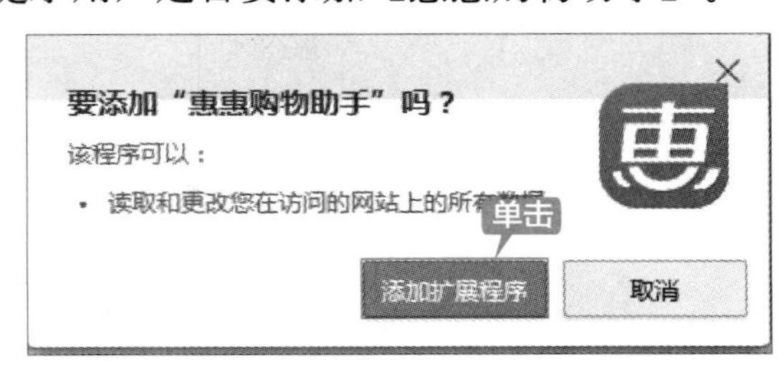

第 5 步 单击【添加扩展程序】按钮，即可将惠惠购物助手添加到 360 安全浏览器的扩展中。

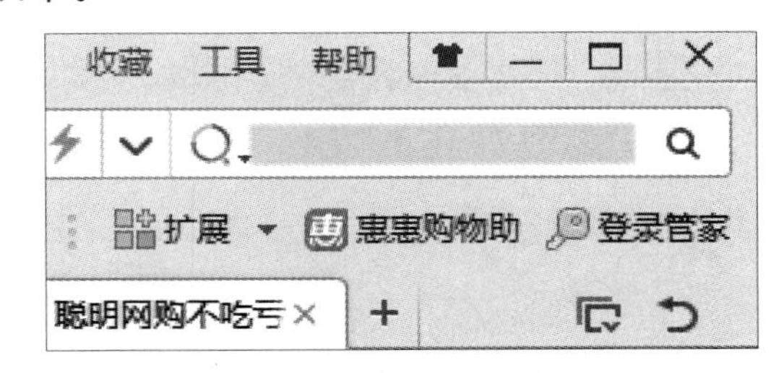

第 6 步 重新启动 360 安全浏览器，在商品购物页面中可以看到添加的惠惠购物助手，将鼠标指针放置在【其他 7 家报价】选项卡上，在弹出的界面中可以查看其他购物网站中该商品的报价。

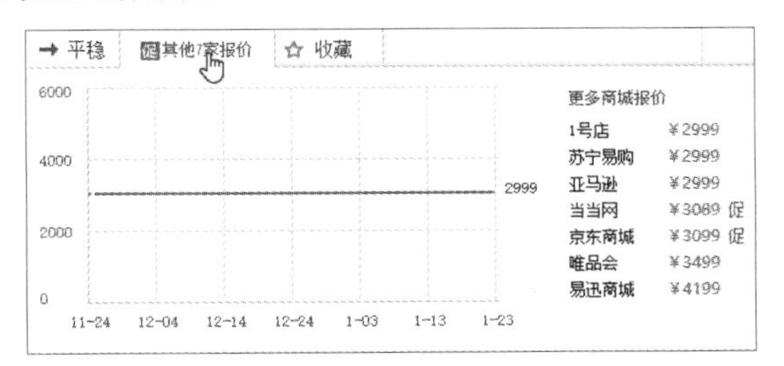

第 7 步 在商品详细信息页面的下方显示【惠惠购物助手】的工具条。

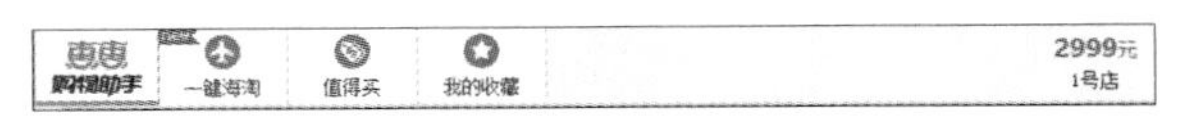

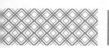

第 8 步 单击【更多报价】超链接，进入商品比价页面，在其中可以看到该商品在其他购物网站的详细报价信息。

商城比价

网上商城	商家服务	商品名称	优惠信息	价格	
当当网	货到付款 正规发票 差价返还	华为 HUAWEI Mate S 臻享版 移动/联通双4G/电信版手机正规授权 顺丰快递 + 显示其他11个商品		2479.0 元	去商城
	货到付款 正规发票 假一罚二	华为 HUAWEI Mate S 移动 / 联通双4G版 3G运行内存+32G机身内存 标配版星辰银32GB非合约机公开版 + 显示其他104个商品		2688.0 元	去商城
亚马逊 amazon.cn	货到付款 15日退货 30日换货 正规发票	HUAWEI 华为 Mate8 NXT-DL00 联通定制版 移动联通双4G手机(月光银)麒麟950处理器 3GB RAM+32GB ROM 6英寸屏 + 显示其他1个商品		2999.0 元	去商城
苏宁易购	货到付款 正规发票	【移动赠费版】华为 mate8标配版（月光银）移动联通4G + 显示其他25个商品		2999.0 元	去商城
JD.COM 京东	货到付款 全国联保 正规发票	华为 HUAWEI Mate8 双卡双待双通手机 月光银 移动联通4G版(3G RAM+32G ROM)标配 + 显示其他35个商品		3099.0 元	去商城

第 11 章

和亲朋好友聊天

本章导读

随着手机、电脑的普遍，每人一部手机、电脑大家的见面机会越来越少，通常都是通过手机、电脑的聊天软件来沟通，很多老年朋友要想和自己的孩子联系也要通过这些软件，本章主要介绍如何利用 QQ 聊天。

思维导图

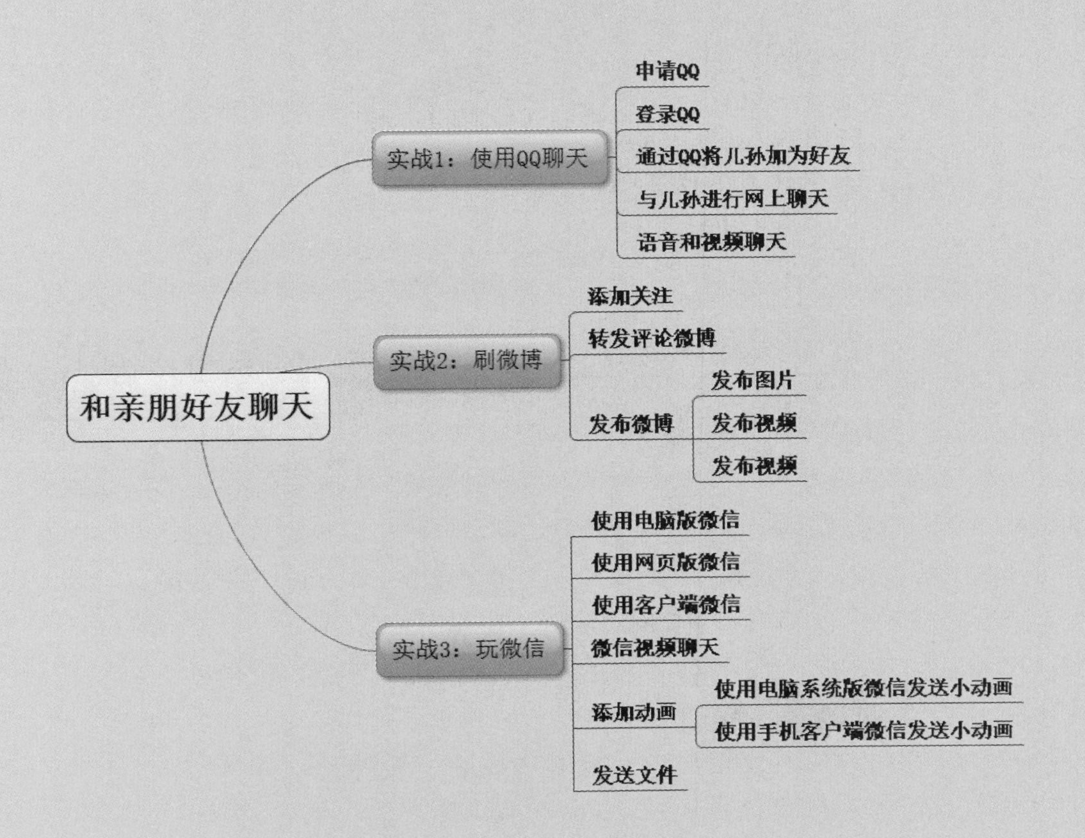

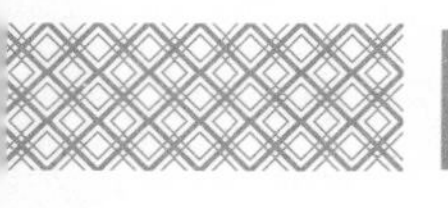

11.1 实战 1：使用 QQ 聊天

QQ 是使用人群较广的聊天工具，同时还可以使用 QQ 玩游戏等，本节主要介绍如何使用 QQ 聊天。

11.1.1 申请 QQ

要想使用 QQ 软件进行聊天，首先需要做的是安装并申请 QQ 账号，其中安装 QQ 软件与安装其他普通的软件一样，按照安装程序的提示一步一步地安装即可，这里不再赘述，下面具体介绍申请 QQ 账号的操作步骤。

第 1 步 双击桌面上的 QQ 快捷图标，即可打开【QQ】对话框。

第 2 步 单击【注册账号】超链接，即可进入【注册账号】页面，在其中输入注册账号的昵称、密码等信息。在文本框中输入手机号，并单击【获取短信验证码】按钮，将收到的验证码输入文本框中，单击【提交验证码】按钮。

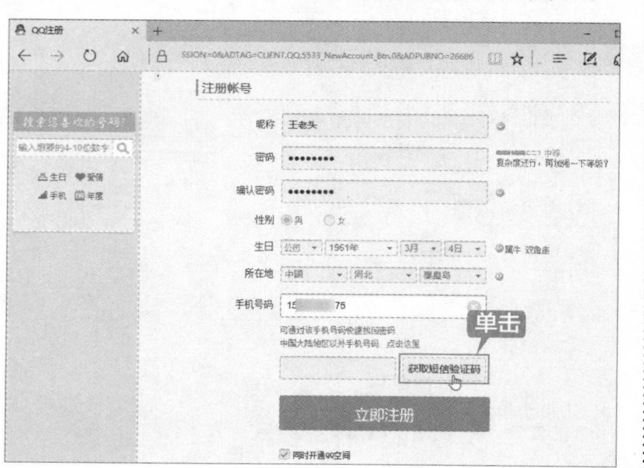

第 3 步 打开手机，查看收到的验证码，如下图所示。

第 4 步 在文本框中输入验证码，单击【立即注册】按钮。

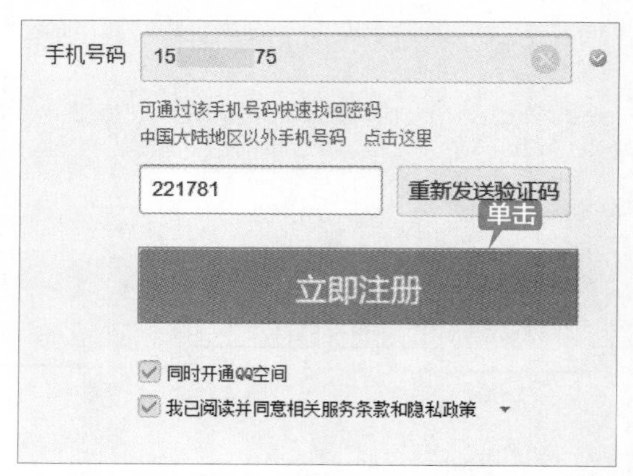

第 5 步 申请成功后，即可得到一个 QQ 号，如下图所示。

11.1.2 登录 QQ

申请到 QQ 号码后，就可以登录到 QQ 上了。具体操作步骤如下。

第 1 步 双击桌面上的【腾讯 QQ】图标。

第 2 步 即可弹出 QQ 登录对话框，在文本框中输入申请的账号和密码。

第 3 步 用户还可以单击 QQ 头像右下侧的状态图标，选择合适的登录状态选项。如选择【我在线上】状态，也可选中【记住密码】复选框，这样在下次登录时不用输入密码，也可同时选中【自动登录】复选框，当下次启动电脑时，即会自动登录 QQ。

第 4 步 验证信息成功后，登录到 QQ 的主界面中。

11.1.3 通过 QQ 将儿孙加为好友

可以将儿孙的 QQ 号码添加到好友中，其具体操作步骤如下。

第 1 步 在 QQ 的主界面中，单击【加好友】按钮+。

第 2 步 打开【查找】对话框，在【查找】对话框上方的文本框中输入账号或昵称，单击【查找】按钮。

第 3 步 即可在下方显示出好友的相关信息，单击【加好友】按钮+好友。

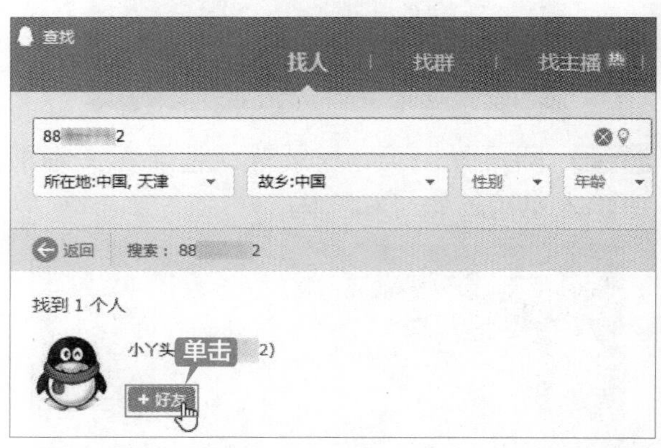

第 4 步 弹出【添加好友】对话框，在其中输入验证信息，单击【下一步】按钮。

第 5 步 在打开的对话框中可以备注好友的姓名，然后将该好友进行分组，单击【下一步】按钮。

第 6 步 系统随即会将用户的请求信息发给对方，单击【完成】按钮，关闭【添加好友】对话框。

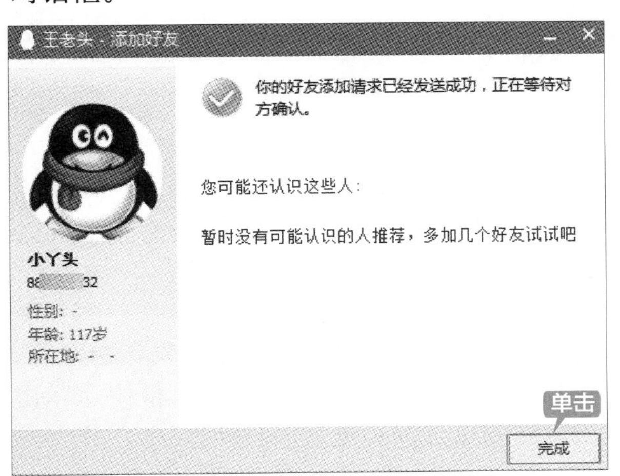

第 7 步 当把添加好友的信息发送给对方后，对方好友的 QQ 账号下方会弹出验证消息的相关提示信息，单击【同意】按钮。

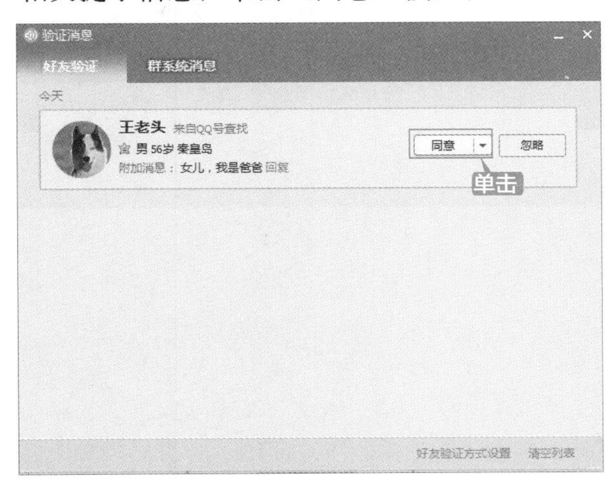

第 8 步 弹出【添加】对话框，在其中输入备注姓名并选择分组信息，单击【确定】按钮。

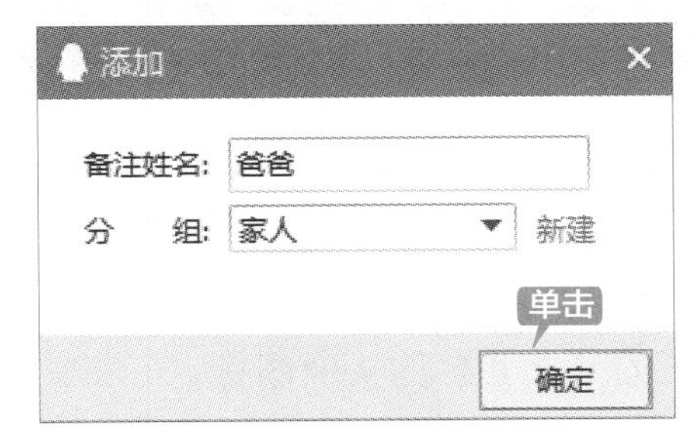

第 9 步 即可完成好友的添加操作，在【验证消息】对话框中显示【已同意】信息。

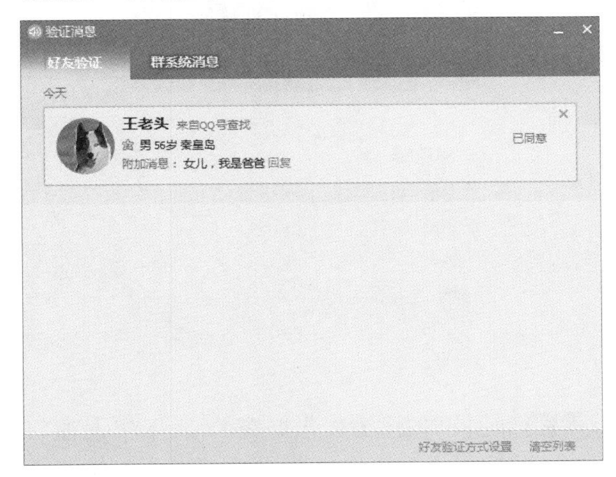

第 10 步 这时 QQ 程序自动弹出与对方进行会话的窗口。

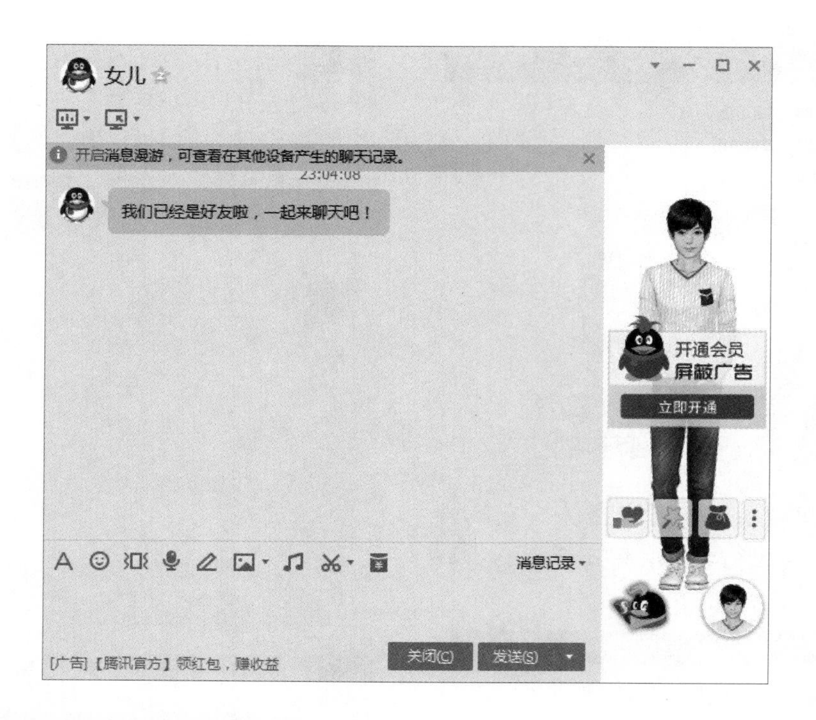

11.1.4 与儿孙进行网上聊天

将儿孙的 QQ 号添加到自己好友中后，就可以与他们聊天了。具体操作步骤如下。

第 1 步 在 QQ 窗口的好友列表中双击需要进行聊天的好友头像图标，这里双击【家人】分组下的【女儿】的头像图标。

第 2 步 随即弹出【女儿】窗口，在聊天窗口中输入想要说的话，然后单击【发送】按钮。

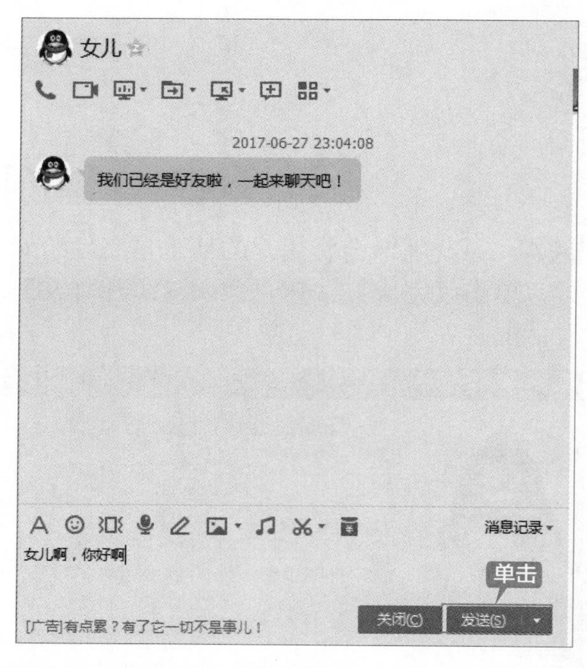

第 3 步 系统即会将所输入的信息发送给对方，并且在聊天窗口中间的聊天记录框中显示出所发送的信息内容及发送时间。

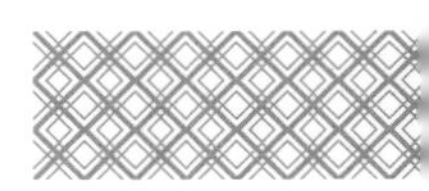

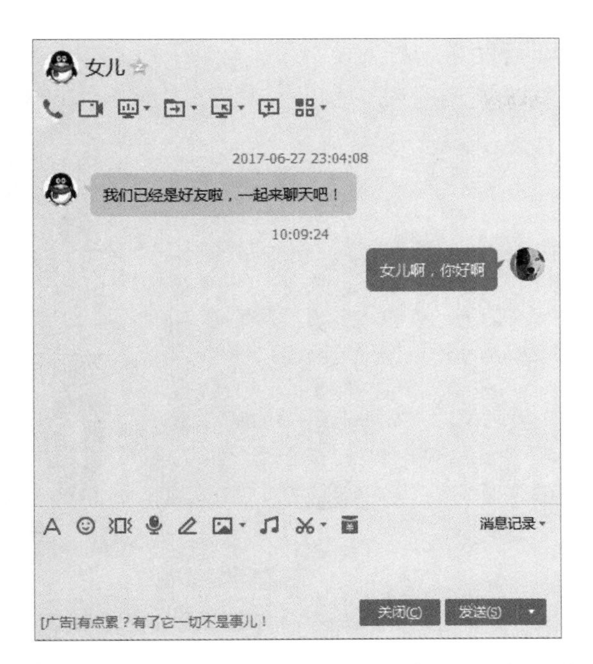

第 4 步 当系统发出滴滴的提示音时，表示有好友发送的信息，并显示在用户的聊天窗口中。

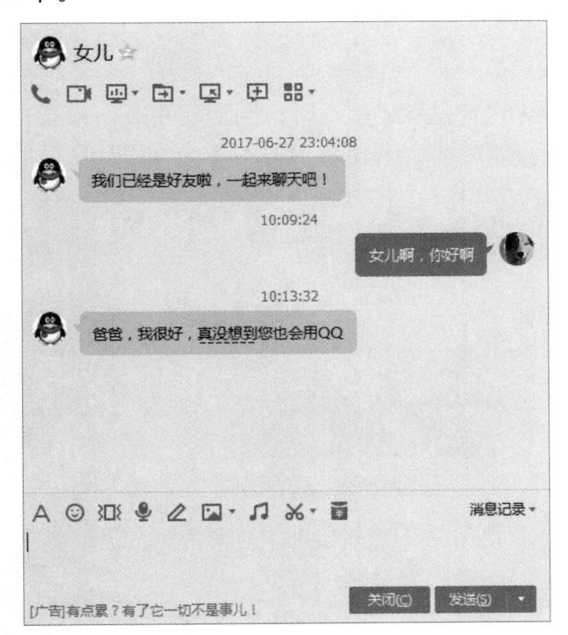

第 5 步 若没有打开与好友的聊天窗口，则好友用户回复信息后，好友的头像会在好友列表及任务栏的通知区域中不停地闪烁。

第 6 步 双击闪烁的好友头像，即可打开与好友的聊天窗口，同时显示出该好友所发送的回复信息。

第 7 步 在聊天中，如果想到字体大小进行调整，可以单击【字体选择工具栏】按钮 A，在展开的字体设置工具栏中对字体格式进行设置，如下图所示即可看到调整字体大小后，聊天窗口的字体变大。

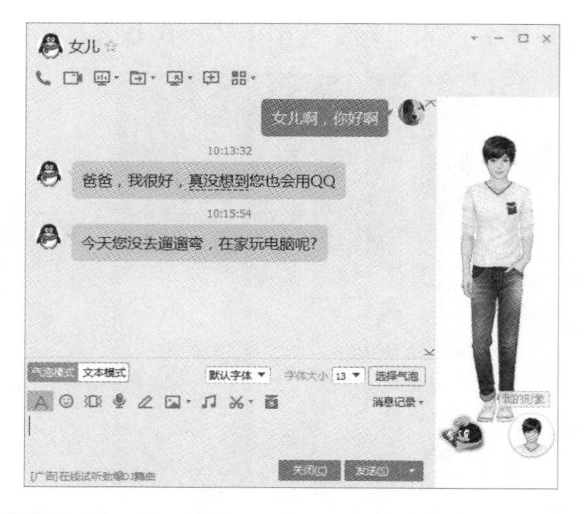

第 8 步 除了文字发送，还可以单击【选择表情】按钮，即可弹出表情列表框，单击选择表情即可发送给好友。

11.1.5 语音和视频聊天

QQ 软件不仅可使用户通过手动输入文字和图像的方式与好友进行交流，还可通过声音和视频进行沟通。

语音和视频聊天的具体操作步骤如下。

第 1 步 双击要进行语音聊天的QQ好友头像，在【聊天】窗口中单击【发起语音通话】按钮。

第 2 步 软件即可向对方发送语音聊天请求，如果对方同意语音聊天，会提示已经和对方建立了连接，此时用户可以调节麦克风和扬声器的音量大小，进行通话即可。如果要结束语音对话，则单击【挂断】按钮即可。

第 3 步 双击要进行视频聊天的QQ好友头像，在弹出的【聊天】窗口中单击【发起视频通话】按钮。

第 4 步 即可向对方发送视频聊天请求。如果对方同意视频聊天，会提示已经和对方建立了连接并显示出对方的头像，如果没有安装好摄像头，则不会显示任何信息，但可以语音聊天。

第 5 步 如果要结束视频，单击【挂断】按钮即可。

11.2 实战 2：刷微博

微博，也称为微博客（MicroBlog），是一个基于用户关系的信息分享、传播及获取平台，用户可以通过手机客户端、网络及各种客户端组件实现即时信息的分享，本节以腾讯微博为例，来介绍刷微博的方法与技巧。

11.2.1 添加关注

腾讯微博账号与自己的 QQ 号码可以连接，使用 QQ 号码可以登录腾讯微博，然后在微博当中添加关注、转发微博、评论微博和发布微博。

在腾讯微博中添加关注的具体操作步骤如下。

第 1 步 在 QQ 登录界面中单击【更多】按钮，在弹出的下拉列表中单击【腾讯微博】图标。

第 2 步 即可登录到自己的微博页面。

第 3 步 在页面的右侧中间，用户可以看到【推

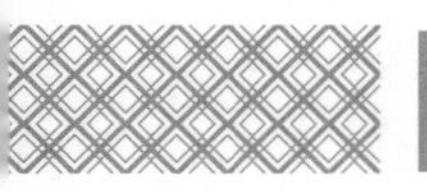

荐收听】模块，在其中显示了可以关注的对象。

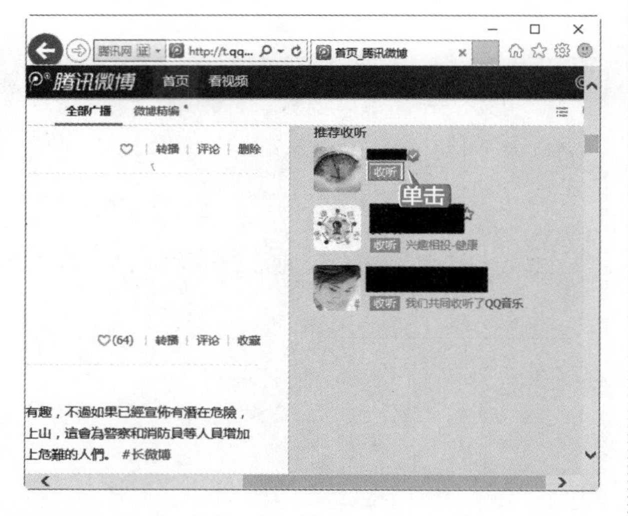

第 4 步 单击【收听】按钮，即可收听对方广播的信息，这里的收听与关注功能是一样的。

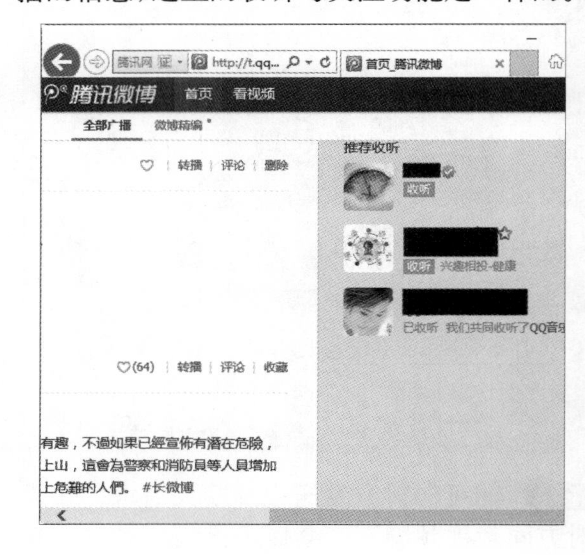

11.2.2 转发评论微博

当看到自己收听的广播有需要转发和评论的微博后，用户可以转发并评论，具体操作步骤如下。

第 1 步 登录到自己的微博页面，在页面的下方显示的就是自己收听的广播信息。

第 2 步 单击广播信息右下角的【评论】链接，打开评论界面。

第 3 步 在【评论本条微博】文本框中可以输入评论的内容。

第 4 步 如果想要转发这条微博，可以选中【同时转播】复选框。

第 5 步 单击【评论】按钮，即可转发并评论这条微博。

11.2.3 发布微博

在腾讯微博之中发布微博的具体操作步骤如下。

第 1 步 在 QQ 登录界面中单击【更多】按钮，在弹出的下拉列表中单击【腾讯微博】图标。

第 2 步 即可登录到自己的微博页面。

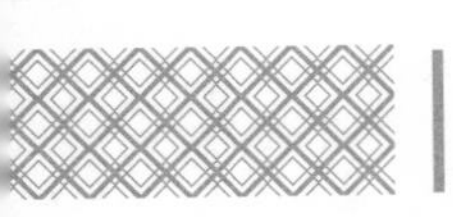

第 3 步 在【来，说说你在做什么，想什么】文本框中输入自己最近的心情、遇到的好笑的事情等。

第 4 步 另外，还可以在发表的言论中插入表情，单击文本框下侧的表情按钮，即可打开【表情】面板。

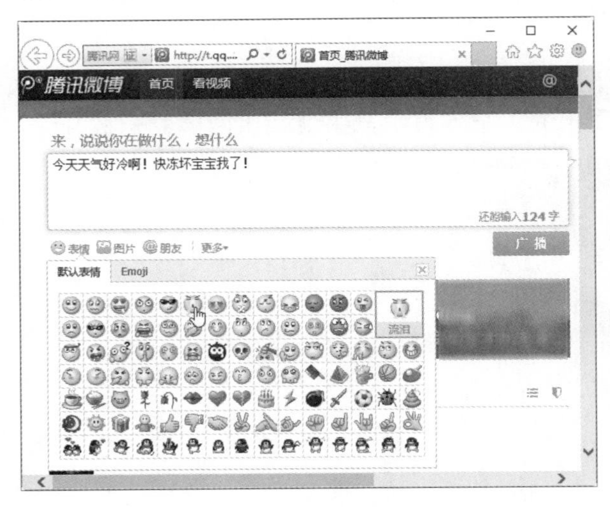

第 5 步 单击【表情】面板之中的表情，如这里选择一个流泪的表情，单击该表情，即可将其添加到文本框之中。

第 6 步 单击【广播】按钮，即可在我的微博主页下方显示出发布的言论。

另外，用户还可以在微博之中广播图片、视频、音乐等。具体操作步骤如下。

1. 发布图片

第 1 步 在我的微博首页中单击【来，说说你在做什么，想什么】文本框下侧的【图片】按钮，即可打开【图片】面板。

第 2 步 单击【上传图片】按钮，即可打开【打开】对话框，在保存图片的文件夹之中选中需要上传的图片。

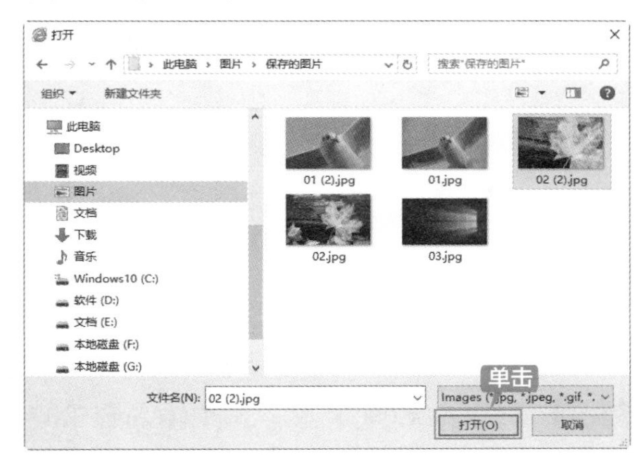

第 3 步 单击【打开】按钮，即可开始上传图片。

第 4 步 上传完成之后，即可在【图片】面板之中显示图片的缩略图。

第 5 步 单击【广播】按钮，即可将图片发布到自己的微博之中，并在下方的列表中显示出来。

2. 发布视频

第 1 步 单击【来，说说你在做什么，想什么】文本框下侧的【更多】按钮，展开更多功能面板。

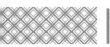

第 2 步 单击【视频】按钮，即可展开【视频】面板。

第 3 步 单击【在线视频】按钮，在【地址】文本框中输入视频在新浪播客、优酷网、土豆网等视频网站的视频播放链接地址。

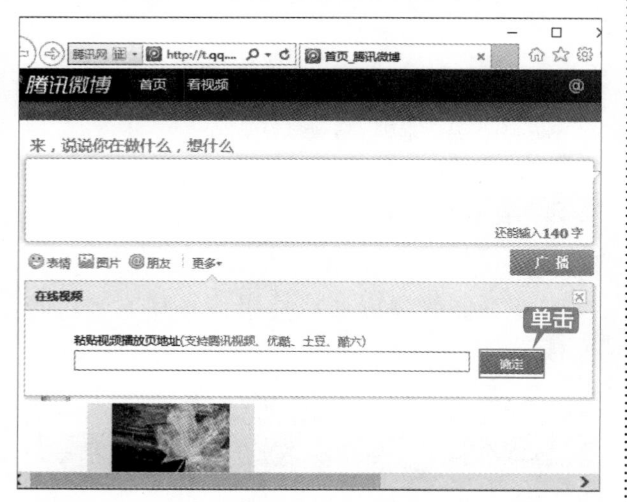

第 4 步 单击【确定】按钮，再单击【广播】按钮即可。

3. 发布音乐

第 1 步 在【更多】面板中单击【音乐】按钮。

第 2 步 展开【音乐】设置面板，在其中选择【音乐收藏】选项。

第 3 步 在【QQMusic】文本框中输入音乐的名称，如这里输入【回家】，即可在下侧显示有关【回家】的信息。

第 4 步 单击【搜索】按钮，即可在下方显示有关【回家】的歌曲列表。

第 5 步 选中某个需要上传的歌曲前面的单选按钮，单击【添加】按钮，即可在【来，说说你在做什么，想什么】文本框中显示添加的歌曲及链接地址等。

第 6 步 单击【广播】按钮，即可将该歌曲发布到自己的微博之中。

11.3 实战 3：玩微信

微信是一种移动通信聊天软件，目前主要应用在智能手机上，支持发送语音短信、视频、图片和文字，可以进行群聊。

11.3.1 使用电脑版微信

微信除了手机客户端版外，还有电脑系统版微信，使用电脑系统版微信可以在电脑上进行聊天，具体操作步骤如下。

第 1 步 打开电脑系统版微信下载页面。

第 2 步 单击【立即下载】按钮，打开【查看下载】窗口，在其中单击【运行】按钮。

第 3 步 系统开始下载电脑系统版微信，并自动弹出【微信安装向导】对话框，在其中可以设置电脑系统版微信安装的路径。

第 4 步 单击【安装微信】按钮，开始安装电脑系统版微信程序，安装完毕后，弹出【已安装微信】对话框。

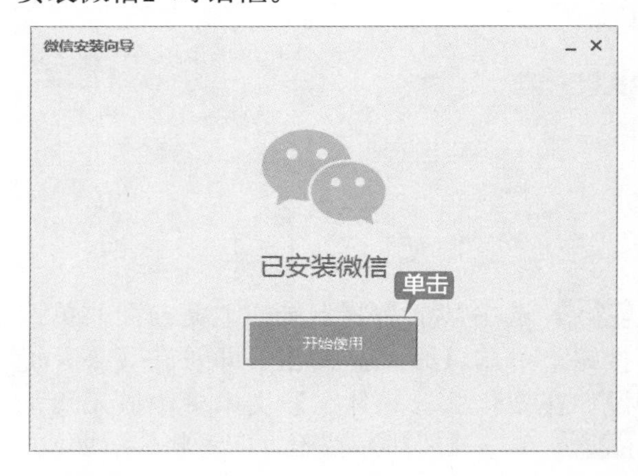

第 5 步 单击【开始使用】按钮，弹出【微信】二维码页面，提示用户使用微信扫一扫登录。

第 6 步 使用手机微信扫一扫功能扫描电脑桌面上的微信二维码，弹出【微信】页面，提示用户在手机上确认登录。

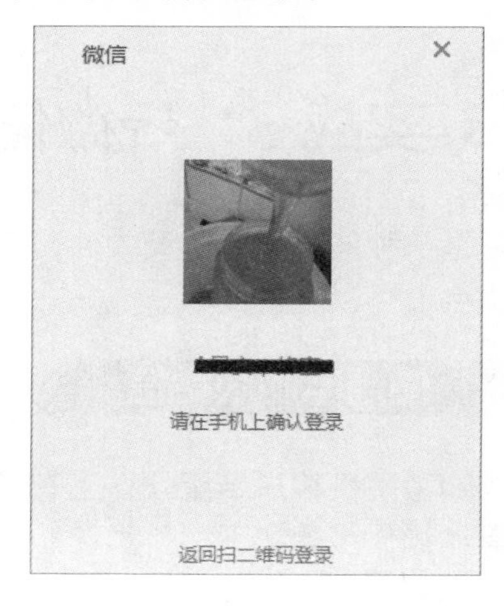

第7步 使用手机登录微信，这时电脑上的微信也登录了，并弹出如下图所示的页面。

第8步 单击【开始使用】按钮，即可打开电脑系统版微信的即时聊天窗口，在其中显示了以前的聊天记录。

第9步 在即时聊天窗口中输入聊天信息。

第10步 单击下方的【发送】按钮，即可将文字信息发送给对方。

第11步 单击【表情】按钮，可以打开电脑系统版微信的表情面板，在其中可以选择表情，然后单击【发送】按钮，将表情发送给好友。

11.3.2 使用网页版微信

网页版微信是在网页当中与微信好友聊天的工具，使用网页版微信与好友进行聊天的具体操作步骤如下。

第 1 步 使用 IE 浏览器打开微信网页版页面。

第 2 步 登录手机微信客户端，找到微信的扫一扫功能，扫描网页上的二维码。

第 3 步 扫描完成后，手机中弹出如下图所示的界面。

第 4 步 单击【登录】按钮，即可登录到微信网页版当中，左侧显示的是微信好友列表。

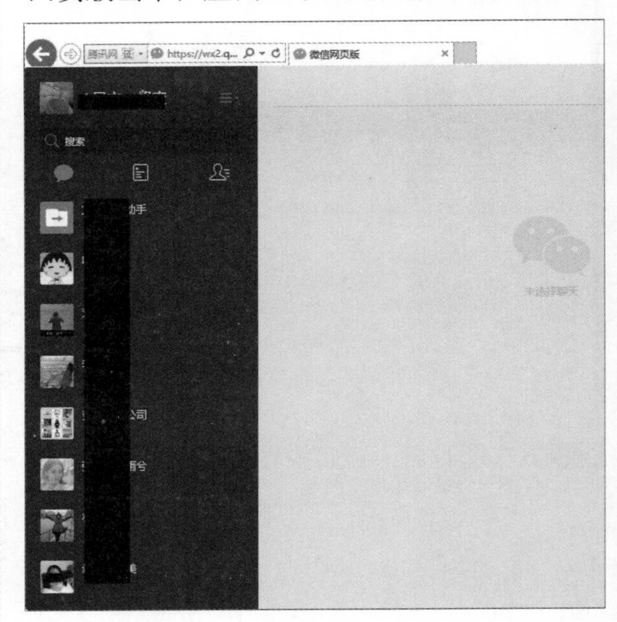

第 5 步　双击好友的头像，即可打开与之聊天的窗口。

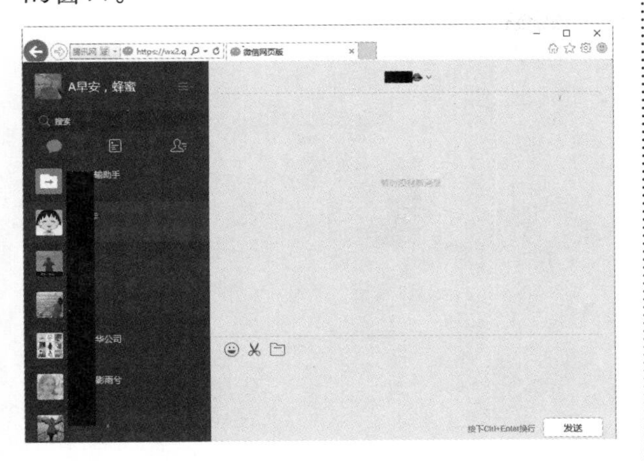

第 6 步　在聊天窗口的右下方窗格中可以输入聊天文字信息。

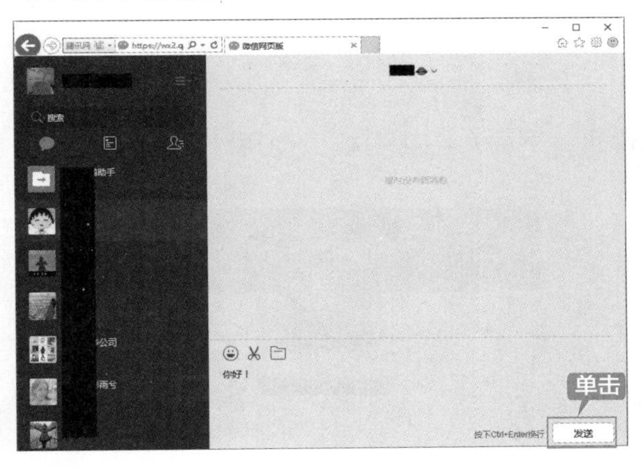

第 7 步　输入完毕后，单击【发送】按钮，即可将输入的文字信息发送给好友。

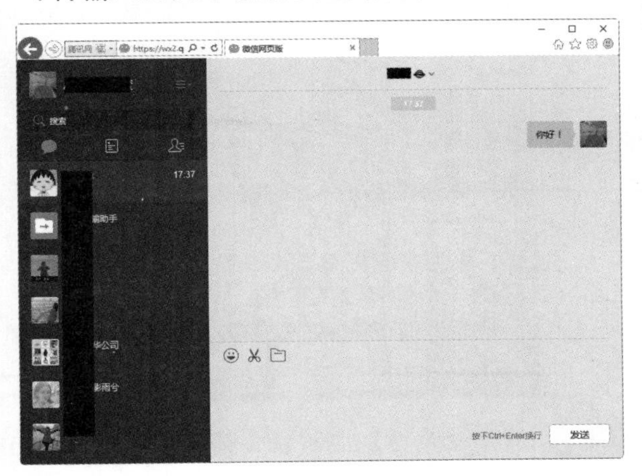

第 8 步　单击【发送文件】按钮，打开【选择要加载的文件】对话框，在其中选择要发送给好友的图片。

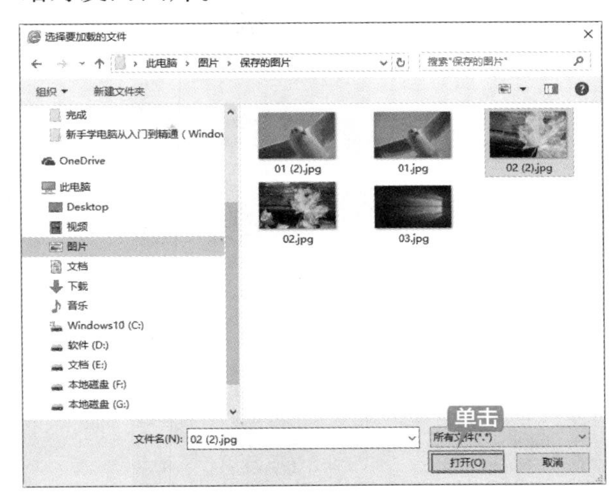

第 9 步　单击【打开】按钮，即可将选中的图片发送给好友。

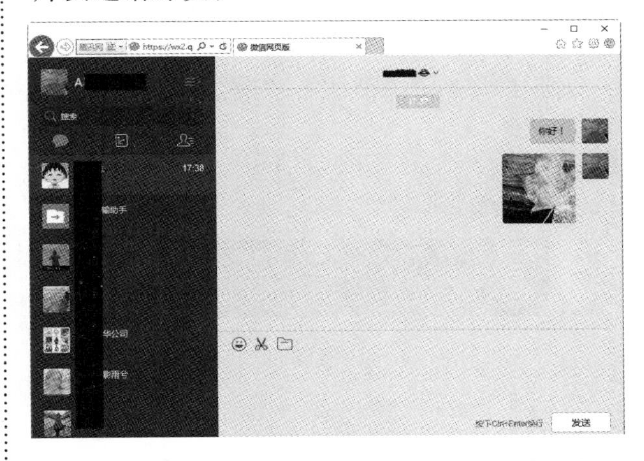

第 10 步　单击【表情】按钮，即可打开表情面板，在其中选择给好友发送的表情动画。

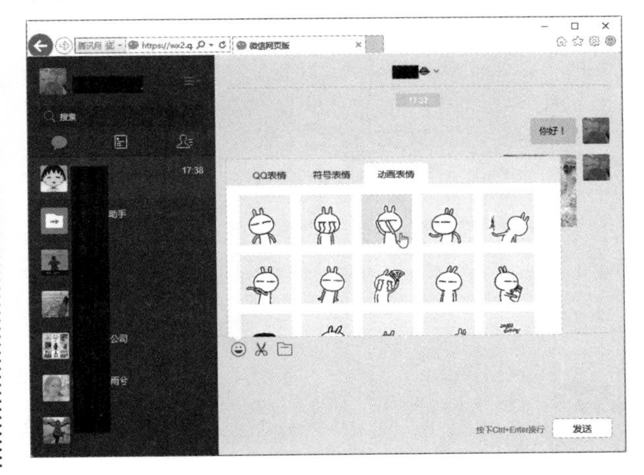

第11步 单击想要发送的表情图标，即可将该表情发送给好友。

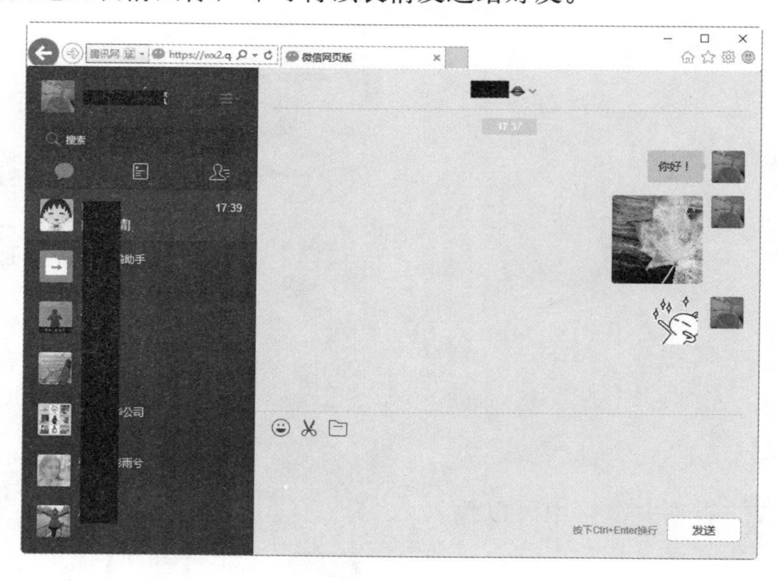

11.3.3 使用客户端微信

在手机上使用微信客户端进行聊天已经非常普遍，下面介绍在手机上使用微信聊天的具体操作步骤。

第1步 在手机上点按微信图标，打开手机微信登录界面。

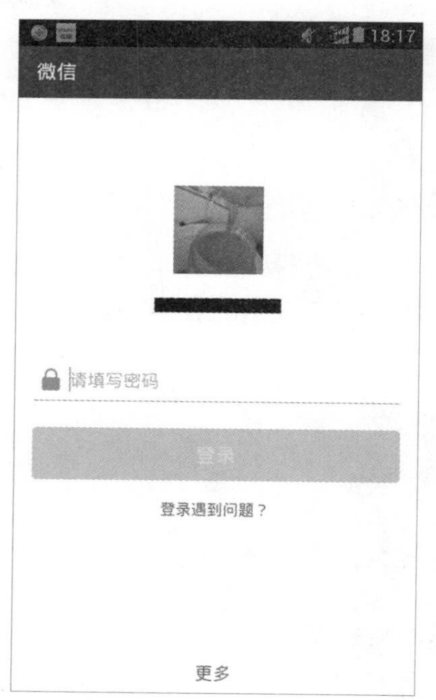

第2步 在【请填写密码】文本框中输入微信登录密码。

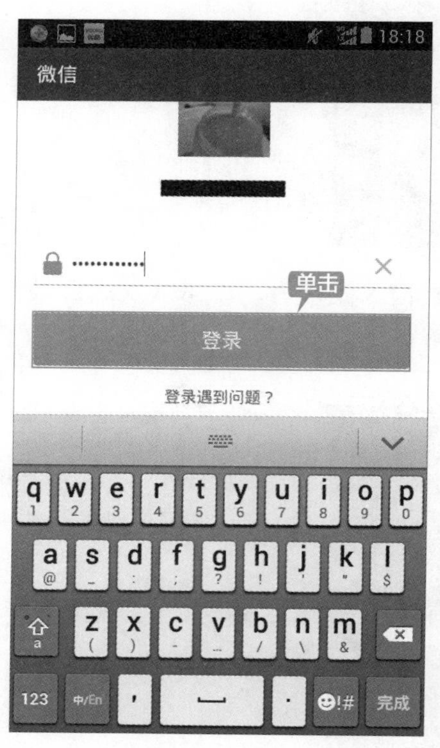

第3步 单击【登录】按钮，登录到手机微信。

第 4 步 点按微信好友的头像，打开与之聊天的窗口，在其中显示了与该好友聊天的聊天记录。

第 5 步 单击表情图标，即可打开表情面板，在其中点按想要发送给好友的表情。

第 6 步 单击【发送】按钮，即可将该表情发送给好友。

第 7 步 点按聊天窗口中的文本横线，即可激活手机中的输入法，在其中输入文本聊天内容。

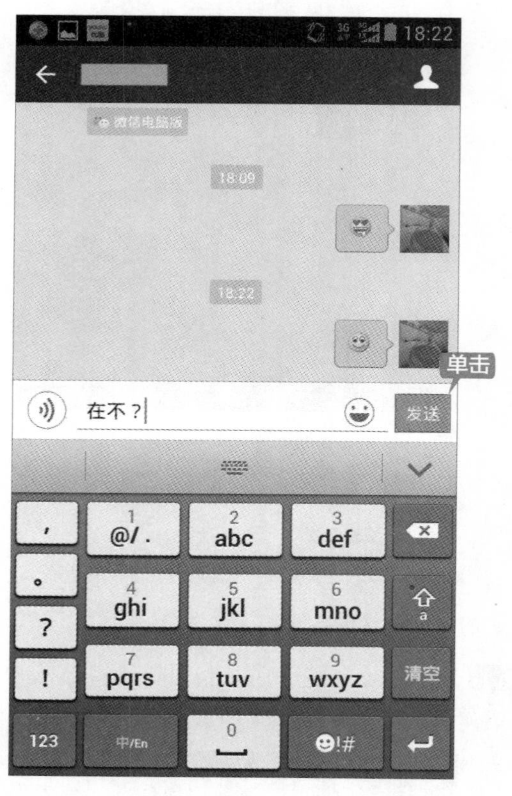

第 8 步 点按【发送】按钮，即可将文本聊天内容发送给好友。

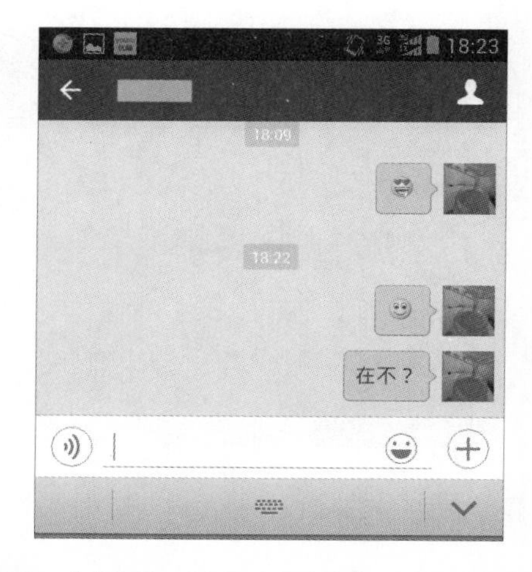

第 9 步 点按聊天界面左侧的【🔊】按钮，可以激活语音说话功能，点按【按住 说话】按钮不放，对着手机说话，可以把说话的内容保存起来，并发送给对方，这样就省去了打字的麻烦。

11.3.4 微信视频聊天

微信与 QQ 一样，除了可以进行文字信息聊天外，还可以进行视频与语音聊天，具体操作步骤如下。

第 1 步 在电脑系统版微信的聊天窗口中单击【视频聊天】按钮。

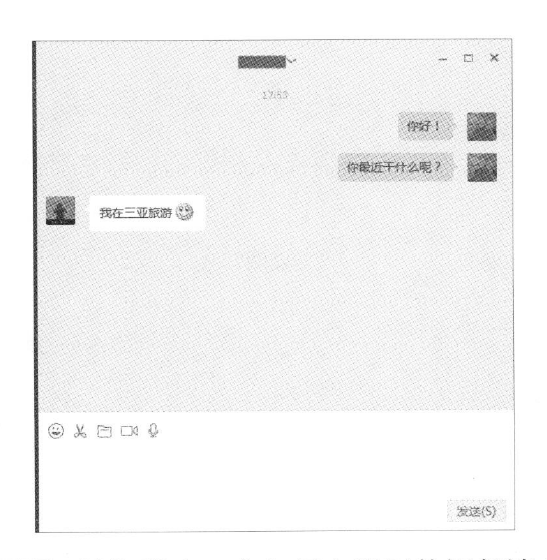

第 2 步 随即弹出一个与好友聊天的视频请求窗格。

第 3 步 对方确认接受视频聊天的请求后，会在视频聊天的窗格中显示视频内容。

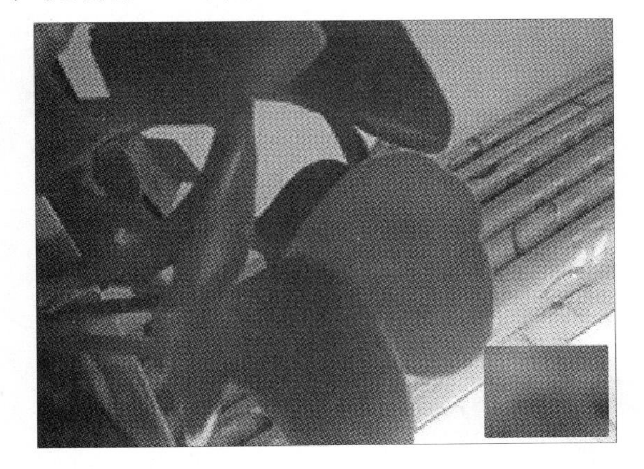

第 4 步 如果想要与对方进行语音聊天，则可以单击即时通信窗口中的【语音聊天】按钮，发送与对方进行语音聊天的请求。

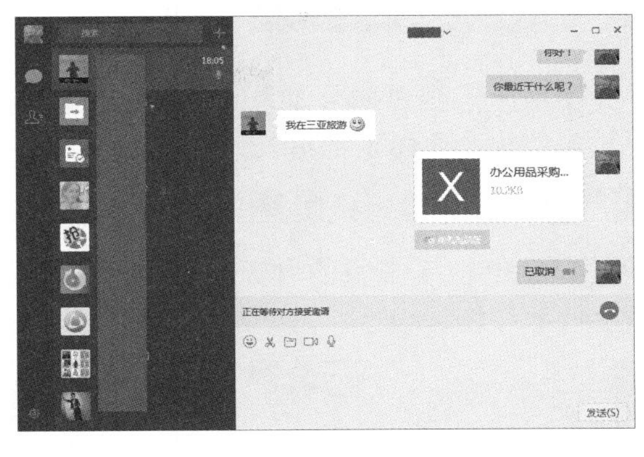

第 5 步 对方接受请求后，会在电脑系统版微信聊天窗口中显示【语音聊天中】的信息提示框。

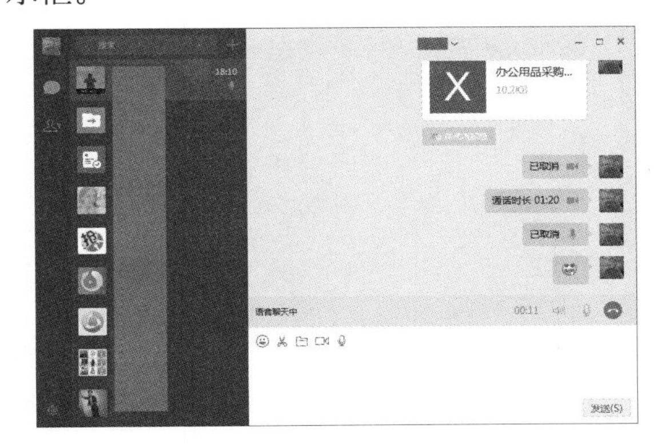

第 6 步 如果想要中断语音聊天，则可以单击【挂断】按钮，关闭语音聊天，并在聊天窗格中显示通话的时长。

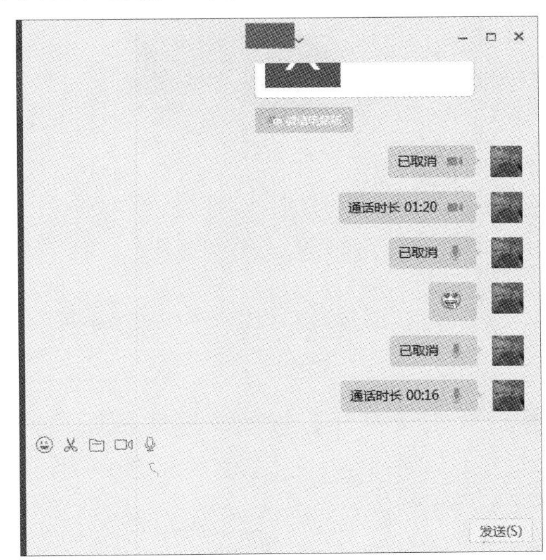

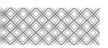

11.3.5 添加动画

使用微信客户端可以录制小动画，直接发送给好友，还可以将事先录制好的保存在电脑或手机中的小动画发送给好友。

1. 使用电脑系统版微信发送小动画

第1步 在电脑系统版的聊天窗口中单击【发送文件】按钮。

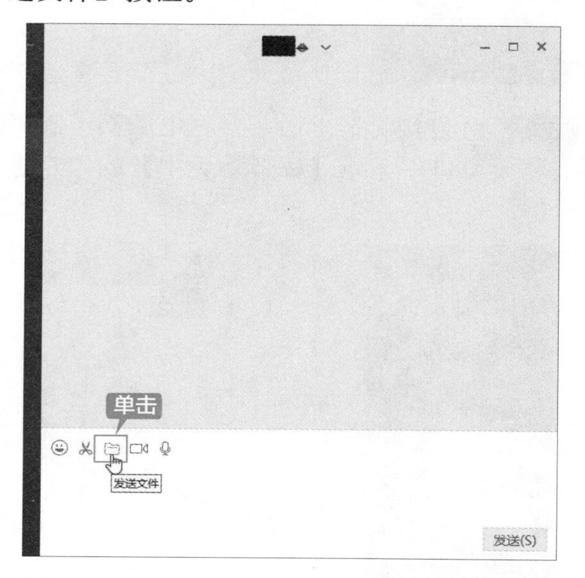

第2步 打开【打开】对话框，在其中选择需要发送的小动画。

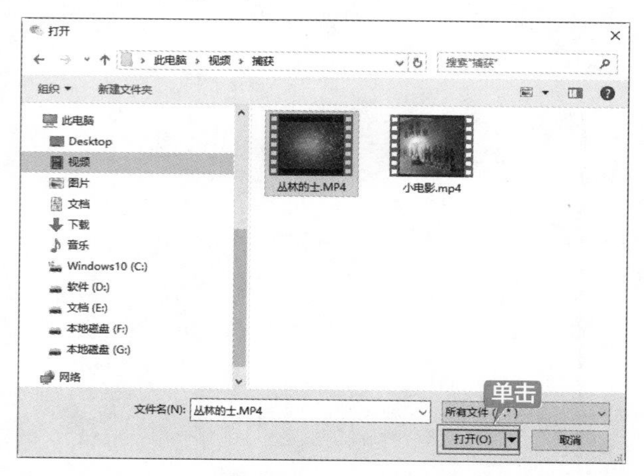

第3步 单击【打开】按钮，返回到微信聊天窗口之中，在其中可以看到添加的小动画文件。

第4步 单击【发送】按钮，即可将添加的动画发送给好友。

2. 使用手机客户端微信发送小动画

第1步 在手机上登录微信，打开与好友的聊天窗口，点按【⊕】按钮，展开更多功能界面。

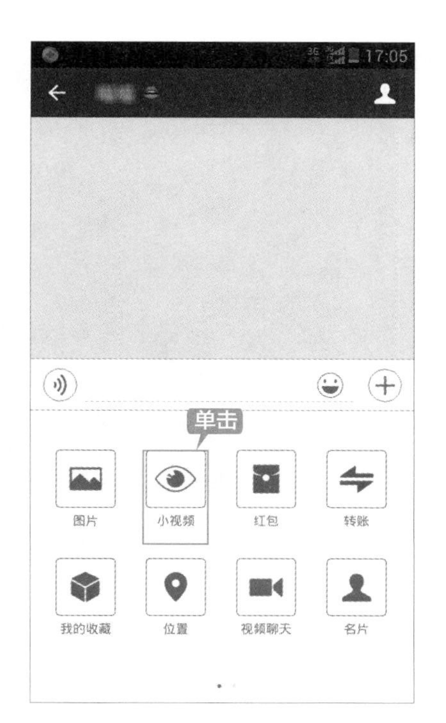

第 2 步 点按【小视频】按钮，进入小视频拍摄界面，拍摄完成后，即可将小视频发送给好友。

第 3 步 返回到电脑系统版微信聊天窗口，可以看到给好友发送的小视频记录。

11.3.6 发送文件

使用微信除聊天外，还可以与好友之间互传文件，具体操作步骤如下，

第 1 步 在网页版微信聊天窗口中单击【文件】按钮，如下图所示。

第 2 步 打开【打开】对话框，在其中选择要发送的文件，如下图所示。

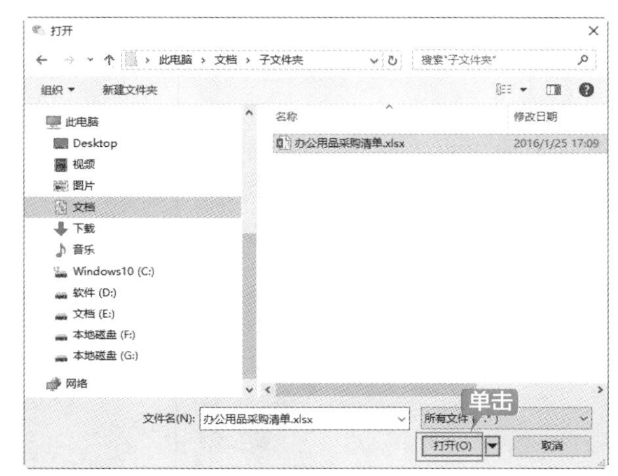

第 3 步 单击【打开】按钮，即可将文件添加

到发送窗格中，如下图所示。

第 4 步 单击【发送】按钮，即可将该文件发送给好友，如下图所示。

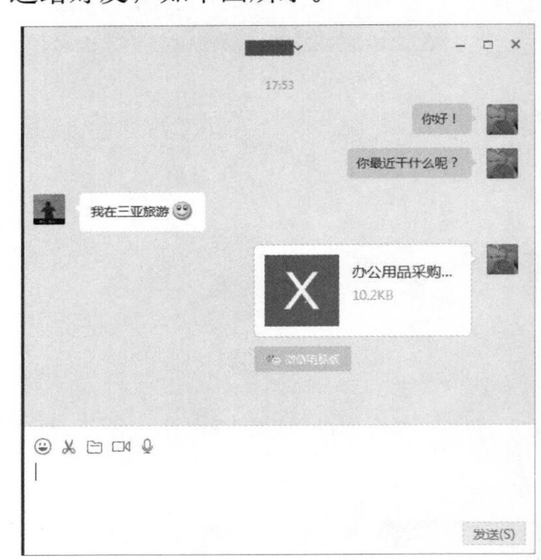

举一反三

使用 QQ 进行家庭群聊

群是为 QQ 用户中拥有共性的小群体建立的一个即时通信平台，如【老乡会】和【我的同学】等群，每个群内的成员可以对某些感兴趣的话题相互沟通。老年朋友也可以根据需要建立一个 QQ 群，用于家庭成员的沟通。除了 QQ 群外，还可以创建讨论组，实现家庭群聊。

QQ 群除了可以自由地进行讨论之外，还可以享受腾讯提供的多人语音聊天、QQ 群共享、QQ 相册和超值网站资源等。

使用 QQ 群进行聊天的操作步骤如下。

1. 创建 QQ 群

要使用 QQ 群，首先要创建一个 QQ 群，具体操作步骤如下。

第 1 步 在 QQ 面板中，单击【群聊】按钮，进入 QQ 群界面，单击【创建】按钮，在弹出的下拉列表中选择【创建群】选项。

第 2 步 弹出【创建群】对话框，在【选择群类别】列表中选择创建类别，这里选择【同事．同学】分类。

第 3 步 进入【填写群信息】界面，填写 QQ

群的资料，单击【下一步】按钮。

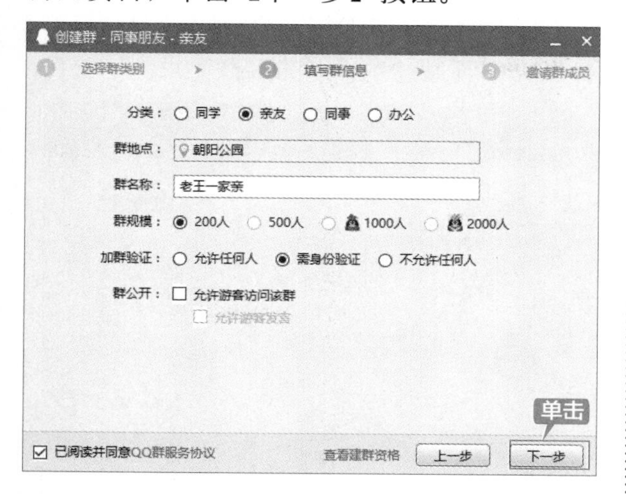

第 4 步 在左侧好友列表中选择要邀请加入群中的好友，选择好友后，单击【添加】按钮，即可添加到右侧列表，选择完成后，单击【完成创建】按钮。

第 5 步 第一次创建 QQ 群，需要输入手机号进行认证，输入姓名和手机号后，单击【提交】按钮。

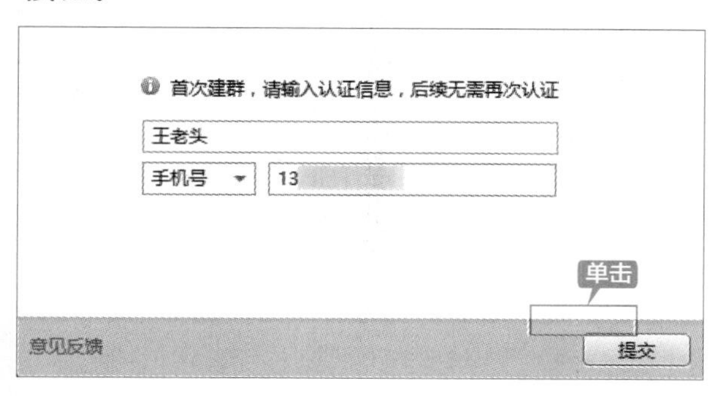

第 6 步 即可创建 QQ 群，提示成功后，显示【创建群成功】信息，使用手机扫描二维码或者通过群号即可查找到创建的 QQ 群。

2. 加入 QQ 群

加入 QQ 群，除了被邀请外，还可以通过 QQ 群号查找的方式申请加入 QQ 群。

第 1 步 在 QQ 的主界面中，单击【加好友】按钮＋，打开【查找】对话框，单击【找群】选项卡，并在文本框输入 QQ 群号，并单击【查找】按钮。

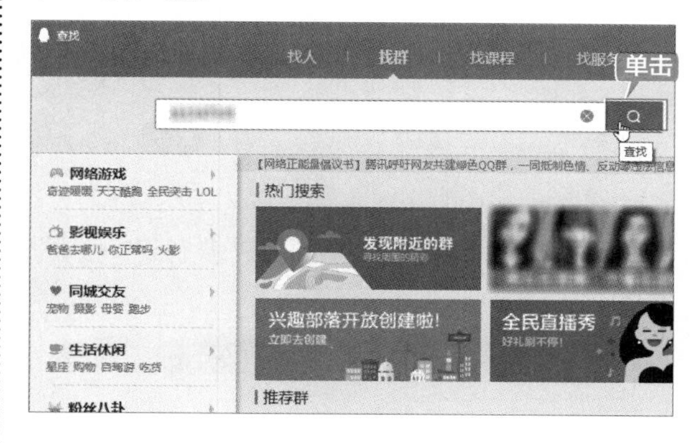

> **提示**
>
> 除了输入具体群号加入群外，也可以在左侧群分类查找并申请加入喜欢的 QQ 群。

第 2 步 搜索到要加入的群后，单击【加入该群】按钮 +加群 。

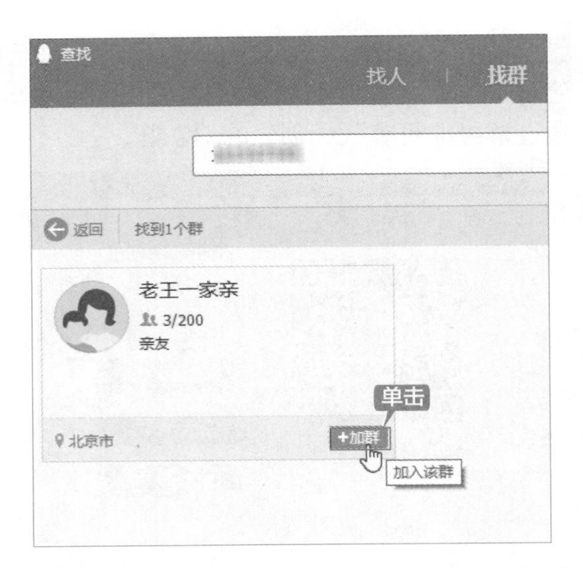

第 3 步 弹出【添加群】对话框，在验证信息文本框中输入相应的内容，单击【下一步】按钮。

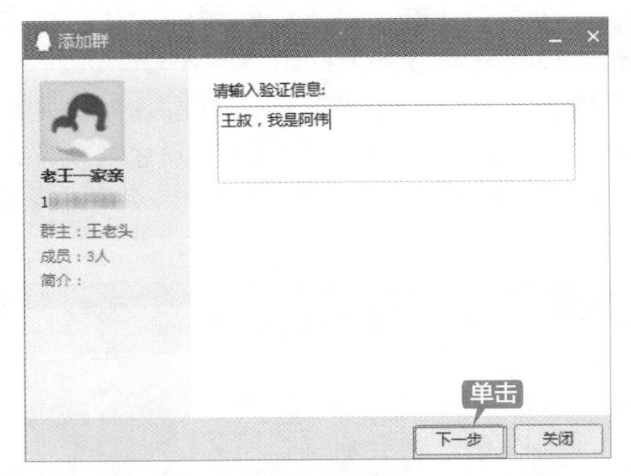

第 4 步 即可将申请加入群的请求发送给该群的群主。

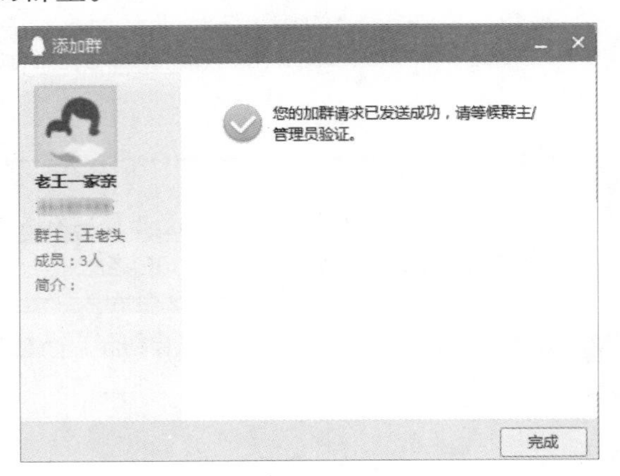

第 5 步 此时，群创建者即会收到群系统消息，在打开的【验证消息】对话框中，单击【同意】按钮，即可通过申请者的入群请求。

第 6 步 通过后，申请者即可进入该群，在打开的群聊天窗口中，显示群成员列表。

3. QQ 群聊天

QQ 群聊天，和 QQ 好友聊天操作基本一样，只需打开 QQ 群聊天窗口，输入聊天内容发送即可。

第 1 步 在打开的 QQ 主界面中，选择需要聊天的 QQ 群，打开聊天窗口，输入要发送的信息，单击【发送】按钮。

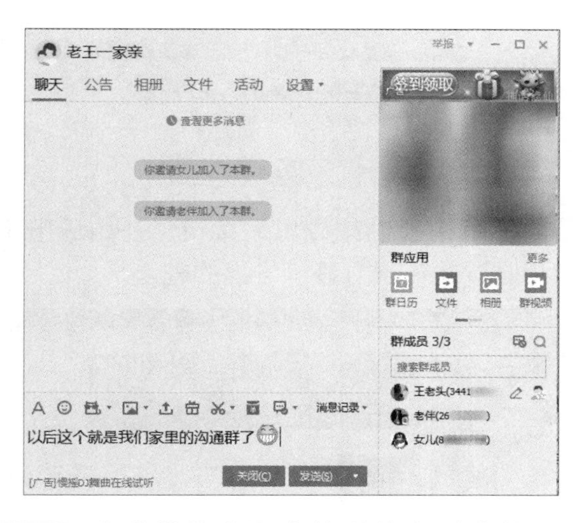

第 2 步 发送的信息即会传送给各群成员，聊天信息显示在聊天窗口中间的聊天记录框中。

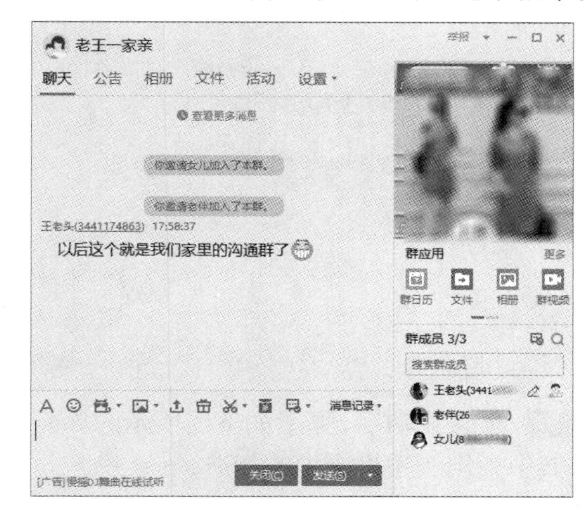

◇ 使用 QQ 导出手机相册

使用手机拍照已经是非常普遍的现象了，但是手机的存储空间是有限的，一段时间后，需要将手机中的照片保存到电脑当中，给手机释放存储空间。使用 QQ 可以轻松导出手机相册，具体操作步骤如下。

第 1 步 在 QQ 的登录界面中单击【我的设备】按钮，在打开的列表中选择【我的 Android 手机】选项。

第 2 步 打开如下图所示的界面。

第 3 步 单击【导出手机相册】按钮，打开【导出手机相册】窗口，提示用户正在连接手机。

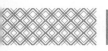

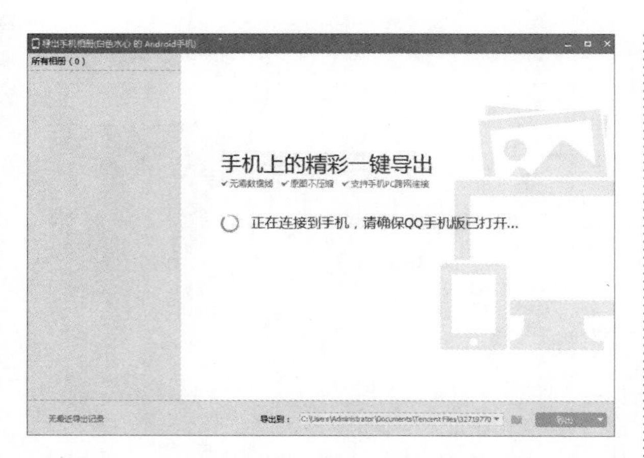

第 4 步 连接成功后，弹出如下图所示的界面，在其中列出了手机当中的相册。

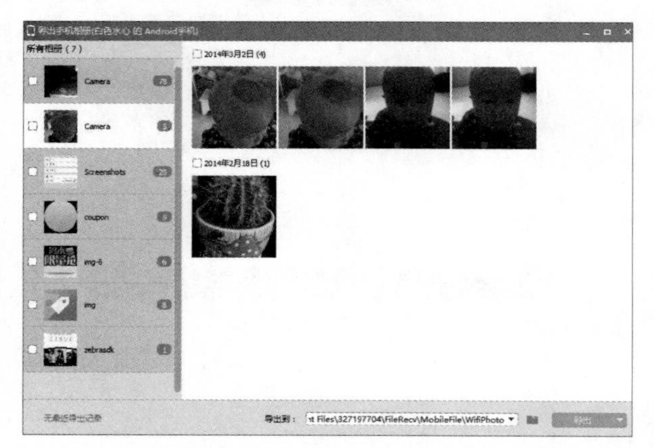

第 5 步 在【所有相册】列表中选中需要导出的相册。

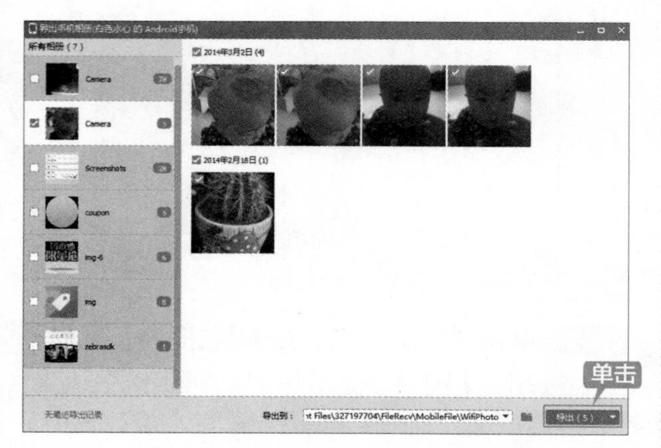

第 6 步 单击【导出】按钮，打开【流量提示】信息提示框，提示用户的手机当前未处于 WiFi 连接环境，需要消耗手机的流量。

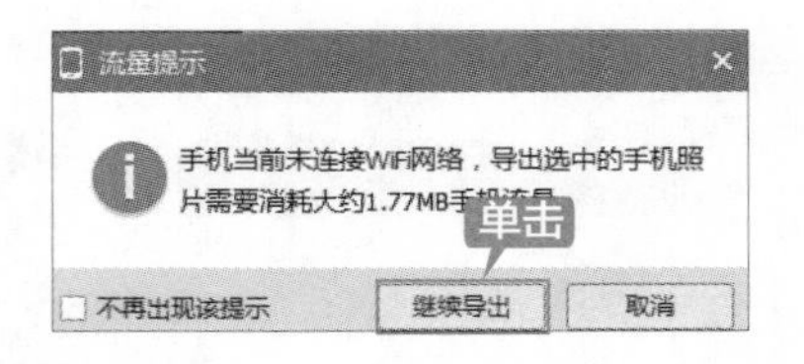

第 7 步 单击【继续导出】按钮，开始导出手机相册，并在下方显示导出的进度。

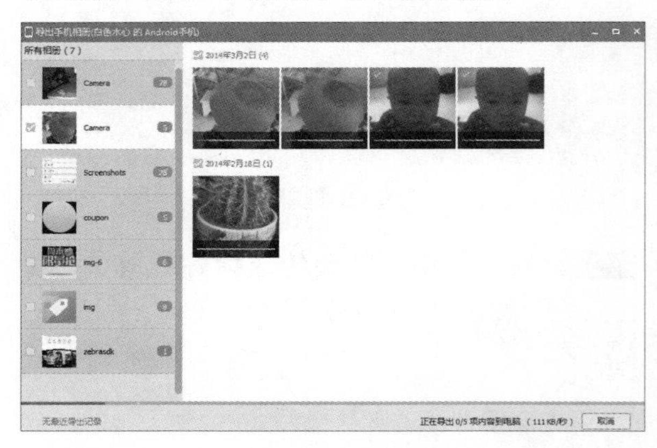

第 8 步 导出完成后，会在【导出手机相册】窗口的上方弹出导出成功的信息提示。

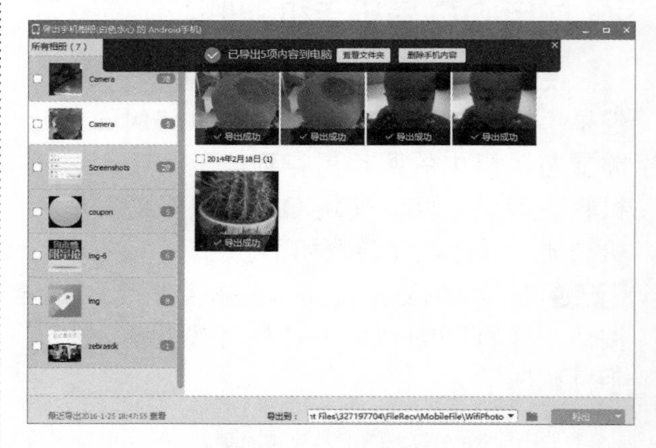

第 9 步 单击【查看文件夹】按钮，会打开电脑当中存储手机相册的文件夹，在其中可以看到导出的照片信息。

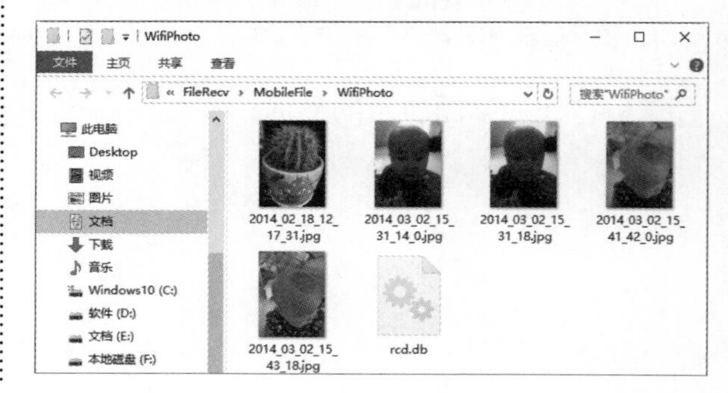

第12章 丰富多彩的网上娱乐

本章导读

网络将人们带进了一个更为广阔的影音娱乐世界，丰富的网上资源给网络增加了无穷的魅力，无论是谁，都会在网络中找到自己喜欢的音乐、电影和网络游戏，并能充分体验高清的音频与视频带来的听觉和视觉上的享受。

思维导图

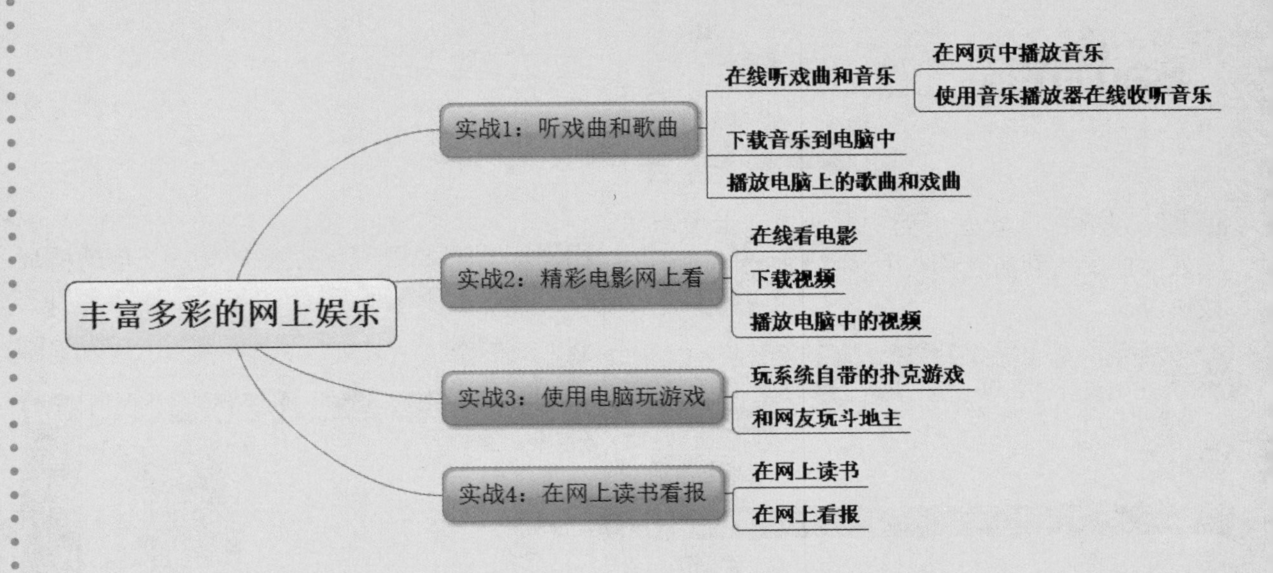

12.1 实战1：听戏曲和歌曲

伴随着网络的发展，老年朋友不需要依赖收音机去收听戏曲和歌曲了，完全可以借助网络，随心所欲地在网上收听喜欢的戏曲和歌曲。

12.1.1 在线听戏曲和音乐

老年朋友可以从网络中搜索自己喜欢的戏曲或音乐，直接在网页中播放，也可以在电脑中安装音乐播放软件进行播放。

1. 在网页中播放音乐

使用网页播放戏曲或音乐，无须安装音乐播放软件，即可进行在线收听。

第1步 打开浏览器，进入百度首页，单击【更多产品】超链接，在弹出的菜单中单击【音乐】超链接。

第2步 进入百度音乐页面，在搜索文本框中输入要搜索的歌曲名称，并单击【百度一下】按钮。

提示

用户还可以在音乐页面中选择已有分类或推荐歌曲，试听页面上的音乐。

第3步 即可搜索出相关的歌曲列表，如下图所示，选择要试听的音乐，单击右侧的【播放】按钮▷。

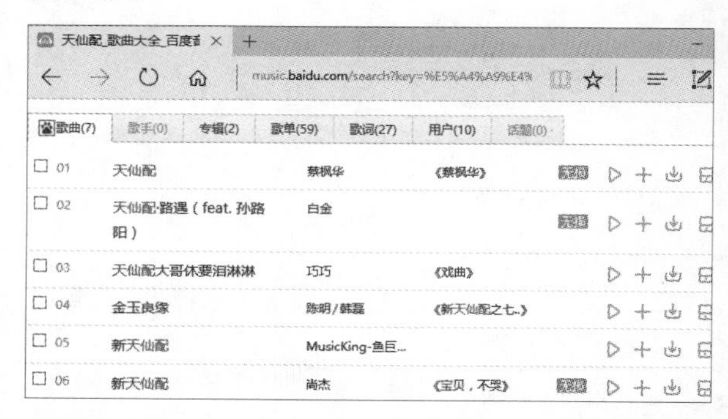

第4步 即可打开【天仙配】窗口，自动播放该歌曲，如下图所示。

2. 使用音乐播放器在线收听音乐

在网页中播放音乐，虽然比较方便，但是与音乐播放器相比，其歌曲音质上并不是特别好，如果想播放更高品质的音乐，可以尝试使用音乐播放软件进行播放。本节以【酷我音乐】为例，介绍音乐播放器在线听音乐的方法。

第 1 步 下载并安装【酷我音乐】，启动软件，进入其主界面，如下图所示。

第 2 步 在酷我音乐盒界面左侧，可选择【推荐】【电台】【MV】【分类】【歌手】【排行】【我的电台】等。这里选择【分类】菜单，进入该页面，如选择【特色】分类下的【戏剧】选项。

第 3 步 即可进入【戏剧】页面，并显示了音乐列表，单击戏曲名即可播放。

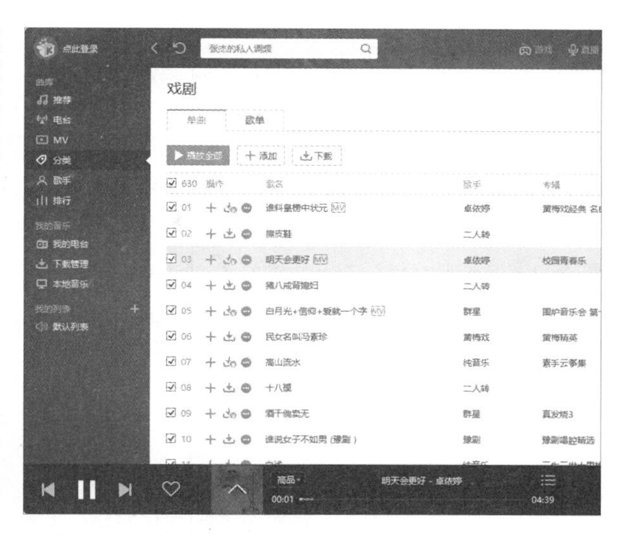

第 4 步 单击【打开歌词 /MV】按钮，即可同步显示歌词。

第 5 步 如果歌曲名后有【MV】图标 MV，则表明该歌曲有 MV，可以单击【观看 MV】按钮，查看歌曲的 MV，如下图所示。

12.1.2 下载音乐到电脑中

下载音乐到电脑中，即使没有网络，也可以随时播放电脑中的音乐。下载音乐的方式有很多种，如在网页中下载，在音乐播放软件中缓存到电脑中等，本节以【QQ 音乐】为例，介绍下载音乐的方法。

第 1 步 下载并安装【QQ 音乐】软件，启动软件进入主界面，单击左上角的【登录】按钮。

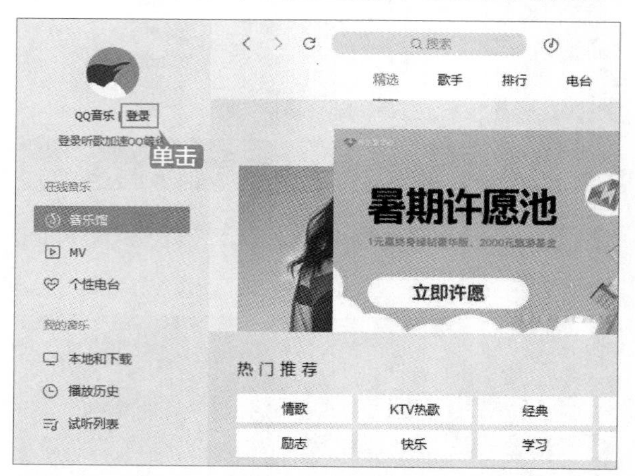

第 2 步 弹出登录对话框，输入 QQ 账号和密码，单击【立即登录】按钮。

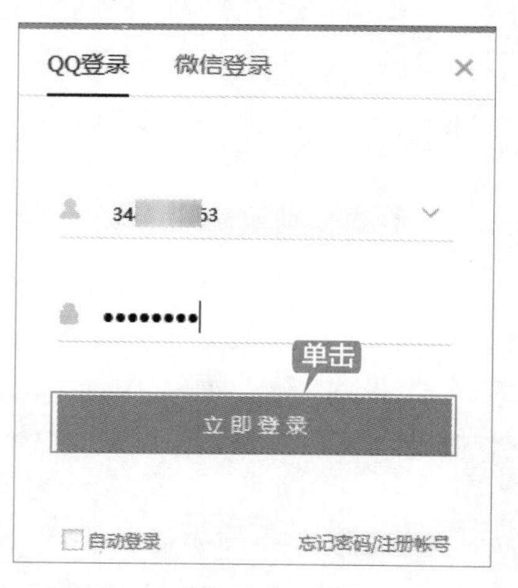

> **提示**
>
> 在 QQ 音乐中，只有登录 QQ 账号，才能下载音乐。

第 3 步 在顶部搜索框中输入要下载的音乐，如输入【西厢记】，即可搜索出相应的音乐列表，在要下载的音乐名称后，单击【下载】按钮⤓。

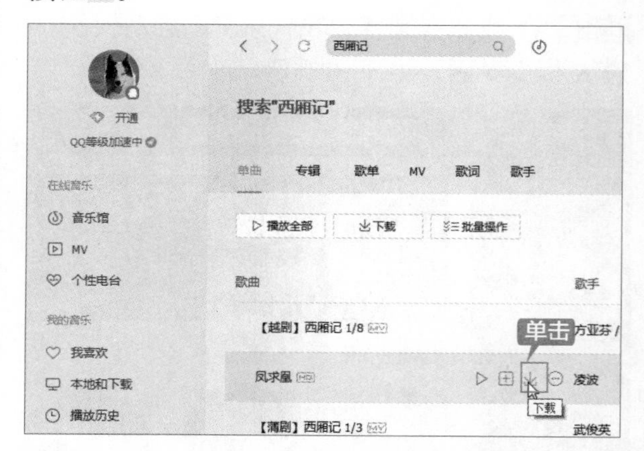

第 4 步 弹出音乐品质选择列表，选择要下载的品质，如这里选择【HQ 高品质】选项。

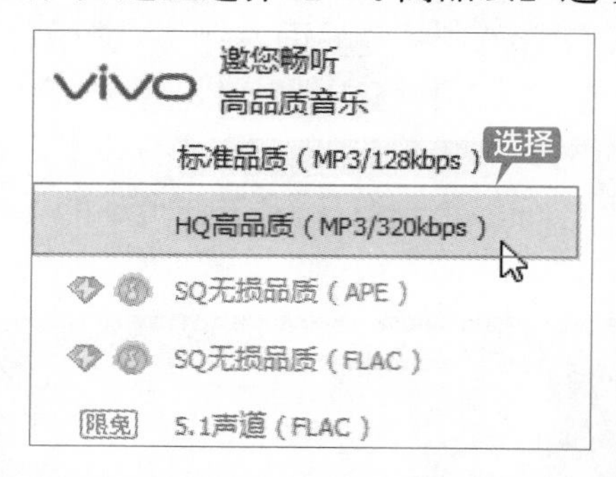

第 5 步 即可添加下载任务，单击界面左侧的【本地和下载】按钮，在【正在下载】列表中即可看到下载的音乐。

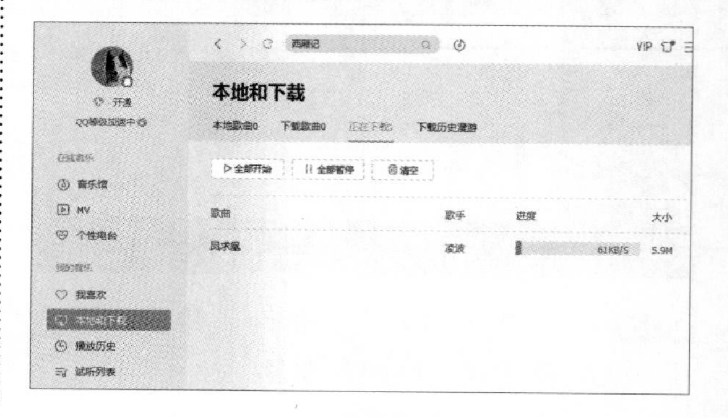

第 6 步 下载完成后，单击【本地歌曲】按钮，即可看到下载的歌曲。右击本地歌曲列表中的歌曲，在弹出的快捷菜单中，选择【浏览本地文件】菜单命令。

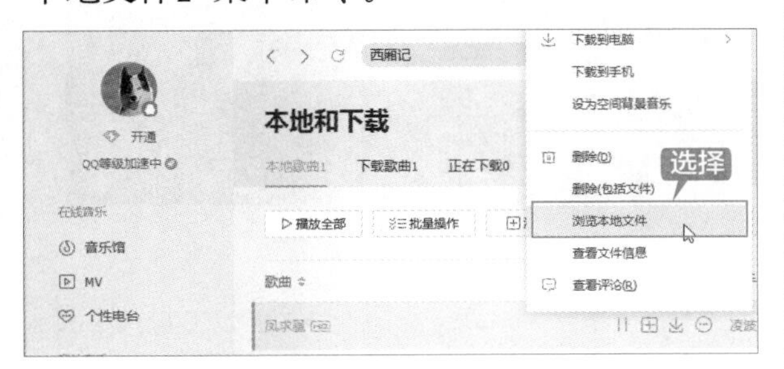

第 7 步 即可打开下载的歌曲所在的文件夹，查看下载的歌曲，如下图所示。

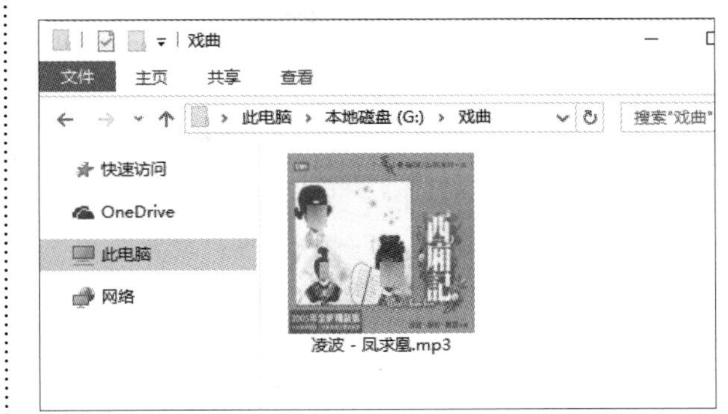

12.1.3 播放电脑上的歌曲和戏曲

下载好的音乐，可以使用播放器进行播放，最常用的方法是使用电脑自带的播放软件进行播放。本节介绍【Groove 音乐】播放器的使用方法。

第 1 步 选择要播放的音乐文件，并右击，在弹出的快捷菜单中选择【打开】命令。

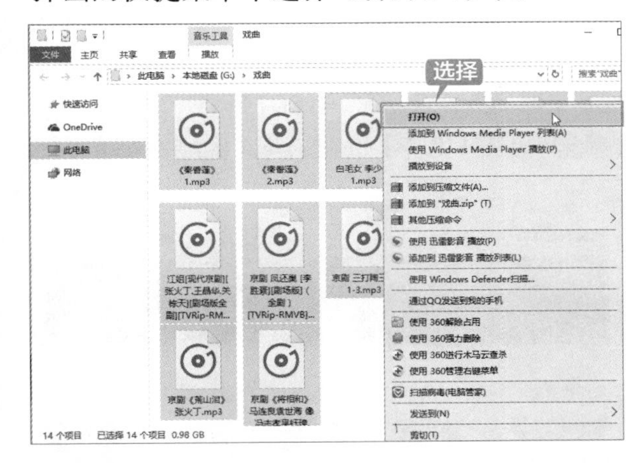

第 2 步 此时，音乐文件即可播放，也可以看到所选歌曲被添加到播放列表中，如下图所示。

提示

● 暂停歌曲。按空格键或单击【暂停】按钮⏸，即可暂停歌曲播放，此时按钮变为▶，再次单击该按钮或按空格键，则可继续播放。

● 切换歌曲。单击播放器上的【下一个】按钮⏭，可以快速切换到音乐列表中的下一首歌曲；单击【上一个】按钮⏮，可以切换到上一首歌曲。另外，单击播放列表中的音乐名称，可以进行切换。

● 调整播放声音大小。如果音乐播放的声音太小或者太大，可以根据情况调整声音大小。此时，单击播放器上的【音量】按钮🔊，弹出音量调节器。将鼠标指针放置在音量调节滑块上方，向右拖动可调大音量，向左拖动可调小音量。

● 重复播放。单击【重复播放：关闭】按钮，此时按钮变为【重复播放全部】按钮，则重复播放列表中的所有歌曲。再次单击【重复播放全部】按钮，则按钮变为【单曲播放】按钮，则重复播放当前所选歌曲。

● 随机播放。单击【关闭随机播放】按钮，则播放器按音乐列表的顺序依次播放，再次单击【开启随机播放】按钮，播放器自动随机播放音乐列表中的歌曲。

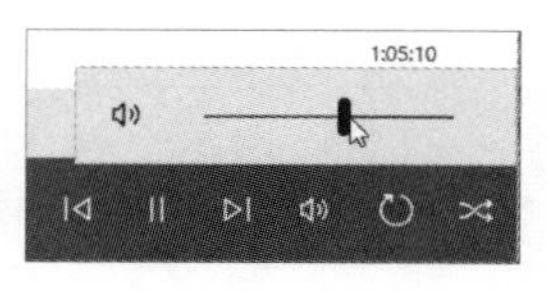

另外，也可以使用任务栏中的音量调节器，调整音量大小。单击【扬声器】按钮，弹出音量调节器，拖曳滑块调整音量大小即可。

12.2 实战 2：精彩电影网上看

在网络中包含了大量的视频节目，无论是经典电影还是最新的大片，可以在不同的视频网站进行观看。

12.2.1 在线看电影

现在许多视频网站提供了正版的影片，供用户观赏，较为常用的视频网站有优酷网、爱奇艺、乐视视频、腾讯视频等，本节以在优酷网中看电影为例，在网页中看电影的具体操作步骤如下。

第 1 步 打开 IE 浏览器，在地址栏中输入优酷网网址“www.youku.com”，然后按下【Enter】键，即可进入优酷网主页。

第 2 步 单击【电影】按钮，进入优酷电影页面。

第 3 步 在【搜索】文本框中输入自己想要看的电影名称，如这里输入【龙凤店】。单击【搜索】按钮，即可在打开的页面中查看有关【龙凤店】的电影搜索结果。

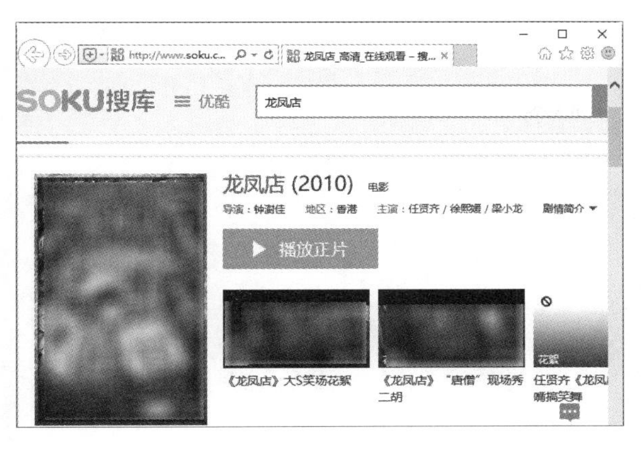

第 4 步 单击需要观看的电影，即可在打开的页面中观看该电影。

12.2.2 下载视频

老年朋友可以将网站或播放器中的在线视频下载到电脑中。本节以【乐视视频】为例，讲述如何将网络中的视频下载到电脑中。

第 1 步 打开乐视视频客户端，在顶部搜索栏中输入要搜索的视频名称，单击【搜索】按钮。

第 2 步 即可搜索出相关的视频列表，单击视频缩略图图标，即可进入视频播放界面。

乐视视频 浏览 天龙八部
←返回 您当前的位置：首页 > 搜索
新天龙八部钟汉良版 电视剧

1	2	3	4	5	6	7	8
18	19	20	21	22	23	24	25
35	36	37	38	39	40	41	42

播放源：

第 3 步 此时视频会自动播放，单击播放页面右下角的【下载】按钮。

第 4 步 进入下载选择页面，单击选择要下载的视频，如果选中，则右上角显示选中状态，选择完成后，单击【下载选中】按钮。

第 5 步 如果没有登录播放器，则会弹出如下对话框，在文本框中输入账号和密码，并单击【登录】按钮；如果没有注册账号，可单击左下角的【注册】超链接，根据提示进行注册即可。

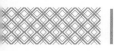

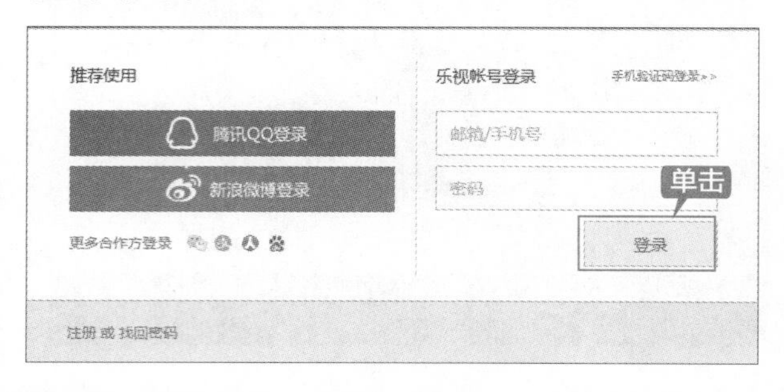

第 6 步 视频即会自动下载，单击右上角的【下载】按钮，即可看到正在下载的视频文件及已完成下载的视频文件，用户可以根据需要进行编辑。

12.2.3 播放电脑中的视频

视频下载到电脑中后，可以直接使用电脑中的视频播放器播放，本节以“电影和电视”为例，介绍播放电脑中视频的方法。

第 1 步 在电脑中找到电影文件保存的位置，并打开该文件夹。

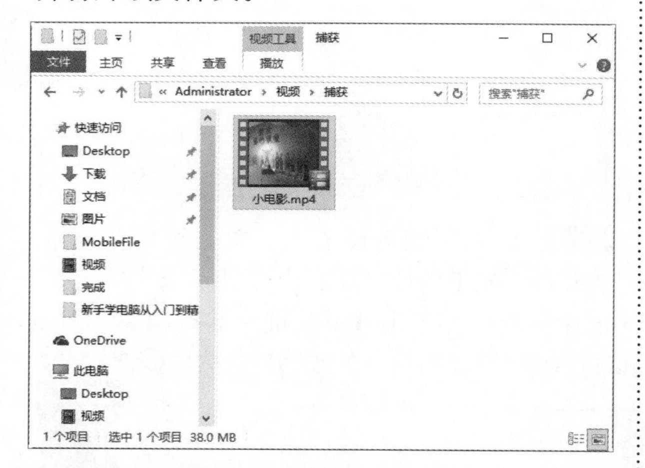

第 2 步 选中需要播放的电影文件，右击，在弹出的快捷菜单中选择【电影和电视】选项。

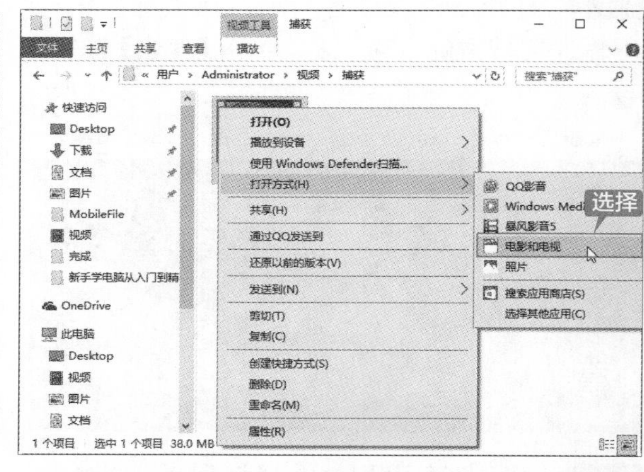

第 3 步 即可在【电影和电视】应用中播放电影文件。

12.3 实战 3：使用电脑玩游戏

网络游戏已成为大多数年轻人休闲娱乐的方式，老年人也可以使用电脑玩游戏，丰富自己的娱乐生活。

12.3.1 玩系统自带的扑克游戏

蜘蛛纸牌是 Windows 系统自带的扑克游戏，该游戏的目标是以最少的移动次数移走玩牌区的所有牌。根据难度级别，牌由 1 种、2 种或 4 种不同的花色组成。纸牌分十列排列。每列的顶牌正面朝上，其余的牌正面朝下，剩下的牌叠放在玩牌区的右下角。

蜘蛛纸牌的玩法规则如下。

（1）要想赢得一局，必须按降序从 K 到 A 排列纸牌，将所有纸牌从玩牌区移走。

（2）在中级和高级中，纸牌的花色还必须相同。

（3）在按降序成功排列纸牌后，该列纸牌将从玩牌区飞走。

（4）在不能移动纸牌时，可以单击玩牌区底部的发牌叠，系统就会开始新一轮发牌。

（5）不限制一次仅移动一张牌。如果一串牌花色相同，并且按顺序排列，则可以像对待一张牌一样移动它们。

玩蜘蛛纸牌游戏的具体操作步骤如下。

第 1 步 单击【开始】按钮，在弹出的【开始屏幕】中单击【Microsoft Solitaire Collection（微软纸牌集合）】图标。

第 2 步 进入【Microsoft Solitaire Collection】窗口，提示用户欢迎玩 Microsoft Solitaire Collection（微软纸牌集合）。

第 3 步 单击【确定】按钮，进入 Microsoft Solitaire Collection（微软纸牌集合）窗口。

第 4 步 单击【Spider（蜘蛛纸牌）】图标，弹出【蜘蛛纸牌】窗口。

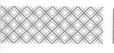

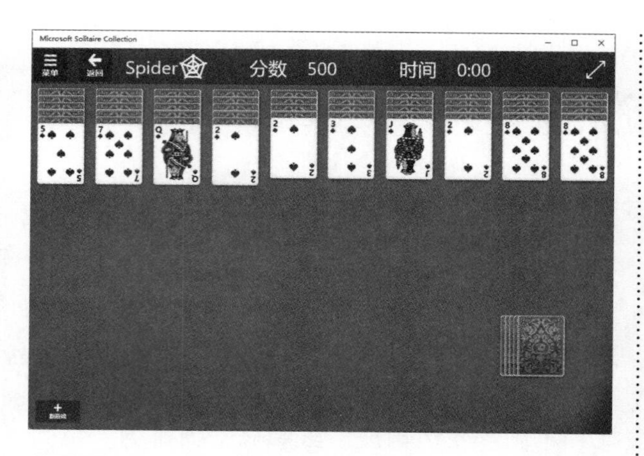

第 5 步 单击【菜单】按钮，在弹出的下拉列表中选择【游戏选项】选项，在打开的【游戏选项】界面中可以对游戏的参数进行设置。

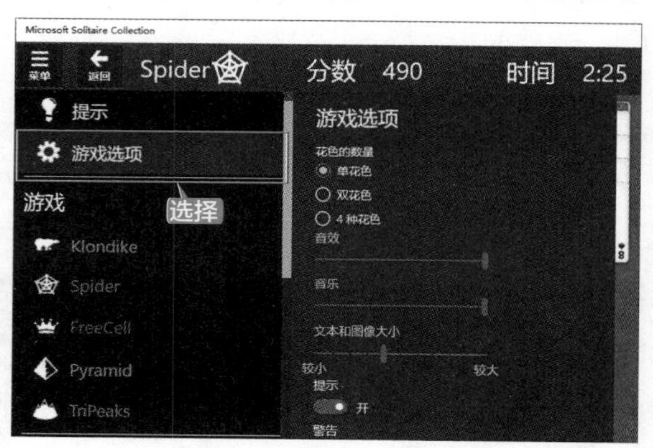

提示

如果用户不知道该如何移动纸牌，可以选择【菜单】→【提示】菜单命令，系统将自动提示用户该如何操作。

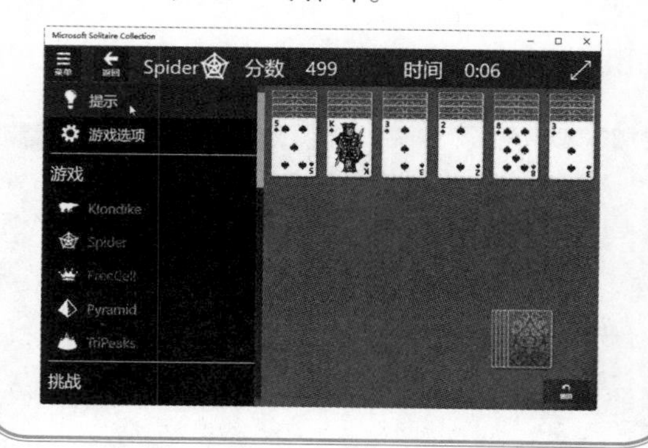

第 6 步 按降序从 K 到 A 排列纸牌，直到将所有纸牌从玩牌区移走。

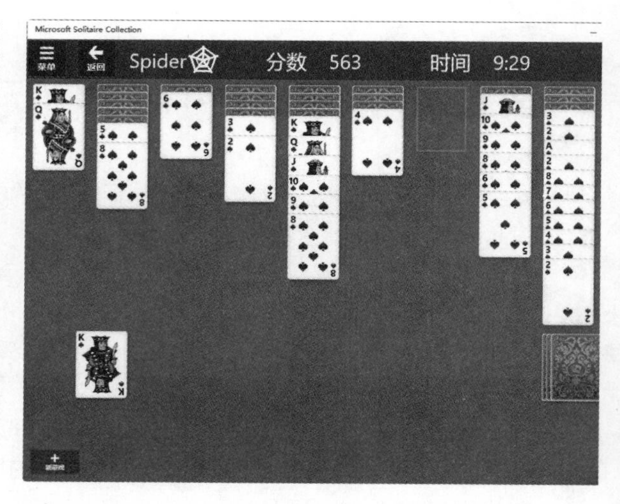

第 7 步 根据移牌规则移动纸牌，单击右下角的列牌可以发牌。在发牌前，用户需要确保没有空档，否则不能发牌。

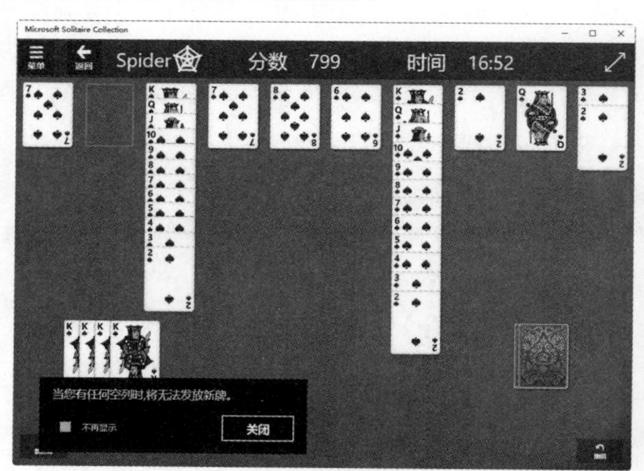

第 8 步 所有的牌按照从大到小排列完成后，系统会弹出飞舞的效果。

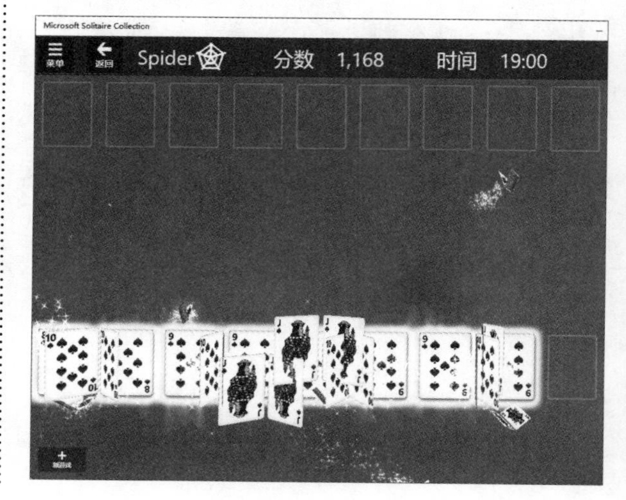

第 9 步 飞舞效果结束后，将会弹出【恭喜】页面，在其中显示用户的分数、玩游戏的时间、排名等信息，单击【新游戏】按钮，即可重新开始新的游戏。单击【主页】按钮，即可退出游戏，返回到 Microsoft Solitaire Collection（微软纸牌集合）窗口。

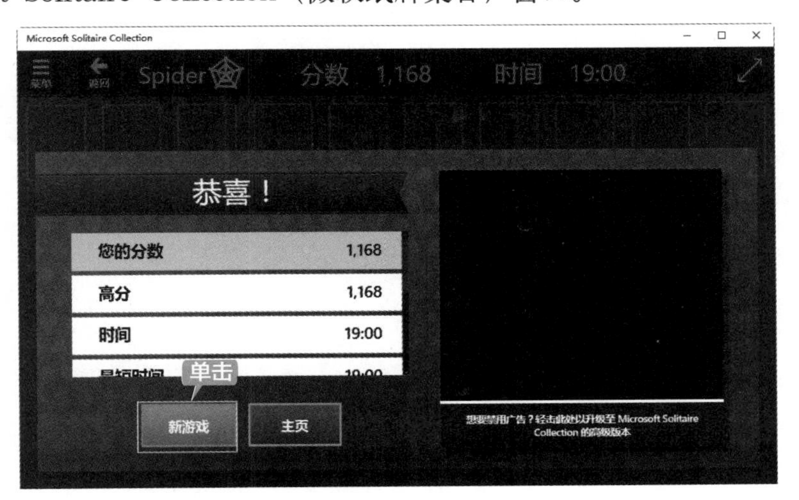

12.3.2 和网友玩斗地主

斗地主是大多数人比较喜欢的在线多人网络游戏，其趣味性十足，且不用太多的脑力，是老年人玩游戏不错的选择。下面就以在 QQ 游戏大厅中玩斗地主为例，来介绍一下在 QQ 游戏大厅玩游戏的步骤。

第 1 步 在 QQ 登录窗口中单击【QQ 游戏】按钮。

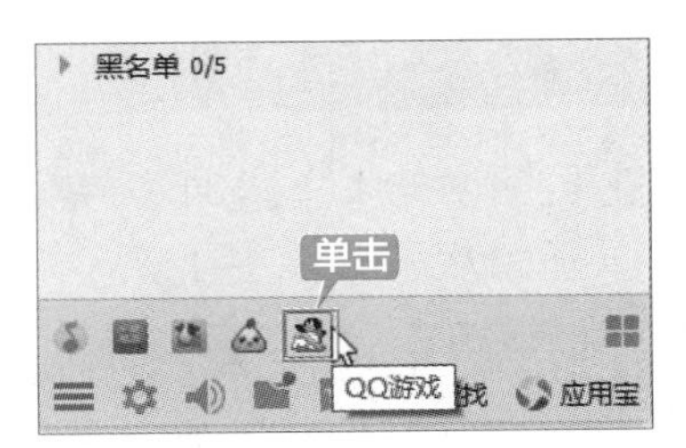

第 2 步 随即打开【QQ 游戏】登录对话框，在其中提示用户正在登录游戏大厅。

第 3 步 登录完成后，即可进入 QQ 游戏大厅。

第 4 步 在 QQ 游戏大厅左侧的窗格中选择【欢乐斗地主】选项，进入欢乐斗地主页面。

第 5 步 单击【开始游戏】按钮，弹出【下载管理器】对话框，在其中显示欢乐斗地主的下载进度。

第 6 步 下载完成后，系统开始自动安装欢乐斗地主程序，并显示安装的进度。

第 7 步 当游戏下载并安装完毕后，系统自动进入【欢乐斗地主】窗口。

第 8 步 在左侧列表中选择想要进入的房间，即可进入游戏房间。

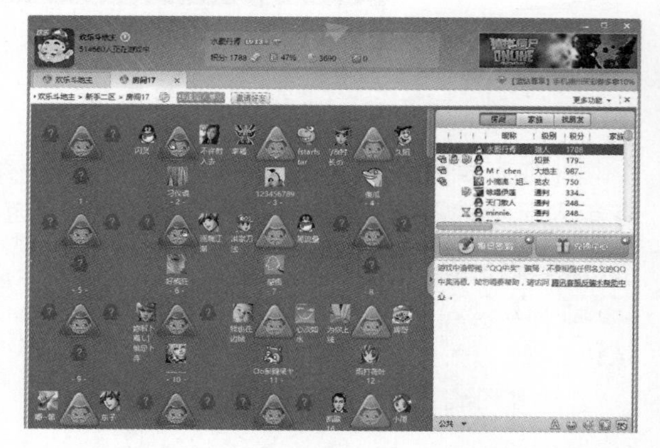

第 9 步 单击页面中的【快速加入游戏】按钮，这样就可以开始欢乐斗地主了。

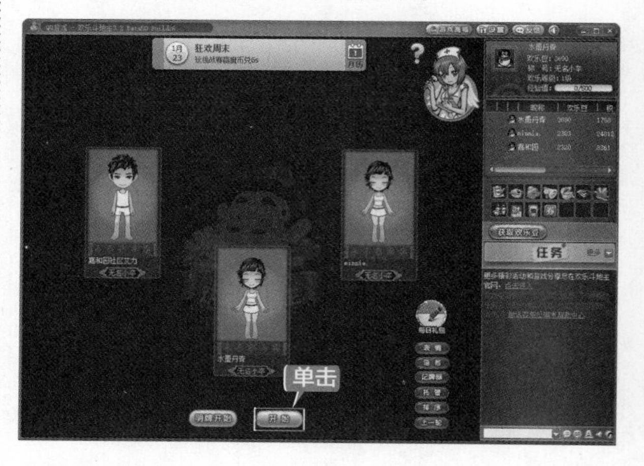

第 10 步 单击【开始】按钮，即可开始 QQ 斗地主。

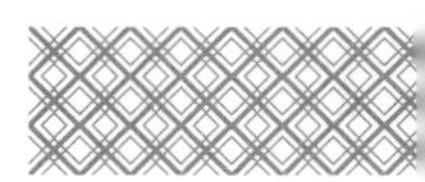

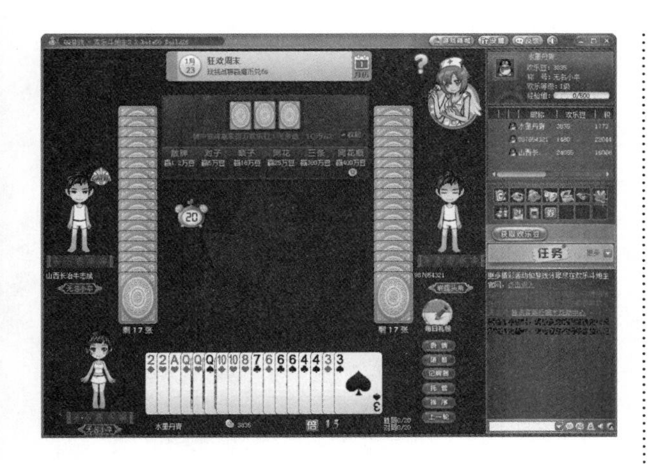

提示

在 QQ 游戏大厅中还有其他类型的游戏，用户可以按照玩斗地主的方法下载并开始游戏。

12.4 实战 4：在网上读书看报

许多老年朋友一直把读书看报当作一种生活习惯，不仅可以从中汲取知识，更重要的是可以感受快乐。在网络中，也可以满足老年朋友的这个好习惯。

12.4.1 在网上读书

在网上读书，不仅不用拿着厚厚的书本，还可以在网络中搜索海量的书籍进行阅读。本节以【QQ 阅读】为例，介绍网上读书的方法。

第 1 步 打开浏览器，输入网址“http://book.qq.com”，按【Enter】键，打开 QQ 阅读网首页。

第 2 步 在首页的搜索框中输入要阅读书籍的名称，如输入“水浒传”，单击【搜索】按钮。

第 3 步 即可搜索出相关结果，选择要查看的书籍，单击其右侧的【立即阅读】按钮。

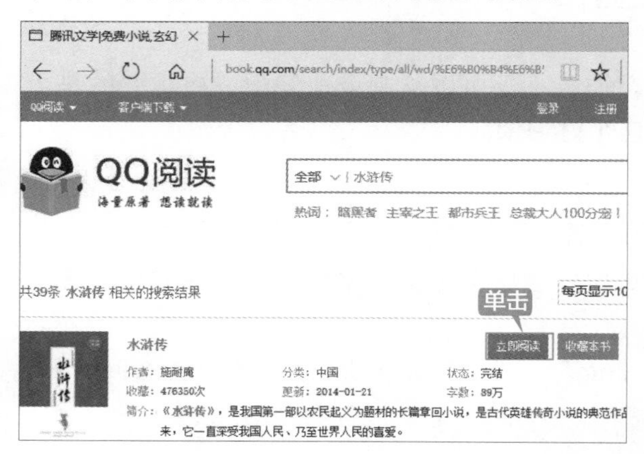

第 4 步 打开书籍阅读页面，用户即可拖曳鼠标进行查看。

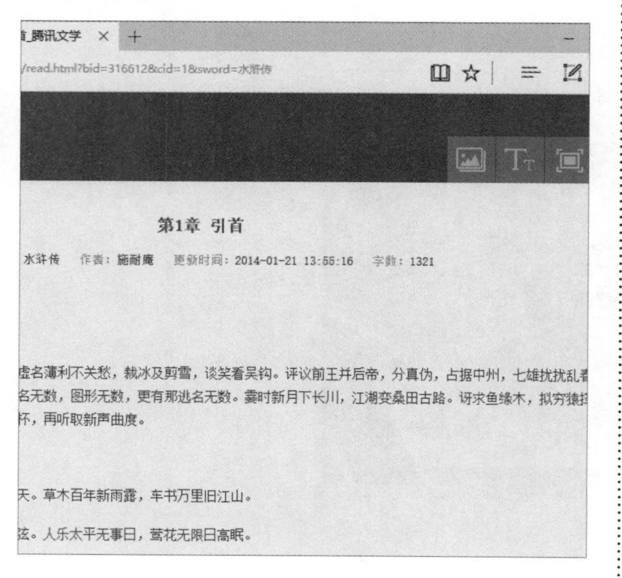

第 5 步 如果老年朋友觉得网页字体太小，则可以单击【字体】按钮，在弹出的字号列表中选择较大字号，如这里选择【24 号】选项。

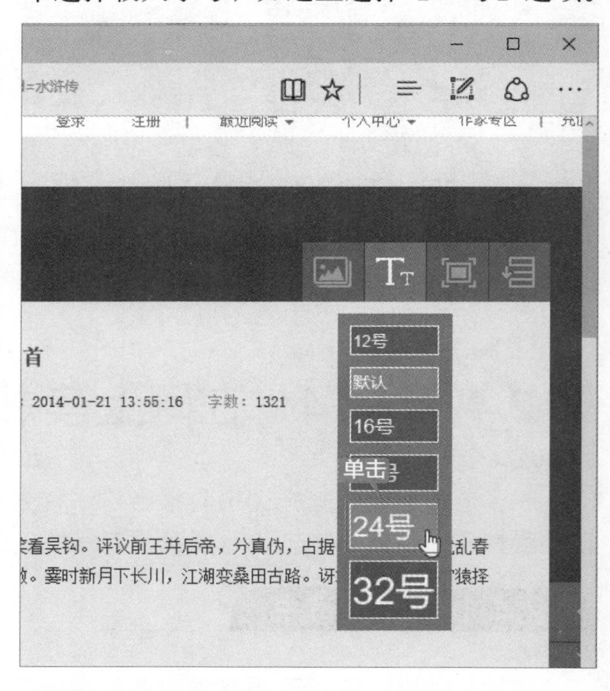

第 6 步 即可调整页面字体，如下图所示。

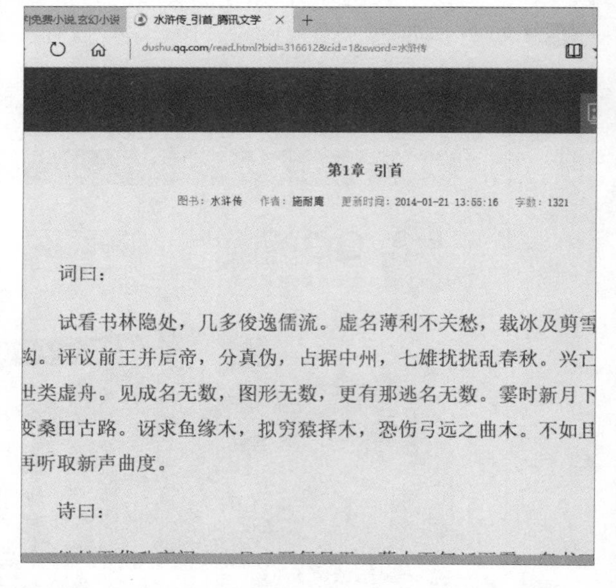

第 7 步 阅读至页面底端后，单击右侧栏的【下一章】按钮，或按键盘中的【→】键。

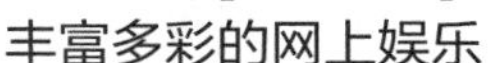

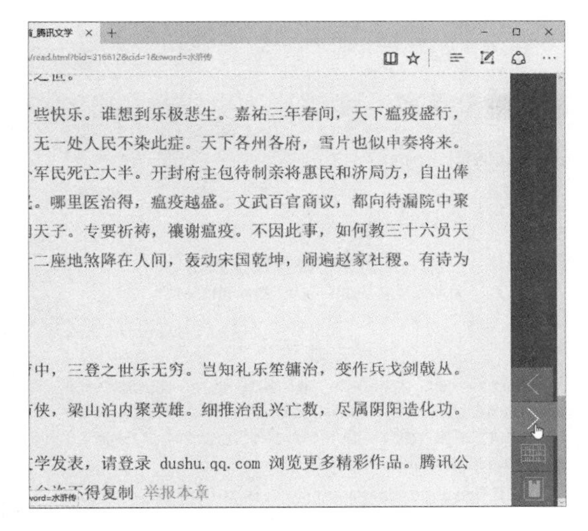

第 8 步 即可阅读下一章内容，如下图所示。

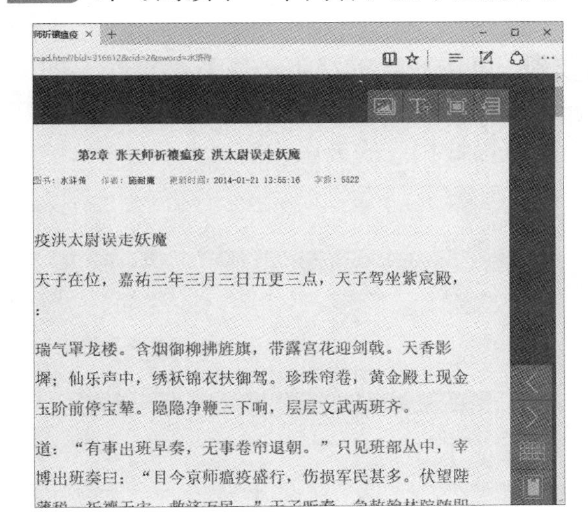

第 9 步 单击左侧的【目录】按钮，即可打开本书的目录。

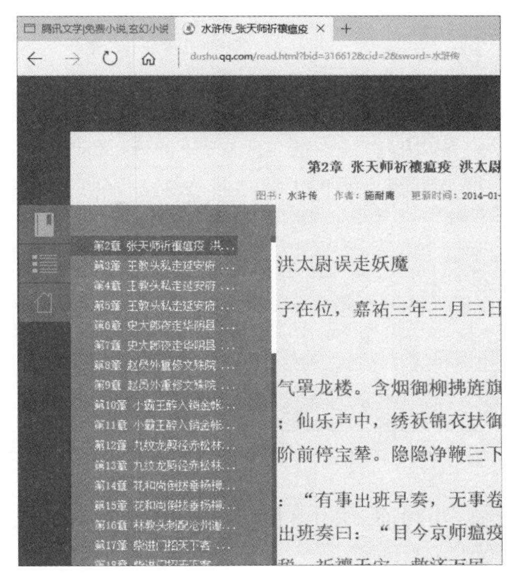

第 10 步 用户可单击目录上的章节进行阅读。

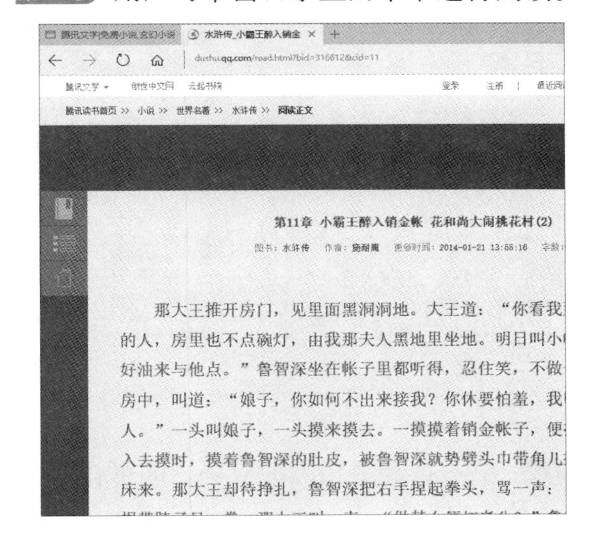

12.4.2 在网上看报

除了可以在网上读书外，也可以在网上看报，足以让老年朋友不出门也知天下事，本节主要介绍如何在网上看报。

第 1 步 打开浏览器，输入【看报网站大全】的网址“http://www.kanbao123.com/”，进入网站页面。单击要查看的报纸名称超链接，如这里单击【人民日报】超链接。

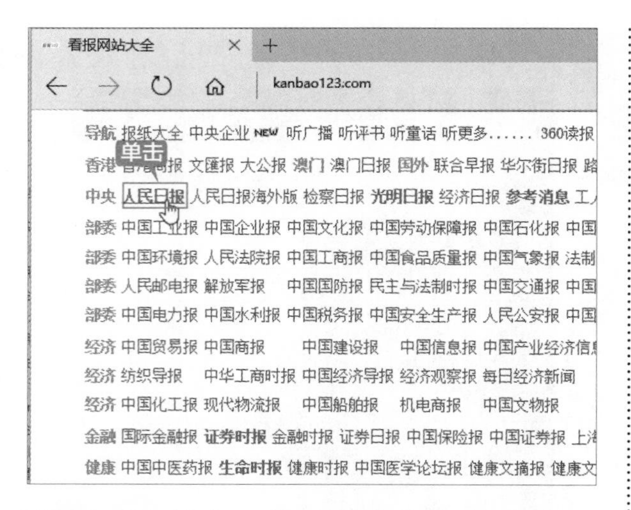

第 2 步　即可在打开的页面显示人民日报电子版，如下图所示。

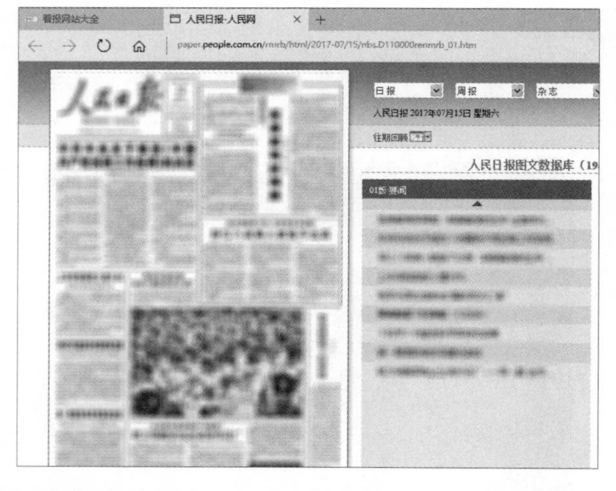

第 3 步　单击报纸中相应的板块，即可在右侧显示具体内容。

第 4 步　单击底部的【下一版】超链接，即可查看下一版面内容。用户也可以在右侧导航中查看报纸相应的板块内容。

将喜欢的音乐 / 电影传输到手机中

在电脑上下载的音乐或电影只能在电脑上收听或观看，如果用户想要把音乐或电影传输到手机当中，进而随时随地都能享受音乐或电影带来的快乐，该如何处理呢？本节就来介绍如何将电脑上的音乐或电影传输到手机当中。

目前，几乎任何一部智能手机都能随时随地进行网络连接，这样用户就可以利用无线网络来实现电脑与手机的相互连接，进而传输数据，不过这种方法需要借助第三方软件来完成，如 QQ 软件、微信等，下图所示为电脑与手机进行无线传输数据的效果。

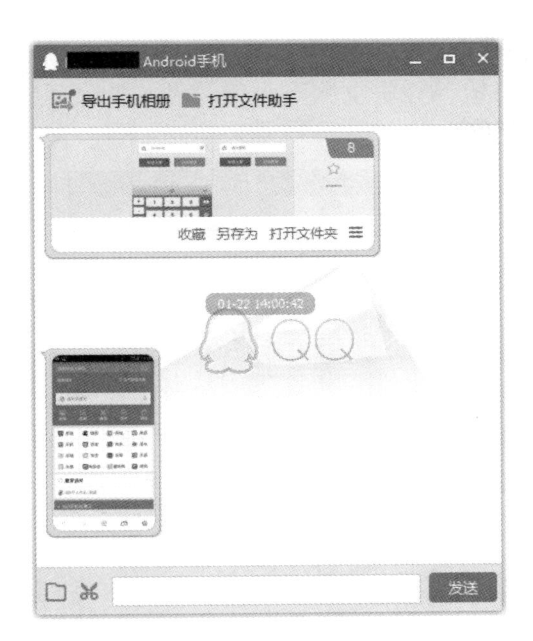

另外，使用数据线也可以实现电脑与手机的数据传输，这种方法所用到的原理是将手机转换为移动存储设备来完成，下图所示为手机转换成移动存储设备在电脑中的显示效果，其中 U 盘 (I:) 和 U 盘 (J:) 就是手机转换成 U 盘之后在电脑当中显示的效果。

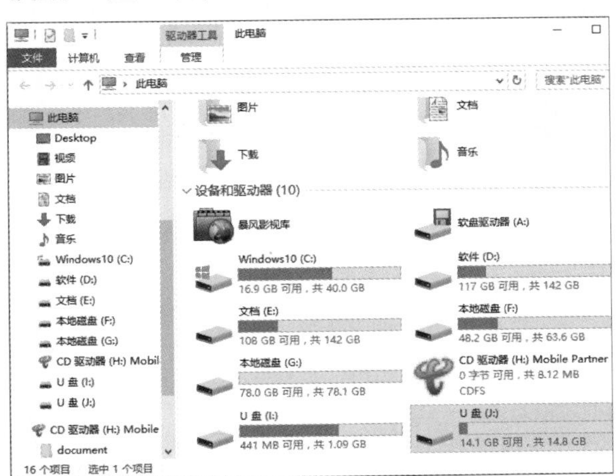

将喜欢的音乐或电影传输到手机当中的具体操作步骤如下。

1. 使用无线网络进行传输

第 1 步 打开 QQ 登录界面，单击【我的设备】按钮，展开我的设备列表。

第 2 步 双击【我的 Android 手机】按钮，即可打开如下图所示的界面。

第 3 步 单击【选择文件发送】按钮，打开【打开】对话框，在其中找到想要发送的音乐或电影文件，单击【打开】按钮。

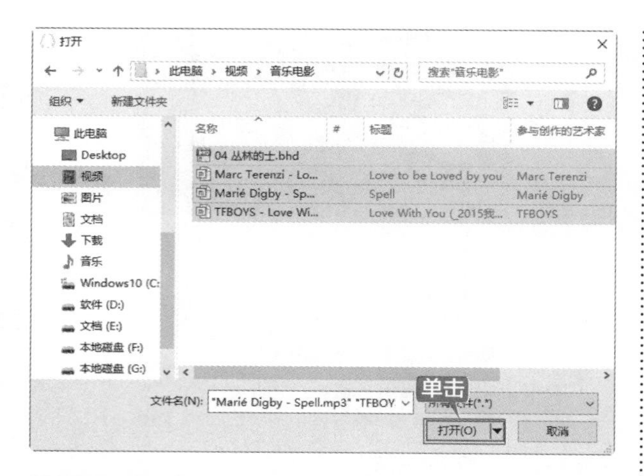

第 4 步　返回下图所示界面，在其中可以看到添加的音乐或电影文件，并显示发送的速度。

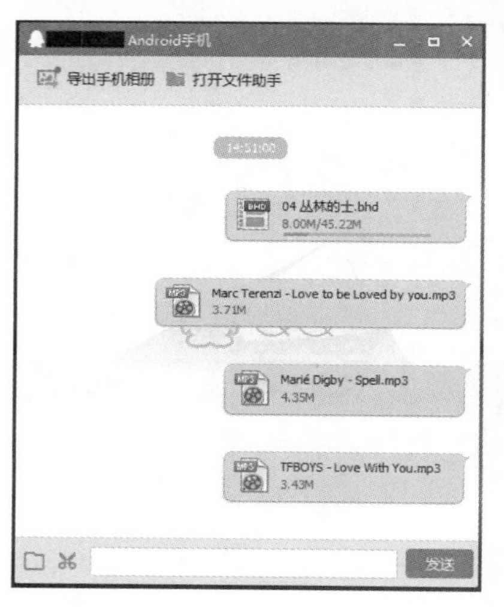

第 5 步　在手机当中登录到自己的 QQ 账户当中，即可显示如下图所示的温馨提示信息。

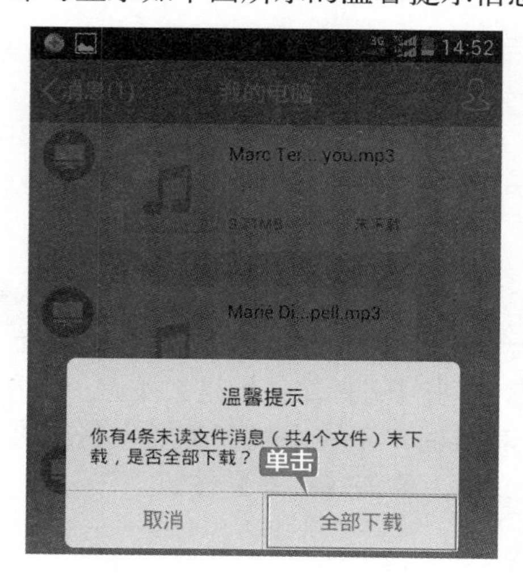

第 6 步　在手机中点按【全部下载】按钮，即可开始下载从电脑当中传输过来的音乐或电影文件。

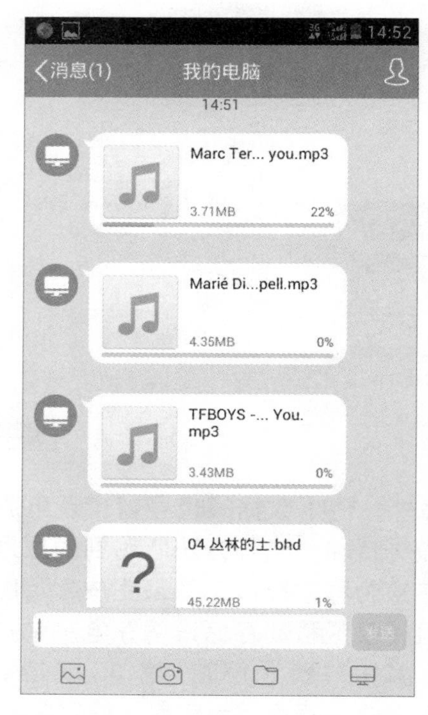

第 7 步　下载完毕后，即可完成将电脑当中的音乐或电影传输到手机当中的操作。

2. 使用数据线进行传输

第 1 步　使用数据线将手机连接到电脑当中，然后在电脑中打开需要传输的音乐或电影所在的文件夹。

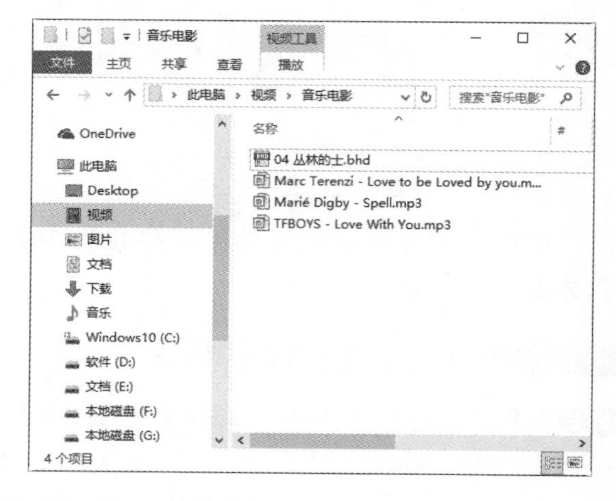

第 2 步　选中需要传输的音乐或电影并右击，

在弹出的快捷菜单中选择【复制】菜单命令。

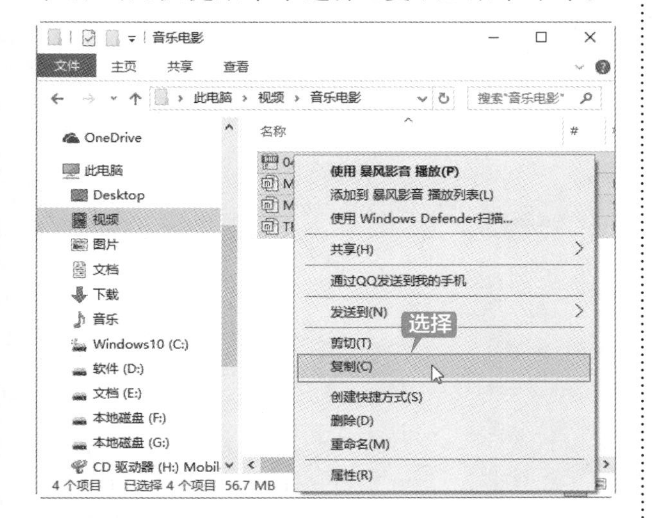

第 3 步 在电脑当中打开手机转换成 U 盘后的盘符，并找到保存音乐文件的文件夹，将其打开，然后在空白处右击，在弹出的快捷菜单中选择【粘贴】选项。

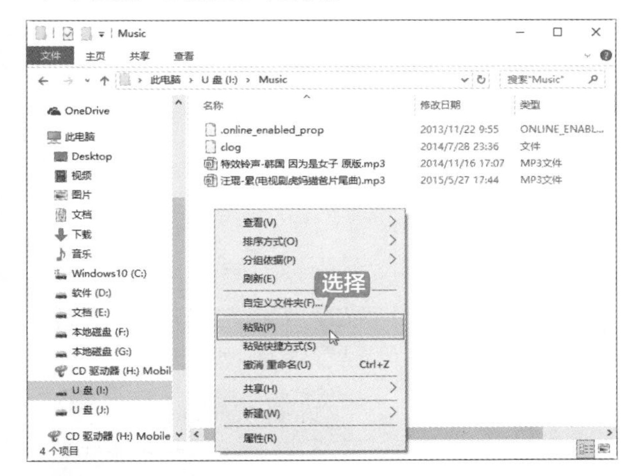

第 4 步 打开【粘贴】提示框，在其中显示了文件完成的进度。

第 5 步 完成之后，即可在 U 盘当中查看复制的音乐或电影。

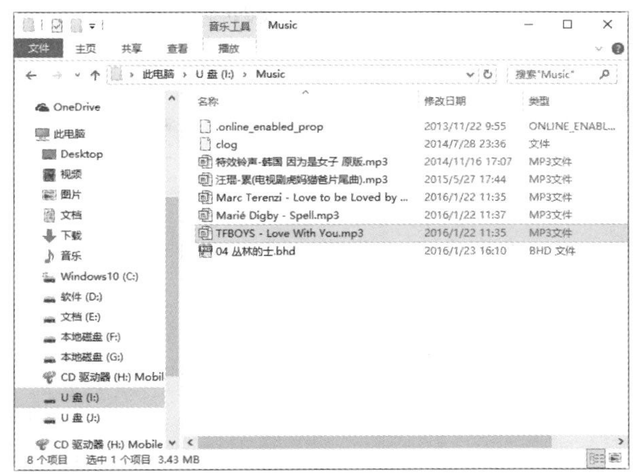

第 6 步 将手机与电脑断开连接，在手机中打开音乐播放器，即可打开如下图所示的界面。

第 7 步 点按【本地歌曲】按钮，即可在【本地歌曲】界面中找到复制之后的音乐文件。

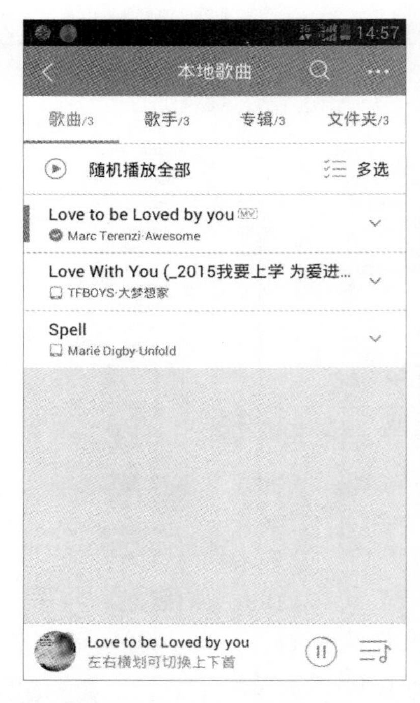

第 8 步 点按任何一首音乐，即可在手机中播放选中的音乐，这样就完成了将电脑当中的音乐或电影传输到手机当中的操作。

◇ 将歌曲剪辑成手机铃声

有时遇到一首好听的音乐，但是前奏太长，设置成铃声通常只能听到前奏，那么如何才能将音乐直接剪辑到高潮呢？下面介绍一种将歌曲剪辑成手机铃声的方法，具体操作步骤如下。

第 1 步 双击桌面上的【酷狗音乐】快捷图标，打开【酷狗音乐】工作界面。

第 2 步 单击工作界面左侧的【更多】按钮，打开【更多】功能设置界面。

第 3 步 单击【铃声制作】图标按钮，打开【酷狗铃声制作专家】对话框，单击【添加歌曲】按钮。

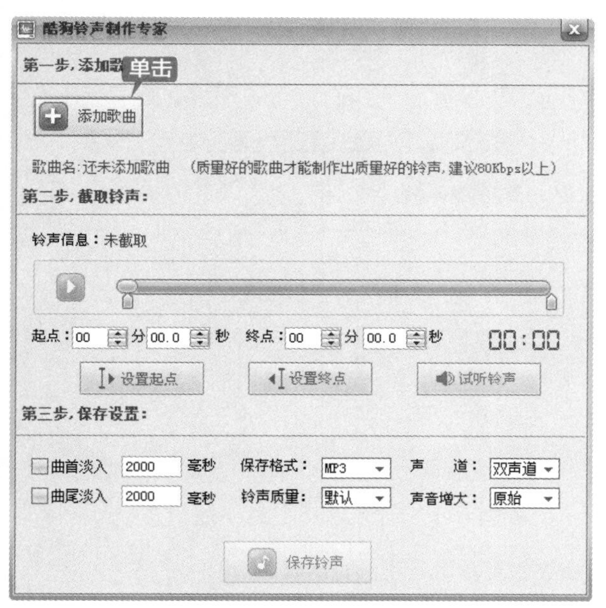

第 4 步 打开【打开】对话框，在其中选择一首歌曲，单击【打开】按钮。

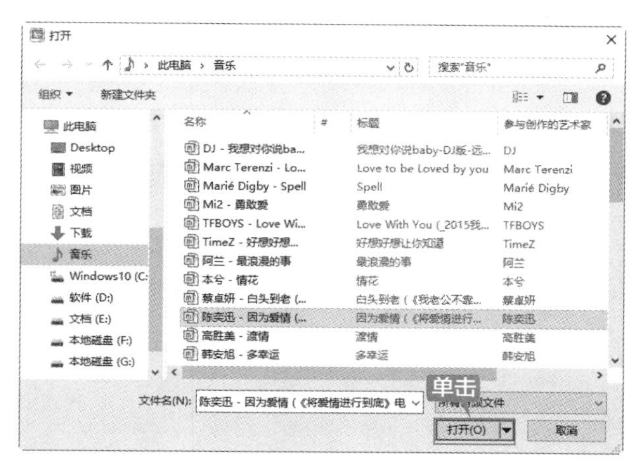

第 5 步 返回【酷狗铃声制作专家】对话框中，单击【设置起点】和【设置终点】按钮。

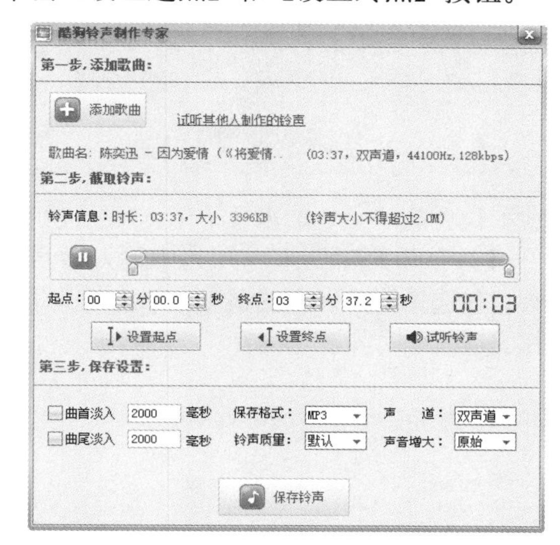

第 6 步 设置铃声的起点和终点。

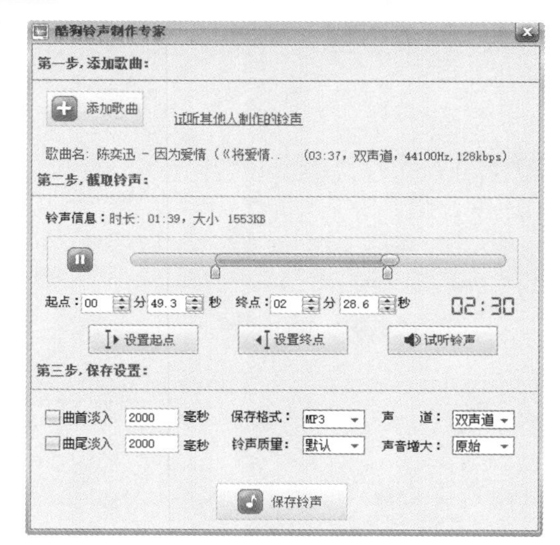

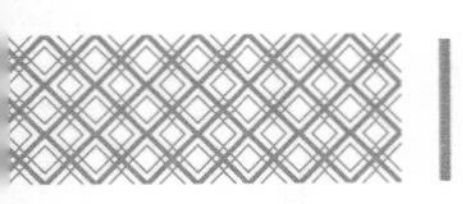

第 7 步 在【第三步，保存设置】设置区域中单击【铃声质量】右侧的【默认】下拉按钮，在弹出的下拉列表中选择铃声的质量。

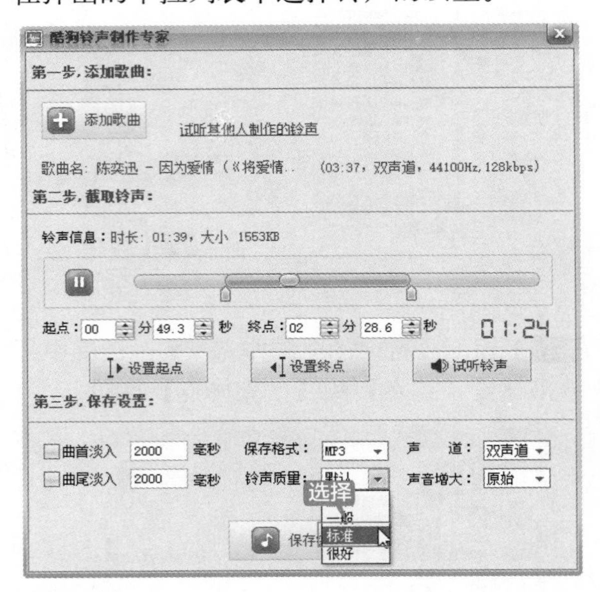

第 8 步 设置完毕后，单击【保存铃声】按钮，打开【另存为】对话框，在其中输入铃声的名称，并选择铃声保存的类型，单击【保存】按钮。

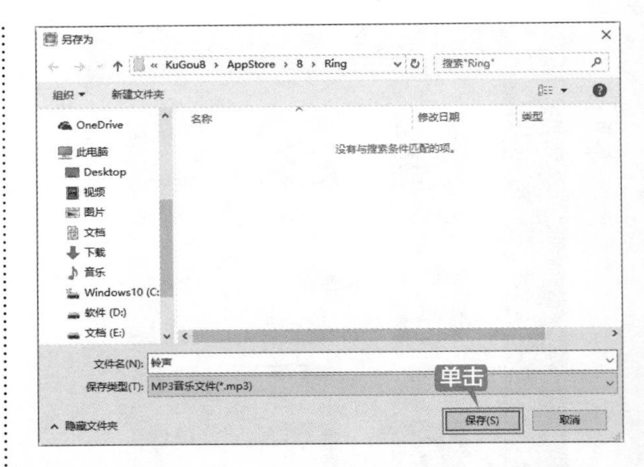

第 9 步 打开【保存铃声到本地进度】对话框，在其中显示了铃声保存的进度。

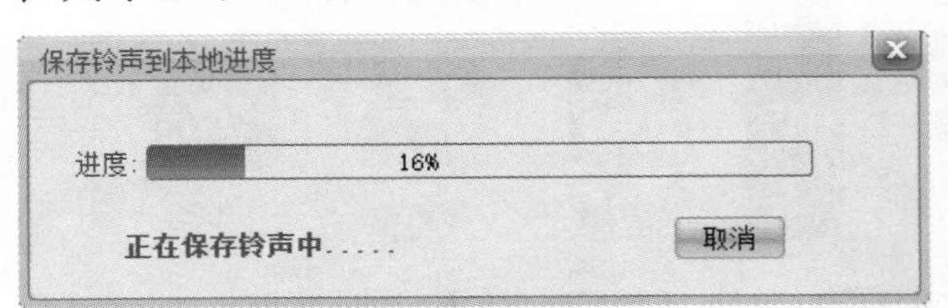

第 10 步 保存完毕后，会在【保存铃声到本地进度】对话框的下方显示【铃声保存成功】的提示信息，单击【确定】按钮，关闭对话框。

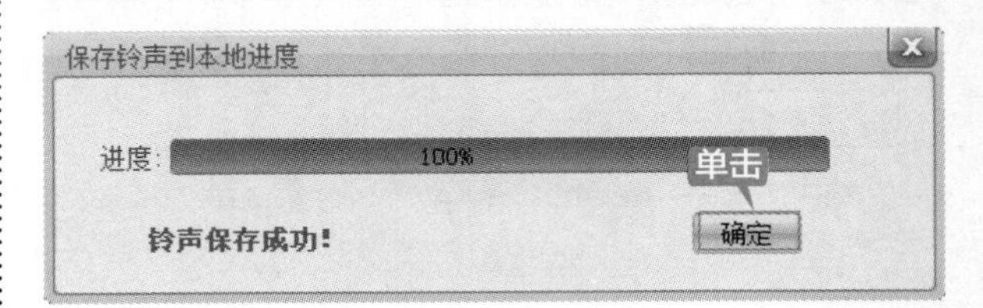

第4篇

电脑安全篇

第 13 章　做好电脑的日常保养和管理
第 14 章　网络安全与诈骗防护

本篇主要介绍电脑安全的基础操作，通过本篇的学习，读者可以掌握电脑的日常保养和管理与网络安全与诈骗防护的基本操作。

第 13 章 做好电脑的日常保养和管理

本章导读

电脑给我们带来便利的同时，也不能疏忽对它的日常保养与管理，要时时清理电脑，释放电脑中的空间，从而让电脑运行速度更快。本章主要介绍日常电脑保养和管理。

思维导图

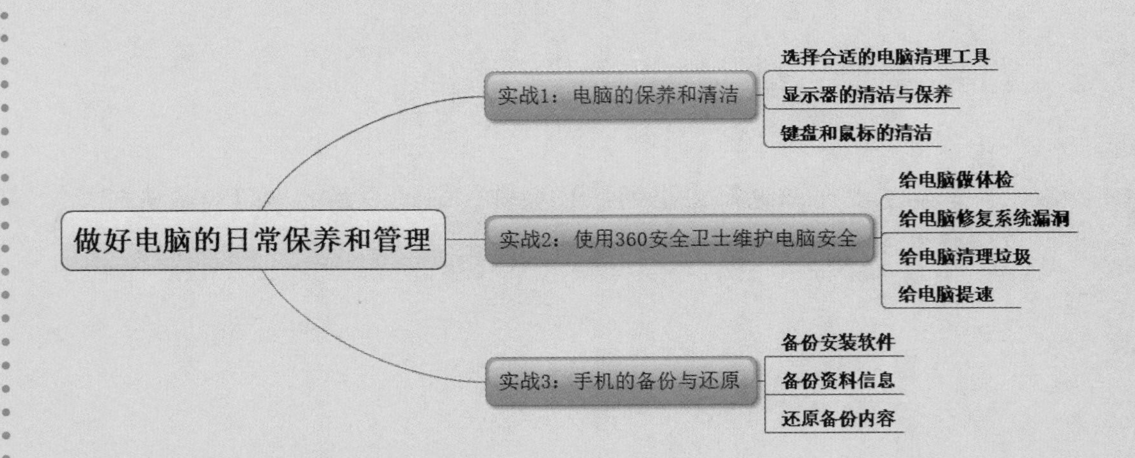

13.1 实战 1：电脑的保养和清洁

和普通家用电器一样，电脑在使用一段时间后，表面和主机内部或多或少都会积附一些灰尘或污垢，需要定期做些清洁保养的工作。

13.1.1 选择合适的电脑清理工具

在电脑日常保养中，部分硬件的清理一定要用专用的清理工具，本节介绍几种常用的电脑清理工具。

（1）清洁液：可用于清洁屏幕。

（2）防静电刷子：可快速去除灰尘和污垢。

（3）擦拭布：用于去除电脑键盘或鼠标、显示屏上的指纹和油渍。

这是一套清洁电脑套装，价格低廉，使用方便，主要包括以上几种工具。

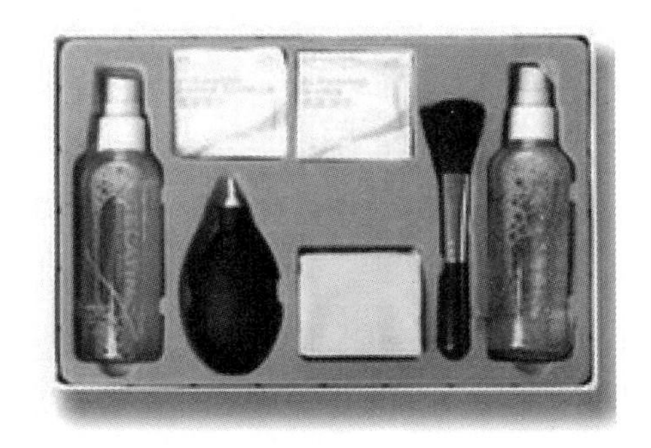

（4）鼠标的清洁：常用工具有绒布、硬毛刷（最好是废弃牙刷）、酒精等。上面的清洁工具可以用到。

（5）键盘清洁：常用工具有毛刷（毛笔、废牙刷均可）、绒布、酒精（消毒液、双氧水均可）、键盘清洁胶（键盘泥）等。

13.1.2 显示器的清洁与保养

显示器的功能是呈现电脑运行出来的东西，它就像人的眼睛一样，如果出现故障，电脑也相当于报废，使用不当会使电脑的性能快速下降，所以显示器的维护在日常使用电脑的过程中显得尤为重要。

1. 做好显示器的防尘工作

高电压的物体极易吸附空气中的灰尘，显示器内部的高压可达 10 ~ 30kV，这么高的高压特别容易吸附空气中的灰尘，灰尘太多的话将会影响电脑中电子元件的热量散发，原件上温度过高就有可能烧坏元件。灰尘中还含有水分，会腐蚀显示器内部的线路，从而造成各种故障。

用户最好给显示器买一个专用的防尘罩，在每次使用完成后及时将显示器盖上，清除显示器上的灰尘，不过切记要将显示器的电源关掉，还应拔下显示器的电源线和信号电缆线，用软布从屏幕中心向外擦拭，如果灰尘难以清除，可用脱脂棉蘸少量水小心擦拭，千万不能用酒精之类的化学溶液擦拭。

另外，长期使用的显示器机壳内会积攒大量灰尘，不清除会加速显示器的老化，可以用毛刷擦除显示器机壳上的灰尘与污垢，要用干布擦拭，尽量不用蘸水的湿布抹擦。

2. 不要经常性地对显示器进行开关

用户不要太频繁地开关显示器，开和关之间最好间隔一两分钟，开、关太快，容易使显示器内部瞬间产生高电压，使电流过大而将显像管烧毁。如果有一两个小时都不用显示器的话，最好把显示器关掉，对于家用电脑来说，建议在晚上不用的时候把整套设备都关掉。

3. 其他因素对显示器的影响

显示器对环境也会有很高要求，在温度过高的情况下会使显示器自身电路产生的高温不容易发散出去，造成散热不良，出现电路元件热击穿而引起显示器损坏。在温度过低的情况下显示器内部的液晶分子会凝结，造成显示器画面不正常。对于湿度也有要求，太湿容易造成显

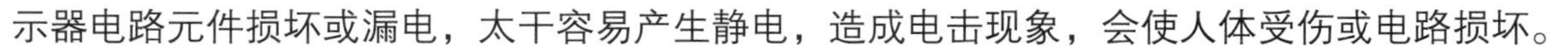

示器电路元件损坏或漏电，太干容易产生静电，造成电击现象，会使人体受伤或电路损坏。

正确使用显示器在维护中也特别重要，显示器不仅能提供可靠的显示器显示效果，使用户获得最佳的视觉效果，还能保护用户的视力。

正确使用显示器，要设置好显示器的分辨率，不要用手摸屏幕，因为显示器的面板由许多液晶体构成，很脆弱，如果经常用手触摸，显示器面板上会留下很多指纹，同时，会在元器件表面积聚大量的静电电荷。

显示器最好远离磁场干扰，最好远离多媒体音箱、收音机等物品。不要放在强光中，显示器调得太亮或对比度太强，会使显像管的灯丝和荧光粉过早老化。强光会使屏幕反光而造成画面昏暗不清，在工作的时候面对显示器还会特别伤眼睛。减弱光强度，夏季要在光线必经的地方挂一块深色的布来降低显示器的光照强度。

4. 显示器的清洁

（1）常用工具。

显示器专用清洁液，抹布和毛刷等。

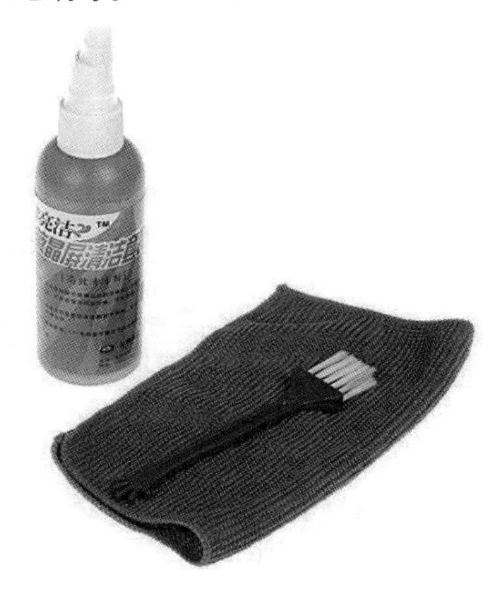

（2）注意事项。

清洁前，关闭显示器，切断电源，并拔掉电源线和显示信号线。

液晶显示器在清洁时千万不要用水，因为水是液晶的大敌，一旦渗入液晶面板内部，屏幕就会产生色调不统一的现象，严重的甚至会留下永久的暗斑。

千万不可随意用任何碱性溶液或化学溶液擦拭 CRT 显示器玻璃表面。如果用化学清洁剂进行擦拭，可能会造成涂层脱落或镜面磨损。

13.1.3 键盘和鼠标的清洁

键盘和鼠标是电脑部件中使用频率最高的部分，因此需要注意对它们的保养和清洁。下面介绍有关鼠标和键盘的保养和清洁知识。

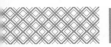

1. 键盘的保养和清洁

键盘是常用的输入设备之一，平时使用键盘切勿用力过大，以防键盘的机械部件受损而失效。但由于键盘是一种机电设备，使用频繁，加之键盘底座和键盘之间有较大的间隙，灰尘非常容易侵入，因此定期对键盘进行清洁维护十分必要。

（1）常用工具。

毛刷（毛笔、废牙刷均可）、绒布、酒精（消毒液、双氧水均可）、键盘清洁胶（键盘泥）等。

（2）注意事项。

① 在键盘清洁前，拔掉连接线，断开与电脑的连接。

② 在清洁中尤其不能使水渗入键盘内部。

③ 不懂键盘内部构造的用户不要强拆键盘，进行一般的清洁工作即可。

清洁方法如下。

首先，将键盘反过来轻轻拍打，让其内部的灰尘、头发丝、零食碎屑等落出。

其次，对于不能完全落出的杂质，可平放键盘，用毛刷清扫，再将键盘反过来轻轻拍打；也可以使用键盘清洁胶、键盘清洁器、键盘泥等对键盘内部杂质进行清除。

最后，使用绒布对键盘的外壳进行擦拭，清除污垢。键盘擦拭干净后，使用酒精对按键进行消毒处理，并用干布擦干键盘即可。

2. 鼠标的保养

鼠标是当今电脑必不可少的输入设备，当发现鼠标指针在屏幕上移动不灵时，就应当为鼠标除尘了。

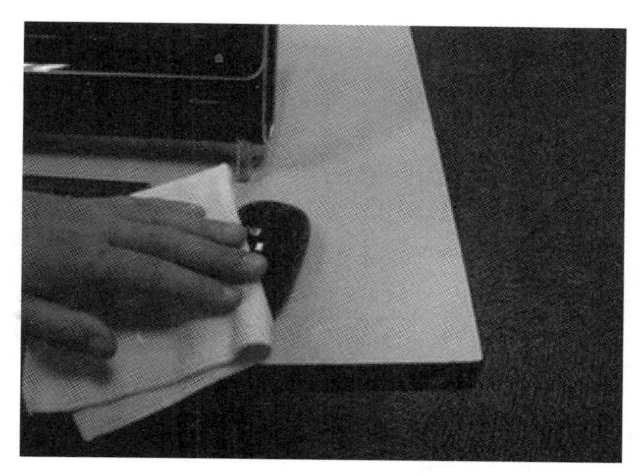

鼠标的底部长期和桌子接触，最容易被污染。鼠标的缝隙不易用布擦除，可使用硬毛刷对缝隙的污垢进行清除。上述清理完毕后，使用酒精对鼠标表面进行消毒处理，并用干布片擦干鼠标即可。

13.2 实战 2：使用 360 安全卫士维护电脑安全

360 安全卫士是集电脑体检、查杀木马、清理插件、修复漏洞等功能于一体的免费电脑安全软件，本节讲述如何使用 360 安全卫士。

13.2.1 给电脑做体检

电脑体检和去医院体检一样，通过对其进行检查，查找其中存在的问题，从而做出及时的处理，而 360 安全卫士自带的体检功能，就是为了查找电脑中存在的安全问题。

第 1 步 下载并安装 360 安全卫士软件，然后双击桌面上的【360 安全卫士】图标。

第 2 步 打开软件主界面，单击【立即体检】按钮。

第 3 步 即可对电脑进行体检，如下图所示。

13.2.2 给电脑修复系统漏洞

系统漏洞是指操作系统在逻辑设计上的缺陷或在编写时产生的错误，这个缺陷或错误可以被不法者或者电脑黑客利用，通过植入木马、病毒等方式来攻击或控制整个电脑，从而窃取电脑中的重要资料和信息，甚至破坏电脑系统。

修复系统漏洞的具体操作步骤如下。

第 1 步 启动 360 安全卫士，在其主界面上单击【系统修复】图标，打开【系统修复】界面，然后单击【全面修复】按钮。

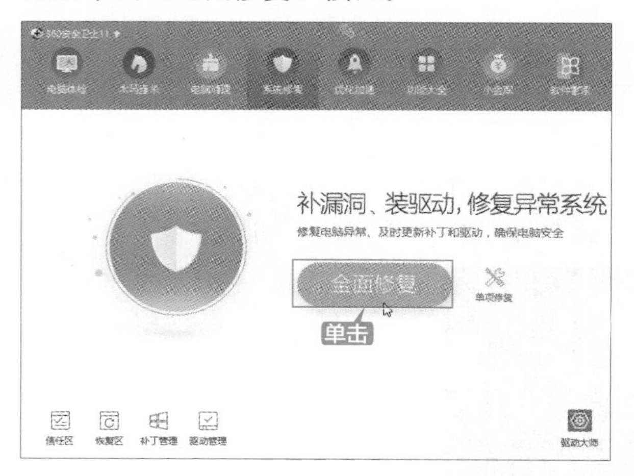

第 2 步 软件即会自动扫描系统漏洞，如下图所示。

第 3 步 扫描完成后软件会弹出提示信息，下方会显示漏洞的详细信息。单击【一键修复】按钮。

第 4 步 软件即会自动下载并安装系统或软件补丁，并在下方列表中显示补丁的下载及安装进度。

第 5 步 系统漏洞修复完成后，即会显示如下提示，单击【完成修复】按钮即可。

提示

部分系统漏洞修复后，会提示用户重启电脑，此时根据提示重启电脑即可完成修复。

13.2.3 给电脑清理垃圾

电脑使用久了，就会产生一些系统垃圾、使用痕迹，就像日常生活中会产生生活垃圾一样，而这些系统垃圾就会占用电脑的内存，从而影响系统的运行速度，老年朋友可以借助 360 安全卫士快速清理垃圾，不需要烦琐的操作，就可以确保系统流畅的运行。

第 1 步 启动 360 安全卫士，在其主界面上单击【电脑清理】图标，打开【电脑清理】界面，然后单击【全面清理】按钮。

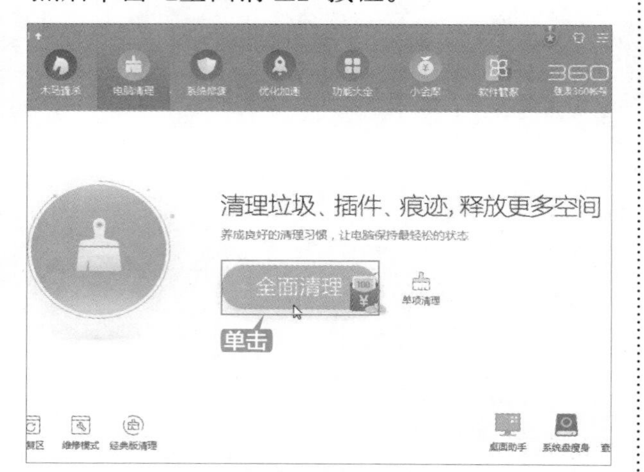

第 2 步 软件即会自动扫描电脑中存在的系统垃圾、使用痕迹等。

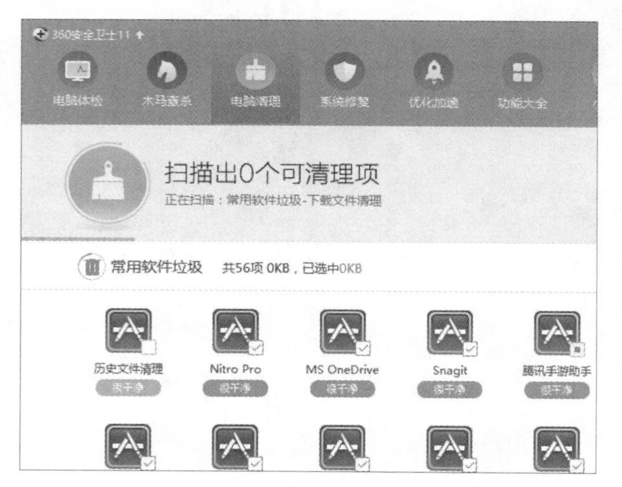

第 3 步 弹出扫描结果，其中显示了可清理项，单击【一键清理】按钮。

第 4 步 软件清理完成后，即会提示清理结果，单击【完成】按钮即可完成电脑垃圾的清理。

13.2.4 给电脑提速

如果出现开机速度慢、系统响应速度慢等症状，就可以为电脑提提速，使用 360 安全卫士的优化功能，可以提高电脑的运行速度。

第 1 步 启动 360 安全卫士，在其主界面上单击【优化加速】图标，打开【优化加速】界面，然后单击【全面加速】按钮。

第 2 步 软件即会扫描电脑中的可优化项，如下图所示。

第 3 步 系统扫描完成后，即会显示电脑中可优化的项目，单击【立即优化】按钮。

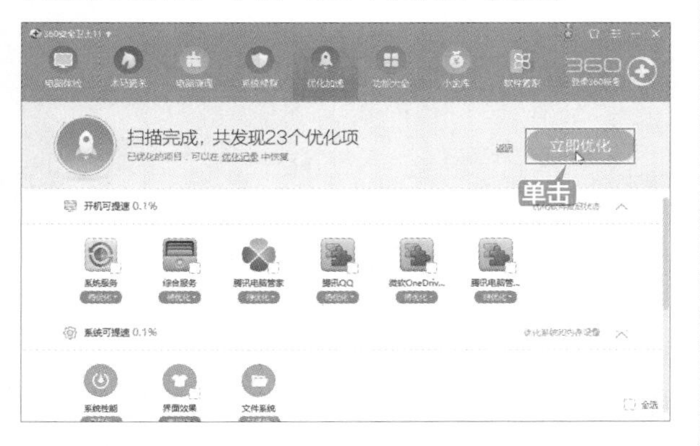

第 4 步 弹出【一键优化提醒】对话框，即可选择可优化的项目，选择后，单击【确认优化】按钮。

第 5 步 软件即会自动进行优化，完成后则提示修复完成，单击【完成】按钮，关闭软件即可。

13.3 实战 4：手机的备份与还原

有时候用户需要把手机恢复到原厂设置状态，这就意味着手机里所有的资料都将会被删除，此时用户可以提前将手机的内容进行备份，需要恢复时再进行还原即可。

13.3.1 备份安装软件

利用 360 手机助手，可以备份手机中安装的软件，具体操作步骤如下。

第 1 步 启动 360 手机助手，将手机用数据线和电脑正确连接好，连接成功后，在窗口中可以看到手机中安装软件的个数。

第 2 步 在窗口的下方单击【备份】按钮，在弹出的下拉菜单中选择【手机备份】菜单命令。

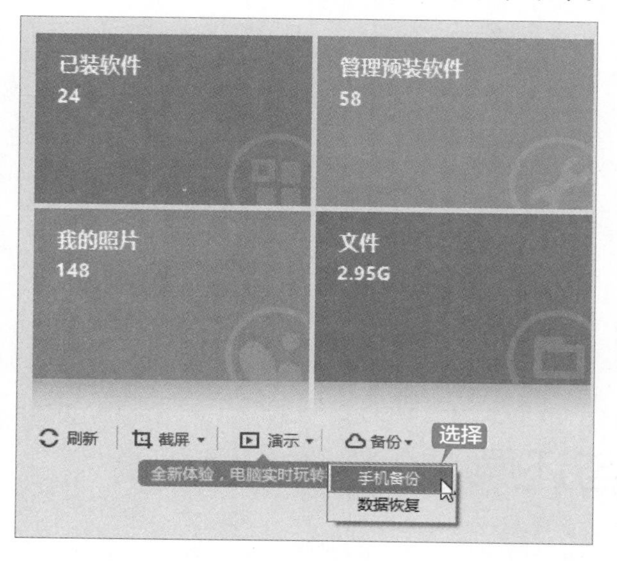

第 3 步 弹出【选择您想要备份的内容】对话框，选中【应用】复选框，即可备份手机中的软件。

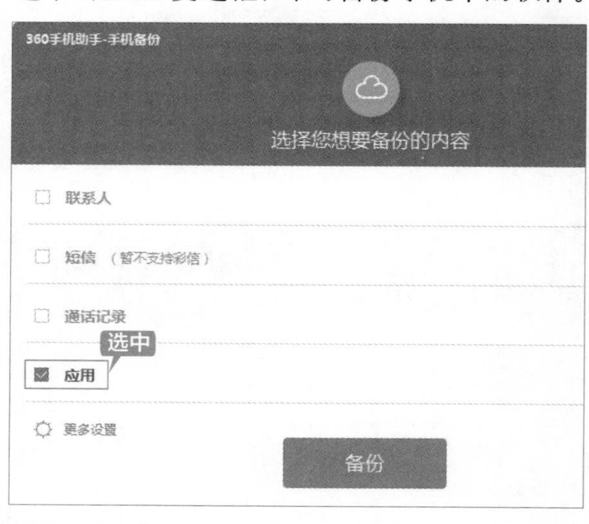

第 4 步 单击【更多设置】按钮，弹出【备份－更多选项】对话框，单击【更改】按钮，即可修改备份文件的路径，单击【确定】按钮，确认备份路径的修改。

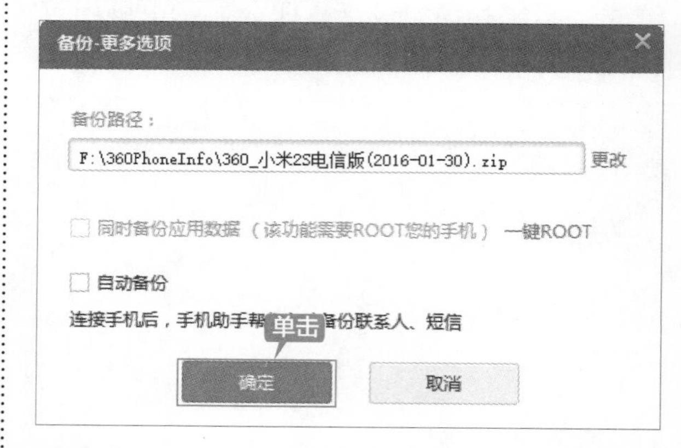

第 5 步 返回【选择您想要备份的内容】对话框，单击【筛选】按钮，弹出【备份－选择备份的应用】对话框，将需要备份的软件左侧的复选框选中，即可自定义备份的软件，不需要备份的软件，取消选中其左侧的复选框即可。

第 6 步 单击【确定】按钮，返回到【选择您想要备份的内容】对话框，单击【备份】按钮，即可开始备份操作，并显示软件备份的个数。

第 7 步 备份完成后，提示信息为“恭喜您，备份成功”，单击【完成】按钮。

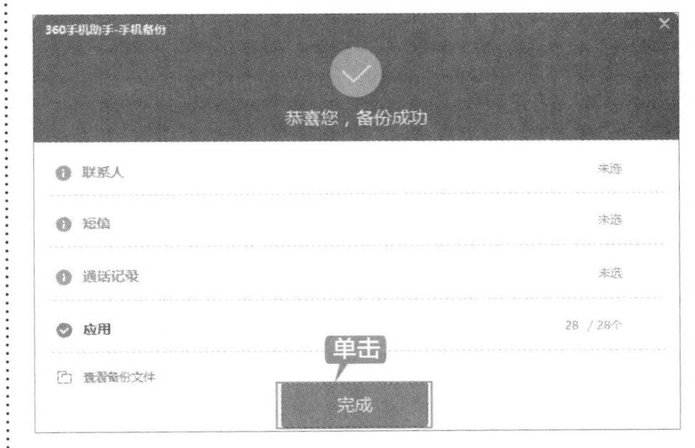

13.3.2 备份资料信息

对于手机中的联系人，短信和通话记录等信息，读者可以在 13.3.1 小节中的【选择您想要备份的内容】对话框中，选中【联系人】【短信】和【通话记录】左侧的复选框，单击【备份】按钮，即可备份上述的资料信息。

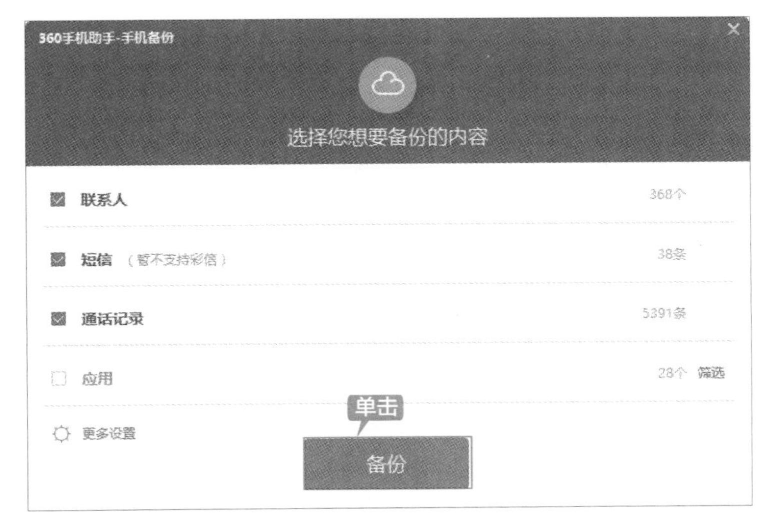

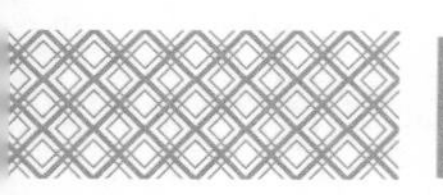

如果想备份手机中的图片，歌曲和文档等文件资料，也可以通过 360 手机助手来完成。具体操作步骤如下。

第 1 步 在 360 手机助手主界面中单击【文件】按钮。

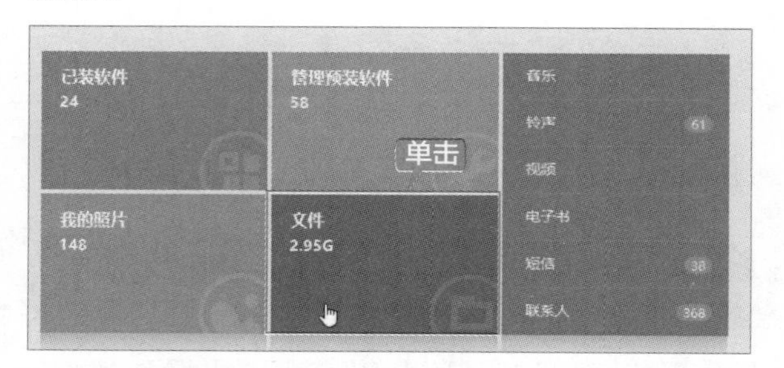

第 2 步 弹出【文件管理】窗口，选择需要备份的文件，右击并在弹出的快捷菜单中选择【导出】菜单命令。

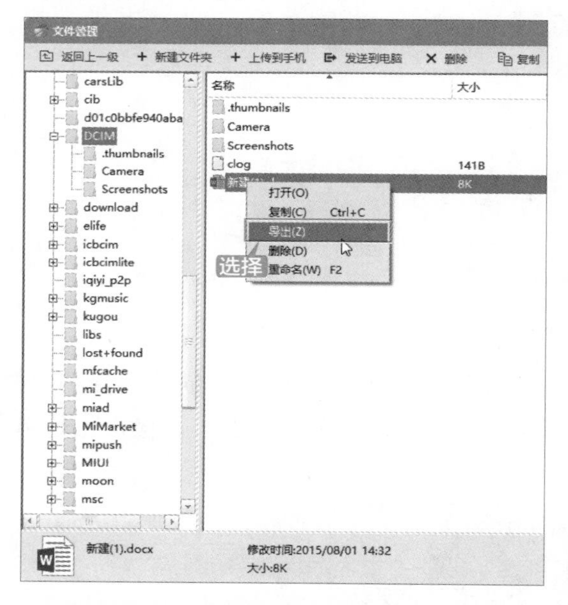

第 3 步 弹出【浏览文件夹】对话框，选择需要保存的位置，单击【确定】按钮。

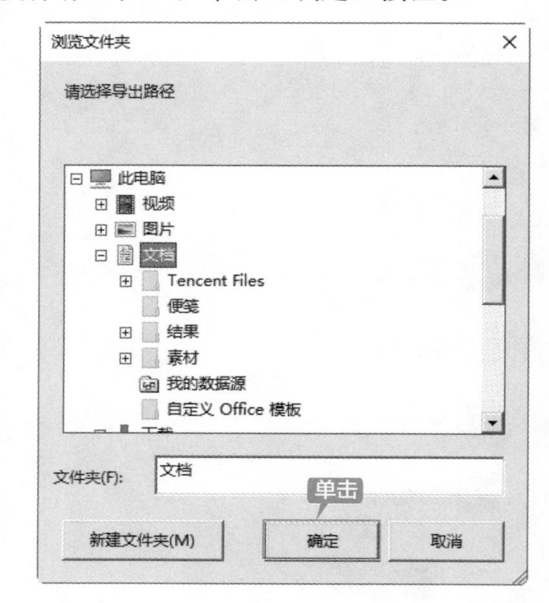

第 4 步 系统将自动把选择的文件备份到指定的位置，导出完成后，单击【确定】按钮。

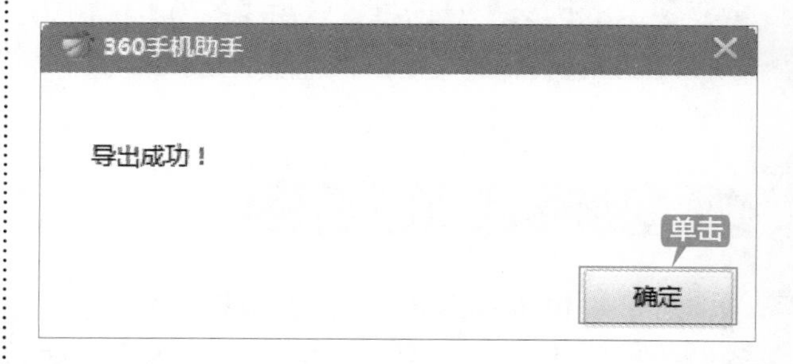

13.3.3 还原备份内容

如果是备份的资料文件，直接复制到手机中即可。如果是备份的安装软件，联系人信息，短信信息和电话记录等，需要将备份文件进行还原操作，具体操作步骤如下。

第 1 步 在 360 手机助手主界面中单击【备份】按钮，在弹出的下拉菜单中选择【数据恢复】菜单命令。

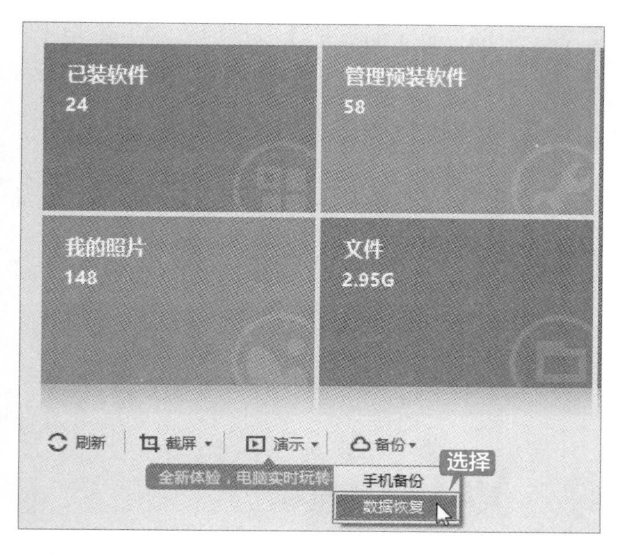

第 2 步 弹出【选择您想要恢复的数据】对话框，选择需要恢复的数据。

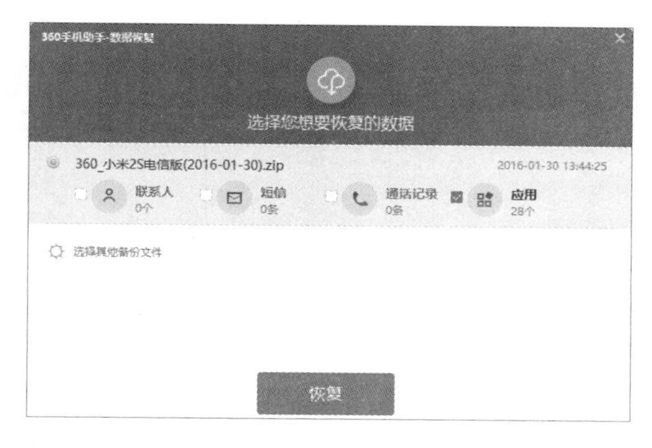

第 3 步 备份内容还原成功后，提示信息【恭喜您，恢复成功】，单击【完成】按钮。

修改桌面文件的默认存储位置

用户在使用电脑时一般都会把系统安装到 C 盘，而很多的桌面图标也随之产生在 C 盘，当桌面文件越来越多时，不仅影响开机速度，而且电脑的响应时间也会变长。当系统崩溃需要重装系统时，桌面文件就会丢失。

桌面文件的存储位置默认放置在 C 盘，如果用户把桌面文件存储路径修改到其他盘符，所遇到的上述问题就不会存在了。那么如何修改桌面文件的默认存储位置呢？下面介绍详细的设置步骤。如下图所示为桌面文件默认的存储位置。

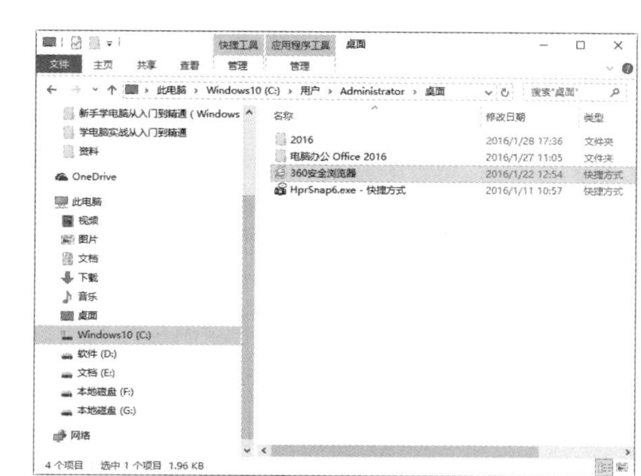

修改桌面文件默认存储位置的具体操作步骤如下。

第 1 步 双击桌面上的【此电脑】图标，打开【此电脑】窗口。

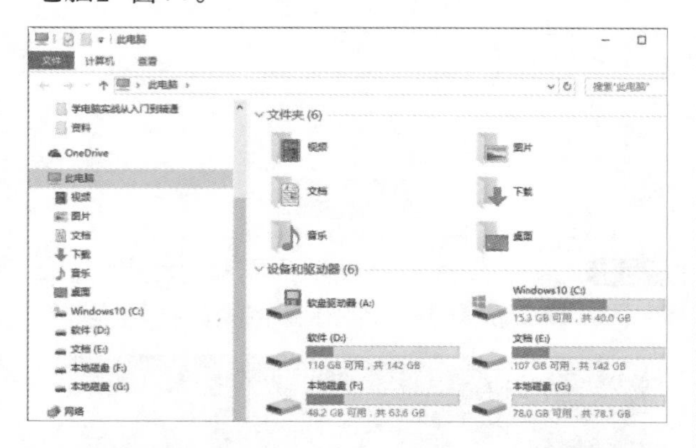

第 2 步 双击系统盘，在其中找到桌面文件默认的存储位置。

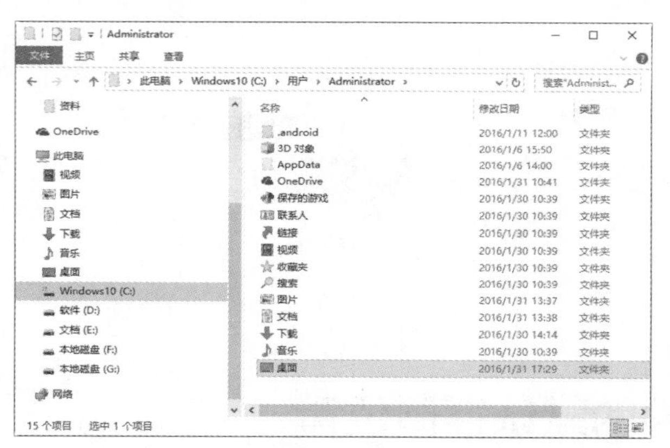

第 3 步 右击桌面图标，在弹出的快捷菜单中选择【属性】菜单命令。

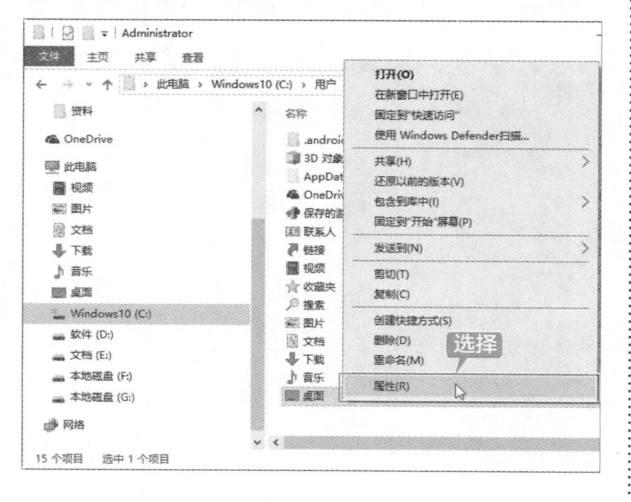

第 4 步 打开【桌面属性】对话框，在其中选择【位置】选项卡，进入【位置】设置界面，在其中可以看到桌面文件保存的位置，单击【移动】按钮。

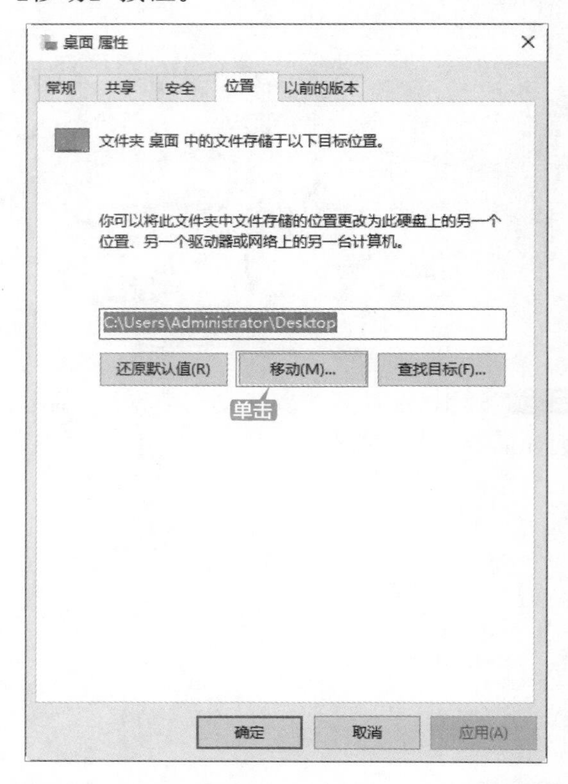

第 5 步 打开【选择一个图标】对话框，在其中选择桌面文件更改后的位置，这里选择【本地磁盘 G】。

第6步 单击【选择文件夹】按钮，返回到【桌面属性】对话框当中，在其中可以看到桌面文件更改后的保存位置。单击【确定】按钮，即可完成修改桌面文件默认存储位置的操作。

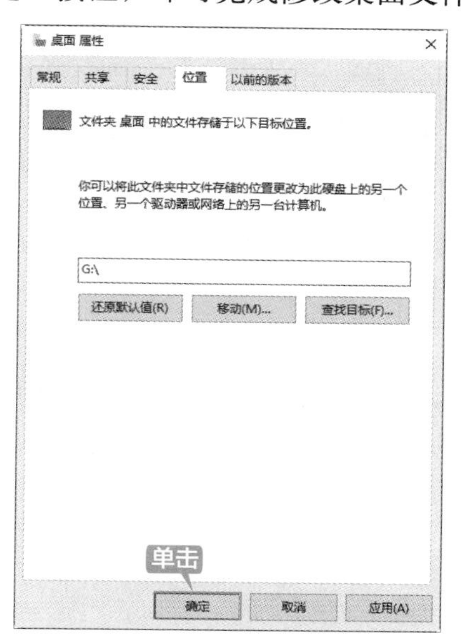

◇ 使用360安全卫士给系统盘瘦身

如果系统盘可用空间太小，则会影响系统的正常运行，本节主要讲述如何使用360安全卫士的【系统盘瘦身】功能，释放系统盘空间。

第1步 双击桌面上的【360安全卫士】快捷图标，打开【360安全卫士】主界面，单击【功能大全】按钮，进入【功能大全】界面，然后选择【系统工具】类别下的【系统盘瘦身】选项。

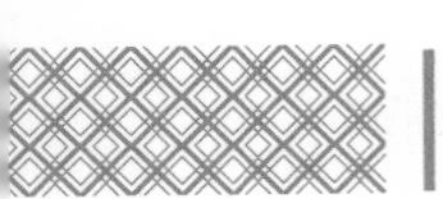

第 2 步 初次使用，会要求添加该工具，工具添加完成后，打开【系统盘瘦身】工具，单击【立即瘦身】按钮，即可进行优化。

第 3 步 完成后，即可看到释放的磁盘空间。由于部分文件需要重启电脑后才能生效，单击【立即重启】按钮，重启电脑。

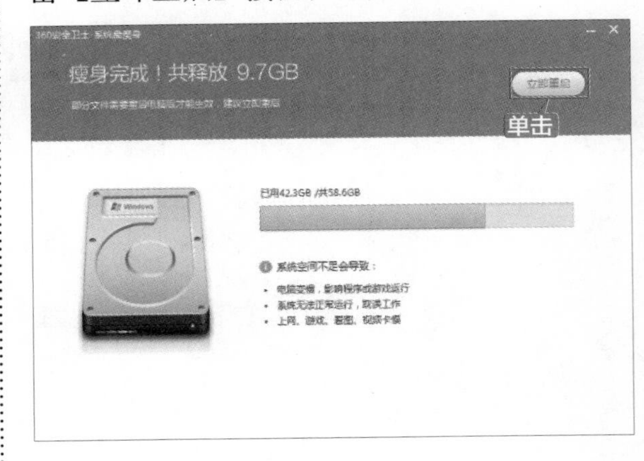

第 14 章 网络安全与诈骗防护

本章导读

对于首次接触电脑的老年朋友，需要了解网络安全与诈骗防护的使用方法。本章主要介绍病毒的查杀与预防和如何防范网络诈骗等内容。

思维导图

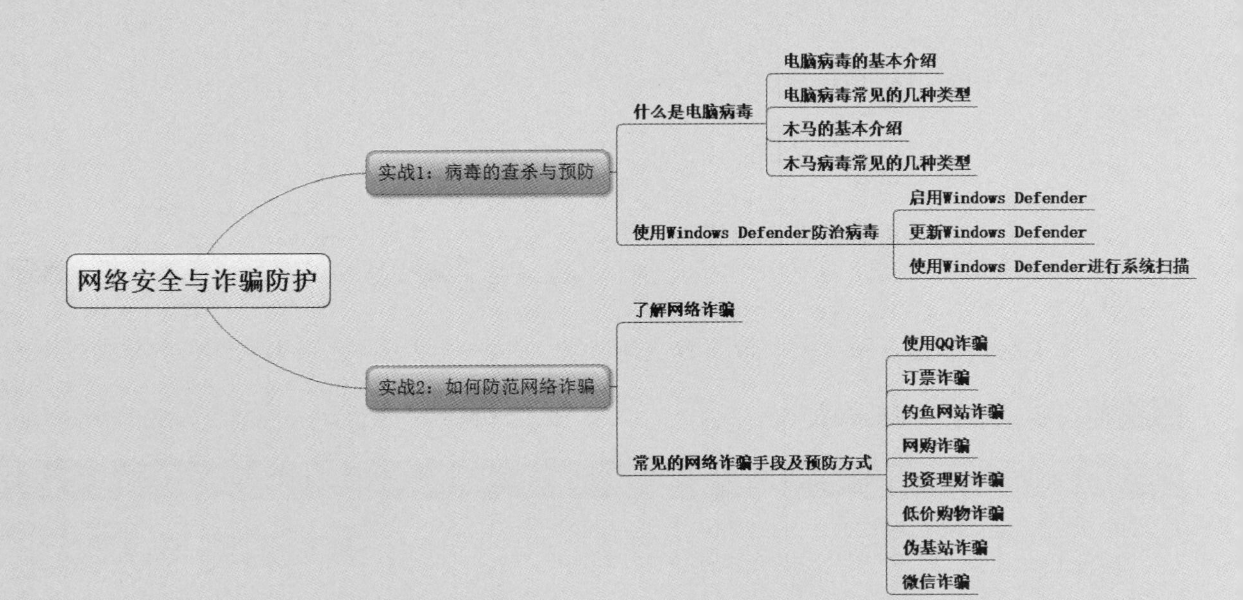

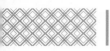

14.1 实战 1：病毒的查杀与预防

网络的迅速发展给人们的生活带来很多便利，但是随之而来的电脑病毒和木马也更加泛滥，电脑的病毒和木马有很强的控制能力和破坏能力，了解病毒和木马知识，预防它们产生，会给用户减少很多麻烦，所以认识并且处理电脑病毒与木马显得相当重要。

14.1.1 什么是电脑病毒

1. 电脑病毒的基本介绍

电脑病毒是编制或者在电脑程序中插入的破坏电脑功能或数据，影响电脑使用并且能够自我复制的一组指令或者程序代码。就像所有生物病毒一样，电脑病毒有着独特的复制能力。电脑病毒可以很快地蔓延开来，又难以根除。它们能自身附着在各种类型的文件上。当文件被复制，或从一个用户传送到另一个用户时，它们就会随同文件一起蔓延开来。

电脑病毒可以从不同角度来定义。一种定义是通过磁盘、U 盘和网络等作为媒介传播扩散，能“传染”其他程序的程序。另一种是能够实现自身复制且借助一定的载体存在的具有潜伏性、传染性和破坏性的程序。还有一种定义是人为制造的程序，它通过不同的途径潜伏或寄生在存储媒体（如磁盘、内存）或程序里。它能够对电脑系统进行各种破坏，同时能够自我复制，具有传染性。

所以，电脑病毒就是能够通过某种途径潜伏在电脑存储介质（或程序）里，当达到某种条件时即被激活的具有对电脑资源进行破坏作用的一组程序或指令集合。

电脑病毒是一种危害非常大的病毒，它有什么特点呢?

（1）电脑病毒在运行前不容易被发现，可以寄生在正常运行程序中，随正常程序一起运行，具有寄生性。

（2）电脑病毒可以通过多种途径传播，具有传染性。

（3）电脑病毒会在某一时间，不定时地爆发，具有潜伏性。

（4）电脑病毒与普通文件大致相同，不容易被发现，具有隐蔽性。

（5）电脑病毒会破坏电脑正常运行程序，造成电脑运行越来越慢，会经常死机，蓝屏，有时会卡在一个页面动都动不了，具有破坏性。

（6）电脑病毒会因为某个事件或数值的出现，诱使病毒感染或攻击电脑，具有可触发性。

2. 电脑病毒常见的几种类型

病毒类型	特点
木马病毒	以盗取用户信息为目的，它的前缀是 Trojan
系统病毒	主要感染 Windows 系统的可执行性文件，它的前缀是 Win32、PE、Win95、W32、W95 等
蠕虫病毒	主要是通过网络或者系统漏洞进行传播。它的前缀是 Worm
脚本病毒	主要是用脚本语言编写，它的前缀是 Script
后门病毒	主要是通过网络传播，并在系统中打开后门。它的前缀是 Backdoor
宏病毒	脚本语言的一种。利用 MS Office 文档中的宏进行传播

续表

病毒类型	特点
破坏性程序病毒	会对系统造成明显的破坏，如格式化硬盘。它的前缀是 Harm
捆绑机病毒	一类会和其他特定性应用程序捆绑在一起的病毒，它的前缀是 Binder

3. 木马的基本介绍

木马又称为特洛伊木马，英文名叫“Trojan house”，它的名称取自希腊神话的特洛伊木马记。也叫木马病毒，是指通过特定程序来控制另外一台电脑。

木马通常有两个可执行程序：一个是控制端，另一个是被控制端。这种病毒文件与一般的病毒文件不同，它不会自我繁殖，也并不“刻意”地去感染其他文件，它是通过将自身伪装引导用户下载软件或文件，文件或程序一旦被下载，开发木马者可以任意毁坏、偷窃下载者的文件，更有甚者可以远程控制下载者的主机。

木马病毒是另一种危害比较大的病毒，它有什么特点呢?

（1）木马病毒和普通病毒不同，只要它存在我们的电脑上，就会持续盗取我们的信息，我们却察觉不到，具有危害的持续性。

（2）木马病毒需要隐藏在系统之中，在无人知晓的情况下造成危害，具有隐藏性。

（3）木马病毒还会自动打开特别的电脑端口，它的最终目的主要是窃取我们的信息，而不是破坏我们的系统，具有自动开启电脑特别端口的功能。

（4）木马病毒会盗取我们的信息，具有破坏性。

4. 木马病毒常见的几种类型

木马病毒的类型	特点
网络游戏木马	通常采用记录用户键盘输入、Hook 游戏进程 AP 函数等方法来获取用户的游戏账号和密码。窃取到的信息一般通过邮件或向远程脚本提交的方式发送给木马病毒的始作俑者
网银木马	主要攻击用户的银行卡卡号、密码、安全证书，危害直接，会使用户损失惨重，财产丢失
破坏性木马	破坏性木马唯一的功能是破坏已经感染木马病毒的电脑系统，使系统崩溃或者丢失重要数据，给用户带来重大损失
网页点击类木马	病毒编写者为了赚取高额的广告推销费用，由于技术简单，一般只向服务器发送请求
下载类木马	体积小，更容易传播，传播速度更快，它会让你的电脑从网上下载其他病毒程序或安装广告软件
代理类木马	最重要的任务是给被控制住的用户种上木马，会给用户开启 HTTP、Socks 等代理服务。黑客把受感染的电脑作为自己的跳板，从而在入侵的同时隐蔽自己的足迹，防止别人发现自己的身份

14.1.2 使用 Windows Defender 防治病毒

Windows Defender 是 Windows 10 的一项功能，主要用于帮助用户抵御间谍软件和其他潜在的有害软件的攻击，但在系统默认情况下，该功能是不开启的。下面介绍如何开启 Windows Defender 功能。

1. 启用 Windows Defender

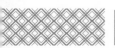

单击【开始】按钮，在弹出的【开始】菜单中，选择【所有程序】→【Windows 系统】→【Windows Defender】选项，或者在 Cortana 中搜索 Windows Defender，即可打开 Windows Defender 程序，如下图所示。

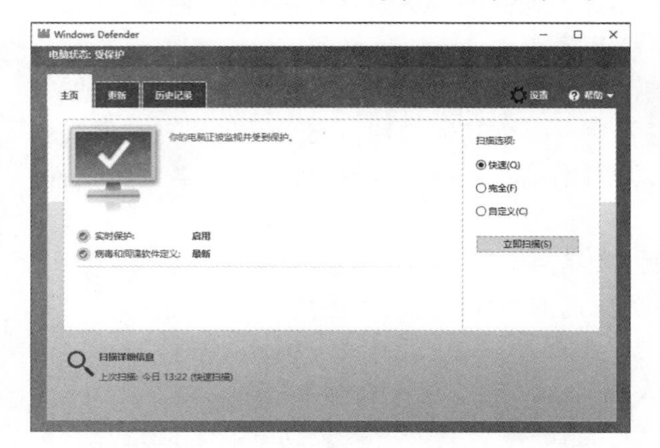

如果 Windows Defender 软件顶部颜色条为红色，则电脑处于不受保护状态，实时保护已被关闭，如下图所示。

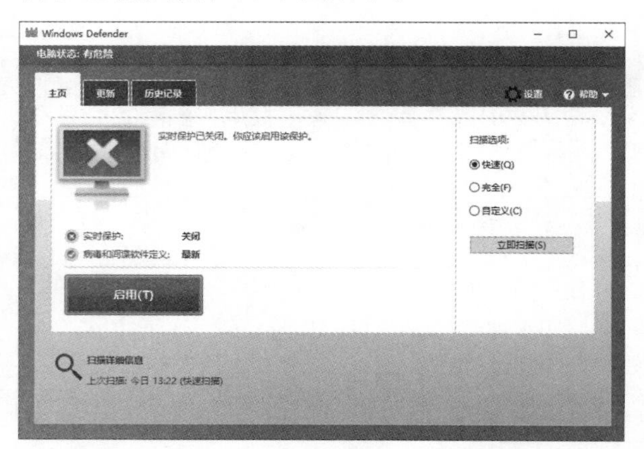

在软件界面单击【设置】按钮，在弹出的【设置】对话框中，将【实时保护】功能设置为【开】，即可启用实时保护，软件顶部颜色条即变为绿色。

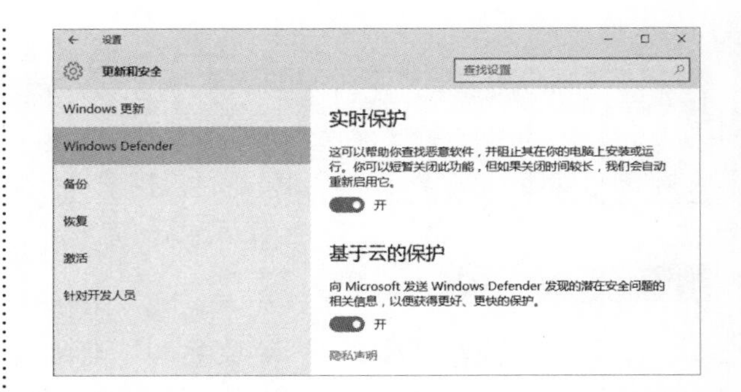

2. 使用 Windows Defender 进行系统扫描

Windows Defender 主要提供了【快速】【完全】和【自定义】三种扫描方式，用户可以根据需求选择系统扫描方式。下面以【快速】扫描为例，具体操作步骤如下。

第 1 步 在 Windows Defender 主界面中选中【快速】单选按钮，并单击【立即扫描】按钮。

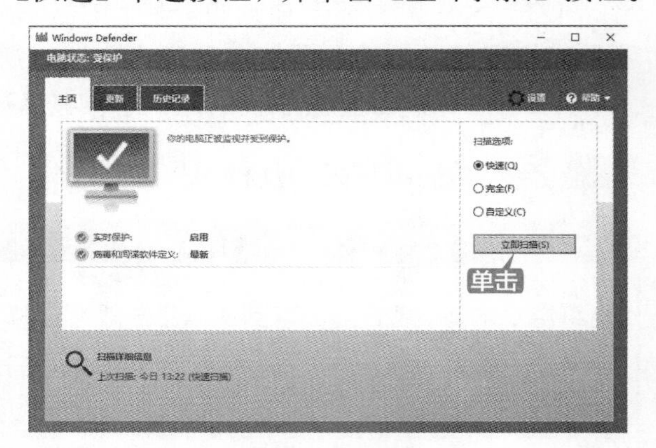

第 2 步 软件即会对电脑进行扫描，如下图所示，如果单击【取消扫描】按钮，则停止当前的系统扫描。

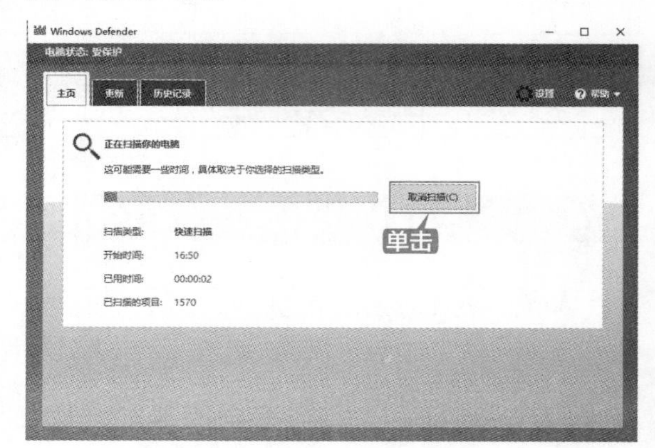

第 3 步 扫描完成后，即可看到电脑系统的检测情况，如下图则显示未检测到任何威胁。

第 4 步 如果检查到有潜在威胁，单击【清理电脑】按钮。

第 5 步 弹出【潜在威胁的详细信息】对话框，对检测到的项目进行清理。

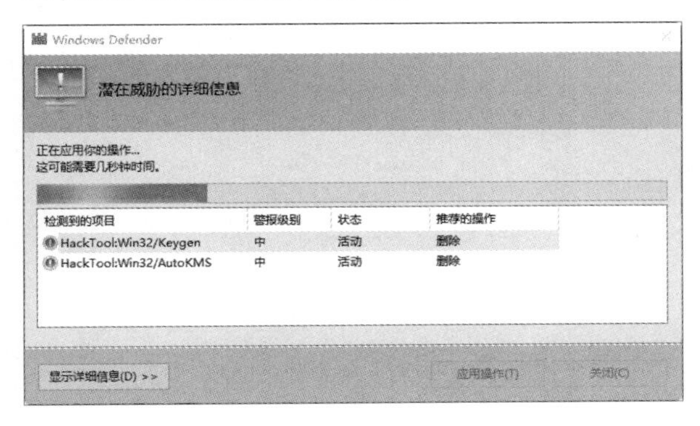

第 6 步 清理完毕后，单击【关闭】按钮即可。

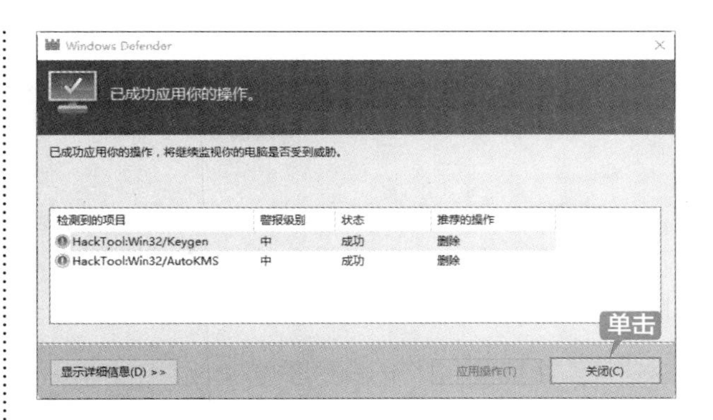

3. 更新 Windows Defender

在使用 Windows Defender 时，用户可以对病毒库和软件版本等进行更新，具体操作步骤如下。

第 1 步 在 Windows Defender 软件界面单击【更新】选项卡，单击【更新】按钮。

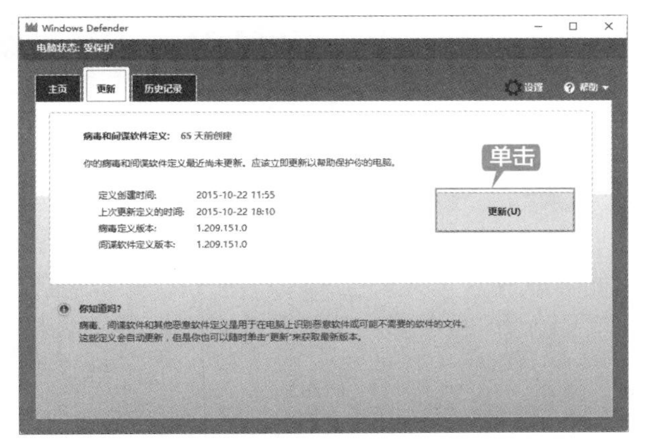

第 2 步 软件即会从 Microsoft 服务器上查找并下载最新的病毒库和版本内容，如下图所示。

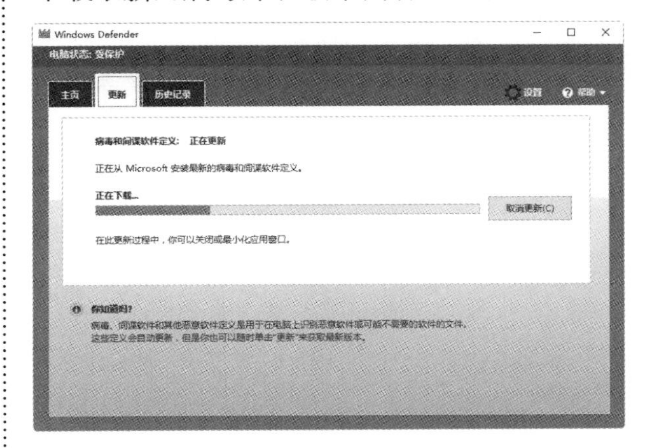

14.2 实战 2：如何防范网络诈骗

随着网络的普及，网络诈骗层出不穷，尤其选择没有网络安全意识的老年人，以亲情、迷信、小便宜等陷阱，击中老年人的软肋，使其陷入圈套。因此，老年朋友在上网过程中一定要提高防范意识，不给骗子可乘之机。

14.2.1 了解网络诈骗

网络诈骗是指以非法占有为目的，利用互联网采用虚构事实或者隐瞒真相的方法，骗取数额较大的公私财物的行为。

现在很多网页挂马都为广告方式，使网友中毒，所以不要贪速度，很容易一不小心点错。

网络诈骗主要是通过网上交友方式，骗取受骗者的信任，获取财物；通过虚假宣传快速致富的方式，收敛会费；还有通过网络病毒、盗取账号的方式，盗取别人的财产等网络诈骗手段。不过，无论以哪种诈骗形式，都要增加自我意识，不要贪图便宜，打开一些不正规的网站。

14.2.2 常见的网络诈骗手段及预防方式

了解了网络诈骗后，本节列举一些常见的网络诈骗手段，以提高老年朋友的防范意识。

1. 使用 QQ 诈骗

QQ 是诈骗者经常使用的诈骗工具。诈骗者利用木马程序盗取 QQ 密码，截取对方聊天记录、视频资料等，冒充 QQ 账号主人，以“患重病、出车祸”等紧急事情，骗取亲朋好友的钱财。如果遇到该情况，请先打电话给 QQ 账号的主人，确定事情真假，再进行处理。

另外，诈骗者还往往使用中奖信息的方式进行诈骗。在使用 QQ 或浏览网页时，收到诸如“恭喜你在 XX 官网的抽奖活动中，抽中一等奖，奖品为手机一部”之类的信息，如下图所示。收到者如果根据提供的网站填写资料或打开链接，就会被盗号或骗取银行信息，转移银行财产。如果遇到该情况，一定要冷静，确保是否为正规网站，也可以在百度中查找该官方网站是否属实。如果不小心打开了信息中的链接，千万不要输入任何账号和密码。

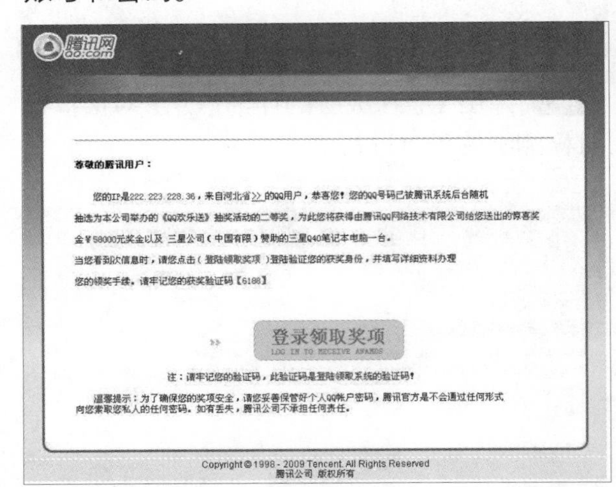

2. 订票诈骗

诈骗者利用门户网站、百度搜索引擎等大公司网站投放广告，制作虚假的网上订票公司网页，发布订购火车票、机票等虚假信息，以较低的价格吸引受骗者上当。有的还会以“身份信息不全”“银行账号冻结”等理由骗取受骗者汇款，骗取钱财。如果要在网上订购车票，一定要确保是正规网站，千万别点击一些虚假网站，为了确保安全，建议可以让儿女帮助自己购买。

3. 钓鱼网站诈骗

诈骗者以银行网银升级为由，要求受骗者登录假冒银行的钓鱼网站，进而获取受骗者银行账户、网银密码及手机交易码等信息，盗取银行存款。

4. 网购诈骗

诈骗者以开设虚假购物网站或淘宝店铺，一旦受害者下单购买商品，便称系统故障，订单出现问题，需要重新激活。随后，通过 QQ 发送虚假激活网址，受害人填写好淘宝账号、银行卡号、密码及验证码后，卡上金额不翼而飞。如果在淘宝、京东等购物网站，千万要使用官网推荐的卖家和买家的沟通工具，也可以确保自己的权益。

5. 投资理财诈骗

诈骗者制作一些网站广告，以“内部消息”“高额收益”等引诱用户上钩，有的前期会给投资者一些甜头，待获取信任后，通过缴纳收益分成保证金、内部理财产品预售等借口，让投资者加大投入，然后瞬间消失。

因此，尤其是面对转账汇款的情况，不管是给朋友转账，还是给家人汇款，一定要再三确认，和子女、亲朋好友沟通后再做决断，千万不要贪恋小便宜，对于网上所谓帮你赚大钱的信息和来历不明的电话，不要理睬。

6. 低价购物诈骗

诈骗者通过网络发布二手电脑、二手手机、海关没收的物品等转让信息，一旦受骗者与其联系，即以“缴纳定金”“交易税手续费”等方式骗取钱财。面对这种情况，一定要确定信息的准确性，不能先转账汇钱，建议在子女和亲朋好友的陪同下当面交易。

7. 伪基站诈骗

诈骗者利用伪基站，以官方号码向广大群众发送手机卡积分兑换现金、网银升级等链接，一旦点击链接，输入账号和密码，诈骗者即会利用这些信息盗取钱财。

8. 微信诈骗

微信诈骗是近几年新兴的网络诈骗方式，主要有：在朋友圈假冒正规微商，低价代购，骗取货款；利用爱心传递方式，在朋友圈发布寻人、扶困的信息，引发大家转发，而信息中包含虚假电话号码，一旦打过去就会吸取话费；以“点赞有奖”的信息，要求参与者填写个人资料，即以“手续费”“保证金”等形式诈骗。

另外，有些犯罪分子以二维码的形式，伪装一些木马网站、扣费信息等，骗用户扫描，实施诈骗。

除了以上列举的几种诈骗方式，还有很多骗局，层出不穷，也有很多网民不断陷入骗局，损失钱财。不管诈骗方式如何多变，都是以骗财为目的，老年朋友千万不要轻信来历不明的信息，不要轻易透露自己的身份和银行卡信息，更不要贪图小便宜，遇到事情不应慌张，应冷静对待，如果有疑问，及时打电话给子女或者公安机关询问真假。

使用 360 查杀病毒

使用 360 安全卫士还可以查询系统中的木马文件，以保证系统安全，使用 360 安全卫士查杀木马的具体操作步骤如下。

第 1 步 在 360 安全卫士的工作界面中单击【木马查杀】按钮，进入 360 安全卫士【木马查杀】界面，在其中可以看到 360 安全卫士为用户提供了三种查杀方式，单击【快速查杀】按钮。

第 2 步 软件即会快速扫描系统关键位置。

第 3 步　扫描完成后，给出扫描结果，对于扫描出来的危险项，用户可以根据实际情况自行清理，也可以直接单击【一键处理】按钮，对扫描出来的危险项进行处理。

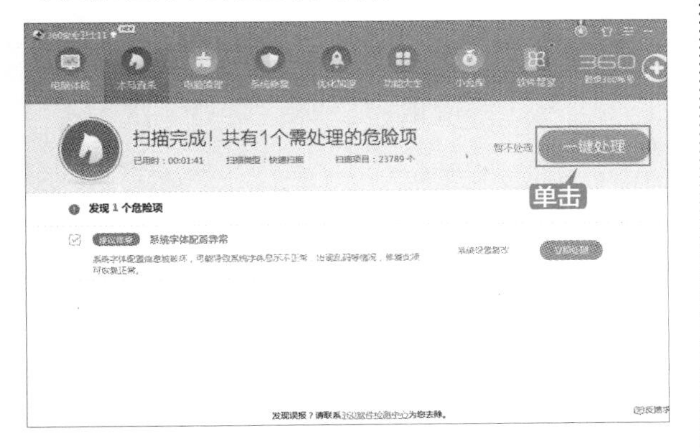

第 4 步　单击【一键处理】按钮，开始处理扫描出来的危险项，处理完成后，弹出【360 木马查杀】对话框，在其中提示用户处理成功。

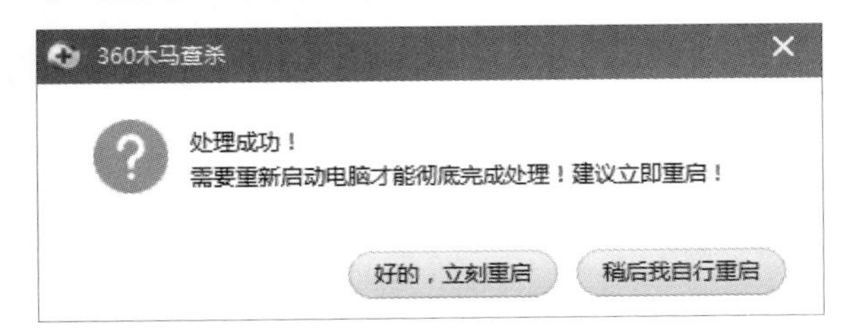

如果发现电脑运行不正常，用户首先分析原因，然后利用杀毒软件进行杀毒操作。下面以【360 杀毒】查杀病毒为例讲解如何利用杀毒软件杀毒。

使用 360 杀毒软件杀毒的具体操作步骤如下。

第 1 步　在【病毒查杀】选项卡中，360 杀毒为用户提供了 3 种查杀病毒的方式，即快速扫描、全盘扫描和自定义扫描。

第 2 步　这里选择快速扫描方式，单击【360 杀毒】工作界面中的【快速扫描】按钮，即可开始扫描系统中的病毒文件。

第 3 步　在扫描的过程中如果发现木马病毒，则会在下面的列表框中显示扫描出来的木马病毒，并列出其威胁对象、威胁类型、处理状态等。

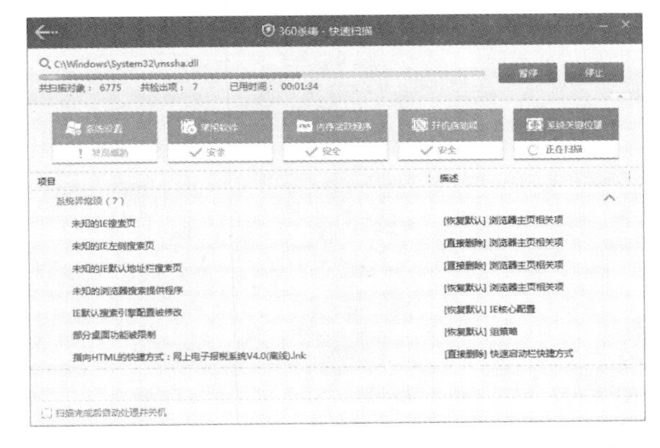

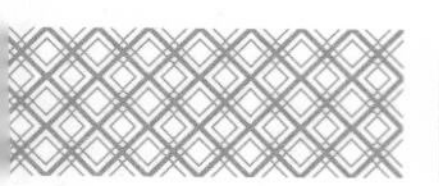

第 4 步 扫描完成后，选中【系统异常项】复选框，单击【立即处理】按钮，即可删除扫描出来的木马病毒或安全威胁对象。

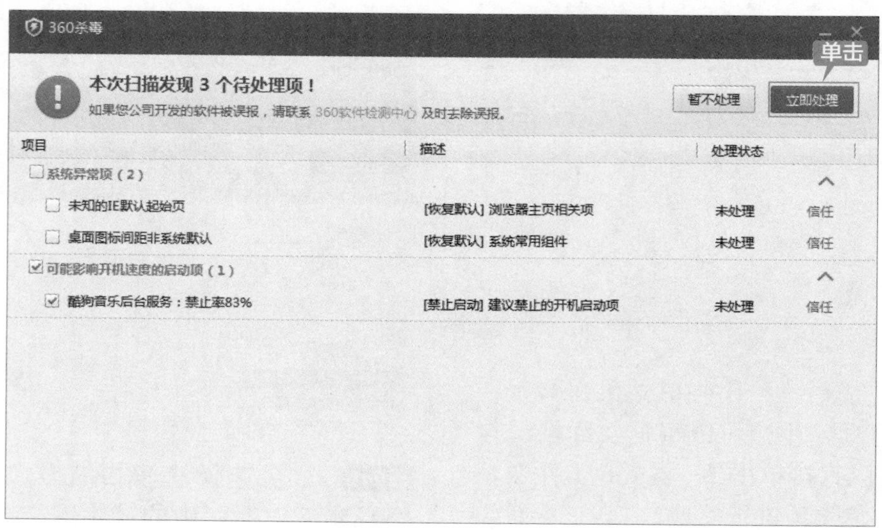

◇ 启用系统防火墙

Windows 操作系统自带的防火墙做了进一步的调整，更改了高级设置的访问方式，增加了更多的网络选项，支持多种防火墙策略，让防火墙更加便于用户使用。

启用防火墙的具体操作步骤如下。

第 1 步 单击【开始】按钮，从弹出的快捷菜单中选择【控制面板】菜单项，即可打开【控制面板】窗口。

第 2 步 选择【Windows 防火墙】选项，即可打开【防火墙】窗口，在左侧窗格中可以看到【允许应用或功能通过 Windows 防火墙】【更改通知设置】【启用或关闭 Windows 防火墙】【高级设置】和【还原默认值】等链接。

第 3 步 单击【启用或关闭 Windows 防火墙】链接，均可打开【自定义各类网络的设置】窗口，其中可以看到【专用网络设置】和【公用网络设置】两个设置区域，用户可以根据需要设置 Windows 防火墙的打开、关闭及 Windows 防火墙阻止新程序时是否通知等。

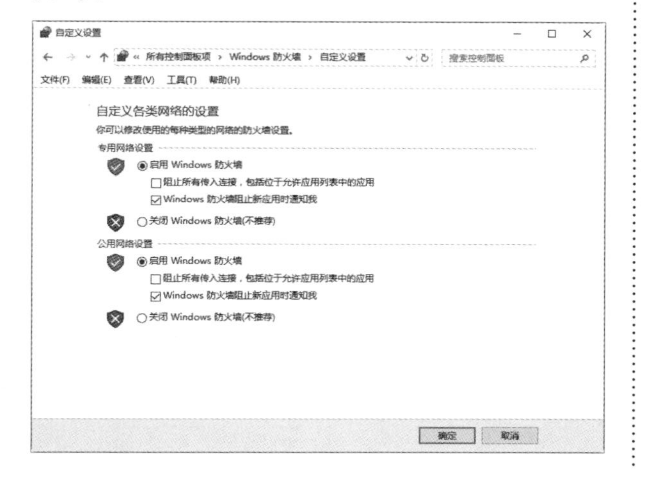

第 4 步 一般情况下，系统默认选中【Windows 防火墙阻止新应用时通知我】复选框，这样防火墙发现可信任列表以外的程序访问用户电脑时，就会弹出【Windows 防火墙已经阻止此应用的部分功能】对话框。

第 5 步 如果用户知道该程序是一个可信任的程序，则可根据使用情况选择【专用网络】和【公用网络】选项，然后单击【允许访问】按钮，就可以把这个程序添加到防火墙的可信任程序列表中了。

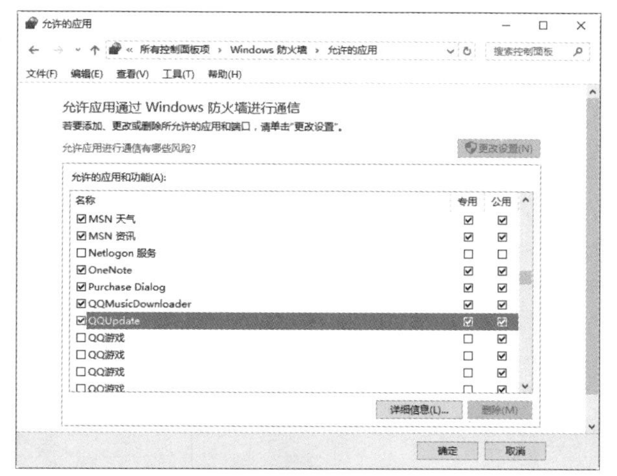

第 6 步 如果电脑用户希望防火墙阻止所有的程序，则可以选中【阻止所有传入连接，包括位于允许应用列表中的应用】复选框，此时 Windows 防火墙会阻止包括可信任应用在内的大多数应用。

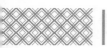

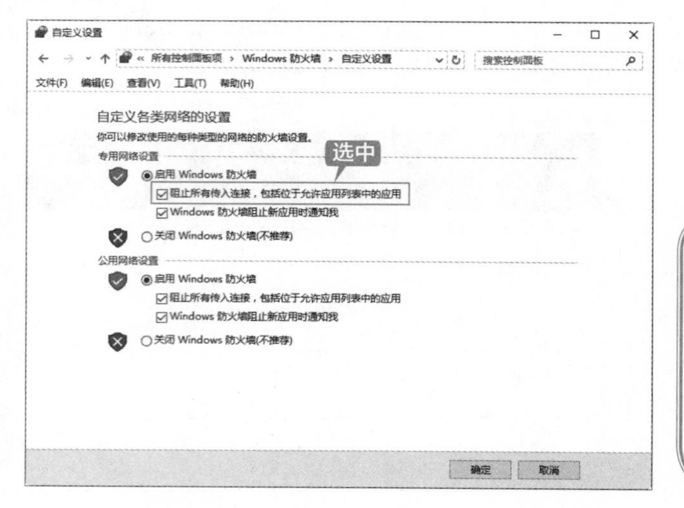

提示

有时即使同时选中【Windows 防火墙阻止新应用时通知我】复选框，操作系统也不会给出任何提示。不过，即使操作系统的防火墙处于这种状态，用户仍然可以浏览大部分网页、收发电子邮件及查阅即时消息等。